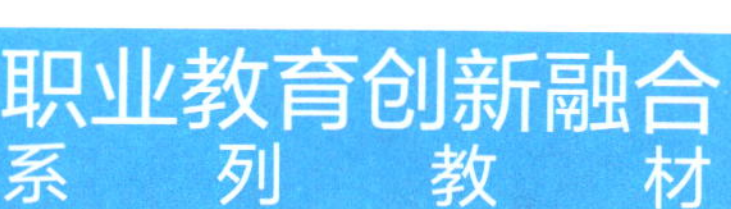

化工机器

HUAGONG JIQI

倾明 主编
孙立强 副主编
史立军 主审

化学工业出版社
·北京·

内 容 简 介

本书根据高等职业教育化工技术类专业人才培养目标以及“化工机器”课程具体教学要求编写，比较深入、系统地介绍了石油化工生产中常用的化工机器。本书共6个模块，包括化工机器认知、泵、活塞式压缩机、螺杆式压缩机、离心式压缩机、风机等内容。在书中附有二维码，包含带有主要设备零部件的三维动画及装备整体装配图，内容均来自企业实践，贴近实际工作岗位。本书突出了职业教育的特点，注重应用、能力的培养，是一本应用性、实用性很强的教材。为方便教学，配套了电子课件、习题参考答案。

本书可作为职业教育本科和高职高专院校化工类专业教材，也可作为中等职业学校和企业员工培训教材，还可供广大化工机械专业工程技术人员、检修人员及管理人员阅读参考。

图书在版编目（CIP）数据

化工机器/倾明主编. —北京：化学工业出版社，2024.5
ISBN 978-7-122-44839-2

Ⅰ.①化… Ⅱ.①倾… Ⅲ.①化工机械-职业教育-教材
Ⅳ.①TQ05

中国国家版本馆CIP数据核字（2024）第006392号

责任编辑：韩庆利　　文字编辑：吴开亮
责任校对：宋　夏　　装帧设计：刘丽华

出版发行：化学工业出版社
（北京市东城区青年湖南街13号　邮政编码100011）
印　　刷：三河市航远印刷有限公司
装　　订：三河市宇新装订厂
787mm×1092mm　1/16　印张18　字数470千字
2024年3月北京第1版第1次印刷

购书咨询：010-64518888　　售后服务：010-64518899
网　　址：http://www.cip.com.cn
凡购买本书，如有缺损质量问题，本社销售中心负责调换。

定　　价：55.00元

前言

本书是根据高等职业教育化工技术类专业人才培养目标以及“化工机器”课程具体教学要求编写的，可作为职业教育本科、高职高专院校学生教材及化工企业人员培训教材使用。

本书坚持正确政治方向，以学生发展为本，注重素质培养，落实立德树人根本任务。书中从职业教育的特点出发，力求突出“以应用为目的，以能力培养为目标”的教育理念，注重理论与实践相结合，重点突出，并结合典型化工机器的结构进行分析，具有较强的针对性和实用性，并对教学内容精心选择、合理安排，注重工程应用和实际操作。

本书内容力求通俗易懂、涉及面广，突出实际技能训练，按照结构、原理、主要零部件的作用、性能调节和选型设计等层次编写，层次分明，目标明确。

本书在编写过程中，注重理论与实践的结合，在每节结尾选编了一些与本节内容相关的习题，以便使读者能够加深对本节知识的理解和掌握，提高学习兴趣。

全书内容共 6 个模块，包括化工机器认知、泵、活塞式压缩机、螺杆式压缩机、离心式压缩机和风机。

本书由兰州石化职业技术大学倾明担任主编，并编写了模块 1、模块 2、模块 4 及习题部分；河北石油职业技术大学孙立强担任副主编，并编写了模块 3 及习题部分；内蒙古化工职业学院杨薇编写了模块 5 及习题部分；东营职业学院李浩编写了模块 6 及习题部分；全书统稿工作由倾明完成。

本书由兰州石化职业技术大学史立军教授主审。史教授对本书的初稿进行了详细的审阅，提出了很多宝贵的修改意见。本书在编写过程中参阅了国家、石化企业相关的标准、规范以及近几年出版的相近内容的教材和书目，在此，对史教授及全体审稿人员、相关作者及所有对本书的出版给予支持和帮助的同志表示衷心的感谢。

由于编者水平所限，书中疏漏在所难免，请广大读者批评指正。

编　者

目录

模块1

化工机器认知

知识目标

- 了解化工机器的研究内容，掌握化工机器的分类方法、特点和用途。

能力目标

- 能够识别不同类型的化工机器。

素养目标

- 培养学生严谨治学的学习态度和精益求精的工匠精神。
- 培养学生较强的集体意识和团队协作精神。

1.1 本课程研究的内容

化工机器也称过程流体机械，是过程装备的重要组成部分之一，是以流体为介质进行能量转换处理与输送的机械。化工机器在国民经济众多的生产领域中，如煤炭、石油化工、电力、冶金、机械、建筑、交通运输、医药、食品、农业灌溉、航空航天、国防装备等有着广泛而重要的用途。

1.1.1 化工机器的几个基本概念

（1）过程　过程是指事物状态变化在时间上的持续和空间上的延伸，它描述的是事物发生状态变化的经历。

（2）过程工业　过程工业是进行物质转化的所有工业过程的总称，它包含了大部分的重工业，如化工、石油加工、能源、冶金、建材、核能、材料等工业，是一个国家的基础工业，对于发展国民经济、增强国防力量起着关键作用。在工业生产中，很多生产过程的物料为流程性物料，如气体、液体、粉体等，所以过程工业实际上是以流程性物料为主要处理对象、完成各种生产过程的工业。

过程工业的原料为自然资源，产品主要用作生产工业的原料；生产过程主要是连续化生产；原料在生产过程中发生许多物理变化和化学变化；产量的增加主要通过生产规模来控制；过程工业是物质能量流大的工业。

(3) 过程装备　过程装备泛指实现过程工业的硬件手段，如机械、设备、管道、工具和测控仪器设备等。在过程工业中，过程装备是成套过程装置的主体，它是单元过程设备（如塔、换热器、反应器和储罐等）与单元过程机器（如压缩机、泵、分离机等）二者的统称，同时，过程装备也包括过程控制。

① 单元过程设备（静设备）　也称为化工设备，占过程工业总设备投资费用的 80%～85%，包括压力容器、塔、反应釜、换热器、储罐、加热炉、管道等。

② 单元过程机器（动设备）　也称为化工机器、动力设备，占过程工业总设备投资费用的 15%～20%，是系统运行的心脏。

③ 过程控制　也称为控制仪表、自动化设备，包括测控仪表、阀门、电气源、转换器、计算机、监控设备、记录设备等，过程控制的对象主要包括压力、温度、流量、浓度、密度、黏度、液位等。

(4) 化工机器　化工机器是以流体为介质进行能量转换与输送的机械，如水泵、风机、压缩机、水轮机、汽轮机等，主要用来给流体增加压力与输送流体，使其满足各种生产的工艺要求，保证连续性的管道生产，参与生产环节的制作，作为辅助性生产环节的动力源，用于控制仪表的用气环境通风等。

1.1.2 教学目标

“化工机器”是职业教育化工机械专业的一门重要的专业课，是培养中等化工机械技术人员和化工机械维修人员方案的重要组成部分。通过对“化工机器”课程的学习，可以全面熟悉典型化工机器的基本结构、工作原理、工作特性以及能够表征其生产能力的技术经济指标，培养从事化工机器的检修安装、设计制造及装备管理工作的能力，以及对化工机器的操作、维护、检修、选型进行技术改造和创新的能力。

1.1.3 化工机器在专业体系中的地位

化工机器在过程工业生产中应用量大、面广，起着“心脏”、动力和关键设备的重要作用。选用好化工机器，对工厂的设备投资、产品质量、生产成本和经济效益等都具有十分重要的意义。因此，“化工机器”是一门十分重要的专业核心课程。

1.2 化工机器的分类及特点

化工机器的分类方式很多，归纳起来主要包括以下几个方面。

1.2.1 按作用机理分类

(1) 叶片式化工机器　叶片式化工机器的工作过程主要是借助于叶轮的作用来实现的，

主要包括离心泵、轴流泵等各种叶片式泵、通风机、离心式压缩机等。

（2）容积式化工机器　容积式化工机器的工作过程是通过“工作容积的改变”来实现的，主要包括各类液体、气体介质的往复式泵和转子泵、液环泵、活塞压缩机等。

（3）其他作用机理的化工机器　其他类型的化工机器，其作用机理各不相同，主要包括射流泵、旋涡泵等。

1.2.2　按流体形态分类

（1）泵　泵是将机械能转变为液体的能量，用来给液体增压与输送液体的机械设备。在特殊情况下，流经泵的介质为液体和固体颗粒的混合物，这种泵称为杂质泵，也称为固液两相流泵。

（2）压缩机　压缩机是将机械能转变为气体的能量，用来给气体增压与输送气体的机械设备。

（3）风机　风机是一类用于输送气体的化工机器，属通用机械范畴。从能量观点来看，它是把原动机的机械能转变为气体能量的一种机械。风机按照工作原理，可分为叶片式和容积式两类；按出风风压大小，又可分为通风机、鼓风机和压气机三种类型。

（4）分离机　分离机是用机械能将混合介质分离开来的机械设备，这里所提到的分离机，是指分离流体介质或以流体介质为主的离心分离机。

1.2.3　按流体运动特点分类

（1）有压流动类　绝大多数化工机器在工作过程中，流体是在封闭流道中运动的，相对压力一般不等于零，流动属于有压流动。

（2）无压流动类　此类化工机器在工作过程中，流体运动有一个相对压力为零的自由表面，因此称无压流动。至于液体内部，各处相对压力不一定完全为零。

1.2.4　按用途分类

化工机器尤其是泵和风机类产品，还有很多工程上的习惯分类，如船用泵、矿用泵、潜水泵、磁力驱动泵、自吸式泵、无堵塞泵、杂质泵、核工程用泵、航空航天用泵、输送特殊气体的压缩机、耐高温的锅炉引风机等，它们在工作原理上并无新的本质性特点。

1.2.5　按化工机器结构特点分类

（1）往复式结构的化工机器　往复式结构的化工机器，通过能量转换使流体提高压力的主要运动部件是在缸中做往复运动的活塞，而活塞的往复运动是靠做旋转运动的曲轴带动连杆和活塞来实现的。往复式结构的化工机器输送的流量较小，而单级升压较高，一台机器能使流体上升到很高的压力，具有这种类型的机械主要包括往复式压缩机、往复式泵等。

（2）旋转式结构的化工机器　旋转式结构的化工机器在工作过程中，通过能量转换，使流体提高压力或分离的主要运动部件是转轮、叶轮或转鼓，该旋转件可直接由原动机驱动。这种结构的化工机器具有输送流量大、单级压升不太高的特点。为了使流体达到很高的压力，机器需由多级组成或由几台机器串联成机组，主要有回转式、叶轮式的压缩机和泵等。

小结

- 化工机器认知
  - 化工机器
    - 以流体为介质进行能量转换与输送的机械
  - 分类特点
    - 按作用机理：叶片式、容积式、其他作用机理化工机器
    - 按流体形态：泵、压缩机、风机、分离机等
    - 按流体运动特点：有压流动类、无压流动类
    - 按用途：船用泵、矿用泵、潜水泵、磁力驱动泵等
    - 按化工机器结构特点分类：往复式、旋转式

模块2

泵

知识目标

- 掌握离心泵的结构、工作原理、性能特点、特性曲线及流量调节。
- 掌握离心泵主要零部件的结构、工作原理以及常见故障的判断和排除。
- 了解叶片泵和容积泵的结构、工作原理和流量调节。

能力目标

- 具有对泵进行安装、调试、维护与检修、故障处理和现场管理的能力。
- 具备典型泵选型、设计、改造及编制制造工艺的能力。

素养目标

- 具有社会责任和人文关怀理念，具备安全、环保、经济和清洁生产管理能力。
- 培养学生具备一定的科研素养、质量意识及勇于奋斗、乐观向上的精神追求。

泵是化工机器中一类重要的机型，它是一种通用机械，其中典型的机型是离心泵。本模块的基本内容是概述泵的分类、适用范围和发展趋势，重点讲述离心泵的典型结构、分类和命名方式，离心泵的工作原理及基本能量方程，离心泵的吸入特性，离心泵的运行特性及调节，相似理论在离心泵中的应用，离心泵的主要零部件，以及在工业生产中经常使用的其他类型泵的结构和工作原理。

2.1 泵的概念、分类和用途

2.1.1 泵的概念及用途

（1）泵的概念　泵是用来输送液体并提高液体压力的机器。

（2）泵的应用　泵是国民经济中应用最广泛、最普遍的通用机械，在水利、电力、农业和矿山等领域大量采用，尤其以石油化工生产用量最多。化工生产中原料、半成品和最终产品很多都是具有不同物性的液体，如腐蚀性液体、固液两相流、高温或低温液体等，这就要求要有大量的具有一定特点的化工用泵来满足工艺上的要求，因此泵在石油化工生产中占有极其重要的地位。

2.1.2 泵的分类

泵的用途极其广泛，种类繁多，分类方法也各不相同，下面简单介绍几种常用的泵的分类方法。

2.1.2.1 按工作原理分类

泵按工作原理，可分为叶片泵、容积泵和其他类型泵。

（1）叶片泵　叶片泵也称透平式泵，其工作原理主要是依靠泵内做高速旋转的叶轮把能量传递给被输送的液体，从而进行液体输送并提高液体压力。这种类型的泵可按叶轮结构形式的不同分为离心泵、轴流泵、混流泵、旋涡泵等。

（2）容积泵　容积泵的工作原理主要是依靠泵内工作容积的大小做周期性的变化来输送液体并提高液体压力。这种类型的泵主要包括往复泵（如活塞泵、柱塞泵、隔膜泵）和回转泵（如齿轮泵、螺杆泵、滑片泵）等。

（3）其他类型泵　其他类型泵主要是利用流体静压力或流体动能来输送液体的流体动力泵，主要包括喷射泵、水锤泵和真空泵等。

2.1.2.2 按用途分类

（1）供料泵　将液态原料从贮池或其他装置中吸进，加压后送至工艺流程装置的泵。

（2）循环泵　在工艺流程中主要用于循环液增压的泵。

（3）成品泵　将装置中液态的成品或半成品输送至贮池或其他装置的泵。

（4）高温和低温泵　主要用于输送300℃以上的高温液体或输送接近凝固点（或5℃以下）的低温液体。

（5）废液泵　将装置中产生的废液连续排出的泵。

（6）特殊泵　如液压系统中的动力油泵、水泵等。

2.1.2.3 按出口压力分类

（1）低压泵　泵的出口压力小于2MPa的泵。

（2）中压泵　泵的出口压力在2～6MPa之间的泵。

（3）高压泵　泵的出口压力大于6MPa的泵。

2.1.3 泵的适用范围

各种泵的适用范围是不同的，由图2-1可以看出各种泵的流量和扬程的适用范围。

容积泵一般适用于小流量、高扬程的场合；转子泵适用于小流量、高压力的场合；离心泵则适用于大流量（流量范围为5～20000m^3/h）但扬程（扬程范围为8～2800m）不太高的场合。

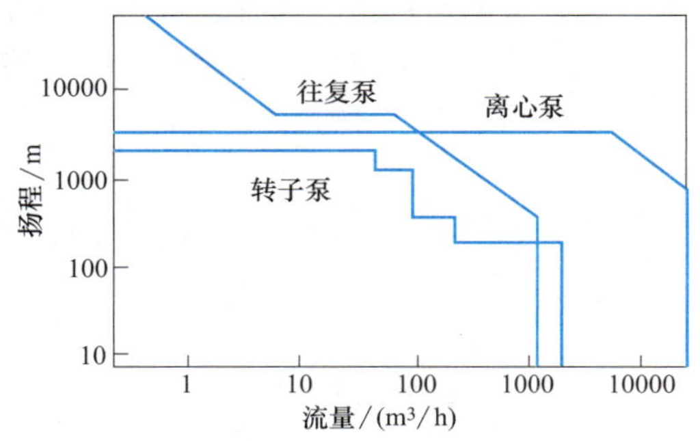

图2-1　各种泵的流量和扬程的适用范围

离心泵具有转速高、体积小、重量轻、效率高、流量大、结构简单、性能平稳、容易操作和维修的优点。离心泵的缺点是启动前需要灌泵。另外，液体的黏度对泵的性能影响较大，对某一流量的离心泵有一相对的黏度极限，如果液体黏度超过此黏度极限值，则泵的效率迅速下降，甚至无法工作。

2.1.4　流体流动的基本知识

2.1.4.1　基本概念

（1）密度　流体的密度是指单位体积的流体所具有的质量，用符号 ρ 表示。在国际单位制中，密度的单位是 kg/m^3，密度的大小用公式（2-1）计算。

$$\rho=\frac{m}{V} \tag{2-1}$$

任何流体的密度都与温度和压力有关，但压力的变化对液体密度的影响很小（压力极高时除外），所以称液体是不可压缩的流体。工程上常忽略压力对液体密度的影响，认为液体的密度只是温度的函数，对大多数液体而言，温度升高，密度下降。

（2）压力　力的作用效果不仅取决于力的大小，还取决于力的作用面积，工程上常常使用单位面积（m^2）上的力（应力，单位为 N）来表示力的作用强度。在流体力学中，流体垂直作用在单位面积上的压力（压应力），称为流体的压力强度，简称压强，单位为 Pa，也称静压强，工程上常常称为压力（本书中如无特殊说明，一律称压力）。压力的大小可以用公式（2-2）计算。

$$p=\frac{F}{A} \tag{2-2}$$

式中　p——流体的压力，Pa；

F——垂直作用在面积 A 上的力，N；

A——流体的作用面积，m^2。

在化工生产中，压力是一个非常重要的控制参数，为了知道操作条件下压力的大小，常常在设备或管道上安装测压仪表。传统的测压仪表有两种，一种是压力表，另一种是真空表，但它们的读数都不是系统内的真实压力（即绝对压力），压力表的读数是表压，它所反映的是容器设备内的真实压力高出大气压的数值，即表压＝绝对压力－大气压。真空表的读数是真空度，它所反映的是容器设备内的真实压力低于大气压的数值，即真空度＝大气压－绝对压力。通常，把压力高于大气压的系统称为正压系统，压力低于大气压的系统称为负压系统。

为了在使用时不至于混淆，压力用绝对压力表示时可以不加任何说明，但用表压和真空度表示时必须注明。例如，500kPa 表示绝对压力；5MPa（表压）表示系统的表压；10Pa（真空度）表示系统的真空度。

（3）黏度　黏度是流体的重要物理性质之一，其大小反映了在同样条件下流体内摩擦力的大小，在其他条件相同的情况下，黏度越大，流体的内摩擦力越大。

（4）流量　流体在流动时单位时间内通过管道任意截面的流体量称为流体的流量。流量是指泵在单位时间内所排出的液体量。流量如果用体积来表示，称为体积流量，用 Q 表示，单位是 m^3/s、m^3/h、L/s；如果用质量来表示，称为质量流量，用 G 表示，单位是 kg/s、t/s。体积流量与质量流量之间的关系可以通过公式（2-3）计算。

$$G=\rho Q \tag{2-3}$$

式中　ρ——输送温度下液体的密度，常温下清水的密度 $\rho=1000kg/m^3$。

泵的理论流量是指单位时间内流入叶轮的液体体积量，用 Q_{th} 表示，理论流量可以通过公式（2-4）计算。

$$Q_{th}=Q+\sum q \tag{2-4}$$

式中 $\sum q$——泵在单位时间内的泄漏量，单位与 Q 的单位相同。

（5）流速 流速是单位时间内流体在流动方向上经过的距离。由于流体具有黏性，流体在管内流动时，同一流通截面上各点的流速是不同的，越靠近管壁，流速越小，中心处的流速最大。在流体输送中所说的流速，通常是指整个流通截面上流速的平均值，用 c 来表示，单位是 m/s，流速的大小按公式（2-5）计算。

$$c=\frac{Q}{f} \tag{2-5}$$

式中 f——垂直于流动方向的管路截面积，称为流通截面积，m^2。

公式（2-5）是描述流体流量、流速和流通截面积三者之间关系的式子，也称为流量方程式。公式（2-5）说明，在流量一定的情况下，流通截面积越小，流速越大。在工程上，流量方程式主要用来选择输送流体的管子的规格或确定塔设备的直径，计算公式如下。

$$c=\frac{Q}{f}\Rightarrow c=\frac{Q}{\pi\left(\frac{d}{2}\right)^2}\Rightarrow d=\sqrt{\frac{4Q}{c\pi}} \tag{2-6}$$

通常情况下流量是由输送任务决定的，因此管子的规格主要取决于流速的大小。由公式（2-6）可以看出流速越大，管径越小，管路投入（主要指设备费用）越少，但同时流速越大，流体输送的动力消耗（操作费用）也越大，所以在流体输送设计中要选择适宜的流速。

2.1.4.2 流动流体所具有的能量

能量是物质运动的量度，当物质的各种流动形式发生变化时，与之对应的能量形式也将发生变化，流体流动时主要有三种能量可能发生变化。

（1）位能 位能是流体质量中心处在一定的空间位置而具有的能量，位能是相对值，位能的大小与所选定的基准水平面有关，其值等于把流体从基准水平面提升到当前位置所做的功。质量为 m（单位：kg）、距离基准水平面的垂直距离为 Z（单位：m）的流体的位能是 mgZ（单位：J）。

（2）动能 动能是流体因具有一定的运动速度而具有的能量，质量为 m（单位：kg）、流速为 c（单位：m/s）的流体所具有的动能为 $\frac{1}{2}mc^2$（单位：J）。

（3）静压能 静压力不仅存在于静止的流体中，而且存在于流动流体中。流体因为具有一定的静压力而具有的能量称为流体的静压能，这种能量的宏观表现可以通过图 2-2 来示意，当流体从某一管路中流过时，如果在管路侧壁上开一小孔并装一竖直玻璃管，能够发现流体沿小管上升一定的高度后停止，静压能就是推动流体上升的能量，经理论推导可知，质量为 m（单位：kg）、压力为 p（单位：Pa）的流体具有的静压能为 $m\frac{p}{\rho}$（单位：J）。

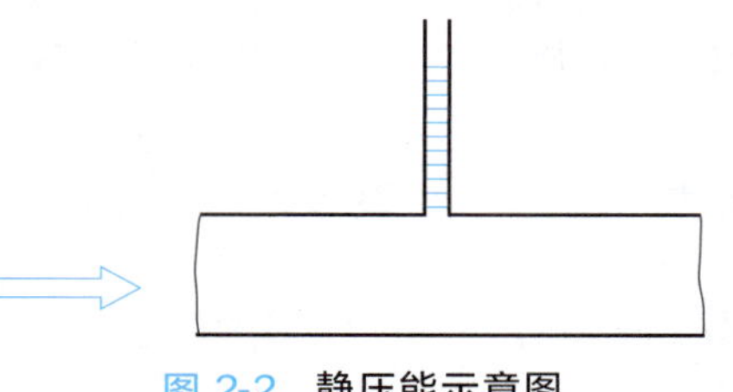

图 2-2 静压能示意图

位能、动能与静压能都是机械能，在流体流动过程中三种能量可以相互转化。

2.1.4.3 稳定流动与不稳定流动

根据流体流动过程中流动参数的变化情况，可将流体的流动分为稳定流动与不稳定流动，如图 2-3 所示。

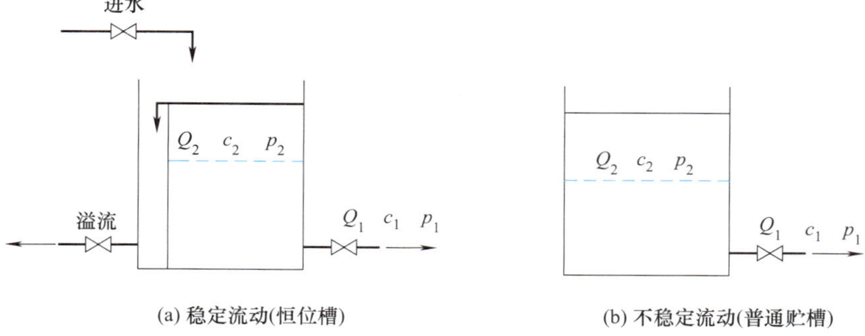

图 2-3 稳定流动与不稳定流动

（1）稳定流动　如图 2-3（a）所示，由于进入恒位槽的流体流量大于流出的流体流量，多余的流体就会从溢流管流出，从而保证了恒位槽内液位的恒定，在流体流动过程中，流体的压力、流量、流速等参数只与位置有关，不随时间的延续而变化，像这种流动参数只与空间位置有关而与时间无关的流动称为稳定流动。

（2）不稳定流动　如图 2-3（b）所示，由于没有流体的补充，槽内的液位将随着流动的进行而不断下降，从而导致流体的压力、流量、流速等流动参数不仅与位置有关，而且与时间有关，像这种流动参数既与空间位置有关又与时间有关的流动称为不稳定流动。

2.1.4.4 连续定理

当流体在密闭的管路中稳定流动时，如果流通截面积发生变化，则流体的流速也将发生变化，但在单位时间内通过任一截面的流体质量流量均相等，这是由质量守恒定律决定的，如图 2-4 所示。根据质量守恒定律，流体在流动过程中满足公式（2-7）或公式（2-8）。

$$G_1 = G_2 = \cdots = G_n \tag{2-7}$$

或

$$f_1 c_1 \rho_1 = f_2 c_2 \rho_2 = \cdots = f_n c_n \rho_n \tag{2-8}$$

对于不可压缩或难以压缩的流体，公式（2-8）可以简化为公式（2-9）。

$$f_1 c_1 = f_2 c_2 = \cdots = f_n c_n \tag{2-9}$$

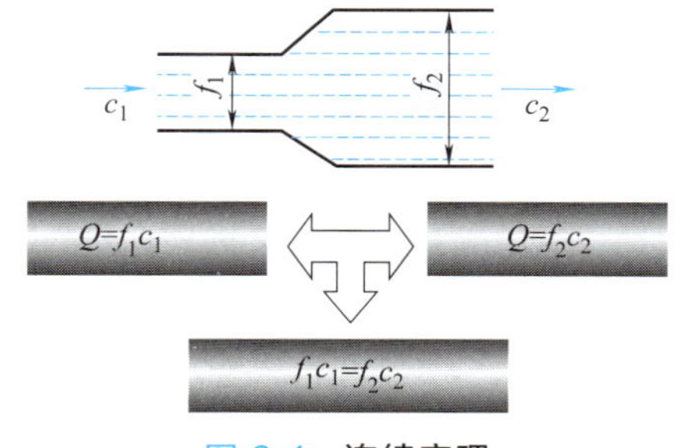

图 2-4 连续定理

公式（2-9）说明，液体在管道中流动时，在各个截面中流过的液体流量 Q（单位：m^3/h）应相等，设 c_1 为液体在小截面 f_1 处的流速，c_2 为在大截面 f_2 处的流速，则 $Q = f_1 c_1 = f_2 c_2$，也就是说液体在大截面处的流速较小，在小截面处的流速较大，这就是连续定理。

2.1.4.5 伯努利方程

流体在图 2-5 所示的系统中稳定流动，由于截面 1-1 与截面 2-2 处境不同，因此两截面上流体的能量是不一样的，但是根据能量守恒定律，稳定流动系统中的能量是守恒的，即进入流动系统的能量＝离开流动系统的能量＋系统内的能量积累。

稳定流动系统中的能量积累为零，在图 2-5 所示的系统中，流体从 1-1 截面经泵输送到 2-2 截面，设流体中心距基准水平面的距离分别为 Z_1、Z_2，两截面处的流速、压力分别为 c_1、p_1 和 c_2、p_2，流体在两截面处的密度均为 ρ，1kg 流体从泵获得的外

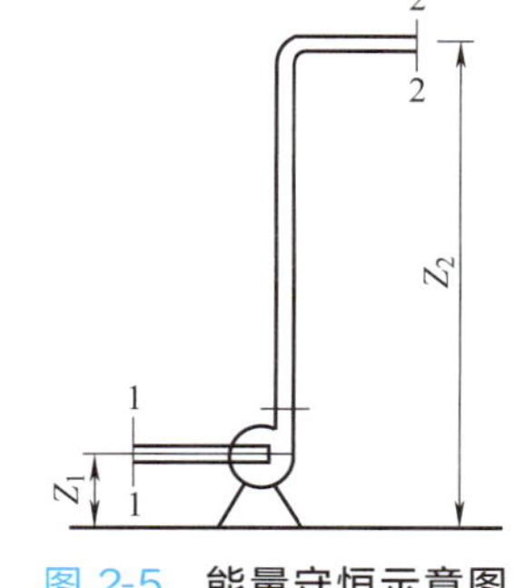

图 2-5 能量守恒示意图

加功为 W_e（J/kg），1kg 流体从截面 1-1 流到截面 2-2 的全部能量损失为 $\sum h_f$（J/kg），则按照能量守恒定律，截面 1-1 和截面 2-2 之间的能量关系应该满足公式（2-10）。

$$gZ_1+\frac{p_1}{\rho}+\frac{c_1^2}{2}+W_e=gZ_2+\frac{p_2}{\rho}+\frac{c_2^2}{2}+\sum h_f \tag{2-10}$$

在工程上常常以 1N 的流体为基准计量流体的各种能量，并把相应的能量称为压头，单位为 m，即 1N 流体的位能、动能、静压能分别称为位压头、动压头、静压头，1N 流体获得的外加功称为外加压头（m），1N 流体的能量损失称为损失压头（m）等，则公式（2-10）转化为公式（2-11）。

$$Z_1+\frac{p_1}{\rho g}+\frac{c_1^2}{2g}+\frac{W_e}{g}=Z_2+\frac{p_2}{\rho g}+\frac{c_2^2}{2g}+\frac{\sum h_f}{g} \tag{2-11}$$

当流体为理想流体时（所谓理想流体是指流体没有黏性，流动时没有内摩擦力，在重力场中不可压缩的流体），流体在流动过程中没有能量损失，在没有外加功 W_e 时，则公式（2-11）可以转化为公式（2-12）。

$$Z_1+\frac{p_1}{\rho g}+\frac{c_1^2}{2g}=Z_2+\frac{p_2}{\rho g}+\frac{c_2^2}{2g} \tag{2-12}$$

习题2-1

1. 单选题

（1）下列泵中属于容积式泵的是（　　）。

A. 离心泵　　B. 混流泵　　C. 旋涡泵　　D. 螺杆泵

（2）叶片泵是依靠泵内高速旋转的（　　）将能量传送给被输送的液体。

A. 叶轮　　B. 导轮　　C. 吸入管道　　D. 蜗壳

（3）容积式泵是依靠泵内（　　）的大小周期性的变化来输送液体并提高液体压力的机器。

A. 吸入管道　　B. 排出管道　　C. 工作容积　　D. 蜗壳

（4）离心泵出口压力表的读数为 10MPa，则 10MPa 为流动流体的（　　）。

A. 绝对压力　　B. 表压　　C. 真空度　　D. 大气压

（5）离心泵出口压力为 10MPa，则 10MPa 为流动流体的（　　）。

A. 绝对压力　　B. 表压　　C. 真空度　　D. 大气压

（6）液体在管道中流动时，液体在大截面处的流速（　　），在小截面处的流速较大。

A. 较大　　B. 较小　　C. 相等

（7）流量是指泵在单位时间内所（　　）的液体量。

A. 吸入　　B. 排出　　C. 泄漏

（8）泵的实际流量总是（　　）理论流量。

A. 小于　　B. 大于　　C. 等于

（9）喷射泵是利用（　　）来输送液体的泵。

A. 流体静压力　　B. 流体动能　　C. 位能　　D. 势能

（10）压力为 10MPa 的泵属于（　　）。

A. 低压泵　　B. 中压泵　　C. 高压泵　　D. 超高压泵

2. 判断题

（1）泵是用来输送气体，并提高气体压力的机器。（　　）

（2）通常所说的流量是指体积流量。（　　）

(3) 齿轮泵是容积式泵的一种。 (　　)
(4) 滑片泵是转子泵。 (　　)
(5) 注射器也可以看作是泵的一种类型，属于容积式泵。 (　　)
(6) 位能、动能与静压能都是机械能，在流体流动时，三种能量可以相互转换。(　　)
(7) 当流体在密闭管路中稳定流动时单位时间内通过任一截面的质量流量均相等。
(　　)
(8) 工程上，流量方程式主要用来选择输送流体管子的规格。 (　　)
(9) 流体在管内流动过程中，越靠近管壁，流速越小，管道中心处的流速最大。(　　)
(10) 真空度一般用真空表测量，表压一般用压力表测量。 (　　)
(11) 测量设备内部流体压力的压力表的压力数值称为表压，流体实际压力称为绝对压力，表压力等于绝对压力减去大气压力。 (　　)

3. 计算题

(1) 将密度为 960kg/m^3 的料液送入某精馏塔精馏分离。已知进料量是 10000kg/h，进料速度是 1.42m/s。问进料管的直径是多少?

(2) 某流体从内径 100mm 的钢管流入内径 80mm 的钢管，流量为 60m^3/h，试求在稳定流动条件下，两管内的流速。

(3) 密度为 900kg/m^3 的某流体从管路中流过。已知大、小管的内径分别为 106mm 和 68mm；1-1 截面（大管）处流体的流速为 1m/s，压力为 1.2atm。试求截面 2-2（小管）处流体的压力。

2.2 离心泵的结构和工作原理

2.2.1 离心泵的分类

离心泵的类型很多，分类方法也不同，通常可按下列方法分类。

2.2.1.1 按流体吸入叶轮的方式分类

(1) 单吸离心泵　叶轮只在一侧有吸入口，这种泵的流量一般为 4.5～300m^3/h，扬程为 8～150m。

(2) 双吸离心泵　液体从叶轮两侧同时吸入叶轮，这种泵的流量一般为 2000m^3/h，甚至更大，扬程为 10～110m。

2.2.1.2 按级数分类

(1) 单级离心泵　同一根泵轴上只装有一个叶轮，由于液体在泵内只经过一次能量的增加，所以扬程较低。

(2) 多级离心泵　同一根泵轴上串联两个或两个以上的叶轮，而且级数越多，压力越大，其扬程可达到 100～650m 甚至更高，流量可以达到 5～720m^3/h。

2.2.1.3 按主轴安放情况分类

(1) 卧式离心泵　主轴安装与地面平行。

(2) 立式离心泵　主轴安装与地面垂直。

(3) 斜式离心泵　主轴安装与地面成某一角度。

2.2.1.4 按壳体剖分方式分类

(1) 中开式泵　壳体按通过泵轴中心线的水平面剖分。

（2）分段式泵　壳体按与泵轴垂直的径向平面剖分。

2.2.1.5 按扬程分类

（1）低压离心泵　扬程<20m。

（2）中压离心立式泵　扬程=20m～100m。

（3）高压离心斜式泵　扬程>100m。

2.2.1.6 按离心泵的用途和输送液体的性质进行分类

按照离心泵的用途和输送液体的性质进行分类，离心泵可分为清水泵、泥浆泵、酸泵、碱泵、油泵、砂泵等。

2.2.2 离心泵的型号表示

2.2.2.1 命名格式

离心泵的型号是表征离心泵性能特点的代号，我国离心泵型号尚未完全统一，现在大部分的型号采用汉语拼音字母和阿拉伯数字组成，具体按图2-6进行命名。

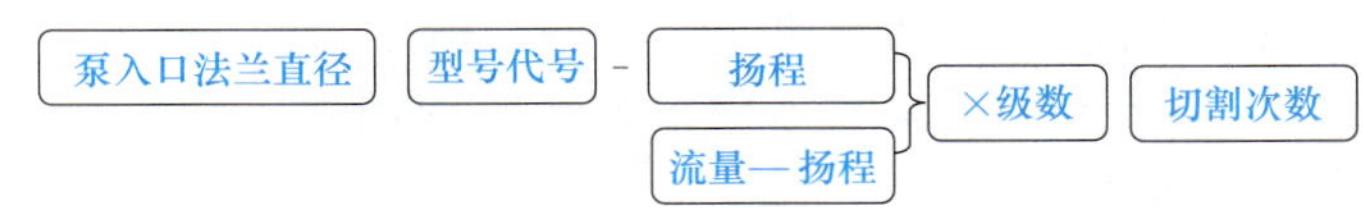

图2-6　离心泵型号表示

2.2.2.2 参数说明

（1）泵入口法兰直径　新产品标出毫米数，老产品标出英寸数。

（2）型号代号　用汉语拼音字母标出离心泵的基本型号代号，见表2-1。

表2-1　离心泵的基本型号代号

型号代号	泵的名称	型号代号	泵的名称
IS	ISO国际标准型单级单吸离心水泵	S或SH	单级双吸式离心泵
B或BA	单级单吸悬臂式离心水泵	DS	多级分段式首级为双吸叶轮泵
D或DA	多级分段式离心泵	KD	多级中开式单吸叶轮泵
DL	多级立式筒形离心泵	KDS	多级中开式首级为双吸叶轮泵
Y	离心式油泵	Z	自吸式离心泵
YG	离心式管道油泵	FY	耐腐蚀液下式离心泵
F	耐腐蚀泵	W	一般旋涡泵
P	屏蔽式离心泵	WX	旋涡离心泵

（3）扬程　新产品标出扬程数，有时在该值前标出流量（即：流量—扬程）。对多级泵要标出级数（即：单级扬程×级数）。对老产品标出的是比转数 n_s 被10除后的整数。

（4）级数　多级泵的级数；若为单级泵，就不标了。

（5）切割次数　离心泵的切割次数用A、B、C三个字母表示，A、B、C分别表示叶轮外径经过第一次、第二次、第三次（极限切割）切割。

2.2.2.3 应用举例

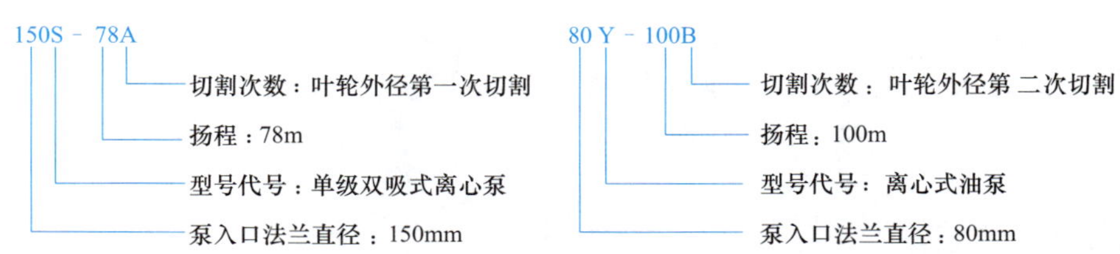

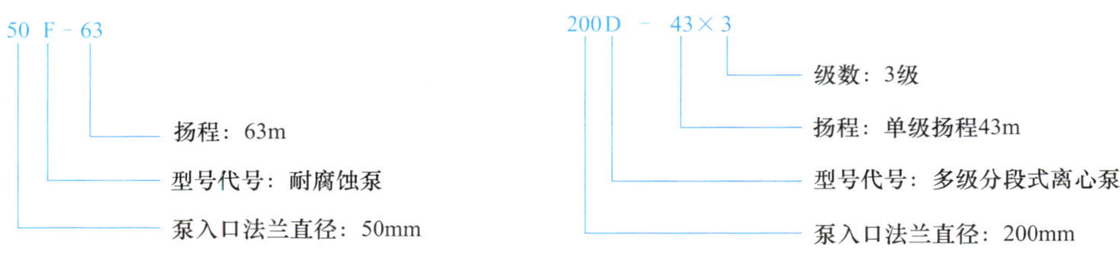

近年来，我国泵行业采用 ISO 2858 标准设计制造了泵，其型号组成如图 2-7 所示。

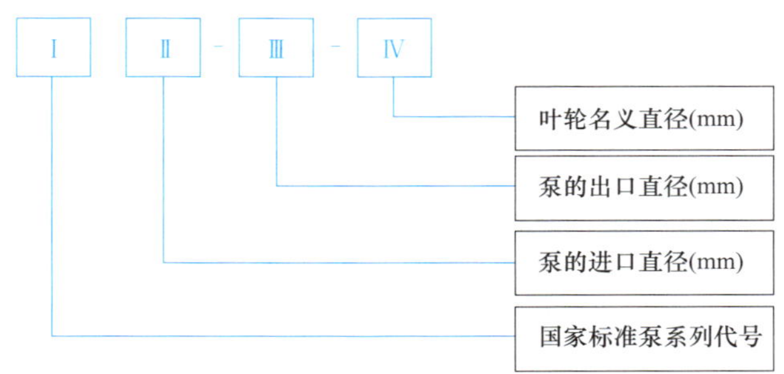

图 2-7 采用 ISO 2858 标准设计制造的离心泵的型号表示

离心泵型号示例：

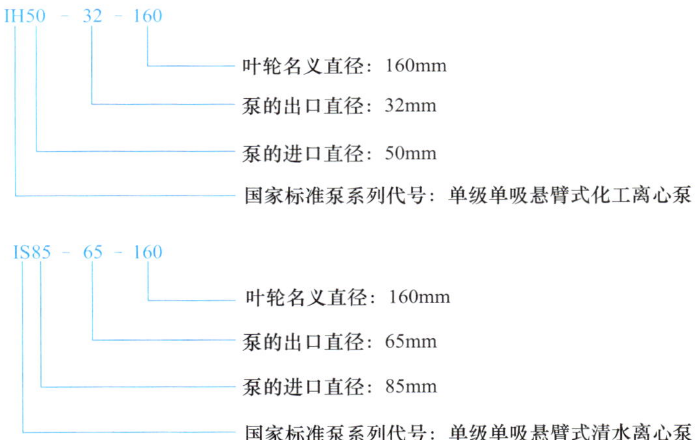

2.2.3 离心泵的结构

离心泵的种类虽然很多，但主要零部件却是相近的，图 2-8 所示为 IH 型单级单吸悬臂式化工离心泵结构图，它主要由泵体、泵盖、轴、叶轮、轴承、密封环等构成。多级离心泵还装有导叶、诱导轮和平衡盘等，为了防止液体从泵壳等处泄漏，在各密封点上分别装有密封环（防止介质向吸入口方向泄漏）或填料函（防止介质向外界泄漏），轴承及轴承悬架支撑着转轴，整台离心泵和电动机安装在同一个底座上。

2.2.4 离心泵的工作原理

离心泵在工作之前先灌满被输送的液体，当离心泵启动后，泵轴带动叶轮高速旋转，受叶轮上叶片的约束，泵内流体与叶轮一起旋转，在离心力的作用下，液体从叶轮中心向叶轮

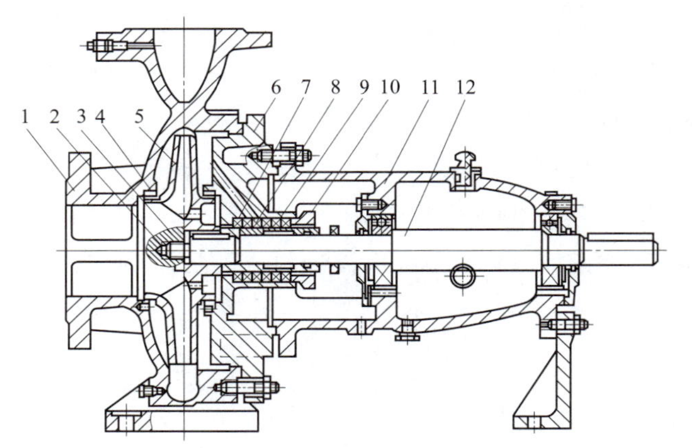

动画扫一扫

IH单级单吸离心泵的结构

图 2-8 IH 型单级单吸悬臂式化离心泵结构

1—泵体；2—叶轮螺母；3—制动垫片；4—密封环；5—叶轮；6—泵盖；7—轴套；8—填料环；9—填料；10—填料压盖；11—轴承悬架；12—轴

外缘运动，叶轮中心处（即吸入口处）因液体排出而呈负压状态，这样在吸入管的两端就形成了一定的压差，即吸入液面压力与泵吸入口压力之差，只要这一压差足够大，液体就会被吸入泵体内，这就是离心泵的吸液原理。另外，被叶轮甩出的液体，在从中心向外缘运动的过程中，动能与静压能均增加了，流体进入泵壳以后，由于泵壳内螺旋形通道的面积是逐渐增大的，液体的动能将逐渐减少，静压能将逐渐增加，流体到达泵出口处时，压力达到最大值，于是液体就被压出离心泵，这就是离心泵的排液原理，如图 2-9 所示。

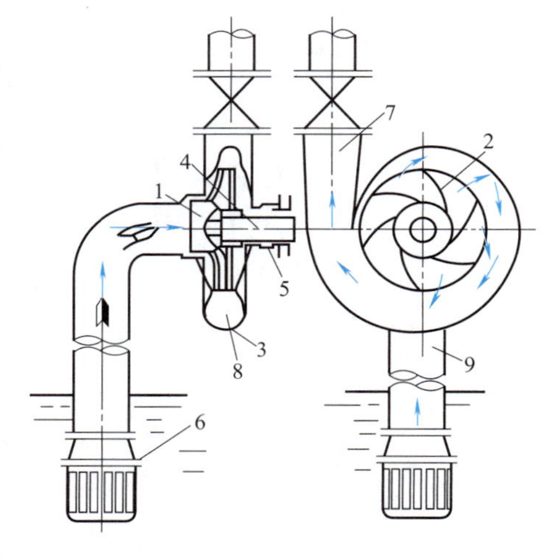

图 2-9 离心泵装置示意图

1—叶轮；2—叶片；3—泵壳；4—泵轴；5—填料函；6—底阀；7—排出管；8—压出室；9—吸入管

如果离心泵在启动之前泵体内没有充满液体，由于气体密度比液体的密度小得多，产生的离心力也很小，从而不能在吸入口形成必要的真空度，在吸入管两端就不能形成足够大的压差，就不能完成离心泵的吸液过程，这种因为泵体内充满气体（通常为空气）而造成离心泵不能吸液（空转）的现象称为离心泵的气缚现象。因此，离心泵是一种没有自吸能力的泵，离心泵在启动之前必须进行灌泵。

由上述内容可知，离心泵的工作过程实际上是一个能量传递和转化的过程，它把电动机高速旋转的机械能转化为被吸、排液体的动能、位能和静压能，在这个传递过程中伴随着许多能量损失，这些能量损失越大，离心泵的性能就越差，工作效率就越低，离心泵的能量转化过程如图 2-10 所示。

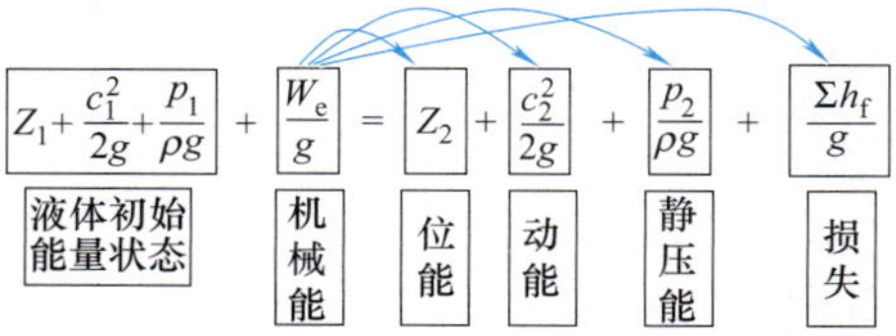

$$\boxed{Z_1+\frac{c_1^2}{2g}+\frac{p_1}{\rho g}}+\boxed{\frac{W_e}{g}}=\boxed{Z_2}+\boxed{\frac{c_2^2}{2g}}+\boxed{\frac{p_2}{\rho g}}+\boxed{\frac{\Sigma h_f}{g}}$$

液体初始能量状态　机械能　位能　动能　静压能　损失

图 2-10 离心泵的能量转化过程

由于离心泵的流量和扬程之间有相互对应的关系，因而可以用安装在离心泵排液管路上的阀门来调节流量。但对于容积式泵一般是不允许用这种方法来调节流量的。因为关小排液管路上的阀门，不仅起不到调节流量的作用，反而会使泵因排出压力过大而易发生事故。而离心泵即使完全关死排液管路上的阀门，一般在短时间内也不会引起事故。

2.2.5 离心泵的性能参数

2.2.5.1 流量

离心泵的流量是指在单位时间内离心泵所排出的液体量，流量如果用体积来表示则称为体积流量，用 Q 来表示，单位是 m^3/s、m^3/h、L/s；如果用质量来表示则称为质量流量，用 G 来表示，单位是 kg/s、t/s。体积流量 Q 与质量流量 G 之间可以根据公式（2-13）进行换算。

$$G=\rho Q \tag{2-13}$$

式中 ρ——输送温度下液体的密度，常温下清水密度为 $\rho=1000\text{kg/m}^3$。

离心泵的理论流量是指单位时间内流入叶轮的液体体积量，用 Q_{th} 表示，因为离心泵在运转过程中不可避免会存在泄漏的问题，所以离心泵的体积流量与理论流量不一定相同，它们之间满足公式（2-14）。

$$Q_{th}=Q+\sum q \tag{2-14}$$

式中 $\sum q$——单位时间内离心泵的泄漏量。

离心泵的流量与离心泵的结构、尺寸和转速有关，在操作中可以变化，其大小可以由实验测定，离心泵铭牌上的流量是离心泵在最高效率点的流量，称为设计流量或额定流量。

2.2.5.2 扬程

离心泵的扬程是指单位质量的液体从泵的入口（泵入口法兰处）到泵的出口（泵出口法兰处）总能量的增值，也就是单位质量（1kg）的液体通过泵获得的有效能量，称为离心泵的扬程，用符号 h 表示，单位为 J/kg。根据定义，离心泵的扬程可以通过公式（2-15）进行计算。

$$h=\left(gZ_2+\frac{c_2^2}{2}+\frac{p_2}{\rho}\right)-\left(gZ_1+\frac{c_1^2}{2}+\frac{p_1}{\rho}\right) \tag{2-15}$$

在实际生产过程中习惯将单位重量（1N）的液体通过泵后所获得的能量称为扬程，用符号 H 表示，单位为 m，用公式（2-16）计算。

$$H=\left(Z_2+\frac{c_2^2}{2g}+\frac{p_2}{\rho g}\right)-\left(Z_1+\frac{c_1^2}{2g}+\frac{p_1}{\rho g}\right) \tag{2-16}$$

离心泵的扬程 H 的单位虽然与高度的单位一致（都是 m），但不能把扬程简单理解为输送液体达到的高度，因为离心泵的扬程不仅要用来提高液体的位能，而且还用来克服液体在输送过程中的流动阻力以及提高输送液体的静压能和保证液体具有一定的流速等。

离心泵的理论扬程 H_{th} 是指离心泵叶轮向单位重量的液体所传递的能量，离心泵实际扬程 H 是理论扬程 H_{th} 水力损失后的数值，即 H_{th} 按公式（2-17）计算。

$$H_{th}=H+\sum h_h \tag{2-17}$$

式中 $\sum h_h$——水力损失。

离心泵的扬程与离心泵的结构、尺寸、转速及流量有关。通常流量越大，扬程越小，两者的关系由实验测定，离心泵铭牌上所标注的扬程是离心泵在额定流量下的扬程。

2.2.5.3 转速

转速是指离心泵泵轴每分钟旋转的次数，用 n 表示，单位是 r/min，它是影响离心泵性能的一个重要参数，当转速发生变化时离心泵的流量、扬程、功率等参数都将发生变化。

2.2.5.4 功率

离心泵在运转过程中因为有机械摩擦、流动损失和容积损失，导致功率在由驱动机通过泵轴和叶轮传递给液体的过程中不断减小，因此各处功率的表达式不同。功率主要包括轴功率和有效功率。

(1) 轴功率　轴功率是指单位时间内由原动机传递到离心泵主轴上的功率，也称泵的输入功率，用 N 来表示，单位为 W，即 J/s。离心泵的轴功率通常是由实验测定的，轴功率是选择电动机的依据，离心泵铭牌上的轴功率是离心泵在额定状态下的轴功率。

(2) 有效功率　输入离心泵的功率（即轴功率）只有部分传递给了被输送的液体，这部分功率即是有效功率（实际是指传递给液体的功率），用 N_e 来表示，也称输出功率，它表示单位时间内泵输送出去的液体从泵中所获得的有效能量。有效功率的大小可用公式(2-18)计算。

$$N_e=\frac{QH\rho g}{1000}(\mathrm{kW}) \tag{2-18}$$

式中　Q——离心泵的流量，m^3/s；

H——离心泵的扬程，m；

ρ——离心泵输送的液体的密度，kg/m^3；

g——重力加速度，m/s^2。

2.2.5.5 效率

离心泵的效率用来表示水泵传递能量的有效程度。水泵的输入功率（即轴功率）由于机械损失、水力损失和容积损失，不可能全部传递给液体，液体经过水泵只能获得有效功率。效率是用来反映离心泵内损失功率的大小及衡量轴功率有效利用程度的参数，即有效功率与轴功率之比的百分数就是离心泵的效率，又称为泵的总效率，用符号 η 来表示，可通过式公式（2-19）进行计算。

$$\eta=\frac{N_e}{N}\times 100\% \tag{2-19}$$

离心泵效率的高低与泵的类型、尺寸及加工精度有关，又与流量及流体的性质有关。一般情况下，小型泵的效率为50%～70%；大型泵的效率要高些，有的可达90%。离心泵的效率越高泵的经济性能就越好，所以效率是衡量离心泵工作经济性能的指标。

离心泵除了上述工作参数以外，还有汽蚀余量、比转速等参数，这些参数将在后续的章节中陆续介绍。

例题 2-1　某离心水泵输送清水，流量为 $25m^3/h$，扬程为32m，试计算有效功率为多少？若已知泵的效率为71%，则泵的轴功率为多少？

解： 已知常温下清水的密度为 $\rho=1000kg/m^3$，流量为 $Q=25m^3/h=\frac{25}{3600}m^3/s$，扬程为 $H=32m$，效率为 $\eta=71\%$，则

$$N_e=\frac{QH\rho g}{1000}=\frac{25\times 32\times 1000\times 9.8}{3600\times 1000}=2.18\ (\mathrm{kW})$$

$$\eta=\frac{N_e}{N}\Rightarrow N=\frac{N_e}{\eta}=\frac{2.18}{71\%}=3.07\ (\mathrm{kW})$$

例题 2-2　某离心泵以20℃清水进行性能实验，测得体积流量为 $720m^3/h$，压出口压力表读数为 $3.82kgf/cm^2$，吸入口真空表读数为210mmHg，压力表和真空表间垂直距离为 $h_0=410mm$，吸入管和压出管内径分别为350mm及300mm，如图2-11所示。试求泵的压

头（扬程）。

解：根据扬程的定义进行计算：

扬程＝泵出口能量－泵进口能量

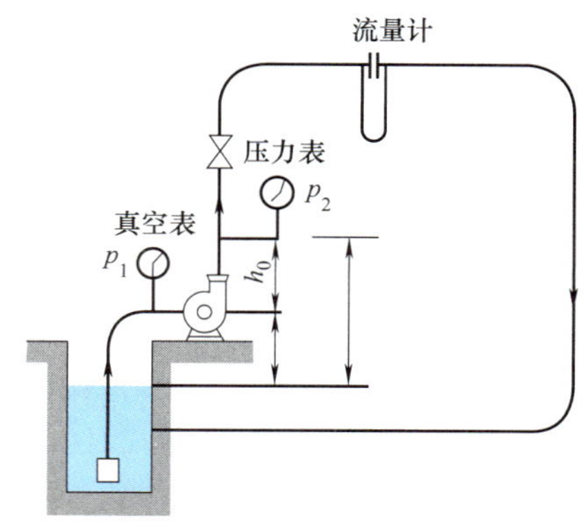

图 2-11　离心泵性能实验装置

即 $$H=\left(Z_2+\frac{c_2}{2g}+\frac{p_2}{\rho g}\right)-\left(Z_1+\frac{c_1}{2g}+\frac{p_1}{\rho g}\right)$$

$$=(Z_2-Z_1)+\frac{p_2-p_1}{\rho g}+\frac{c_2^2-c_1^2}{2g}$$

$$=h_0+\frac{p_2-p_1}{\rho g}+\frac{c_2^2-c_1^2}{2g}$$

$$h_0=Z_2-Z_1=410\text{mm}=0.41\text{m}$$

流速的大小可通过流量定理求出，即

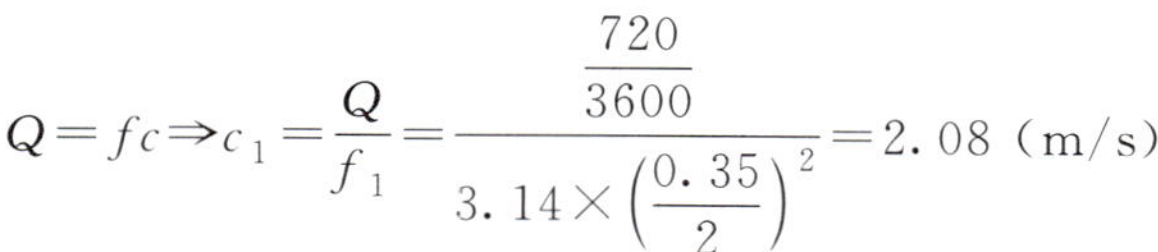

$$Q=fc\Rightarrow c_1=\frac{Q}{f_1}=\frac{\frac{720}{3600}}{3.14\times\left(\frac{0.35}{2}\right)^2}=2.08\ (\text{m/s})$$

$$Q=fc\Rightarrow c_2=\frac{Q}{f_2}=\frac{\frac{720}{3600}}{3.14\times\left(\frac{0.30}{2}\right)^2}=2.83\ (\text{m/s})$$

压力作为工质的状态参数，应该是绝对压力，而不是表压力或真空度，所以图中 p_1、p_2 要用绝对压力，其中表压＝绝对压力－大气压力，真空度＝大气压力－绝对压力，所以

$$p_2-p_1=(\text{大气压力}+\text{表压})-(\text{大气压力}-\text{真空度})=\text{表压}+\text{真空度}$$

压力的单位必须进行换算，则

$$p_2=3.82\text{kgf/cm}^2=3.82\times0.098\times10^6=3.74\times10^5(\text{Pa})$$

$$p_1=210\text{mmHg}=210\times\frac{0.1013}{760}\times10^6=0.28\times10^5(\text{Pa})$$

查得水在 20℃ 时密度为 $\rho=998\text{kg/m}^3$，将已知数据代入扬程计算公式，则离心泵的扬程为

$$H=0.41+\frac{(3.74-0.28)\times10^5}{998\times9.81}+\frac{2.83^2-2.08^2}{2\times9.81}=35.94\ (\text{m})$$

习题2-2

1. 单选题

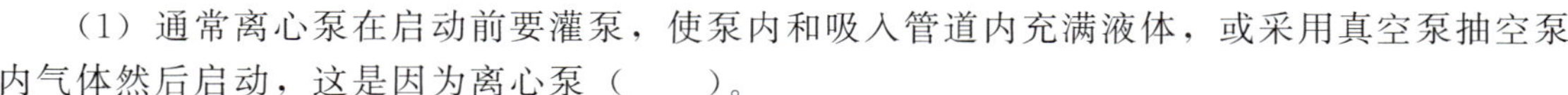

(1) 通常离心泵在启动前要灌泵，使泵内和吸入管道内充满液体，或采用真空泵抽空泵内气体然后启动，这是因为离心泵（　　）。

A. 流量大　　B. 扬程高　　C. 功率大　　D. 不具备自吸能力

(2) 以下（　　）是单级单吸离心泵。

A. 250S-39　　B. IS80-65-160　　C. 12sh-9A　　D. 200D-43×9

(3) 泵启动时应（　　）。

A. 开启出口阀　　B. 关闭出口阀　　C. 半开出口阀　　D. 关闭进口阀

(4) 离心泵在停车前应（　　）压力表和真空表阀门，再将排水阀关闭。

A. 先打开　　B. 先关闭　　C. 先打开再关闭　　D. 先关闭再打开

(5) 离心泵停车时要（　　）。

A. 先关出口阀后断电　　B. 先断电后关出口阀
C. 先关出口阀或先断电均可　　D. 单级式的先断电，多级式的先关出口阀

(6) 离心泵启动前灌泵，是为了防止（　　）现象发生。
A. 气缚　　B. 汽蚀　　C. 气阻　　D. 气泡

(7) IS80-65-160 表示（　　）。
A. 离心泵型号　　B. 离心机型号　　C. 机床型号　　D. 风机型号

(8) 200D-43×6 型号的离心泵其扬程为（　　）。
A. 200m　　B. 43m　　C. 6m　　D. 258m

(9) 当离心泵内充满空气时，将发生气缚现象，这是因为（　　）。
A. 气体的黏度太小　　B. 气体的密度太小
C. 气体比液体更容易引起旋涡　　D. 气体破坏了液体的连续性

(10) 下列选项中，（　　）是造成离心泵流量降低的原因之一。
A. 入口压力大　　B. 轴弯曲　　C. 轴承箱振动　　D. 管路漏气

(11) 一台离心泵其铭牌标明 F，它是一台（　　）的泵。
A. 耐热　　B. 耐高温　　C. 耐腐蚀　　D. 耐低温

2. 判断题

(1) 在相同流量下，旋涡泵的扬程比离心泵小。（　　）
(2) 液体的黏度越大，离心泵的功耗越小。（　　）
(3) 离心泵前弯叶片产生的理想扬程高，所以离心泵中叶轮采用前弯叶轮。（　　）
(4) 多级泵的压头等于各单级泵压头之和，流量等于单级流量。（　　）
(5) B 型泵比 IS 型泵更容易维修叶轮。（　　）
(6) IS 型是后开式泵。（　　）
(7) 离心泵铭牌上的流量是离心泵的实际流量。（　　）
(8) 离心泵的叶轮不可切割。（　　）
(9) 离心泵结构中挡水圈主要是防止液态介质进入轴承。（　　）
(10) 填料密封中填料压盖越紧，密封性能越好。（　　）
(11) 运行中离心泵要求原动机传递给泵主轴的功率叫离心泵的轴功率。（　　）
(12) 泵轴每分钟的转数叫泵的转数。（　　）
(13) 单位体积的液体通过泵体后获得的能量称为扬程。（　　）
(14) 泵的扬程为液体输送的高度。（　　）
(15) 离心泵按叶轮吸入方式可分为单级泵和多级泵。（　　）

3. 计算题

(1) 用一台离心泵输送密度为 $750kg/m^3$ 的汽油，实际测得泵出口压力表读数为 1.47×10^2kPa，入口真空表读数为 39kPa，两表测点的垂直距离为 0.5m，吸入管与排出管直径相同，试求以液柱表示的泵的实际扬程。

(2) 设某离心泵的流量为 $0.0253m^3/s$，排出管压力表读数为 3.2×10^2kPa，吸入管真空表读数为 39kPa，表位差为 0.8m，吸入管直径为 100mm，排出管直径为 75mm，电动机功率表读数为 12.5kW，电动机效率为 0.93，泵与电动机采用直连，试计算泵的轴功率、有效功率和泵的总效率。

(3) 用泵将硫酸自常压贮槽送到压力为 2×10^2kPa（表压）的设备中，要求流量为 $14m^3/h$，实际升高高度为 7m，管路的全部损失能头为 5m，硫酸的密度为 $1831kg/m^3$，试计算该泵的扬程。

2.3 离心泵扬程和效率的计算与分析

前面介绍了离心泵的结构和工作原理。离心泵能够连续不断地输送液体，关键是离心泵中叶轮的旋转运动，那么液体在离心泵的叶轮中如何运动、旋转的叶轮能够使液体得到多大的扬程这些问题可以通过离心泵的基本方程得到分析和解决。

2.3.1 液体在叶轮内的流动状态分析

离心泵工作时液体一方面随着叶轮一起旋转做圆周运动，另一方面沿叶道向外缘流动，因此液体在叶轮内的流动是一个复杂的运动，而离心泵的叶轮通过叶片传递给液体的能量也与液体流动的状态（即速度三角形）有关，如图 2-12 所示。

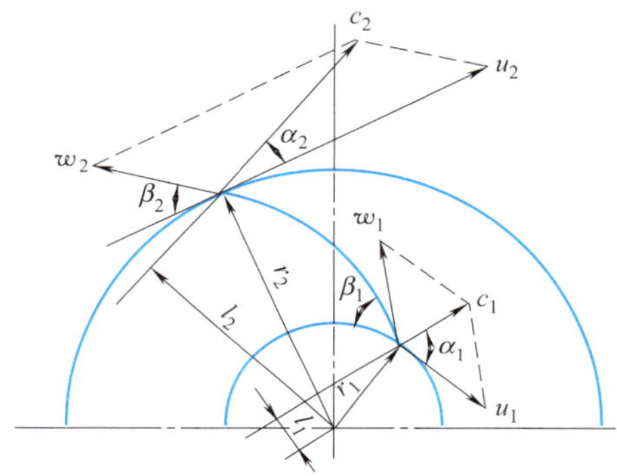

图 2-12 叶轮进出口处速度三角形

为了分析液体在叶轮内的运动状态，特做如下的假设。

（1）假设叶轮为理想叶轮，即叶轮的叶片数为无穷多，而且叶片的厚度非常薄，则液体在叶道内做相对运动时其运动轨迹与叶片曲线的形状完全一致，叶轮相同半径圆周上液体质点的速度大小相等。

（2）假设液体为理想液体，即液体在叶轮内流动时没有能量损失。

（3）液体在叶轮内的流动是稳定流动。

那么液体质点在叶轮内任何一个位置的运动关系可用公式（2-20）来表示。

$$\boldsymbol{c}=\boldsymbol{u}+\boldsymbol{w} \tag{2-20}$$

式中 $\boldsymbol{u}$——液体随叶轮的旋转速度，称为圆周速度（或牵连速度），方向与叶轮旋转的切线方向一致，当叶轮尺寸和转速一定时圆周速度 $\boldsymbol{u}$ 为定值，其大小可通过公式（2-21）计算

$$u=\frac{2\pi rn}{60}=\frac{\pi Dn}{60}(\mathrm{m/s}) \tag{2-21}$$

其中，D 为叶轮内任意点的叶轮直径，m；

$\boldsymbol{w}$——液体从旋转的叶轮内沿着叶片向外缘流动的切线速度，称为相对速度，方向与叶片的切线方向一致；

$\boldsymbol{c}$——液体质点相对于静止壳体的运动速度，称为绝对速度，是 $\boldsymbol{u}$ 和 $\boldsymbol{w}$ 的合速度。

绝对速度 $\boldsymbol{c}$ 可以分解为两个互相垂直的速度，即绝对速度的径向分速度 $c_r=c\sin\alpha$，方向与圆周速度（$\boldsymbol{u}$）方向垂直，并由内指向外，绝对速度的周向分速度 $c_u=c\cos\alpha=u-c_r\cot\beta$，方向与圆周速度（$\boldsymbol{u}$）方向一致，如图 2-13 所示。其中，$\alpha$ 为绝对速度 $\boldsymbol{c}$ 与圆周速度 $\boldsymbol{u}$ 之间的夹角，称为绝对速度方向角；β 为相对速度 $\boldsymbol{w}$ 与圆周速度 $\boldsymbol{u}$ 反方向之间的夹角，称为相对速度方向角。

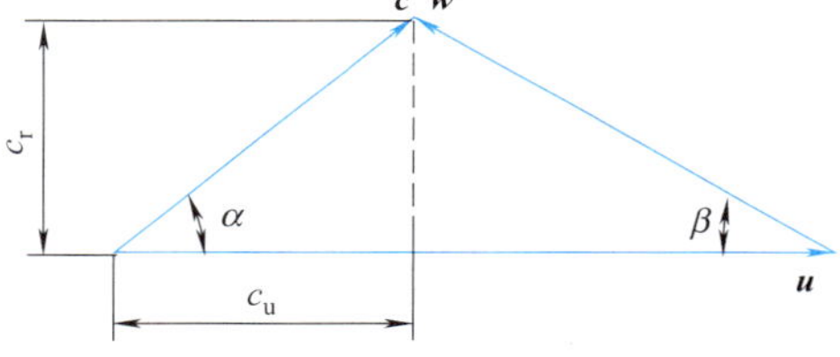

图 2-13 任意半径处的速度三角形

2.3.2 离心泵的基本方程

2.3.2.1 理论扬程方程

离心泵的基本方程式表示叶轮对液体所做的功与液体运动状态变化之间的关系，为了在分析和推导过程中使问题简化，仍采用理想叶轮和理想液体的概念，即假设：

（1）在理想叶轮中液流完全沿叶片的形状流动，流动方向与叶片表面相切。

（2）在任意 i 点的相对速度方向角 β_i 与叶片在该点处的安装角 β_{iA} 相等，即 $\beta_i=\beta_{iA}$。

（3）流道中任一圆周上相对速度的分布是均匀的。

（4）液体在流动过程中认为液体黏性很小，流动阻力损失可以忽略不计。

在这种假设的前提下，理想液体通过理想叶轮时的理论扬程，在忽略推导过程的情况下可以用式（2-22）表示。

$$H_{th\infty}=\frac{u_2c_{2u\infty}-u_1c_{1u\infty}}{g} \tag{2-22}$$

式中 $H_{th\infty}$——叶轮叶片无限多时的理论扬程，m；

c——绝对速度，m/s；

u——圆周（牵连）速度，m/s。

公式（2-22）称为离心泵的基本方程，也称欧拉方程。由公式（2-22）可以看出离心泵的理论扬程只与液流在叶道进口处的速度三角形的边长 u_1、$c_{1u\infty}$ 和出口处的速度三角形边长 u_2、$c_{2u\infty}$ 有关，而与输送液体的性质（如重量）无关。在一般情况下，对于轴向吸入室的离心泵，液体是沿径向进入叶轮的，也就是说叶轮入口液体无预旋，这时 $c_{1u\infty}\approx 0$，那么公式（2-22）可以写成公式（2-23）的形式，即

$$H_{th\infty}=\frac{u_2c_{2u\infty}}{g} \tag{2-23}$$

由于 $c_{2u\infty}=u_2-c_{2r}\cot\beta_{2A}$，则公式（2-23）又可以表示为公式（2-24）。

$$H_{th\infty}=\frac{u_2}{g}(u_2-c_{2r\infty}\cot\beta_{2A}) \tag{2-24}$$

由公式（2-24）可以看出，提高泵的扬程还可以通过提高泵的转速 n（提高 u）、增大叶轮叶片离角 β_{2A}（叶轮出口处的叶片安装角 β_{2A} 常称为叶片离角）等方法来实现。

离心泵叶片进口安装角 β_{1A} 一般变化不大，而出口安装角 β_{2A} 随叶片形式不同而有很大差别，如图 2-14 所示。按出口安装角 β_{2A} 的不同，叶片可以分成三种类型：当 $\beta_{2A}<90°$时，

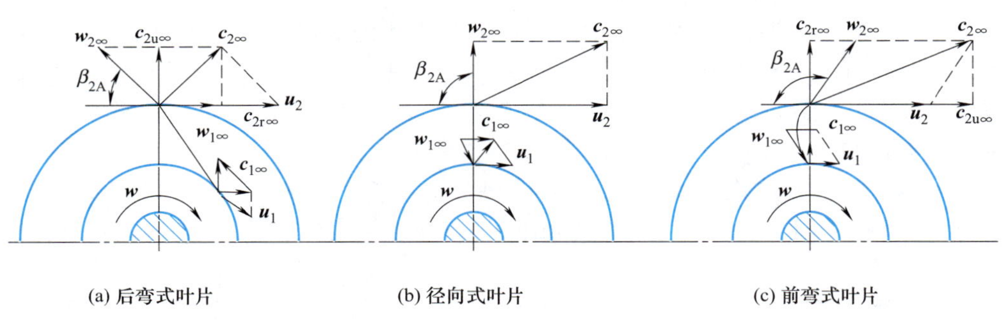

图 2-14 叶片形式及其速度三角形

叶片弯曲方向与叶轮旋转方向相反，称为后弯式叶片；当 $\beta_{2A}=90°$时，叶片弯曲方向与圆周速度方向垂直，称为径向式叶片；当 $\beta_{2A}>90°$时，叶片弯曲方向与叶轮旋转方向相同，称为前弯式叶片。

流体通过叶轮时能量增加，增加的能量可分为动能和势能，相应的扬程也分为动扬程和静扬程，静扬程是指液体从叶轮叶片进口流至叶轮叶片出口时静压能的增加，动扬程就是速度能的增加。在考虑流体黏性的情况下，动扬程越大流体的流速越大，由于流动阻力与速度的平方成正比，动扬程越大流动阻力损失越大，因此工程中希望静扬程所占的比例要高一些。

在叶轮的三种结构形式当中，虽然前弯式叶片所产生的理论扬程最高，后弯式叶片所产生的理论扬程最低，径向式居中，但对于离心泵来讲一般希望静压头高，静压头所占总能量的比例要大，因此 β_{2A} 值较小为好，所以在实际应用中采用后弯式叶片居多。采用后弯式叶片从叶轮外缘流出的液体具有很大的动能，为了能有效地把一部分动能转变为静压能，可使流道断面缓慢变大，这样可减小流道阻力和损失，提高泵的效率。

2.3.2.2　实际叶轮的理论扬程 H_{th}

式（2-22）～式（2-24）是理论扬程计算的不同表达形式，这些计算公式都是在理想叶轮和理想液体的前提下推导出来的，其扬程称为理想叶轮的理论扬程。而实际叶轮的叶片数目是有限的，一般为 2～8 片，两叶片之间的流道较宽，液体流动时并不像在理想叶轮中流动时被叶片紧紧约束，在实际叶轮任意两叶片间的液流因液体本身的惯性力影响，产生与叶轮转向相反的轴向涡流，如图 2-15 所示。而且流道越宽，在叶片工作面一侧相对速度越小，在叶片背面（非工作面）相对速度越大，涡流现象越严重，所以实际叶轮的理论扬程 H_{th} 总是小于无限叶片的理论扬程 $H_{th\infty}$。工程上为计算方便一般采用环流系数来考虑叶片数有限时对扬程的影响，具体可按公式（2-25）计算。

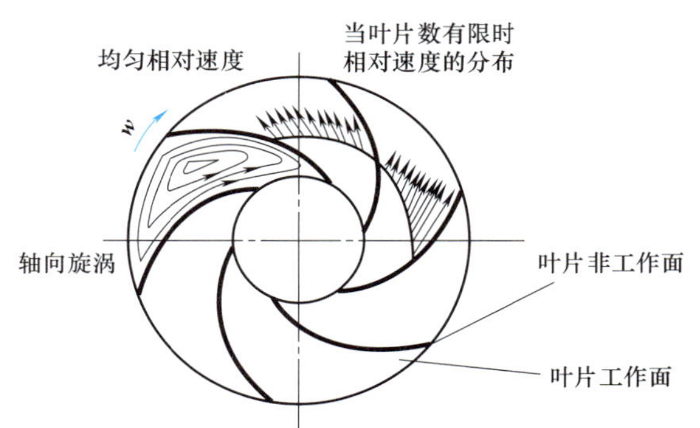

图 2-15　叶轮流道内轴向涡流运动

$$H_{th}=KH_{th\infty} \tag{2-25}$$

式中　K——环流系数，目前用理论的方法还难以精确计算，一般由经验公式确定，K 的取值范围一般为 0.6～0.9，而且叶片数越多，K 值越大。

2.3.2.3　离心泵实际扬程的计算和确定

对于离心泵的理论流量、叶轮的理论扬程都是在理想条件下做出的理论分析。影响离心泵实际扬程和流量的因素较多，同时离心泵的实际扬程与相连的管路系统有一定关系，因此离心泵的实际扬程并不能用理论公式精确计算。在工程实践中确定离心泵的扬程有两种情况。

（1）管路系统所需实际扬程的计算　在已知管路中输送一定量的流体时计算管路系统所需泵提供的扬程，如图 2-16 所示，这时泵提供给单位重量液体的能量与输送液体所消耗的能量相等，即管路系统所需要的扬程与泵所提供的扬程相等，在图 2-16 中如果以 A-A 截面为分析截面，则

A-A：　$$\frac{p_A}{\rho g}+\frac{c_A^2}{2g}$$

$$B\text{-}B: \quad \frac{p_B}{\rho g}+\frac{c_B^2}{2g}+(Z_A+Z_B)$$

假设从 A-A 截面到 B-B 截面输送液体时的能量损失为 $\sum h_f$，则管路系统从 A-A 截面到 B-B 截面输送液体时所需实际扬程可在 A-A 截面到 B-B 截面列出伯努利方程进行计算。

$$H=\frac{p_B}{\rho g}+\frac{c_B^2}{2g}+(Z_A+Z_B)-\left(\frac{p_A}{\rho g}+\frac{c_A^2}{2g}\right)+\sum h_f$$

$$=(Z_A+Z_B)+\frac{c_B^2-c_A^2}{2g}+\frac{p_B-p_A}{\rho g}+\sum h_f$$

式中 p_A，p_B——吸液池液面和排液池液面上的压力，Pa；

Z_A，Z_B——吸液池液面和排液池液面到泵中心轴线的垂直距离，m；

c_A，c_B——吸液池液面和排液池液面上液体的平均流速，m/s；

$\sum h_f$——吸液管路和排液管路总流动损失能量，m；

ρ——所输送液体的密度，kg/m^3。

（2）管路系统离心泵所提供实际扬程的计算　连接在管路系统中的离心泵所提供给管路系统的实际扬程，可通过列出泵进口和出口处流体的伯努利方程而求得，在图 2-16 中如果以 S-S 截面为分析截面，则

$$S\text{-}S: \quad \frac{p_S}{\rho g}+\frac{c_S^2}{2g}$$

$$D\text{-}D: \quad \frac{p_D}{\rho g}+\frac{c_D^2}{2g}+Z_{SD}$$

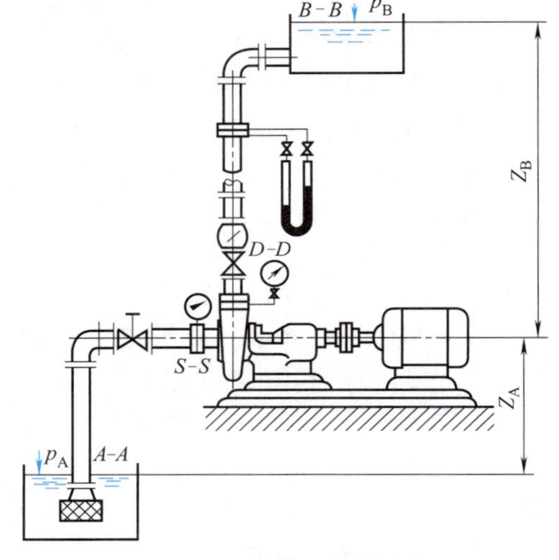

图 2-16　离心泵的一般装置示意图

由于 Z_{SD} 很小，可近似地认为在进口和出口之间没有能量损失，则泵提供的实际扬程为

$$H=\frac{p_D}{\rho g}+\frac{c_D^2}{2g}+Z_{SD}-\left(\frac{p_S}{\rho g}+\frac{c_S^2}{2g}\right)$$

$$=\frac{p_D-p_S}{\rho g}+\frac{c_D^2-c_S^2}{2g}+Z_{SD}$$

当泵进口到出口的直径相差很小时可近似认为 $c_S\approx c_D$，则泵所提供的实际扬程为

$$H=\frac{p_D-p_S}{\rho g}+Z_{SD}$$

2.3.3 离心泵的能量损失及效率

离心泵在实际工作中不可能处于理想状态，由于存在着各种泄漏，泵的实际流量比理论流量要小，由于泵在运转中不可避免地存在各种机械损失，所以泵的轴功率比泵的有效功率要大，因此要尽量减少泵的各种损失以达到输送液体时高效节能的目的。离心泵在输送液体的过程中会产生图 2-17 所示的各种能量损失。

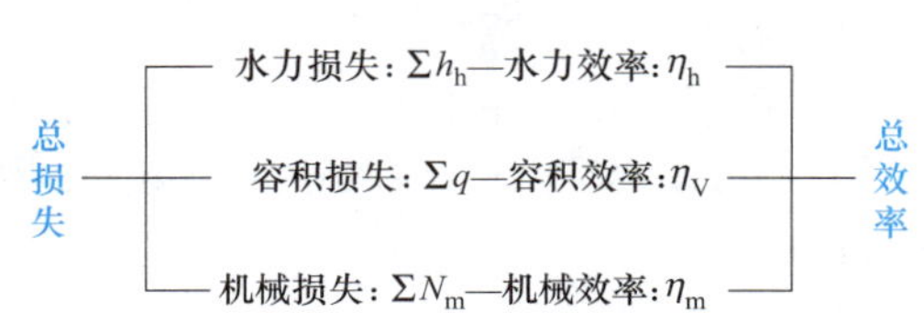

图 2-17　离心泵的能量损失

2.3.3.1 水力损失和水力效率

液体流经泵时要产生水力损失，水力损失主要包括摩擦损失 $\sum h_{\mathrm{p}}$、局部阻力损失 $\sum h_{\mathrm{M}}$ 和冲击损失 $\sum h_{\mathrm{sh}}$。

（1）摩擦损失和局部阻力损失　摩擦损失是液体流经泵的吸液室、叶轮换能装置、压液室及扩压管等部位时沿程所产生的能量损失；局部阻力损失是转弯、突然收缩或扩大等导致的能量损失。摩擦损失和局部阻力损失均与液体流动速度的平方成正比，而离心泵中液体流速与流量成正比关系，故摩擦损失与流量平方成正比，因此其变化规律如图 2-18 中曲线所示，该曲线是一条过原点的二次抛物线。为了减小这部分损失，可以降低流速，特别是降低压液室和多级泵中导轮转弯处的速度，另外在工艺条件允许的情况下，应尽可能降低叶轮过流部分的表面粗糙度。

（2）冲击损失　冲击损失是泵在偏离设计工况下运转时，液体流入叶轮及换能装置等处发生冲击而造成的能量损失，也就是说冲击损失是液体流动速度大小和方向发生变化时产生的阻力损失。在设计工况时由于液体流动方向与叶片安装角的方向一致，所以冲击损失为零，在流量大于或小于设计工况时由于液体流动方向的改变，使得冲击损失逐渐增大，如图 2-19 所示，因此为了减少冲击损失，泵应尽量在设计流量附近运转。

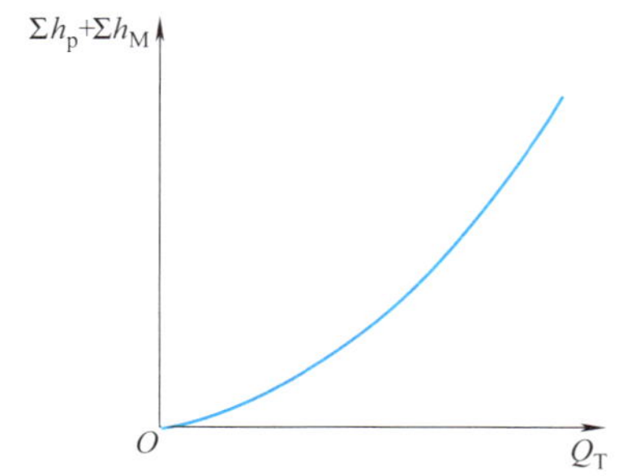

图 2-18　摩擦损失和局部阻力损失与流量的关系

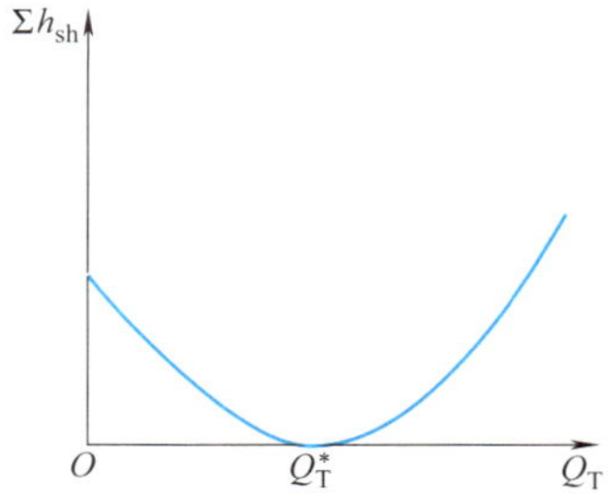

图 2-19　冲击损失曲线

水力损失表明，叶轮给予液体的能量，一部分消耗在从泵吸入口到排液口过流部件的阻力损失上，因此泵的实际扬程比有限叶片理论扬程低，可按公式（2-26）进行计算。

$$H=H_{\mathrm{th}}-\sum h_{\mathrm{h}} \tag{2-26}$$

（3）水力效率　离心泵的水力功率是指单位时间内叶轮给出的能量，用 N_{h} 来表示，其大小为 $N_{\mathrm{h}}=\rho g Q_{\mathrm{th}} H_{\mathrm{th}}$。水力损失的大小可用水力效率 η_{h} 来表示，即有效扬程与理论扬程之比称为离心泵的水力效率，按公式（2-27）计算。通常水力效率的取值范围为 $\eta_{\mathrm{h}}=0.8 \sim 0.9$。

$$\eta_{\mathrm{h}}=\frac{H}{H_{\mathrm{th}}} \tag{2-27}$$

2.3.3.2 容积损失和容积效率

（1）容积损失　泵在工作时泵内各部分液体的压力不相同，由于结构上的原因，泵的固定元件（泵体）和转动部件（转子）之间必然存在间隙，在间隙两侧液体压力差的推动作用下，液体从高压端向低压端的泄漏，如图 2-20 所示，这部分由高压区流回低压区的液体流量虽然在流经叶轮时获得了能量，但未被有效利用，这部分能量损失称为容积损失（也称泄漏损失）。容积损失主要发生在叶轮口环与泵壳的间隙、多级离心泵级间导叶隔板与轴套的间隙、轴向力平衡装置与泵壳的间隙、轴封处的间隙等处。由于容积损失的存在，流入叶轮的理论流量不可能全部从泵的排出口排出，总会有小部分泄漏，因此泵的实际排出流量比流经叶轮的理论流量要少，可按公式（2-28）计算。为了降低泄漏量，可通过减小密封间隙环形面积，增加密封间隙的阻力来实现。

$$Q=Q_{th}-\sum q \tag{2-28}$$

（2）容积效率　容积损失的大小可用容积效率 η_V 来表示，容积效率是指实际流量与理论流量之比，按式（2-29）计算。容积效率与泵的结构形式有关，其取值范围一般为 $\eta_V=0.90\sim0.96$。

$$\eta_V=\frac{Q}{Q_{th}}=\frac{Q}{Q+\sum q} \tag{2-29}$$

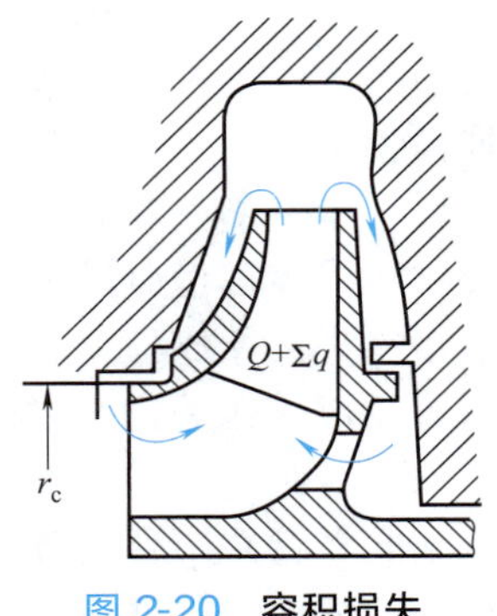

图 2-20　容积损失

2.3.3.3　机械损失和机械效率

（1）机械损失　机械损失功率 N_m 主要包括轴与轴承、轴与轴封装置间因旋转运动而发生的摩擦阻力损失功率 N_{rf} 以及叶轮外圆盘面与液体间发生摩擦而引起的轮盘摩擦损失功率（即轮阻损失功率）N_{df}，即 $N_m=N_{rf}+N_{df}$，其中轮阻损失功率 N_{df} 是机械损失功率中最大的一项，摩擦阻力损失功率较小，一般情况下为轴功率的 1%～5%。

（2）机械效率　机械损失的大小可用机械效率 η_m 来表示，机械效率是指水力功率（即原动机传递给泵的轴功率经机械损失后剩余的功率）与原动机传递给泵的轴功率之比，可按公式（2-30）计算。离心泵的机械效率一般取 $\eta_m=0.9\sim0.97$。

$$\eta_m=\frac{N_h}{N}=\frac{N-N_m}{N} \tag{2-30}$$

2.3.3.4　离心泵总的能量损失和总效率

（1）离心泵总的能量损失　离心泵总的能量损失功率 N_{tf} 是水力损失功率、容积损失功率和机械损失功率之和，见公式（2-31）。

$$N_{tf}=N_{hf}+N_{Qf}+N_m \tag{2-31}$$

式中　N_{tf}——离心泵总的能量损失功率，kW；
N_{hf}——离心泵的水力损失功率，kW；
N_{Qf}——离心泵的容积损失功率，kW；
N_m——离心泵的机械损失功率，kW。

（2）离心泵的总效率　离心泵的轴功率通常是指输入泵轴的功率，而泵的输出功率是指有效功率，泵的有效功率与轴功率之比称为泵的总效率，简称效率，用符号 η 来表示。离心泵的总效率可按公式（2-32）计算，一般取 $\eta=0.5\sim0.9$。

$$\eta=\frac{N_e}{N}=\frac{N_eN_h}{NN_h}=\frac{QH\rho g}{Q_{th}H_{th}\rho g}\times\frac{N_h}{N}=\eta_V\eta_h\eta_m \tag{2-32}$$

式（2-32）说明，离心泵的总效率等于容积效率、水力效率和机械效率三者的乘积。要提高离心泵的效率，就必须从设计、制造和运行方面考虑，最大限度地减少各种损失。一般离心泵的各种效率的参考值见表 2-2。

表 2-2　离心泵的各种效率值

效率		η_V	η_h	η_m
大流量泵		0.95～0.98	0.95	0.95～0.97
小流量	低压泵	0.90～0.95	0.85～0.90	0.90～0.95
	高压泵	0.85～0.90	0.80～0.85	0.85～0.90

习题2-3

1. 单选题

(1) 流体在离心泵叶轮内的运动是（　　）。

A. 直线运动　B. 圆周运动　C. 相对运动　D. B 与 C 的合运动

(2) 离心泵的理论扬程与液流在叶道（　　）有关。

A. 进口速度三角形　B. 出口速度三角形

C. 进口绝对速度　D. 进、出口速度三角形

(3) 液体的理论扬程总是低于实际扬程，究其原因，主要是由于（　　）。

A. 轴向涡流　B. 能量损失　C. 相对运动　D. 叶道太宽

(4) 离心泵叶轮的叶片按出口安装角的不同可分为三种类型，即前弯式、后弯式和（　　）叶片。

A. 轴向式　B. 径向式　C. 扭曲　D. 任意形状

(5) 前弯叶片的出口安装角的大小（　　）90°。

A. 大于　B. 小于　C. 等于　D. 大于或等于

(6) 在实际应用中，离心泵广泛采用（　　）。

A. 前弯叶轮　B. 径向叶轮　C. 后弯叶轮

(7) 离心泵的叶轮在运转过程中，产生理论扬程最大的是（　　）。

A. 前弯叶轮　B. 径向叶轮　C. 后弯叶轮

(8) 离心泵广泛采用后弯式叶轮，主要是由于后弯式叶轮产生的（　　）。

A. 动扬程最大　B. 势扬程最大　C. 动扬程最小　D. 势扬程最小

(9) 水力损失主要包括摩擦损失、局部阻力损失和（　　）。

A. 阻力损失　B. 泄漏损失　C. 冲击损失　D. 机械损失

(10) 离心泵能量损失中，（　　）是机械损失中最大的一项。

A. 摩擦阻力损失　B. 轮阻损失　C. 泄漏损失　D. 冲击损失

2. 判断题

(1) 理论扬程只与叶轮进、出口速度三角形有关。（　　）

(2) 离心泵的前弯式叶轮产生的扬程最大。（　　）

(3) 实际工作中，离心泵广泛采用前弯式叶轮。（　　）

(4) 为了降低叶轮出口处液体的速度，可使液体的流道断面缓慢变大。（　　）

(5) 泄漏的存在降低了离心泵的容积效率。（　　）

(6) 离心泵的总效率是水力效率、容积效率与机械效率的乘积。（　　）

(7) 容积效率与泵的结构形式有关。（　　）

(8) 离心泵的轴功率通常是指输入泵轴的功率。（　　）

(9) 容积损失主要产生在叶轮与泵壳之间、多级离心泵各级叶轮之间。（　　）

(10) 轮阻损失功率是机械损失中最大的一项。（　　）

3. 简答题

(1) 比较前弯式、后弯式、径向式叶轮产生扬程的大小。

(2) 离心泵的能量损失包括哪些内容，如何计算离心泵的效率？

(3) 什么是容积损失，如何降低容积损失？

2.4 离心泵的性能曲线

本节主要讲述离心泵的性能曲线及应用。熟悉和掌握离心泵的性能曲线就能正确地选用和操作离心泵，使泵在最佳的工况下工作，并能理解实际操作中遇到的许多实际问题，因此学习离心泵的性能曲线具有十分重要的意义。

2.4.1 离心泵的性能曲线

所谓离心泵的性能曲线，是指每台离心泵在指定转速下，一定的流量 Q 对应一定的扬程 H、轴功率 N 和效率 η，即 H、N、η 等参数与离心泵流量 Q 之间存在一定的对应关系，分别用 H-Q、N-Q、η-Q 来表示，这种表示离心泵性能参数之间关系的曲线称为离心泵的性能曲线或特性曲线，它们反映离心泵的特性，如图 2-21 所示。不同型号的离心泵，性能曲线虽然各不相同，但其总体变化规律是相似的。

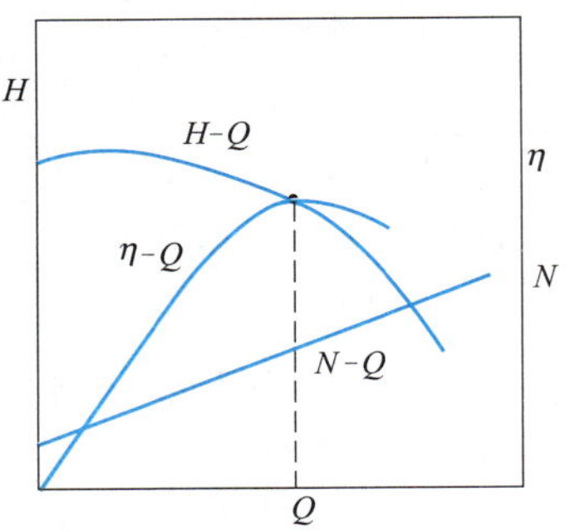

图 2-21 离心泵的性能曲线

离心泵的性能曲线不仅与泵的形式、转速、几何尺寸有关，同时还与液体在泵内流动时的各种能量损失和泄漏损失有关。

2.4.2 理论分析性能曲线的形成

离心泵的性能曲线可以用理论分析和实验测定两种方法绘制。到目前为止，离心泵的性能曲线还不能用理论计算的方法精确确定。离心泵的性能曲线一般是由泵的制造厂家提供，供使用部门选泵和操作时参考。为了正确理解泵的性能曲线，需要从理论上对离心泵的性能曲线进行定性分析，以便了解影响离心泵性能的各种因素。

2.4.2.1 扬程-流量曲线

扬程-流量曲线反映了离心泵在一定工作转速下扬程随流量变化的规律，下面定性分析该曲线的形成过程。

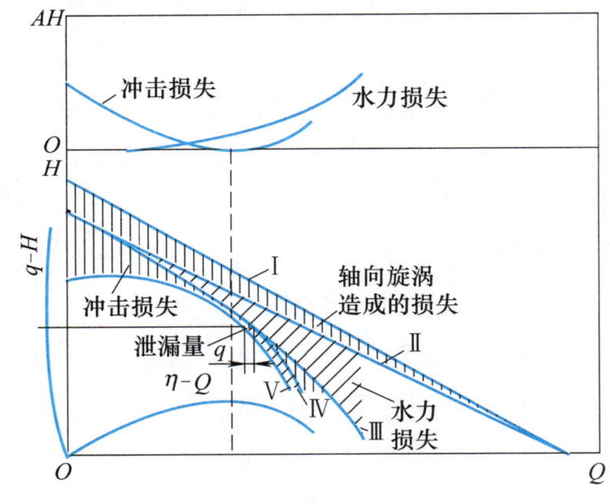

图 2-22 离心泵的 H-Q 曲线

对于具有无限多叶片和无任何流量损失的叶轮，离心泵的扬程与流量之间的关系经过理论推导可表示为 $H_{th\infty}=A-BQ_{th}$，其中，A、B 均为相应的常数，其大小与离心泵的结构参数与转速有关，因此性能曲线 $H_{th\infty}$-Q_{th} 是一条向下倾斜的直线，见图 2-22 中曲线Ⅰ所示。对于有限叶片和无任何流量损失的实际叶轮，由于轴向涡流的影响，扬程的大小发生了变化，即 $H_{th}=KH_{th\infty}$，$K<1$，并且环流系数 K 与流量 Q_{th} 无关，由于在同一流量下，$H_{th}<H_{th\infty}$，故将 $H_{th\infty}$-Q_{th} 上各点的纵坐标均乘以系数 K 即可得到 H_{th}-Q_{th} 曲线，该曲线在 $H_{th\infty}$-Q_{th} 曲线的下方，是一条向下倾斜的直线，如图 2-22 中曲线Ⅱ所示。由于泵流道内的沿程摩擦损失和冲击损失均与流量有关，从曲线Ⅱ H_{th}-Q_{th} 上减去摩擦损失得到曲线Ⅲ，再减去冲击项损失后可得实际扬程与理论流量之间的

关系曲线 H-Q_{th}，如图 2-22 中的曲线Ⅳ所示，由于泄漏的影响，如图 2-22 中的 q-H 曲线，从曲线Ⅳ H-Q_{th} 中减去相应的泄漏量可得离心泵实际扬程与实际流量之间的关系曲线 H-Q，如图 2-22 中的曲线Ⅴ所示。

2.4.2.2 轴功率-流量曲线

N-Q 曲线反映了离心泵在一定工作转速下轴功率 N 与流量 Q 之间的变化关系，如图 2-23 所示。

先将理论功率 N_{th} 与理论流量 Q_{th} 的关系表示出来，在理想情况下 $N_{th}=N_e=N_h$，即先作出 N_h-Q_{th} 曲线，在实际条件下由于存在着机械摩擦损失功率，但基本与流量无关，故可将 N_h-Q_{th} 曲线上各点的纵坐标上移 N_m（$N=N_h+N_m$）可得轴功率 N 与理论流量 Q_{th} 之间的关系曲线 N-Q_{th}，对应每一个流量值再减去相应的泄漏量 q 后，便可获得离心泵的 N-Q 曲线，如图 2-23 所示。

2.4.2.3 效率-流量曲线

离心泵的效率流量曲线是指泵的总效率 η 与流量 Q 之间的关系曲线，在得到了 H-Q 及 N-Q 曲线之后便可绘制出 η-Q 曲线。因为 $\eta=\dfrac{N_e}{N}=\dfrac{HQ\rho g}{N}$，将图 2-22 和图 2-23 中的 H-Q 和 N-Q 曲线上对应的 H、Q、N 代入效率计算公式，便可得到对应点的 η 值，从而作出泵的效率-流量曲线 η-Q，如图 2-24 所示。

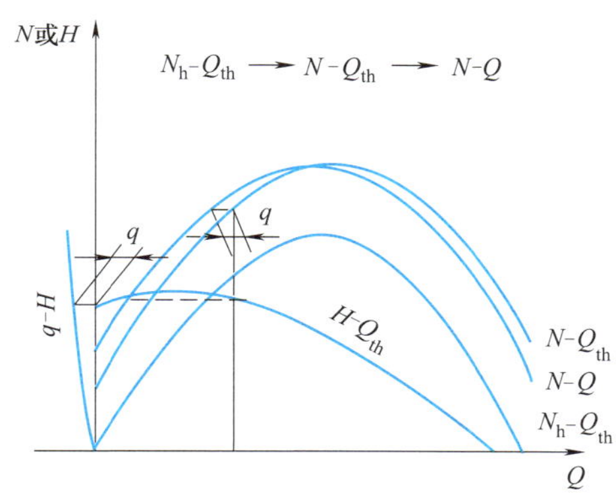

图 2-23 离心泵的 N-Q 曲线

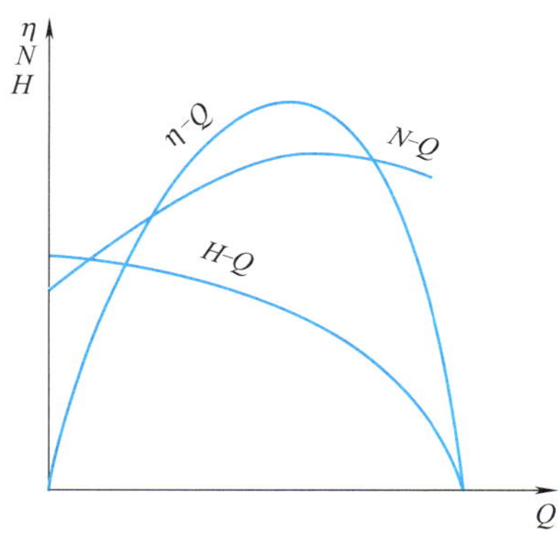

图 2-24 离心泵的 η-Q 曲线

2.4.3 实际性能曲线分析

用理论分析方法绘制的性能曲线与实际情况有较大的差别，因而在实际应用时均用实验的方法绘制泵的性能曲线，如图 2-25 所示。

2.4.3.1 实际性能曲线分析

泵在一定转速下工作时，对于每一个可能的流量总有一组与其相对应的 Q、H、η 值，它们表示离心泵某一特定的工作状况，简称工况，该工况在性能曲线上的位置称为离心泵的工作点，也称泵的工况点，对应于最高效率的工况称为最佳工况点。设计工况一般应与最佳工况点重合，离心泵应在最佳工况点附近运行以获得较好的经济性，离心泵性能曲线一般都标出这一范围，称为高效工作区。

当流量为零时，泵的扬程不等于零，其值称为关死扬程 H_T，轴功率也不等于零，此值称为空载轴功率，这时的功率最小，由于这时无液体排出，所以泵的效率为零。

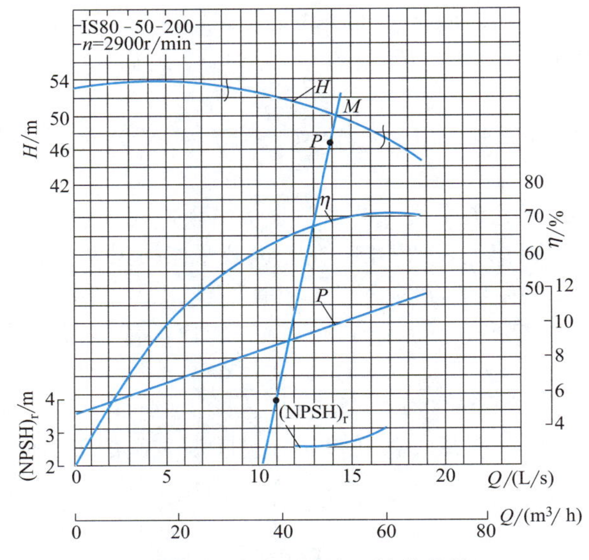

图 2-25 离心泵的实际性能曲线

2.4.3.2 实际性能曲线的应用

离心泵的 H-Q 曲线、N-Q 曲线、η-Q 曲线是正确选择和合理使用离心泵的主要依据。

(1) H-Q 曲线 H-Q 曲线是选择和操作泵的主要依据。由于泵的结构形式不同，所以 H-Q 曲线也不同，总体而言有“平坦”“陡降”和“驼峰”三种型式，如图 2-26 所示。

图 2-26 三种型式的 H-Q 曲线

平坦型 H-Q 曲线的特点是在流量变化较大时扬程变化不大，所以适用于生产中流量调节范围较大，而管路系统中压力降变化不大的场合，这种型式的离心泵适合在排液管路上通过阀门来调节流量，因为改变阀门开度调节流量时，节流损失较少，经济性能较好。

陡降型 H-Q 曲线的特点是流量稍有变化时扬程有较大的变化，这种型式的离心泵适用于流量变化较小而压力降变化较大的系统或压力降变化较大而流量比较稳定的场合，如浆液的输送系统为了避免流速减慢时浆液在管路中堵塞，希望管路系统阻力无论增大多少而流量变化不大的系统。

具有驼峰型 H-Q 曲线的离心泵在一定流量范围内（小于最高点 H 下的流量 Q）运行时容易出现不稳定工况，离心泵应避免在不稳定工况下运行，一般应在下降曲线部分操作。

用户可根据工作要求来选择具有不同特性的离心泵，对于具有平坦型和陡降型 H-Q 曲线的离心泵，当流量 Q 增大时扬程 H 下降，反之亦然，因此在离心泵操作中可以用减小或增大扬程 H 的方法来调节流量 Q，生产中常采用调节泵出口阀门改变管路阻力损失使泵的扬程 H 发生变化，达到调节流量的目的。

(2) N-Q 曲线 N-Q 曲线是合理选择原动机功率和正常启动离心泵的依据。通常按所需流量变化范围中的最大值再加上适当的安全裕量来确定原动机的功率，应确保泵在功耗最小的情况下启动，以降低启动电流，保护电动机。

一般情况下，当 $Q=0$ 时离心泵的功率最小，如图 2-25 所示，因此在启动泵时应关闭出口调节阀门，以达到降低功率、保护电动机的目的，待泵运转正常后，再调节到所需流量。

（3）η-Q 曲线　η-Q 曲线是检查泵工作经济性能好坏的依据。离心泵的效率是判断离心泵运行是否经济的主要指标，工程上将泵的最高效率点称为额定点，与该点相对应的工况称为额定工况（即额定流量、额定扬程、额定功率），它一般就是泵的设计工况点。在实际工作中要保证离心泵的工作点能够接近离心泵的效率最高点，泵应尽量在高效率区域工作，为了扩大泵的使用范围，通常规定对应于最高效率点以下 7% 的工况范围为高效工作区，有些离心泵样本上只给出高效工作区内的各种性能曲线。

（4）$(NPSH)_r$-Q 曲线　$NPSH_r$-Q 曲线是检查泵工作时是否发生汽蚀的依据。应全面考虑泵的安装高度、入口阻力损失等，防止泵发生汽蚀现象。

例题 2-3　用清水测定一台离心泵的主要性能参数，实验中测得流量为 $10m^3/h$，泵出口处压力表的读数为 0.17MPa（表压），入口处真空表的读数为 −0.021MPa，轴功率为 1.07kW，电动机的转速为 2900r/min，真空表测压点与压力表测压点的垂直距离为 0.2m。试计算此在实验点下的扬程和效率。

解：根据扬程的定义计算扬程的大小。

$$H=h_0+\frac{(p_2+\text{大气压力})-(\text{大气压力}-p_1)}{\rho g}=h_0+\frac{(p_2+p_1)}{\rho g}$$

$$=0.2+\frac{0.17\times10^6-0.021\times10^6}{1000\times9.81}=15.39\ (\text{m})$$

$$\eta=\frac{N_e}{N}=\frac{HQ\rho g}{N}=\frac{15.39\times\frac{10}{3600}\times1000\times9.81}{1.07\times1000}\approx0.4=40\%$$

2.4.4　离心泵性能曲线的换算

由于离心泵样本或说明书中给出的性能曲线都是利用输送温度为 20℃ 的清水进行实验得到的，而石油化工生产中离心泵输送的液体，其性质（如黏度）往往与水相差很大，生产中还有可能根据工艺条件的变化需要将泵的某些工作参数加以改变，同时泵的制造厂家为了扩大泵的使用范围有时还给离心泵备用不同直径的叶轮，这些情况均会引起离心泵实际性能曲线的变化，因此必须对泵的性能曲线进行换算。离心泵的性能曲线可以通过相似定律进行换算。

2.4.4.1　相似的概念及相似定律

（1）相似的概念　因为液体在机械设备中的流动过程非常复杂，目前还难以用理论方程来描述和计算，但是用相似理论可得到较满意的结果，离心泵的相似原理主要用来研究泵内流动过程中的相似问题，即液体流经几何相似的泵时，其任何对应点的同名物理量的比值相等。

如果两台泵的形状相似，并且液体在泵内流动的形态也相似，那么它们的性能就应该相似，根据相似原理，可以做出与大型泵相似的模型泵进行试验，在大型泵尚未进行制造以前就可以确定它的性能。要保证液体在两台泵中流动相似，必须满足两台泵几何相似、运动相似和动力相似。

① 几何相似　是指进行比较的模型泵和原型泵通流部分的几何形状相似，即对应的线性尺寸之比等于比例常数（也称比例缩放系数）、对应的叶片几何角相等、叶片数相等。

② 运动相似　是指液体在泵内流动的过程中两泵对应点上同名流动速度的比值相等，并且等于速度比例常数，同名速度的方向角也相等。显然对于叶轮运动相似时，对应点的速度三角形也相似。

③ 动力相似　是指两泵对应点上作用的同名力之比相等，并等于力比例常数，同名力的方向相同。

（2）离心泵的相似定律　当两台泵都以水为介质，转速和几何尺寸都相差不大的情况下可以认为两台泵的相似工况点的效率相等，在两泵输送介质相同时，符合条件的两台相似泵（分别称为模型泵和原型泵）的扬程、流量、功率大小可按式（2-33）～式（2-35）计算。

$$\frac{H'}{H}=\left(\frac{n'}{n}\right)^2\times\left(\frac{D_2'}{D_2}\right)^2 \tag{2-33}$$

$$\frac{Q'}{Q}=\left(\frac{n'}{n}\right)\times\left(\frac{D_2'}{D_2}\right)^3 \tag{2-34}$$

$$\frac{N'}{N}=\left(\frac{n'}{n}\right)^3\times\left(\frac{D_2'}{D_2}\right)^5 \tag{2-35}$$

式中　H'，H——模型泵、原型泵的扬程；

Q'，Q——模型泵、原型泵的流量；

N'，N——模型泵、原型泵的轴功率；

n'，n——模型泵、原型泵的转速；

D_2'，D_2——模型泵、原型泵的叶轮外径。

式（2-33）～式（2-35）称为离心泵的相似定律。相似定律广泛应用于离心泵的设计与研究工作当中。例如当要设计一台大型离心泵时，由于泵效率的好坏在经济上影响很大，所以要进行几种离心泵方案的比较，这就需要应用相似定律制造几种比实物离心泵尺寸小的模型泵来进行试验，得到试验结果后，再按照相似定律换算成实物泵的性能曲线做比较，取其满意的结果，这样就使方案比较的试验费用大为减少。

（3）比转数　相似定律表达了在相似条件下相似工况点性能参数之间的相似关系。如果在几何相似的泵中能用性能参数之间的某一综合参数来判别是否为相似工况，则不必证明运动相似即可很方便地运用相似定律，因而提出了“比转数”这一概念。比转数又称比转速。

为了使用方便，统一规定只取最佳工况点的比转数代表泵的比转数，在国内为了使泵的比转数与水轮机的比转数一致，将式（2-33）和式（2-34）相比，设法消去尺寸 D_2，再乘以 3.65，得到“比转数”的计算式（2-36），如果采用国际单位制，则 Q 为流量，单位为 m^3/s；H 为扬程，单位为 m；n 为转速，单位为 r/min。

$$n_s=3.65\frac{n\sqrt{Q}}{H^{\frac{3}{4}}} \tag{2-36}$$

比转数是离心泵工况的函数，不同的工况就有不同的比转数，但习惯上用最佳工况下的比转数来代表一台泵，在本书中谈到比转数时如果没有特别说明，都是指效率最佳工况点时的比转数。比转数不同的泵几何形状一定不相似，比转数相同的泵几何形状也不一定完全相似。

2.4.4.2　转速改变时性能曲线的换算

（1）比例定律　比例定律是相似定律的一种特殊情况，是相似定律在尺寸相等的两台泵或同一台泵上当转速改变以后的应用，它表示尺寸相等的两台泵或同一台泵在不同转速下性能参数的变化规律。对于同一台离心泵（$D_2=D_2'$）来说当工作转速由 n 变为 n'时（输送介质不变）扬程、流量和功率的变化规律可按式（2-37）～式（2-39）计算。

$$\frac{Q'}{Q}=\frac{n'}{n} \tag{2-37}$$

$$\frac{H'}{H}=\left(\frac{n'}{n}\right)^2 \tag{2-38}$$

$$\frac{N'}{N}=\left(\frac{n'}{n}\right)^3 \tag{2-39}$$

式中 Q'，H'，N'——离心泵转速为 n' 时的流量、扬程和轴功率；

Q，H，N——离心泵转速为 n 时的流量、扬程和轴功率。

（2）比例定律的应用 如果已知一台离心泵在某一转速 n 下的性能曲线，那么它在另一转速 n' 下的性能曲线可以通过比例定律来求得。

在离心泵的 H-Q 性能曲线上，每一点都代表着一种工况，如果已知泵在转速 n_1 时 H-Q 曲线上有一工况点 A_1，则在其他各转速下与 A_1 点相似的各工况点 A_2，A_3，…的轨迹可由比例定律求得，即在任意转速 n 下有

$$\left.\begin{array}{l}\dfrac{Q_1}{Q}=\dfrac{n_1}{n}\Rightarrow Q=Q_1\times\dfrac{n}{n_1}\\[2ex] \dfrac{H_1}{H}=\left(\dfrac{n_1}{n}\right)^2\Rightarrow H=H_1\times\left(\dfrac{n}{n_1}\right)^2\end{array}\right\}\xrightarrow{\text{消去}\frac{n}{n_1}}H=$$

$$H_1\times\left(\frac{Q}{Q_1}\right)^2=\frac{H_1}{Q_1^2}\times Q^2=K_aQ^2$$

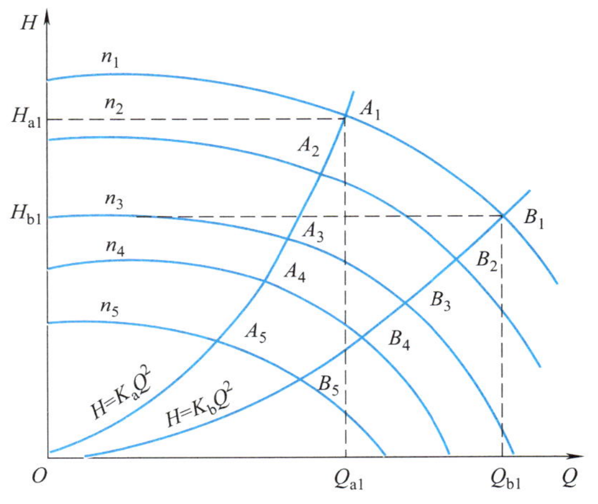

图 2-27 相似抛物线

$H=K_aQ^2$ 表明与 A_1 点相似的各工况点 A_2，A_3，…的轨迹在 H-Q 坐标系中是一条通过原点与 A_1 的二次抛物线，该曲线称为相似抛物线，如图 2-27 所示。同理可求得与 B_1 对应的相似工况点的抛物线 $H=K_bQ^2$。如果离心泵转速相差不大，各工况相似点上的效率认为是相等的，则可以将相似抛物线看成是泵在各种转速下的等效率曲线。

例题 2-4 有一台 IS80-50-200 型的离心泵，其性能曲线如图 2-28 所示，试求泵的流量为 50m³/h、扬程为 46.04 时泵应具有的转速。

解： 将流量 $Q_P=50\text{m}^3/\text{h}$，扬程 $H_P=46.04\text{m}$ 的点画在泵的性能曲线上，得到 P（50，46.04）点，令与 P 点工况相似的诸对应点的轨迹方程式是 $H=K_PQ^2$，则

$$K_P=\frac{H_P}{Q_P^2}=\frac{46.04}{\left(\dfrac{50}{3600}\right)^2}=238.61\times10^3(\text{s}^2/\text{m}^5)$$

在图 2-28 中画出相似抛物线 $H=K_PQ^2$，该抛物线与泵 IS80-50-200 在 $n=2900\text{r/min}$ 时的 H-Q 曲线交于 M 点，因为

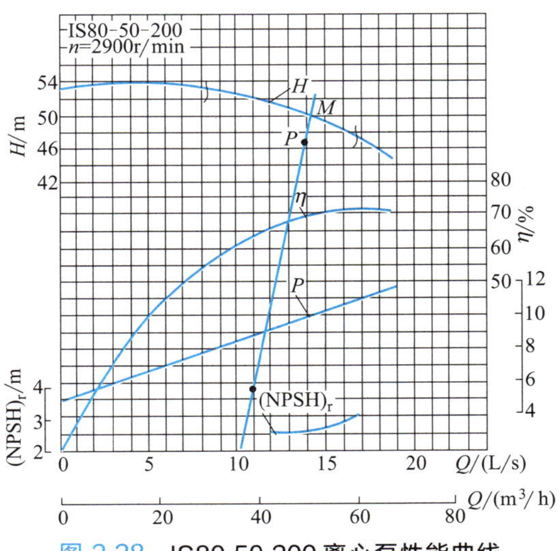

图 2-28 IS80-50-200 离心泵性能曲线

M 点是 H-Q 曲线与过 P 点的相似抛物线的交点，所以 M 点是 H-Q 曲线与 P 工况相似的对应点，可在图 2-28 上得到 M 点的坐标为 $H_M=49\text{m}$、$Q_M=14.33\times10^{-3}\text{m}^3/\text{s}$，将 M 点的坐标代入式（2-37）或式（2-38）即可求出 P 点处的转速 n_P。

根据式（2-37）得 $\dfrac{Q_P}{Q_M}=\dfrac{n_P}{n_M}$，则

$$n_P=\frac{Q_P}{Q_M}n_M=\frac{\frac{50}{3600}}{14.33\times10^{-3}}\times2900=2811\ (\text{r/min})$$

根据式（2-38）得 $\dfrac{H_P}{H_M}=\left(\dfrac{n_P}{n_M}\right)^2$，则

$$n_P=\sqrt{\frac{H_P}{H_M}}\times n_M=\sqrt{\frac{46.04}{49}}\times2900=2811\ (\text{r/min})$$

2.4.4.3 切割叶轮时性能曲线的换算

泵的制造厂家或用户为了扩大离心泵的使用范围，除配有原型号的叶轮外，常常备有外直径较小的叶轮或通过车削使叶轮的外径变小，这种现象称为离心泵叶轮的切割，叶轮的外径切割以后泵的流量、扬程和轴功率都将减小，所以叶轮直径切割以后应对原型号泵的扬程、流量、轴功率进行换算。

（1）切割定律　离心泵叶轮的外径车小以后，在转速和效率不变的情况下，根据相似定律，其扬程、流量和功率的变化规律可按式（2-40）～式（2-42）计算。

$$\frac{Q'}{Q}=\frac{D_2'}{D_2} \tag{2-40}$$

$$\frac{H'}{H}=\left(\frac{D_2'}{D_2}\right)^2 \tag{2-41}$$

$$\frac{N'}{N}=\left(\frac{D_2'}{D_2}\right)^3 \tag{2-42}$$

式中　Q，H，N——离心泵叶轮切割前的流量、扬程和轴功率；

Q'，H'，N'——离心泵叶轮切割后的流量、扬程和轴功率；

D_2，D_2'——离心泵叶轮切割前、后叶轮的外直径。

离心泵叶轮外径 D_2 的切割量是有一定限度的，如果切割太多，泵的最高效率会降低太多，切割定律就不能应用。通常规定，叶轮的极限切割量 $\dfrac{D_2-D_2'}{D_2}$ 不能超过 0.1～0.2，大值适用于小流量、高扬程的泵，小值适用于大流量、低扬程的泵。经验证明叶轮直径允许最大车削量与比转数有关，见表 2-3。

表 2-3　叶轮直径最大的允许切割量

n_s	80	120	200	300	350
$\dfrac{D_2-D_2'}{D_2}$	0.2	0.15	0.15	0.09	0.07
效率下降值	每切割 10%，效率下降 1%			每切割 4%，效率下降 1%	

（2）切割定律的应用　为了标明离心泵的最佳使用范围，有些样本上除了给出泵的 H-Q 曲线以外，还标出离心泵的高效工作区，如图 2-29 中的扇形面积 $ABB'A'$ 所示，通常规定以最高效率下降 $\Delta\eta$ 为界，我国规定 $\Delta\eta=5\%\sim8\%$，一般取 $\Delta\eta=7\%$。图 2-29 中的

AA'和BB'为最高效率降低7%的等效率线，AB、$A'B'$为原型号叶轮和切割后叶轮的H-Q曲线上的高效段。

利用切割定律可以解决两类问题，一是已知某离心泵原型叶轮的性能曲线和叶轮切割前、后的直径D_2、D_2'，求叶轮切割后的性能曲线（或已知管路特性曲线，求切割后的流量与扬程等）；二是已知离心泵原型叶轮的直径D_2和性能曲线，求泵流量或扬程减少某一数值时叶轮的切割量。

式（2-40）～式（2-42）称为切割定律，在转速不变的条件下利用切割定律可把叶轮尺寸为D_2时的性能曲线换算成叶轮外径车削至D_2'后的性能曲线，具体换算方法为

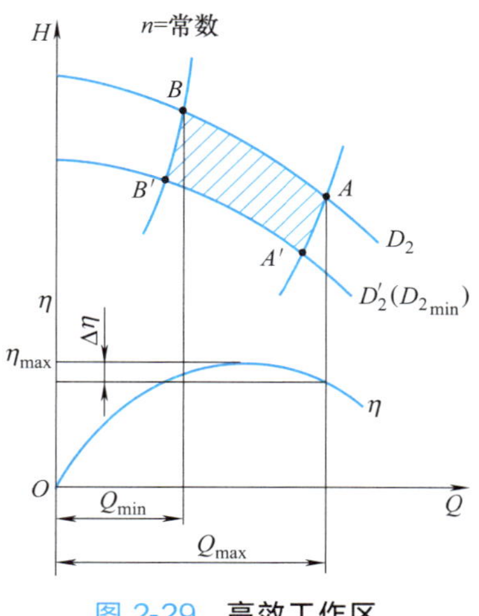

图 2-29 高效工作区

$$\left.\begin{array}{l}\dfrac{H'}{H}=\left(\dfrac{D_2'}{D_2}\right)^2\\[2ex]\dfrac{Q'}{Q}=\dfrac{D_2'}{D_2}\end{array}\right\}\xrightarrow{\text{消去}\frac{D_2'}{D_2}}H'=H\left(\frac{Q'}{Q}\right)^2=\frac{H}{Q^2}Q'^2=KQ'^2$$

$H'=KQ'^2$为切割抛物线方程，表示同一台离心泵在同一转速下对应叶轮有不同程度的切割时各切割对应工况点的轨迹方程。

例题 2-5 有一台 IS80-50-200 型的离心泵，其性能曲线如图 2-28 所示，试求泵的流量为$50\text{m}^3/\text{h}$、扬程为 46.04m 时叶轮切割后的直径。

解： 根据题意，流量$Q_P=50\text{m}^3/\text{h}$，扬程$H_P=46.04\text{m}$，过工作点$P$的切割抛物线方程为

$$H'=K_PQ'^2=\frac{H_P}{Q_P^2}Q'^2=238.61\times10^3Q'^2$$

式中 H'，H_P——在切割抛物线上各点、工作点P所对应的扬程，m；

Q'，Q_P——在切割抛物线上各点、工作点P所对应的流量，m^3/s。

在离心泵的性能曲线图 2-28 中画出切割抛物线，该曲线与切割前的H-Q曲线交于M点，查得M点的坐标为：$H_M=49\text{m}$；$Q_M=14.33\times10^{-3}\text{m}^3/\text{s}$。将$M$点的坐标代入式（2-40）或式（2-41）即可求出叶轮切割后的直径D_2'。

根据式（2-40）可得

$$\frac{Q'}{Q}=\frac{D_2'}{D_2}\Rightarrow D_2'=\frac{Q'}{Q}\times D_2=211.3\ (\text{mm})$$

根据式（2-41）可得

$$\frac{H'}{H}=\left(\frac{D_2'}{D_2}\right)^2\Rightarrow D_2'=\sqrt{\frac{H'}{H}}\times D_2=211.3\ (\text{mm})$$

2.4.4.4 密度改变时性能曲线的换算

当输送液体的密度与常温清水的密度不同时，泵的体积流量、扬程和效率不变，但质量流量与密度成正比，因此泵的轴功率也随输送液体的密度成正比，轴功率按式（2-43）换算。

$$N'=\frac{\rho'}{\rho}N \tag{2-43}$$

式中 ρ——输送水时的液体密度，kg/m³；

ρ'——输送非水液体时的液体密度，kg/m³；

N——输送水时泵的轴功率，kW；

N'——输送非水液体时泵的轴功率，kW。

2.4.4.5 黏度改变时性能曲线的换算

黏度的变化直接影响着泵的性能，如图2-30所示为输送黏度不同的液体时的性能曲线，从图中可以看出，随着液体黏度的增加，H-Q性能曲线下移、η-Q性能曲线下移、N-Q性能曲线上移，总之黏度越大，泵的特性与输送清水时差别越大。在石油化工生产中有大量黏度与清水不同的介质要用离心泵输送，而黏度的变化直接影响泵的性能，因此应该考虑在不同黏度下离心泵性能曲线的换算方法。

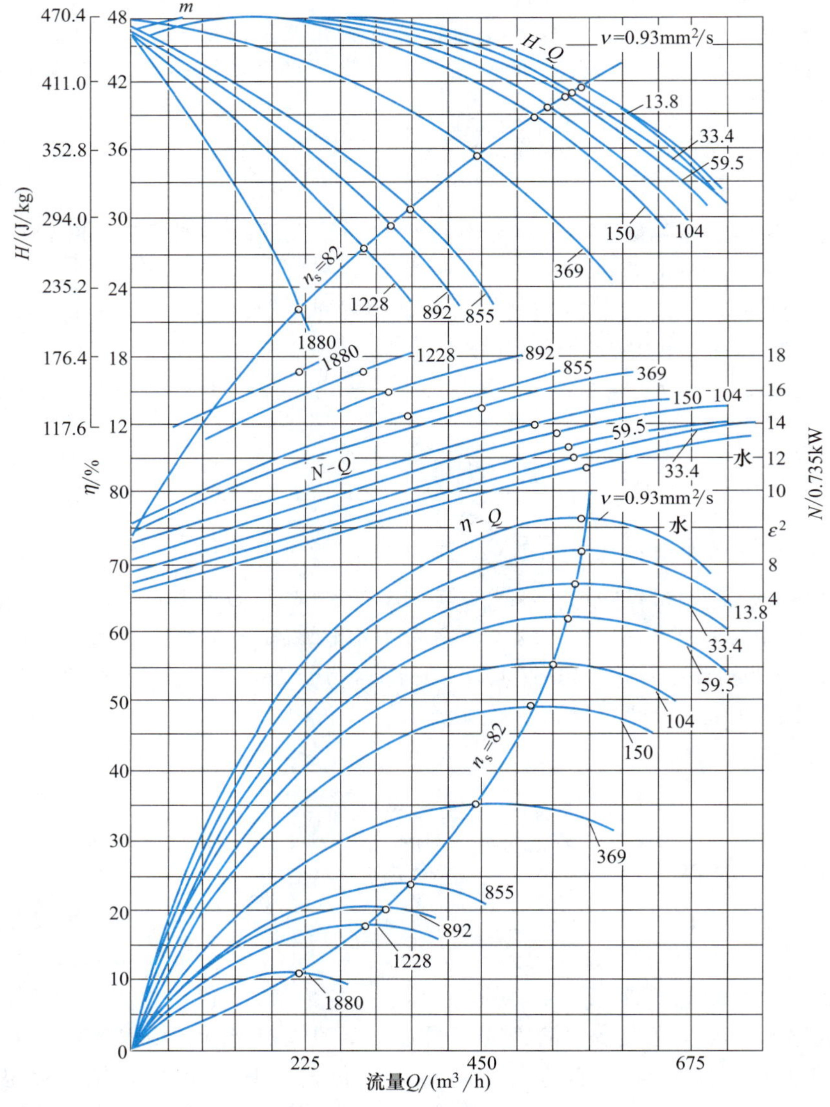

图2-30 离心泵输送不同黏度的液体时性能曲线的变化

输送黏性液体时离心泵性能曲线的换算目前常采用图表法，查出相应系数，再根据式

(2-44)～式 (2-46) 进行换算。

$$Q'=K_Q Q \tag{2-44}$$

$$H'=K_H H \tag{2-45}$$

$$\eta'=K_\eta \eta \tag{2-46}$$

式中 H'，Q'，η'——输送黏性液体时的扬程、流量和效率；

H，Q，η——输送清水时的扬程、流量和效率；

K_H，K_Q，K_η——扬程、流量、效率换算系数。

黏度改变时性能曲线的换算系数，可根据图 2-31 和图 2-32 查取，查取方法如下。

根据泵的流量在横坐标上查取相应的数值，过此点作垂线与泵的单级扬程斜线交于一点，过该点作水平线与液体黏度斜线交于一点，从此点作一垂线分别与流量修正线、扬程修正线、效率修正线相交，所得交点的纵坐标值便是要查取的 K_H、K_Q、K_η。图 2-31 的 K_H 线有四条，分别表示最高效率点流量的 0.6 倍、0.8 倍、1.0 倍及 1.2 倍时的扬程换算系数。如为双吸泵，流量应按$\frac{Q}{2}$查取。图 2-32 为小流量离心泵黏度换算关系图，用同样的方法查取换算系数。应当指出，图 2-31 和图 2-32 只适用于一般结构的离心泵，而且在泵不发生汽蚀的工况下进行换算，它不适用于混流泵、轴流泵，也不适用于含有杂质的非均相液体，图中各曲线不能用外推法延伸使用。

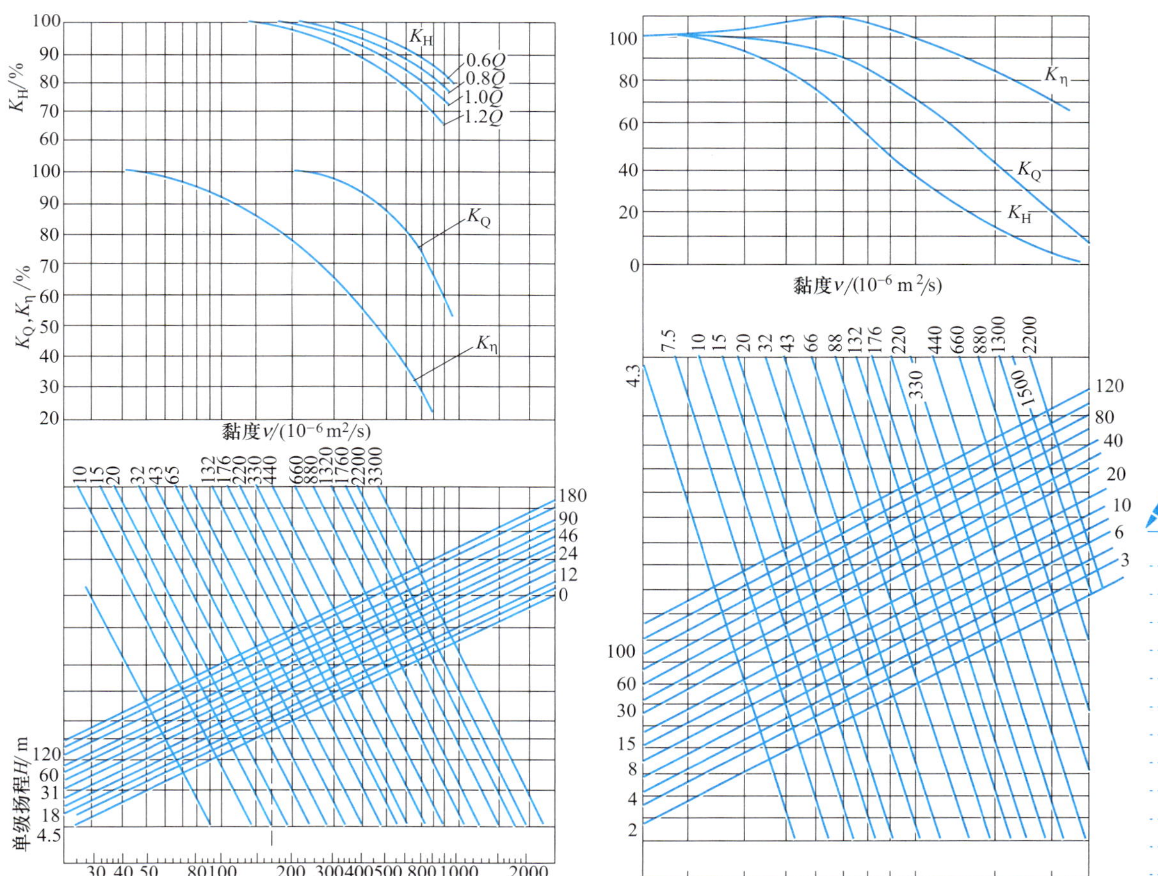

图 2-31 大流量离心泵黏度换算系数

图 2-32 小流量离心泵黏度换算系数

例题 2-6 已知离心泵输送清水时最高效率点的流量为 $170m^3/h$，扬程为 30m，其最高效率为 82%。试换算输送黏度为 $220\times10^{-6}m^2/s$、密度为 $990kg/m^3$ 油时的性能。

解： 输送水时，已知 $Q=170m^3/h$，$H=30m$，$\eta=82\%$，$\rho=1000kg/m^3$。

$$\eta=\frac{N_e}{N}\Rightarrow N=\frac{N_e}{\eta}=\frac{\frac{HQ\rho g}{1000}}{\eta}=\frac{30\times170\times1000\times9.81}{3600\times1000\times0.82}=16.9\ (kW)$$

输送油时泵的性能需要进行换算，根据式（2-44）～式（2-46）进行换算。

$$Q'=K_QQ \quad H'=K_HH \quad \eta'=K_\eta\eta$$

由图 2-30 查得，$K_Q=95\%$，$K_H=92\%$，$K_\eta=64\%$，则

$$Q'=K_QQ=0.95\times170=161.5\ (m^3/h)$$

$$H'=K_HH=0.92\times30=27.6\ (m)$$

$$\eta'=K_\eta\eta=0.64\times0.82=52.5\%$$

已知油的密度为 $\rho=990kg/m^3$，则

$$\eta'=\frac{N_e'}{N'}\Rightarrow N'=\frac{N_e'}{\eta'}=\frac{\frac{H'Q'\rho'g}{1000}}{\eta}=\frac{27.6\times161.5\times990\times9.81}{3600\times1000\times0.525}=21\ (kW)$$

根据计算结果，绘制离心泵的性能曲线。应当指出，离心泵在输送黏性液体时前面讨论的相似定律、比例定律及切割定律的关系均不再适用，如需要知道输送黏性液体时泵的转速由 n_1 变到 n_2 时性能曲线的变化，则不能直接按泵在转速 n_1 下输送黏性液体的性能曲线用比例定律来换算，而应先用比例定律将原来在 n_1 下输送清水的性能曲线换算成 n_2 下清水的性能曲线，然后再按输送黏度液体时性能曲线的换算方法进行换算。

2.4.5 管路特性曲线

在石油化工生产中泵和管路一起组成一个输送系统，在这个输送系统中要遵循质量守恒和能量守恒这两个基本定律，也就是说泵所排出的流量等于管路中的流量，同时单位质量的流体所获得的能头等于流体沿管路输送所消耗的能头，只有这样泵才能稳定工作，如果泵或管路的工况发生变化，都会引起整个系统工作参数的变化。在分析离心泵的性能曲线时，根据 η-Q 曲线可以确定离心泵在最高效率点处的设计工况，但能否保证离心泵在管路装置中处于设计工况下运转还与离心泵所在的管路特性曲线有关。下面重点介绍离心泵的管路特性曲线方程及调节。

2.4.5.1 管路特性曲线

管路性能曲线是指液体流过管路时需要从外界给予单位重量液体的能头 H_C（m）与流过管路的液体流量 Q（m^3/h）之间的关系曲线。在图 2-16 所示离心泵装置中如果以 A-A 截面为分析截面，则管路系统在 A-A 截面和 B-B 上输送液体所具有的能量分别为

$$A\text{-}A:\ \frac{p_A}{\rho g}+\frac{c_A^2}{2g};\qquad B\text{-}B:\ \frac{p_B}{\rho g}+\frac{c_B^2}{2g}+Z_{AB}$$

管路系统从 A-A 截面到 B-B 截面输送液体时所需实际能头 H_C 的大小可通过伯努利方程求得。

$$H_C=\frac{p_B}{\rho g}+\frac{c_B^2}{2g}+Z_{AB}-\left(\frac{p_A}{\rho g}+\frac{c_A^2}{2g}\right)+\sum h_{AB}=\frac{p_B-p_A}{\rho g}+\frac{c_B^2-c_A^2}{2g}+Z_{AB}+\sum h_{AB}$$

式中 p_A，p_B——吸液池液面上和排液池液面上的压力，Pa；

Z_{AB}——吸液池和排液池液面之间的垂直距离，m；

c_A，c_B——吸液池和排液池液面上液体的平均流速，m/s；

$\sum h_{AB}$——吸液和排液管路总流动损失能量，m；

ρ——所输送液体的密度，kg/m^3。

如果管路的直径没有发生变化，则动能可以忽略，即$\frac{c_B^2-c_A^2}{2g}=0$，而静压能差$\frac{p_B-p_A}{\rho g}$和输液高度Z_{AB}不变，且与管路系统中的流量Q无关，用h_p来表示，称为管路静能头，即$h_p=\frac{p_B-p_A}{\rho g}+Z_{AB}$，流动损失$\sum h_{AB}=\left(\sum\lambda\frac{l}{d}+\sum\xi\right)\frac{c^2}{2g}=KQ^2$，则管路特性方程可以简化为公式（2-47），其中$K$是与管路尺寸及阻力相关的系数，对于一定的管路系统来说K为常数。

$$H_C=\frac{p_B-p_A}{\rho g}+\frac{c_B^2-c_A^2}{2g}+Z_{AB}+\sum h_{AB}=h_p+KQ^2 \tag{2-47}$$

公式（2-47）表示管路系统中流量与克服液体流经管路时流动损失所需能量之间的关系，该曲线是一条抛物线，称为管路特性曲线，如图2-33所示。

2.4.5.2 管路特性曲线的调节

如果将管路系统中的阀门加以调节，就会改变阀门的局部阻力系数，管路特性曲线方程$H_C=h_p+KQ^2$中的系数K值将随之发生变化，表现在管路特性曲线上就是曲线的斜率发生变化，如图2-34所示，当阀门开大时管路特性曲线由Ⅰ变化为Ⅱ的位置，当阀门关小时曲线由Ⅰ变化到曲线Ⅲ的位置。如果管路中的压头差$\frac{p_B-p_A}{\rho g}$或输送液体的高度Z_{AB}发生变化，则H_C-Q曲线将向上或向下平移，如图2-34中曲线Ⅳ所示。

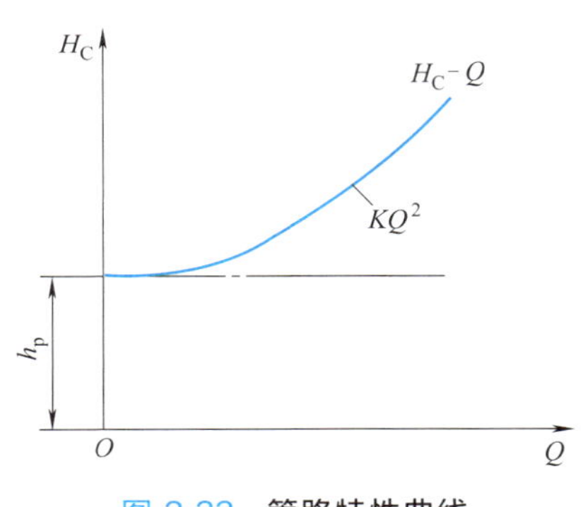

图2-33 管路特性曲线

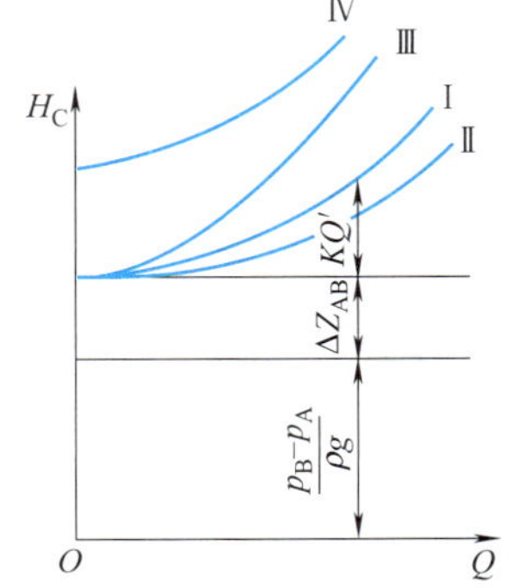

图2-34 管路特性曲线的调节

2.4.6 离心泵的工作点

2.4.6.1 离心泵的工作点

离心泵的流量与压头之间的关系是由离心泵的特性曲线决定的，而对于给定的管路，其输送任务（流量）与完成任务所需压头之间的关系是由管路特性曲线决定的。当泵安装在指定管路中时，流量与压头之间既要满足离心泵的特性，也要满足管路的特性，如果这两种关系均用方程来表示，则流量与压头要同时满足这两个方程，在性能曲线图上应为泵的特性曲线和管路特性曲线的交点，这个交点称为离心泵在指定管路上的工作点。显然对于平坦和陡降性质的性能曲线，交点只有一个；对于驼峰性质的性能曲线，交点有两个，但只有一个是稳定工作点，如图 2-35 所示，M 点即是离心泵运转时的工作点。

2.4.6.2 离心泵的稳定工况点和不稳定工况点

假如离心泵在比 M 点流量大的 A 点运转，如图 2-35 所示，很明显泵所提供的扬程 H 小于管路系统所需要的外加能头 H_{CA}，这时因液体能量不足必然导致流速减慢，流量减少，工况点 A 沿泵的性能曲线 H-Q 逐渐移动至 M 点；反之如果泵在流量小于 M 点的 B 点运转，泵所提供给液体的能量 H 大于管路所需的外加能头 H_{CB}，管路内液体将加速流动，流量增大，B 点将沿离心泵的性能曲线逐渐移动至 M 点。可见，M 点是能量平衡的稳定工况点，该点必然落在泵的性能曲线 H-Q 和管路特性曲线 H_C-Q 的交点 M 上，在 M 点泵所提供的扬程 H 与管路所必需的外加能头 H_C 恰好相等，则 M 点称为离心泵的稳定工作点，对于平坦和陡降性质的离心泵，工况点只有一个，而且是稳定工况点。

当离心泵的性能曲线为驼峰型时，如图 2-35 所示，这种泵的性能曲线有可能和管路特性曲线相交于两点 C 和 D 两点。

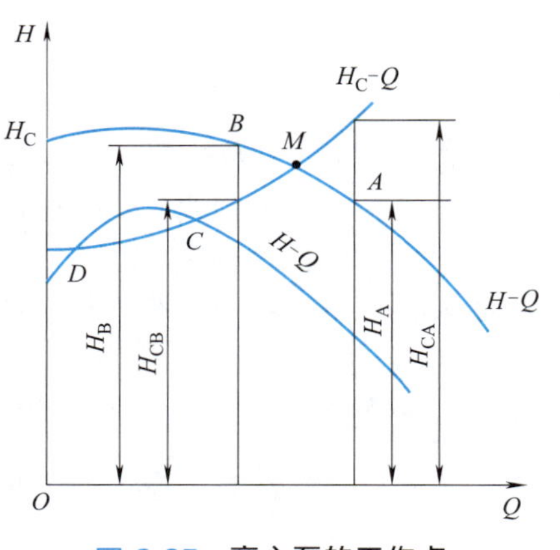

图 2-35 离心泵的工作点

当泵在 D 点工作时，如果泵的工况因振动、转速不稳定等因素偏离了 D 点，如向大流量方向偏离时，则泵所提供扬程 H 大于管路所需扬程 H_C，则管路中流速加大，流量增加，则工况点沿着泵的特性曲线 H-Q 继续向大流量方向移动，直至 C 点为止，因此 C 点为稳定工况点。

如果工况点 D 向小流量方向偏离时，则泵所提供的扬程 H 小于管路系统所需扬程 H_C，则管路中流速减小，流量减小，工况点 D 继续向小流量方向移动，直至流量等于零为止，这时管路中如果没有底阀或逆止阀，液体将发生倒流，并可能出现喘振现象。由此可见，工况点在 D 点的平衡是暂时的，一旦离开了 D 点便不能再回到 D 点，所以，称 D 点为不稳定工况点。

2.4.7 离心泵的流量调节

在石油化工生产过程中，常常根据操作条件的变化来调节泵的流量，并使泵的工作点经常保持在高效工作区以保证有较高的运行效率。泵的流量是由泵的工作点来确定的，所以调节流量的实质是如何改变工作点 M 的位置，即如何改变 H_C-Q 或 H-Q 两条性能曲线位置的问题。因此，改变工作点可以通过“改变泵的性能曲线 H-Q”的位置和“改变管路的特性曲线 H_C-Q”的位置两种途径来实现。

2.4.7.1 改变管路特性曲线 H_C-Q 调节流量

（1）出口管路节流调节　出口管路节流调节是指在排出管路上安装调节阀门，当开大或关小调节阀就改变了管路的局部阻力，使管路特性曲线的斜率 K 发生变化，调节阀开度越小，阻力越大，管路特性曲线的斜率越大，曲线越陡，在泵的性能曲线不变的情况下改变工况点的位置，达到调节流量的目的。当采用出口管路节流调节时，吸入管路上的阀门应保持全开，否则容易引起汽蚀现象。该调节方法最简便，使用最广。

如图 2-36 所示，当泵排出管路上调节阀全开时，管路特性曲线为 H_{C1}-Q，与泵性能曲线 H-Q 的交点为 M_1，对应的流量为 Q_1，随着出口调节阀逐渐关小，管路特性曲线系数 K 逐渐增大，管路特性曲线逐渐变陡，管路特性曲线分别变化到 H_{C2}-Q 和 H_{C3}-Q 的位置，与 H-Q 的交点由 M_1 变为 M_2 和 M_3，流量由 Q_1 变为 Q_2 和 Q_3，且 $Q_3<Q_2<Q_1$，从而达到

减小流量的目的。

采用关小阀门来调节流量时能量的利用差，整个泵的装置利用率不高，从节能观点看很不经济，应当尽量避免使用。但由于这种方法简单，对小功率的离心泵或需要在泵的高效工作区内做流量交变运行以及泵的 H-Q 曲线比较平坦时采用这种方法调节流量，不会引起过大的能量损失；此外，对排出压力较高的离心泵，关死排出管路中的调节阀，还能起到减小启动功率的作用。

（2）旁路调节　旁路调节是指在泵出口管路上设有旁路与吸液池相连，旁路装有调节阀，控制调节阀的开度将排出液体的一部分引回到吸液池内，从而使泵输送到装置的流量得以调节。

旁路调节的装置如图 2-37 所示，H_C-Q 是主管路的管路特性曲线，旁路是旁管的管路特性曲线，总管是主管路和旁路并联时合成的管路特性曲线，当旁路调节阀完全关闭时泵的性能曲线 H-Q 与主管路特性曲线 H_C-Q 的交点为 M，泵的工况点为 M，当旁路阀门打开时，泵的性能曲线 H-Q 与总管路特性曲线的交点为 M'，泵的工况点为 M'，按装置扬程相等分配流量的原则，过 M'点作一水平线交 H_C-Q 曲线于 A_1，交旁路曲线于 A_2，则通过旁路的流量为 Q_{A2}，通过主管路的流量为 Q_{A1}。从图 2-37 可以看出，$Q_{A2}<Q_{A1}<Q_M<Q_{M'}$，泵总的流量变大了，但主管路中的流量比关闭旁路时主管路中的流量小，所以出口流量减少了，离心泵的流量得到了调节。

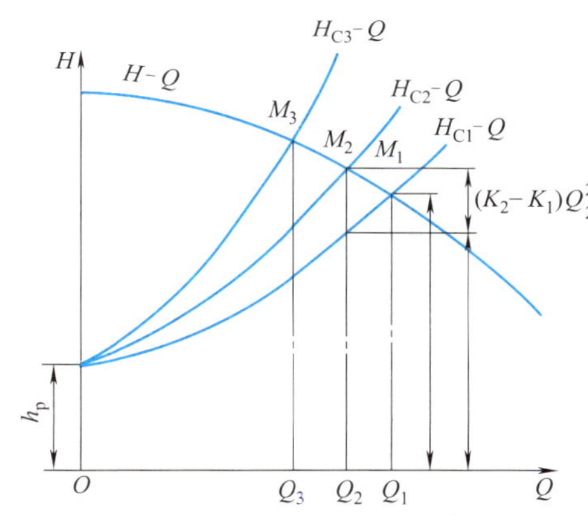

图 2-36　出口节流调节

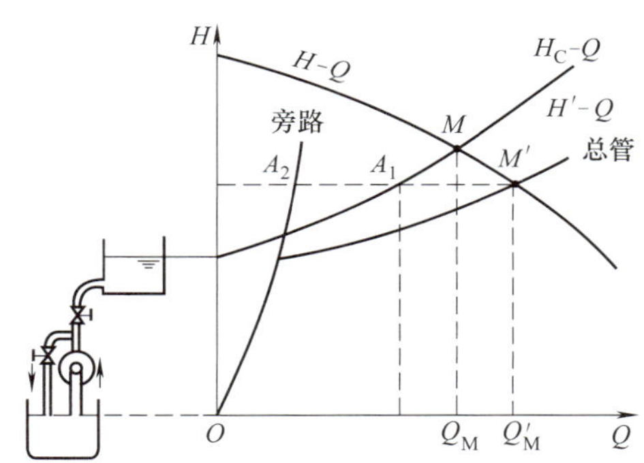

图 2-37　旁路调节

旁路调节比较简单，但回流液体仍需要消耗泵的功率，所以这种方法是不经济的，但对于有些泵（如旋涡泵等），当流量增加时，泵的轴功率并不增加，反而减小，这时采用旁路调节是经济的。又如某些油泵和锅炉给水泵，由于输送液体温度高，特别是泵在小流量运行时泵内损失增加很大，液体温度更加升高，使泵的汽蚀性能变坏，采用旁路调节可避免泵在小流量下运行，防止汽蚀现象发生，所以旁路调节在某些情况下仍然广泛应用。

（3）吸液池液位变化自动调节　当吸液池液位变化时管路性能曲线向上或向下发生平行移动，也可改变泵的运行工况点，达到调节泵流量的目的，如图 2-34 所示。这种调节装置的调节系统比较简单，但必须注意吸液池或容器中的液位变化应保持在很小范围内，否则泵的运行效率会降低，严重时泵的工作条件恶化，引起汽蚀，使液流中断。

2.4.7.2　改变离心泵性能曲线 H-Q 调节流量

（1）改变离心泵的工作转速　离心泵的扬程和流量都与转速有关，由比例定律可知流量、扬程与转速近似地按一次方、二次方的正比关系变化，当转速 n 增大时 H-Q 向右上方移动，当转速 n 减小时 $H\text{-}Q$ 向左下方移动，在管路特性曲线不变的情况下可以得到不同的工作点，使流量得以调节，如图 2-38 所示，$n_2<n<n_1$，$Q_2<Q<Q_1$，所以改变离心泵的转速可以改变离心泵工作点的位置，从而达到调节流量的目的。

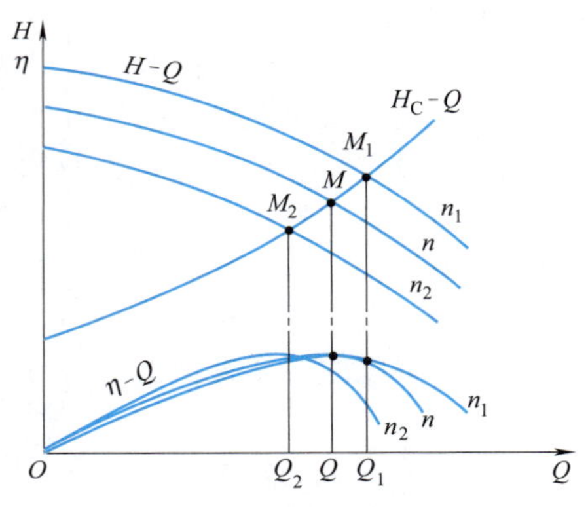

图 2-38 改变转速的调节

用这种方法调节流量，泵提供的能头 H 总是与该流量下的管路所必需的能头 H_C 相等，没有节能引起的附加能量损失，所以是一种最经济的调节方法。当泵用汽轮机、内燃机或变速电动机等采用容易改变转速的原动机驱动时，采用这种调节方式最为合适，如果泵的运转流量需要经常改变，最好采用变速驱动，如使用变频器或使用绕线式可控激磁电动机或增设液力联轴器等变速装置，虽然这样要增加设备和初次投资费用，但这种调节方法节能显著，往往泵装置运行一年或两年即可收回初次投资费用。

采用改变泵的转速来调节流量时，如果管路特性曲线比较平坦，则泵的性能曲线应该用较陡的 $H\text{-}Q$ 曲线，否则转速变化很小，流量变化却很大，流量调节就比较困难。

（2）切割叶轮外径调节　由泵的切割定律可知，当转速一定时，泵的流量、扬程随叶轮外径切割大小近似地成一次方、二次方变化，当泵的叶轮外径在允许的范围内切割时，泵的性能曲线 $H\text{-}Q$ 向左下方移动，如图 2-39 所示，如果管路特性不变就可以得到不同的工作点，使流量减小，而且只能减小流量，不能增大流量。

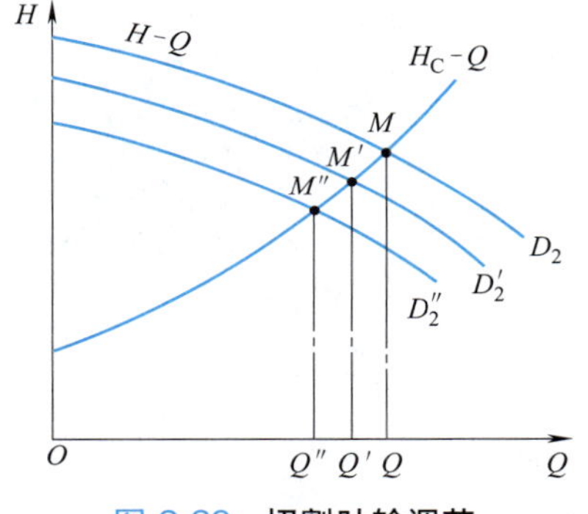

图 2-39 切割叶轮调节

这种调节方法虽然没有能量损失，但由于车削叶轮不方便，需要车床，而且叶轮一旦车削就不能恢复，所以只能适用于使流量变小、流量调节范围大、要求流量长期改变的场合。此外由于叶轮的切割量有限，所以要求流量调节很小时不能采用此法。

（3）更换叶轮调节　当泵的扬程或流量需要降低15%以上或泵过大时，如果采用切割叶轮的方法进行流量调节，可能造成效率下降很多，很不经济，此时可更换一个较小尺寸的叶轮来实现流量调节，换下的叶轮留作以后恢复流量、扬程时使用。当输送液体的黏度随季节变化时，也可以采用几个叶轮直径不同的备件来随时更换以满足工艺要求。

（4）改变叶轮的数目　在多级泵中由于其总扬程等于各个叶轮单独工作时所产生的扬程之和，因此多级泵的 $H\text{-}Q$ 曲线也是由各个叶轮的 $H\text{-}Q$ 曲线叠加而成，若取下几个叶轮，必将改变多级泵的 $H\text{-}Q$ 曲线，从而达到改变扬程的目的。

当采用改变叶轮级数时，不能拆卸第一级叶轮，否则吸入侧阻力增加，使泵的汽蚀性能恶化，拆除叶轮应该在出口端进行。对于分段式多级离心泵也可以拆除中间段，但此时必须换轴。拆除叶轮后应注意叶轮的动平衡和轴向推力的平衡问题。

（5）改变泵的运行台数　对于某些大型泵装置可采用这种方法调节流量，如生产过程要求参数变化很大，泵的流量有时可以相差将近一倍，这时可考虑选用两台较小的泵并联运行，而流量的调节可通过停止其中一台泵，以达到经济运行的目的。如果只安装一台大泵，当要求小流量时势必要用出口调节阀调节流量，会造成极大的能量损失。

2.4.8 离心泵的串联和并联

在生产实际中当单独一台离心泵无法满足实际扬程或流量的需求时，或者为了改善泵的汽蚀性能，可将两台或两台以上的泵串联或并联使用。

2.4.8.1 泵的串联

如图 2-40 所示，$(H\text{-}Q)_{\text{I或II}}$ 为两台性能相同的泵的性能曲线，根据流体力学原理，两泵串联工作时其特点是两台泵的流量相等，两泵串联时的总扬程等于两泵在相同流量下的扬程之和，即 $Q_{\text{I}}=Q_{\text{II}}$ 时，$H_{\text{I+II}}=H_{\text{I}}+H_{\text{II}}$。两泵串联后总的性能曲线等于两泵性能曲线在同一流量下的扬程逐点叠加而成，即图 2-40 中曲线 $(H\text{-}Q)_{\text{I+II}}$，可见泵串联后扬程性能曲线向上移动，同一流量下的扬程提高了。

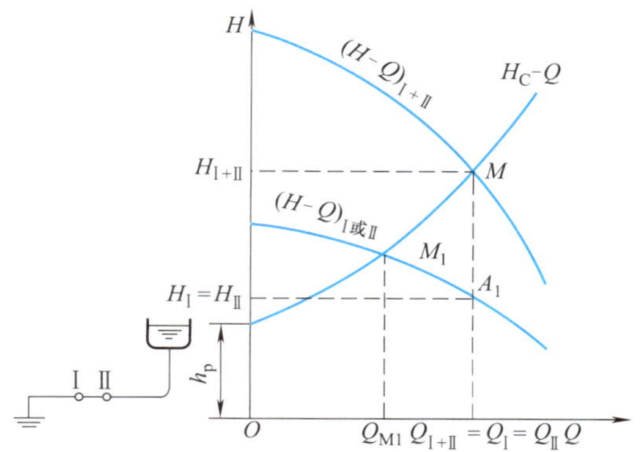

图 2-40 两台相同性能的泵串联

假设管路特性曲线 $H_C\text{-}Q$ 不变（忽略两泵串联后管路特性的变化）时，两泵串联后总的性能曲线 $(H\text{-}Q)_{\text{I+II}}$ 与管路特性曲线的交点为 M，M 点即为两泵串联后的工作点。该点的扬程为 $H_{\text{I+II}}=H_{\text{I}}+H_{\text{II}}$，流量为 $Q_{\text{I+II}}=Q_{\text{I}}=Q_{\text{II}}$。为了确定每台泵的工作点，自 M 点作垂线交单泵性能曲线 $(H\text{-}Q)_{\text{I或II}}$ 与 A_1 点，由图 2-40 可知泵Ⅰ的流量 Q_{I} 等于泵Ⅱ的流量 Q_{II}，也等于串联后的流量 $Q_{\text{I+II}}$，在此流量下两泵提供的扬程相同，即 $H_{\text{I}}=H_{\text{II}}$，液体具有的总扬程为 $H_{\text{I+II}}=H_{\text{I}}+H_{\text{II}}=2H_{\text{I}}$。

若每台泵单独在管路中工作时泵的工作点为 M_1，则串联后的总扬程低于泵单独工作时扬程的 2 倍，而流量却大于单泵工作时的流量。究其原因，是串联后的扬程提高了，但管路装置未变，多余的能量使流速加快、流量增加。

两台性能相同的泵串联常用于提高离心泵的扬程、增加输送距离，主要用来满足扬程的（压头）需求。离心泵串联工作时，因后面一台泵承受的压力较高，所以应注意泵体的强度和密封等问题。启动和停泵时也要按顺序进行操作，启动前将各串联泵的出口调节阀都关闭，第一台泵启动后，再打开第一台泵的出口调节阀，然后启动第二台泵，再打开第二台泵的出口阀；停泵时正好相反。实际上几台泵串联工作相当于一台多级泵，一台多级泵在结构上比多台性能相同的离心泵串联要紧凑得多，安装维修也方便得多，所以多台泵串联使用时应该选用多级泵代替使用。

2.4.8.2 泵的并联

当使用一台泵向某一压力管道输送液体时，如果流量不能满足要求或输送流量变化很大，为了提高泵的经济性能，使泵在高效范围内工作，可采用两台或多台泵并联使用，以满足流量变化的需要。

如图 2-41 所示，设两台泵自同一吸液罐吸入液体，由液面到汇合点的两端管路阻力很小可以忽略不计，这样两泵并联后的总流量等于两泵在同一扬程下的流量之和，即 $H_{\text{I}}=H_{\text{II}}$ 时，$Q_{\text{I+II}}=Q_{\text{I}}+Q_{\text{II}}$，两泵并联后总的性能曲线等于两泵性能曲线在同一扬程下各对应点流量的叠加，见图 2-41 中的曲线 $(H\text{-}Q)_{\text{I+II}}$。当绘出管路特性曲线 $H_C\text{-}Q$ 后，与并联后总的性能曲线 $(H\text{-}Q)_{\text{I+II}}$ 交于 M 点，M 对应的流量 $Q_{\text{I+II}}$ 即为并联后管路中的流量。为了确定并联时每台泵的工况，过 M 点作水平线，交单台泵性能曲线于 A_1 点，该点为每台泵并联工作时的工作点，决定了并联工作时每台泵的工作参数，在 A_1 点泵Ⅰ和泵Ⅱ工作扬程相等，等于并联后的工作扬程，并联后的流量等于泵Ⅰ和泵Ⅱ流量之和，即 $Q_{Ⅰ+Ⅱ}$ 提高了。

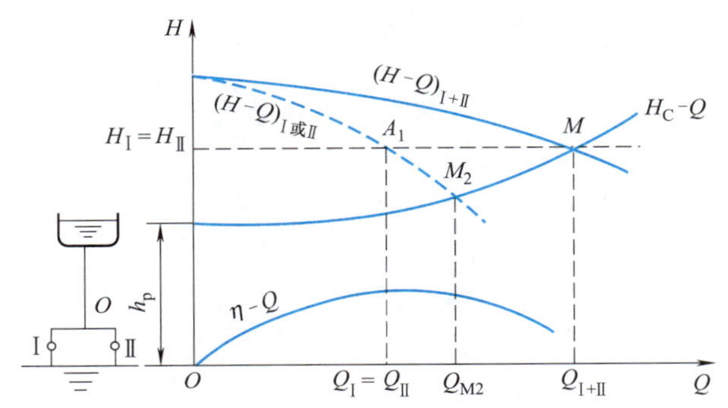

图 2-41 两台相同性能的泵并联

若每台泵单独在管路中工作，泵的工作点为 M_2，从图 2-41 可以看出，并联后的扬程比泵单独工作时的扬程高，而流量小于一台泵单独工作时流量的 2 倍，这是因为并联后管路阻力由于流量的增加而有所增大，这就要求每台泵都必须提高它的扬程来克服这个增加的阻力损失，相应的流量就减少了。由此可知，两台泵并联工作时管路特性曲线越平坦，则并联后的流量 $Q_{Ⅰ+Ⅱ}$ 就越接近于每台泵单独工作时流量的 2 倍，达到增加流量的目的；相反，泵的性能曲线越陡峭，并联后的流量 $Q_{Ⅰ+Ⅱ}$ 就越小于每台泵单独工作时流量的 2 倍，因此泵的性能曲线应平缓一些为好。从并联工作泵的台数来看，泵的数量越多，并联后所增加的流量就越少，每台泵所输送的流量也越少，所以泵的并联台数不宜过多，过多反而不经济。

习题2-4

1. 单选题

(1) 离心泵的工作点是（　　）。

A. 泵 H-Q 曲线与管路 H_C-Q 曲线的交点　B. 泵的 H-Q 曲线上任意一点

C. 管路 H_C-Q 曲线的任意一点　D. 泵汽蚀曲线上任意一点

(2) 在测定离心泵的特性曲线时，下面安装错误的是（　　）。

A. 泵进口处安装真空表　B. 进口管路上安装节流式流量计

C. 泵出口处安装压力表　D. 出口管路上安装调节阀

(3) 离心泵流量不够，达不到额定排量可能是由于（　　）。

A. 轴承磨损　B. 过滤器堵塞　C. 电动机转速高　D. 填料盖压得太紧

(4) 离心泵最常用的调节方法是（　　）。

A. 改变吸入管路中阀门开度　B. 改变排出管路中阀门开度

C. 安置回流支路，改变循环量的大小　D. 车削离心泵的叶轮

(5) 在现场离心泵的流量调节方法有（　　）。

A. 改变出口管路阀门开度　B. 改变管径

C. 改变叶轮数目　D. 减少蜗壳直径

(6) 离心泵的调节阀（　　）。

A. 只能安装在进口管路上　B. 只能安装在出口管路上

C. 安装在进口管路或出口管路上均可　D. 只能安装在旁路上

(7) 采用出口管路节流调节流量时，调节阀开度越小，管路特性曲线的斜率越（ ）。

A. 大 B. 小 C. 不变

(8) 当采用切割叶轮外径调节流量时，只能（ ）流量。

A. 增大 B. 减小 C. 不变

(9) 旁路调节的实质是改变（ ）特性方程。

A. 离心泵的性能曲线 B. 管路 C. 离心泵与管路

(10) 一般情况下，对于离心泵其入口管线（ ）越好。

A. 越长 B. 越短 C. 阀门越多 D. 弯道越多

(11) 流体从泵入口流到出口的过程中，一般不存在（ ）。

A. 阻力损失 B. 流动损失 C. 流量损失 D. 机械损失

(12) 对于双吸泵的叶轮，计算比转速时，应将泵的流量除以（ ）。

A. 1 B. 2 C. 3 D. 4

(13) 要保证两流体流动过程相似，必须满足（ ）。

A. 几何相似 B. 运动相似

C. 动力相似和热力相似 D. 以上 ABC

2. 判断题

(1) 离心泵串联可以提高扬程，并联可以提高流量。（ ）

(2) 离心泵的特性曲线是指泵的流量与扬程、转速、效率三者之间的关系。（ ）

(3) 离心泵流量调节的实质是改变泵的性能曲线与管路的特性曲线的位置。（ ）

(4) 旁路调节流量比较简单，但这种方法是不经济的。（ ）

(5) 离心泵工作点是离心泵的性能曲线与管路特性曲线的交点。（ ）

(6) 吸液池液位变化自动调节流量有可能引起汽蚀现象。（ ）

(7) 当离心泵的性能曲线为驼峰形时，可能出现喘振现象。（ ）

(8) 离心泵 H-Q 性能曲线有“平坦”“陡降”和“驼峰”三种型式。（ ）

(9) 比转数不同的离心泵，其几何形状一定不相似，比转数相同的离心泵，其几何形状不一定完全相似。（ ）

(10) 两台不同性能的泵串联后的流量为两台泵流量之和。（ ）

3. 简答题

(1) 说明离心泵调节流量的方法，并说明各自的优缺点。

(2) 说明离心泵性能曲线的应用。

(3) 说明离心泵的串联、并联各用在什么场合。

2.5 离心泵的汽蚀现象

2.5.1 汽蚀现象产生的机理及危害

2.5.1.1 离心泵的汽蚀现象

在图 2-42 所示的离心泵吸入装置中，当泵从下部吸液运转时，如果以 A-A 截面为参考截面，由伯努利方程可得泵吸入口截面 S 处的液体压头的大小。

A-A： $\frac{p_a}{\rho g}+\frac{c_A^2}{2g}$；

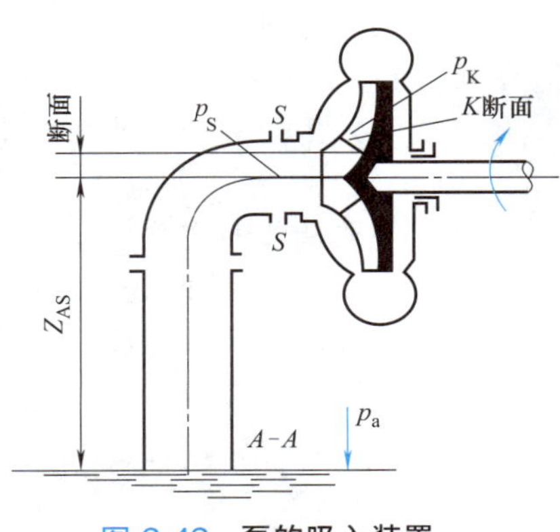

图 2-42 泵的吸入装置

S-S： $\frac{p_S}{\rho g}+\frac{c_S^2}{2g}+Z_{AS}$

根据能量守恒定律可得

$$\frac{p_S}{\rho g}+\frac{c_S^2}{2g}+Z_{AS}+\sum h_{AS}=\frac{p_a}{\rho g}+\frac{c_A^2}{2g}$$

设 $c_A=0$，则 S 截面处的液体压头为

$$\frac{p_S}{\rho g}=\frac{p_a}{\rho g}-\left(Z_{AS}+\frac{c_S^2}{2g}\right)-\sum h_{AS} \tag{2-48}$$

式中 p_a——吸液槽液面压力，Pa；

Z_{AS}——吸液槽液面到泵吸入口处的垂直距离，m；

c_S——泵吸入口截面 S-S 处液体的平均流速，m/s；

$\sum h_{AS}$——吸入管路上的总阻力损失，m；

ρ——泵输送液体的密度，kg/m^3。

由式（2-48）可以看出，泵吸入口 S-S 处液体的压力 p_S 是随着吸液槽液面上压力 p_a 的增高而增高，随安装高度 Z_{AS}、吸入管阻力损失 $\sum h_{AS}$ 以及液体密度 ρ 的增加而降低。当泵吸入口压力 p_S 降低到该处相应温度下的饱和蒸气压力 p_t 时，液体沸腾汽化，使原来流动着的液流中出现了大量气泡，气泡中包含着被输送液体的蒸气，另外还有少量原来溶解于液体中而逸出的空气，当气泡随同液流从低压区流向高压区时，气泡在周围高压液体的作用下迅速缩小凝结而急剧地崩溃，由于蒸气凝失过程非常迅速与突然，在气泡消失的地方会产生局部的真空，周围压力较高的液流非常迅速地从四周向真空空间冲挤而来，产生剧烈的水击，形成极大的冲击力，由于气泡的尺寸极其微小，所以这种冲击力集中作用在与气泡接触的零件微小表面积上，其应力可达数十兆帕，甚至更大，水击的频率高达 25000Hz，因而使材料壁面上受到高频率高压力的重复载荷作用而逐渐产生疲劳破坏，即所谓的机械剥蚀。此外，水击液体产生的冲击能量瞬时转化为热能，使水击局部地点的温度升高（经测定，温度可高达 230℃以上），而且材料机械强度降低。如果产生的气泡中还杂有一些活泼的气体（如氧气等），它会借助于气泡凝结时所放出的热量，对金属起化学腐蚀作用，这样金属材料受到机械剥蚀和化学腐蚀的共同作用，加快了金属的损坏速度，从开始时的点蚀到严重时形成蜂窝状的空洞，最后甚至把壁面蚀穿。这种气泡不断形成、生长和破裂崩溃以致使材料受到破坏的过程，总称为汽蚀现象。

从汽蚀现象发生的条件来看，主要是进入叶轮吸入口液体的压头降低太多，实际上真正的低压区并不在泵的入口，而在叶轮入口部位叶片进入口背面或工作面附近处，具体视泵的情况而定。因为液体自泵吸入口到叶轮入口的过流面积一般是逐渐收缩的，同时液流方向也在不断变化，加上液体进入叶轮流道时以相对速度 w_i 绕液流叶片头部还要产生附加压力降，液体压力相应还要降低，真正的低压部位如图 2-43 中的 K 点所示。因此，要控制叶轮入口附近低压区 K 点的压力，使 $\frac{p_K}{\rho g}>\frac{p_t}{\rho g}$ 时才不会出现汽蚀现象。

2.5.1.2 汽蚀的危害

汽蚀是水力机械特有的现象，当产生汽蚀现象时存在许多严重的后果，主要表现在以下几个方面。

（1）汽蚀使泵产生噪声和振动 气泡溃灭时液体质点互相撞击，同时也冲击着金属表面，产生各种频率的噪声，严重时可听到泵内有“噼啪”的爆炸声，同时引起机组的振动，如果机组的振动频率与撞击频率相等，则产生强烈的共振现象，导致机组被迫停车。

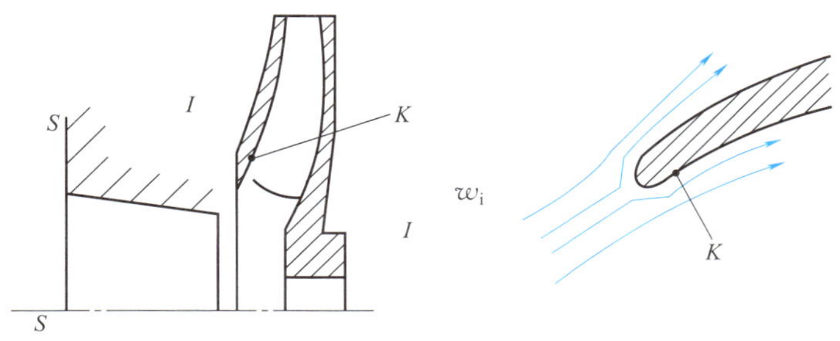

图 2-43 液流低压部位

（2）汽蚀使泵的性能下降 发生汽蚀现象时产生的大量气泡堵塞了流体流道，破坏了泵内液体的连续流动，使泵的流量、扬程、效率明显下降，表现在泵的性能曲线上就是性能曲线陡降，如图 2-44 中的虚线所示，这时泵将出现断流现象，泵无法继续进行工作。应当指出，在泵发生汽蚀的初始阶段，泵的性能曲线尚无明显变化，当性能曲线发生陡降时，汽蚀已发展到了相当严重的程度，工程上当扬程下降 3%时就认为进入了汽蚀状态。

（3）汽蚀使过流部件发生点蚀破坏 当发生汽蚀现象时，机械剥蚀和电化学腐蚀的作用使金属材料发生破坏，通常汽蚀破坏的部位是叶片入口附近，汽蚀初期金属表面出现麻点，接着呈现沟槽状、蜂窝状、鱼鳞状等痕迹，严重时可造成叶片或前后盖板穿孔，甚至叶轮破裂，造成严重事故。图 2-45 是汽蚀发生时叶轮的破坏形式。

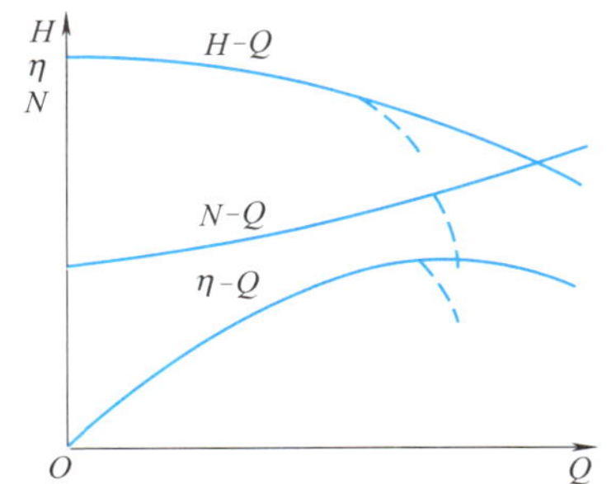

图 2-44 泵发生汽蚀时性能曲线的变化

图 2-45 汽蚀时叶轮的破坏形式

2.5.1.3 汽蚀现象的影响因素

（1）与泵本身的汽蚀性能有关 在实际工作中会遇到这种情况，如果某台泵在运行中发生了汽蚀，但是在完全相同的使用条件下，换了另一种型号的泵就可能不发生汽蚀现象，这说明泵在运转中是否发生汽蚀和泵本身的汽蚀性能有关。泵本身的汽蚀性能通常用汽蚀余量 Δh 来表示，也可用 NPSH 来表示，所以避免汽蚀现象的方法是改变泵本身的结构。

（2）与泵的吸入装置有关 对同一台泵来说，在某种吸入装置条件下运行时会发生汽蚀，如果改变了吸入装置的条件就可能不发生汽蚀现象，这说明泵在运转中是否发生汽蚀与泵的吸入装置也有关系，所以避免汽蚀现象的另一种方法是限制泵的安装高度和改变吸入装置的条件。

2.5.2 离心泵的汽蚀余量

2.5.2.1 汽蚀余量的概念

由离心泵的汽蚀过程可知，汽蚀发生的基本条件是叶片入口附近的最低压力 $p_K \leqslant p_t$，所以为了防止汽蚀现象的发生应满足条件 $p_K > p_t$，即泵入口处液体具有的能头除了要高出

液体汽化压力 p_t 外，还应当具有一定的富裕能头，这一富裕能头称为汽蚀余量，用符号 Δh 来表示，国外一般称为净正吸上水头，用 NPSH 表示。汽蚀裕量 Δh 可分为最小汽蚀余量 Δh_{min}（单位：m）和允许汽蚀余量 $[\Delta h]$（单位：m）。

（1）最小汽蚀余量　最小汽蚀余量（也称有效汽蚀余量）是指泵吸入口处动能与静压能之和高出被输送液体的饱和蒸气压头 p_t 的最低数值，是泵发生汽蚀时的临界值（不考虑流动损失），如图 2-42 所示。根据定义，最小汽蚀余量的大小可按式（2-49）计算，该值越大，说明泵入口处的富裕能头越多，越不容易产生汽蚀现象。

$$\Delta h_{min}=\frac{p_S}{\rho g}+\frac{c_S^2}{2g}-\frac{p_t}{\rho g} \tag{2-49}$$

式中　p_S——液体在泵入口（S-S 截面）处的压力，Pa；

c_S——液体在泵入口（S-S 截面）处的速度，m/s；

p_t——输送温度下液体的饱和蒸气压，Pa；

ρ——输送温度下液体的密度，kg/m^3。

（2）允许汽蚀余量　由于最小汽蚀余量 Δh_{min} 是泵发生汽蚀时的临界值，所以为了保证离心泵能够良好地运转，使用时必须加上 0.3m 的安全余量作为允许汽蚀余量，用 $[\Delta h]$ 来表示，允许汽蚀余量的大小可按式（2-50）计算。

$$[\Delta h]=\Delta h_{min}+0.3 \tag{2-50}$$

由于 $[\Delta h]$ 是用 293K（20℃）的清水为介质测定的，所以如果输送的液体为石油或类似石油的产品，操作温度较高时，则必须对 $[\Delta h]$ 进行校正，即 $[\Delta h]'=[\Delta h]\times\varphi$；其中，$\varphi$ 为校正系数，可根据被输送液体的相对密度 $d=\frac{\rho}{\rho_{水}}$ 和输送温度下该液体的饱和蒸气压 p_t 由图 2-46 查得，该图适用于液体碳氢化合物。

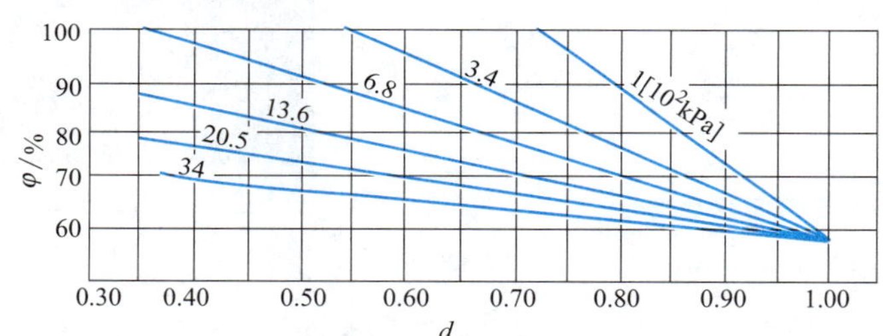

图 2-46　离心泵 [Δh] 的校正

2.5.2.2　允许汽蚀余量的应用

由图 2-42 所示可知，如果泵轴中心距离吸液池液面的距离 Z_{AS} 的值越大，那么泵入口 S-S 截面处的压力降也越大，则泵越容易发生汽蚀现象。泵轴中心至吸液池液面的距离 Z_{AS} 在工程上称为泵的安装高度，为了避免泵运行时产生汽蚀，在设计泵及运行管路时需要合理确定泵的安装高度。通常泵的样本上给出的是泵的允许汽蚀余量 $[\Delta h]$，所以可以用 $[\Delta h]$ 计算泵的允许安装高度 $[H_g]$。

在图 2-42 中如果以 A-A 截面为参考截面，根据能量守恒定律可得

$$\frac{p_a}{\rho g}+\frac{c_A^2}{2g}+Z_A=\frac{p_S}{\rho g}+\frac{c_S^2}{2g}+Z_{AS}+\sum h_{AS}$$

设 $c_A^2=0$，$Z_A=0$，则

$$Z_{AS}=\frac{p_a}{\rho g}-\left(\frac{p_S}{\rho g}+\frac{c_S^2}{2g}+\sum h_{AS}\right)=\frac{p_a}{\rho g}-\left(\frac{p_S}{\rho g}+\frac{c_S^2}{2g}-\frac{p_t}{\rho g}+\frac{p_t}{\rho g}+\sum h_{AS}\right)$$

$$Z_{AS}=\frac{p_a}{\rho g}-\left(\Delta h_{min}+\frac{p_t}{\rho g}+\sum h_{AS}\right)$$

上式两边同时减去0.3，可得

$$Z_{AS}-0.3=\frac{p_a}{\rho g}-\left(\Delta h_{min}+0.3+\frac{p_t}{\rho g}+\sum h_{AS}\right)$$

而 $[\Delta h]=\Delta h_{min}+0.3$，则安装高度为允许安装高度 $[H_g]$，即

$$[H_g]=\frac{p_a}{\rho g}-\frac{p_t}{\rho g}-[\Delta h]-\sum h_{AS}$$

为安全起见，计算出允许安装高度 $[H_g]$ 后，再取0.5～1m的安全值作为泵的几何安装高度 H_g，即用几何安装高度来确定离心泵的实际安装高度。

$$H_g=[H_g]-(0.5\sim1)$$

例题2-7 利用离心泵输送某石油产品，该石油产品在输送温度下的饱和蒸气压为26.7kPa，密度 $\rho=900\text{kg/m}^3$，泵的允许汽蚀余量为2.6m，吸入管路的压头损失约为1m，试计算泵的允许安装高度。

解： $[H_g]=\frac{p_a}{\rho g}-\frac{p_t}{\rho g}-[\Delta h]-\sum h_s=\frac{9.81\times10^4}{900\times9.81}-\frac{26.7\times10^3}{900\times9.81}-2.6-1=4.5\ (\text{m})$

为安全起见，泵的实际安装高度应比计算值低，可取3.5～4m，即几何安装高度为

$$H_g=[H_g]-(0.5\sim1)=3.5\sim4\ (\text{m})$$

2.5.3 允许吸上真空高度

由于泵入口处液体的能量不容易直接测量出来，而泵入口法兰处真空表的读数（以液柱高度表示，称为真空度）可直接测量出来，该参数可用于监测泵是否正常运行。泵的真空度表示泵内不产生汽蚀时，泵吸入口处的压力 p_S 低于大气压 p_{at} 的数值，所以在实际应用中常用允许吸上真空高度 $[H_s]$ 来确定泵的几何安装高度 H_g，因此很有必要对允许吸上真空高度的概念进行研究。

2.5.3.1 吸上真空高度概念

在图2-42中，如果以 A-A 截面为参考截面，列出 A-A 截面到 S-S 截面的伯努利方程。

$\frac{p_a}{\rho g}+\frac{c_A^2}{2g}=\frac{p_S}{\rho g}+\frac{c_S^2}{2g}+Z_{AS}+\sum h_{AS}$，则

$$\frac{p_a}{\rho g}-\frac{p_S}{\rho g}=\frac{c_S^2}{2g}+Z_{AS}+\sum h_{AS}$$

当吸液池液面受到大气压力时，$p_a=p_{at}$，而 $\frac{p_{at}}{\rho g}-\frac{p_S}{\rho g}$ 表示泵吸入口处的压力 p_S 低于大气压 p_{at} 的数值，工程上称为吸上真空高度，用 H_s 来表示，通过式（2-51）计算。

$$H_s=\frac{p_{at}-p_S}{\rho g}=\frac{c_S^2}{2g}+H_g+\sum h_{AS} \tag{2-51}$$

由式（2-51）可知，泵的吸上真空高度 H_s 与泵的几何安装高度 H_g，入口处的流速 c_S 以及吸入管路的阻力损失 $\sum h_{AS}$ 等因素有关。

2.5.3.2 允许吸上真空高度 H_s 的计算

当泵在一定流量下运行时，根据连续定理 $Q=fc$ 可知，$\frac{c_S^2}{2g}$是定值，吸入管路的阻力损失$\sum h_{AS}$也几乎为定值，则吸上真空高度 H_s 主要取决于泵的几何安装高度 H_g，并随 H_g 增大而增大，当增大到某一数值后，泵就因为汽蚀而不能工作，对应这一工况的真空高度，称为最大吸上真空高度，用 H_{smax} 来表示，目前 H_{smax} 只能通过试验获得。为保证泵在运行时不发生汽蚀现象，在最大吸上真空高度 H_{smax} 的基础上保留 0.3～0.5 的安全量，称为允许吸上真空高度［H_s］，按式（2-52）计算。

$$[H_s]=H_{smax}-(0.3\sim0.5) \tag{2-52}$$

泵的允许吸上真空高度［H_s］随流量变化而变化，一般随着流量的增加，［H_s］降低，因此通常要做离心泵的汽蚀性能测定，测定泵在工作范围内［H_s］随流量变化的情况，并将结果绘成曲线，一并画在泵的性能曲线上，如图 2-47 所示。

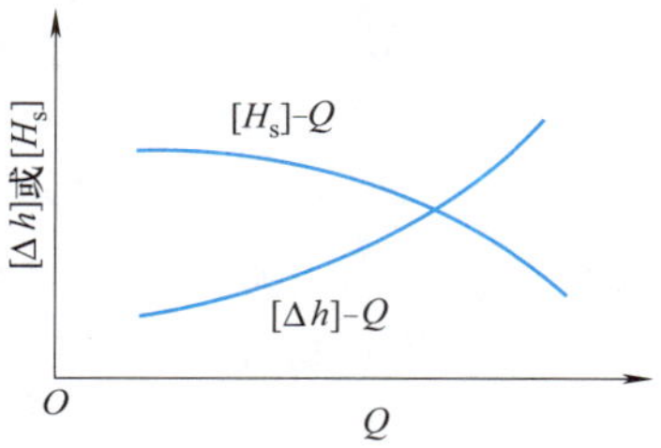

图 2-47 离心泵的［H_s］-Q 曲线

由于样本上给出的［H_s］值是在标准大气压、液体温度为 293K、以清水为介质测得的，所以如果泵使用地点的大气压和液体温度与测定条件相差很大时应对样本上的［H_s］进行修正，修正按式（2-53）进行。

$$[H_s]'=[H_s]-10+\frac{p-p_t}{\rho g} \tag{2-53}$$

式中　$[H_s]'$——修正后的允许吸上真空高度，m；

p——泵使用地点的大气压，kPa；

p_t——泵在使用地点温度下液体的饱和蒸汽压，kPa。

2.5.3.3 允许吸上真空高度［H_s］的应用

允许吸上真空高度［H_s］用来说明离心泵性能的好坏，泵吸入口处的真空度不应超过样本上规定［H_s］，它关系到使用泵时安装位置的高低，所以在安装水泵时也可根据［H_s］来计算泵的允许安装高度，进而计算泵的几何安装高度，即

$$[H_g]=[H_s]-\left(\frac{c_S^2}{2g}+\sum h_{AS}\right)$$

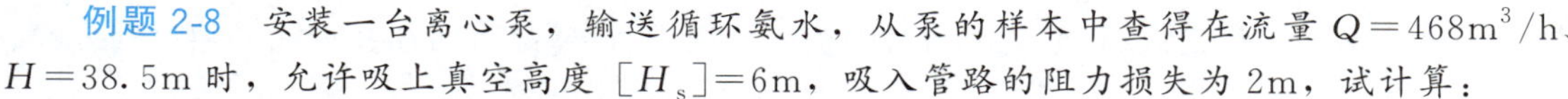

例题 2-8 安装一台离心泵，输送循环氨水，从泵的样本中查得在流量 $Q=468\text{m}^3/\text{h}$、$H=38.5\text{m}$ 时，允许吸上真空高度 $[H_s]=6\text{m}$，吸入管路的阻力损失为 2m，试计算：

（1）输送 293K 的水时，泵的几何安装高度；

（2）氨水温度为 323K 时（$p_t=12.335\text{kPa}$），泵的几何安装高度。由于氨水浓度很稀，可近似认为氨水密度、饱和蒸汽压均与水相同。

分析：已知流量 $Q=468\text{m}^3/\text{h}$，扬程 $H=38.5\text{m}$，允许吸上真空高度 $[H_s]=6\text{m}$，吸入管路损失$\sum h_S=2\text{m}$。

解： 因为在样本中查得的流量和相关参数是在标准大气压、温度为 293K、介质为清水而测得的，所以如果条件与上述条件相差很多，则必须进行修正。

（1）输送 293K 的清水时，泵的允许安装高度为

$$[H_g]=[H_s]-\left(\frac{c_S^2}{2g}+\sum h_S\right)=6-(0+2)=4(\text{m})(\text{忽略动能})$$

为安全起见，计算出允许安装高度［H_g］后，再取 0.5～1m 的安全值作为泵的几何安

装高度 H_g，即

$$H_g=[H_g]-(1\sim0.5)=4-(1\sim0.5)=3\sim3.5\ (\mathrm{m})$$

(2) 计算输送温度为 323K 的氨水时允许安装高度。输送氨水时，其允许吸上真空高度应按式 (2-53) 进行校正，即

$$[H_s]'=[H_s]-10+\frac{p-p_t}{\rho g}=6-10+\frac{9.81\times10^4-12.335\times10^3}{1000\times9.81}=4.7\ (\mathrm{m})$$

$$[H_g]=[H_s]-\left(\frac{c_S^2}{2g}+\sum h_S\right)=4.7-(0+2)=2.7\ (\mathrm{m})\text{（忽略动能）}$$

为安全起见，计算出允许安装高度后，再取 0.5～1m 的安全值作为泵的几何安装高度 H_g，即

$$H_g=[H_g]-(1\sim0.5)=2.7-(1\sim0.5)=1.7\sim2.2\ (\mathrm{m})$$

2.5.4 提高离心泵抗汽蚀性能的途径

提高离心泵的抗汽蚀性能可以从两个方面进行考虑，一方面是合理设计泵的吸入装置及安装高度，使泵入口处具有足够大的汽蚀余量；另一方面改进泵本身的结构参数或结构形式，使泵具有尽可能小的允许汽蚀余量。

2.5.4.1 提高离心泵本身的抗汽蚀性能

(1) 适当加大叶轮入口处直径和叶片进口边宽度　增大叶轮入口处直径和叶片进口边宽度，可以降低叶轮入口平均速度和叶片进口平均速度，使允许汽蚀余量减小。

(2) 首级叶轮采用双吸叶轮　在流通截面积不变的情况下，如果流量增加，根据 $Q=fc$，将造成动能和流动阻力的增加，发生汽蚀的可能性增加，所以采用双吸叶轮，相当于两个单吸叶轮背靠背地合并在一起工作，使每侧通过的流量为总流量的二分之一，从而使叶轮入口处的流速和流动阻力减小，静压能增加，可有效防止汽蚀现象的发生，如图 2-48 所示。

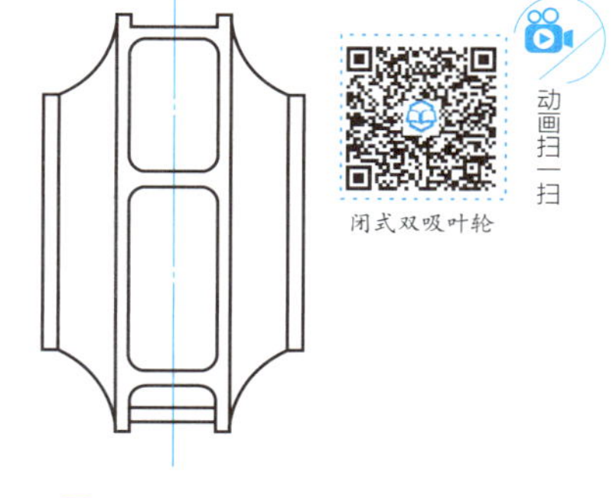

图 2-48　采用双吸叶轮

(3) 采用前置诱导轮　在离心泵第一级叶轮前加诱导轮能提高泵的抗汽蚀性能，而且效果显著。如图 2-49 所示，诱导轮是一种轴流式的螺旋形叶轮，安装在离心泵第一级叶轮的前面，当液体通过诱导轮时，诱导轮对液体做功，使液体在进入离心泵之前已经增压，从而提高泵的抗汽蚀性能。同时，由于诱导轮是轴流式的，其外缘速度很高，在离心力的作用下一旦产生气泡，只能在诱导轮的外缘轴向流动，不会堵塞流道，所以诱导轮作为轴流式叶轮可以在一定程度上预防汽蚀现象的发生。

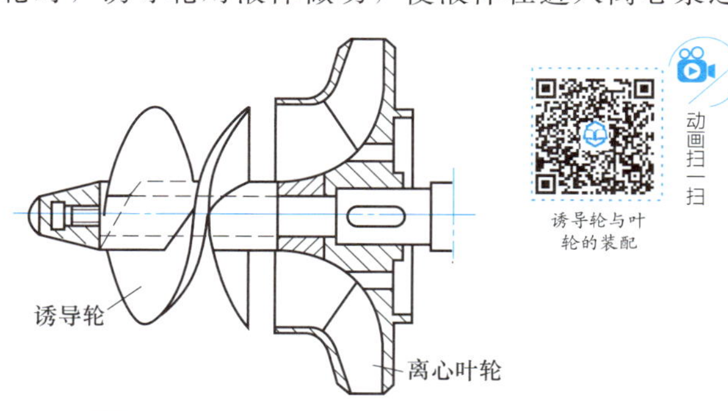

图 2-49　采用前置诱导轮

(4) 采用超汽蚀叶形诱导轮　近年发展了一种超汽蚀泵，在离心泵叶轮前加一轴流式的超汽蚀叶形诱导轮，如图 2-50 所示。超汽蚀叶形诱导轮具有薄而尖的前缘以诱发一种固定型的气泡并完全

覆盖叶片，气泡在叶形诱导轮后的液流中溃灭，即在超汽蚀叶形诱导轮出口和离心叶轮进口之间溃灭，故超汽蚀叶轮叶片的材料不会受汽蚀破坏，这种在汽蚀显著发展时将整个叶形都包含在汽蚀空气之内的汽蚀阶段称为超汽蚀。

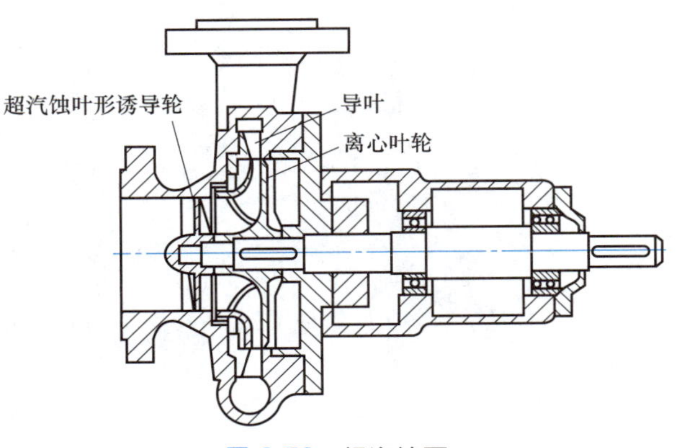

图 2-50 超汽蚀泵

（5）采用抗汽蚀材料 当使用条件受到限制，无法或很难避免发生汽蚀时，应采用抗汽蚀材料制造叶轮以延长叶轮的使用寿命。常用材料有铝铁青铜、不锈钢、稀土合金铸铁和高镍铬合金等，实践证明材料强度和韧性越高、硬度和化学稳定性越高、叶道表面越光滑，材料的抗汽蚀性能越好。

2.5.4.2 提高吸入管路的有效汽蚀余量

（1）减小泵的安装高度 充分考虑离心泵装置可能遇到的各种工况，根据具体工况选择合适的安装高度（降低安装高度），尽可能减少吸入扬程。

（2）降低吸入管路的阻力损失 改善离心泵的入口条件，在泵的吸入管路系统中合理增大吸入管直径，降低流速；采用尽可能短的吸入管长度；减少不必要的弯头、阀门等；不采用吸入阀门来调节流量，尽可能减少吸入管道的水力损失。

（3）设置前置泵 前置泵也称升压泵，液体在进入主泵之前，先经过抗汽蚀性能较好的低速前置泵升压，而后再进入主泵，从而增大了主泵的有效汽蚀余量。

2.5.5 离心泵的安装与操作

2.5.5.1 离心泵的安装

离心泵的说明书对泵的安装和使用均做了详细说明，在安装使用前必须认真阅读。下面简要说明离心泵的安装和使用要点。

（1）尽量将泵安装在靠近水源、干燥明亮的场所，以便于检修。

（2）应有坚实的地基以避免振动，通常用混凝土地基，地脚螺栓连接。

（3）泵轴与电动机转轴应严格保持水平，确保运转正常，提高寿命。

（4）安装高度要严格控制，以免发生汽蚀现象。

（5）在吸入管径大于泵的吸入口径时，变径连接处要避免存气，以免发生气缚现象。如图 2-51 所示，图 2-51（a）不正确，图 2-51（b）正确。

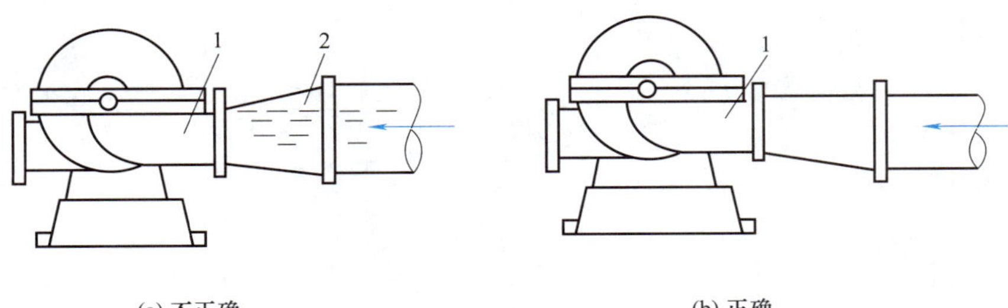

图 2-51 吸入口变径连接法

1—吸入口；2—空气囊

2.5.5.2 离心泵的操作要点

(1) 灌泵　启动前使泵体内充满被输送液体，避免发生气缚现象。

(2) 预热　对输送高温液体的热油泵或高温水泵，在启动与备用时均需预热，因为泵是设计在操作温度下工作的，如果在低温工作，各构件的间隙因为热胀冷缩的原因会发生变化，造成泵的磨损与破坏，预热时应使泵各部分均匀受热，并一边预热一边盘车。

(3) 盘车　用手使泵轴绕运转方向转动，每次以 180°为宜，不得反转，其目的是检查润滑情况、密封情况、是否有卡轴现象、是否有堵塞或冻结现象等。备用泵也要经常盘车。

(4) 关闭出口阀，启动电动机　为了防止启动电流过大，离心泵要在最小流量、最小功率下启动，以免烧坏电动机，因此先关闭出口阀，再启动电动机。但要注意，关闭出口阀运转的时间应尽可能短，以免泵内液体因摩擦发热而发生汽蚀现象。但对于耐腐蚀泵，为了减少腐蚀，常采用先打开出口阀的办法启动。

(5) 调节流量　缓慢打开出口阀，调节到指定流量。

(6) 检查　要经常检查泵的运转情况，比如轴承温度、润滑情况、压力表及真空表读数等，发现问题及时处理，在任何情况下都要避免泵内无液体的干转现象，以避免干摩擦，造成零部件损坏。

(7) 停车　停车时要先关闭出口阀，再关电动机，以免高压液体倒灌，造成叶轮反转，引起事故。在寒冷地区短时停车要采取保温措施，长期停车必须排净泵内及冷却系统内的液体，以免冻结胀坏系统。

2.5.6 离心泵的常见故障及排除方法

离心泵的常见故障及排除方法见表 2-4。

表 2-4　离心泵的常见故障及排除方法

故障现象	产生原因	排除方法
泵不出水	①泵没有注满液体 ②吸水高度过大 ③吸水管有空气或漏气 ④被输送液体温度过高 ⑤吸入阀堵塞 ⑥转向错误	①停泵注水 ②降低吸水高度 ③排气或消除漏气 ④降低液体温度 ⑤排除杂物 ⑥改变转向
流量不足	①吸入阀或叶轮被堵塞 ②吸入高度过大 ③进入管弯头过多，阻力过大 ④泵体或吸入管漏气 ⑤填料处漏气 ⑥密封圈磨损过大 ⑦叶轮腐蚀、磨损	①检查水泵，清除杂物 ②降低吸入高度 ③拆除不必要弯头 ④紧固 ⑤紧固或更换填料 ⑥更换密封环 ⑦更换叶轮
输出压力不足	①介质中有气体 ②叶轮腐蚀或严重破坏	①排出气体 ②更换叶轮
消耗功率过大	①填料压盖太紧、填料函发热 ②联轴器皮圈过紧 ③转动部分轴窜过大 ④中心线偏移 ⑤零件卡住	①调节填料压盖的松紧度 ②更换胶皮圈 ③调整轴窜动量 ④找正轴心线 ⑤检查、处理
轴承过热	①轴心线偏移 ②缺油或油不净 ③油环转动不灵活 ④轴承损坏	①校正轴心线 ②清洗轴承、加油或换油 ③检查处理 ④更换轴承

续表

故障现象	产生原因	排除方法
密封处漏损过大	①填料或密封元件材质选用不对 ②轴或轴套磨损 ③轴弯曲 ④中心线偏移 ⑤转子不平衡、振动过大 ⑥动、静环腐蚀变形 ⑦密封面被划伤 ⑧弹簧压力不足 ⑨冷却水不足或堵塞	①验证填料耐腐蚀性能，更换填料材质 ②检查、修理或更换 ③校正或更换 ④找正 ⑤测定转子、平衡 ⑥更换密封环 ⑦研磨密封面 ⑧调整或更换 ⑨清洗冷却水管路，加大冷却水量
泵体过热	①泵内无介质 ②出口阀未打开 ③泵容量大，实用量小	①检查处理 ②打开出口阀门 ③更换泵
振动或发出杂音	①中心线偏移 ②吸水部分有空气渗入 ③管路固定不对 ④轴承间隙过大 ⑤轴弯曲 ⑥叶轮内有异物 ⑦叶轮腐蚀、磨损后转子不平衡 ⑧液体温度过高 ⑨叶轮歪斜 ⑩叶轮与泵体摩擦 ⑪地脚螺栓松动	①找正中心线 ②堵塞漏气孔 ③检查调整 ④调整或更换轴承 ⑤校直 ⑥清除异物 ⑦更换叶轮 ⑧降低液体温度 ⑨找正 ⑩调整 ⑪紧固螺栓

习题2-5

1. 单选题

(1) 为了提高泵的有效汽蚀余量，下列说法中正确的是（　　）。

A. 增加泵的几何安装高度　　B. 增加首级叶轮入口直径

C. 装置诱导轮　　D. 降低泵的转速

(2) 离心泵的实际安装高度（　　）允许安装高度，就可防止汽蚀现象发生。

A. 大于　　B. 小于　　C. 等于　　D. 近似于

(3) 在不降低效率的前提下，为防止汽蚀，离心泵的安装高度应比计算值低（　　）m。

A. 0.3　　B. 0.5～1　　C. 2.6（介质温度较高）　　D. 3.5～4

(4) 凡能使离心泵局部压力降低到（　　）压力的因素，都可能是诱发汽蚀的原因。

A. 额定　　B. 工作　　C. 大气　　D. 液体汽化

(5) 当泵输送液体（　　）较高时，易产生汽蚀现象。

A. 流速　　B. 流量　　C. 温度

(6) 离心泵的安装工作包括（　　）。

A. 机座的安装、离心泵的安装、电动机的安装、二次灌泵和试车

B. 机座的安装、离心泵的安装、电动机的安装、二次灌泵

C. 机座的安装、离心泵的安装、电动机的安装、试车

D. 机座的安装、离心泵的安装、电动机的安装

(7) 开泵时的正确操作步骤是（　　）。

A. 电动机→吸水闸阀→出水闸阀→止逆阀

B. 电动机→止逆阀→吸水闸阀→出水闸阀

C. 吸水闸阀→电动机→止逆阀→出水闸阀

D. 吸水闸阀→止逆阀→电动机→出水闸阀

(8) 安装液压泵时，液压泵与原动机之间应具有较高的（　　）要求。

A. 平行度　　B. 垂直度　　C. 同轴度　　D. 平面度

(9) 在单级离心泵负荷试车时，产生泵无液体排出的原因可能是（　　）。

A. 电动机反转　　B. 吸入管漏入空气　　C. 轴承间隙过大　　D. 轴封装置损坏

(10) 离心泵运转中不必检查的内容是（　　）。

A. 轴承温度　　B. 轴承振动　　C. 电流值　　D. 电阻值

(11) 多台泵并联运行主要是为了（　　）。

A. 增加流量　　B. 增加扬程　　C. 减少电耗　　D. 提高泵效率

(12) 启动离心泵时，为了减小启动功率，应将出口阀门（　　）。

A. 全开　　B. 打开一半　　C. 打开四分之一　　D. 关闭

(13) 离心泵在启动时应（　　）。

A. 先打开入口阀再缓慢开出口阀　　B. 关入口阀

C. 关出口阀　　D. 不用看阀位

(14) 离心泵轴承的使用一般要求滑动轴承为（　　）以下，滚动轴承 70 以下。

A. 60℃　　B. 65℃　　C. 70℃　　D. 75℃

(15) 离心泵的（　　）越大，离心泵的安装高度就越高。

A. 允许吸上真空高度　　B. 允许汽蚀余量

C. 阻力损失　　D. 机械损失

(16) 离心泵在启动前，泵内应灌满（　　），此过程称为灌泵。

A. 润滑油　　B. 介质　　C. 液体　　D. 冷却液

(17) 提高离心泵抗汽蚀性能的措施不包括（　　）。

A. 改进泵进口的结构参数　　B. 合理设计吸入管路尺寸和安装高度

C. 提高出口压力　　D. A 和 B

(18) 离心泵吸入真空度与（　　）有关。

A. 安装高度　　B. 吸入管内流速和流动损失

C. 液面的压力　　D. ABC

(19) 如果离心泵发生汽蚀现象，现场应（　　）。

A. 停泵检查　　B. 放水

C. 视情况处理入口过滤网或入口压力低的问题

D. ABC

2. 判断题

(1) 汽蚀是化学腐蚀的作用下，金属叶轮流道剥蚀的现象。（　　）

(2) 离心泵的几何安装高度越高，则其进口真空度就越低。（　　）

(3) 汽蚀将使叶轮入口低压区金属出现斑点和沟槽。（　　）

(4) 离心泵在启动时应先将出口阀关闭，目的是避免汽蚀。（　　）

(5) 水泵的安装高度应低于最大吸入高度。（　　）

(6) 为防止汽蚀，可以给离心泵安装螺旋诱导轮。（　　）

(7) 汽蚀现象主要发生在离心泵的泵壳上。（　　）

(8) 允许汽蚀余量越小，该泵的抗汽蚀性能越好。（　　）

(9) 离心泵的汽蚀是由气体腐蚀造成的。（　　）

(10) 离心泵的“气缚”现象比汽蚀现象危害更大。（　　）

(11) 有效汽蚀余量数值的大小与泵的操作条件、泵本身的结构尺寸有关。（　　）

(12) 机泵维护“四不漏”是指不漏水、不漏气、不漏油、不漏溶剂。（　　）

(13) 对备用泵盘车后其标记的最终位置与原位置相隔 180°。 ( )

(14) 离心泵盘车的目的是避免轴因自重发生弯曲变形。 ( )

(15) 离心泵允许吸上真空高度越高，泵的汽蚀性能越差。 ( )

(16) 叶片进口边向吸入口延伸越多，抗汽蚀性能越好；前盖板圆弧半径越大，抗汽蚀性能越好。 ( )

3. 计算题

(1) 已知离心泵输送清水时，最高效率点的流量为 $170m^3/h$，扬程为 30m，其最高效率为 82%，试换算输送黏度为 $220\times10^{-6}m^2/s$、密度为 $990kg/m^3$ 油时相应点的性能参数。

(2) 某厂用离心泵将相对密度为 0.9 的石油产品自常压贮罐压入后送到反应器中。在操作温度下，该油品的饱和蒸汽压为 0.0293MPa，吸液管全部阻力损失为 1.5m。已知泵的许用汽蚀裕量为 3.5m，当地大气压为 0.864MPa，吸、排液管的直径相同，试求该泵安装高度。

(3) 一台 Y 型离心式油泵从工作压力为 1.77MPa（绝对压力）的储油罐中吸入相对密度为 0.65 的油品送往反应釜。已知该油品在工作温度下的饱和蒸汽压为 0.0687MPa，吸液管全部阻力损失为 4m。当泵的流量为 $50m^3/h$ 时，其允许汽蚀裕量为 3.6m，当地大气压为 0.09MPa，试求该泵的安装高度。

2.6 离心泵的主要零部件

2.6.1 叶轮

叶轮是离心泵中将驱动机输入的机械能传递给液体并转变为液体的动能和静压能的部件，它是离心泵中唯一对液体直接做功的部件。

2.6.1.1 叶轮的类型

叶轮有各种各样的结构形式，分类方法不同，叶轮的名称也各不相同。常见的分类方法主要包括以下几种。

(1) 按叶轮有无前后盖板分类　按叶轮有无前后盖板分类，叶轮可分为闭式叶轮、半开式叶轮和开式叶轮三种，如图 2-52 (a)～(c) 所示。

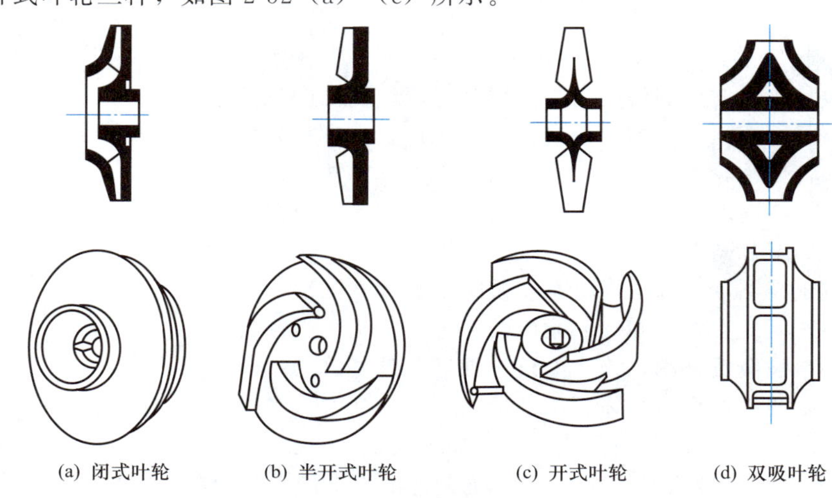

图 2-52 离心泵叶轮的结构形式

① 闭式叶轮　如图 2-52（a）所示，这种叶轮一般是由前盖板、后盖板、叶片和轮毂组成，流道封闭、效率较高、扬程较高、抗汽蚀的性能较好，但制造复杂，一般适用于输送流量大、不含颗粒杂质的洁净流体。

② 半开式叶轮　如图 2-52（b）所示，这种叶轮没有前盖板，只有后盖板（或只有前盖板，没有后盖板），流道是半开启式的，常用于输送黏性液体，以及易于沉淀或含有固体颗粒的液体，泵的效率比较低。

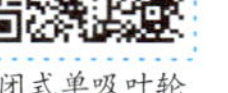
闭式单吸叶轮

③ 开式叶轮　如图 2-52（c）所示，这种叶轮既无前盖板又无后盖板，只有叶片和轮毂，各叶片筋条连接并加强或在叶片根部采用逐渐加厚的办法加强，这种叶轮流道完全敞开，叶轮效率较低，适用于输送含有杂质的污水，以及含泥沙或带有纤维的液体。

开式叶轮和半开式叶轮的叶片数一般比较少（一般为 2～4 片），而且较宽，可以让杂质、浆液自由通过以免造成堵塞，同时流道容易清洗，制造也比较方便。

（2）按流体吸入叶轮的方式分类　按流体吸入叶轮的方式，叶轮可分为单吸叶轮和双吸叶轮两种类型。

① 单吸叶轮　液体从叶轮的一侧吸入叶轮，如图 2-52（a）所示，液体在叶轮内的流动状况较好，结构简单，叶轮悬臂支承在轴上，适用于流量较少的场合，但这种叶轮两边受到的力不相等，每个叶轮要受到不平衡的轴向推力。

② 双吸叶轮　如图 2-52（d）所示，这种叶轮两边对称，犹如两个单吸叶轮背靠背贴合在一起，无轴向推力，适用于流量较大的场合。由于叶轮从两侧吸入液体，因此双吸叶轮具有较大的吸液能力，同时由于液体在叶轮进口处的流速较低，有利于改善泵的抗汽蚀性能，但这种叶轮结构比较复杂，液流在叶轮中汇合时有冲击现象，对泵的效率有所影响。

闭式双吸叶轮

（3）按叶片的弯曲方向分类　根据叶轮出口处安装角度的大小可将叶轮分为前弯式、径向式、后弯式叶轮三种，如前文图 2-14 所示，其中以后弯式叶轮居多，因为后弯式叶轮效率最高，更有利于动能向静压能的转化。由于两叶片间的流动通道是逐渐扩大的，因此能使液体的部分动能转化为静压能，所以叶片也是一种换能装置。后弯式叶轮进口处的安装角一般为 $\beta_{1A}=18°\sim25°$，出口处的安装角 $\beta_{2A}=16°\sim40°$，最常用的是 $\beta_{2A}=20°\sim30°$。离心泵叶片的结构形式通常有圆柱型叶片和扭曲叶片两种类型。圆柱型叶片是指整个叶片沿宽度方向与叶轮轴线平行，如图 2-53 所示；扭曲叶片是指有一部分叶片与轴线不平行，如图 2-54 所示。

图 2-53　圆柱型叶片

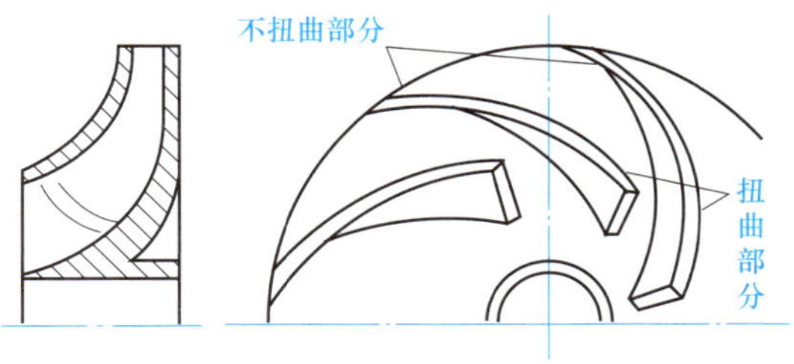

图 2-54　扭曲叶片

2.6.1.2　对叶轮的要求

离心泵的叶轮应具有足够的强度和刚度；流道形状为符合液体流动规律的流线型，液流速度分布均匀，流道阻力尽可能小，流道表面粗糙度较小；制造叶轮的材料应具有较好的耐磨性，叶轮应具有良好的静平衡和动平衡，结构简单，制造工艺性好；叶轮一般是铸造而成，每个单级叶轮能使液体获得最大的理论能头，由叶轮组成的级具有较高的级效率，而且性能曲线的稳定工况较宽等等。

2.6.2 换能装置

2.6.2.1 设置换能装置的必要性

离心泵的换能装置是指叶轮出口到泵出口法兰或多级泵次级叶轮进口前的过流通道部分，由于液体从叶轮出口排出来时的速度很大，一般高达15～25m/s以上，而泵的排出管或次级叶轮入口处的速度又要求较低，一般限制在2～4m/s左右，因此需要设置换能装置进行降速和能量的转换。

2.6.2.2 换能装置的功能

离心泵的换能装置主要包括两个方面的功能：一是汇集叶轮出口处的液体，把液体引入下一级叶轮的入口或泵的出口；二是将叶轮出口高速液体的部分动能转化为静压能，起到降速增压的作用。实测表明，液体在换能装置中的流动损失占离心泵内流动阻力损失的很大比例，成为泵内阻力损失的重要组成部分，尤其是泵在非设计工况下运转时更加突出。所以，提高泵的效率，除了要提高叶轮水力性能以外，同时还要注意换能装置与叶轮的配合，尽量提高换能装置的水力性能，减小换能装置中的能量损失。

2.6.2.3 换能装置的分类

离心泵中的换能装置按结构型式一般分为蜗壳和导轮两种。一般情况下单级离心泵和多级离心泵常设置蜗壳，分段式多级离心泵的中间级则采用导轮。从原理上看，蜗壳和导轮并无原则区别，但其结构特点有所不同。

（1）蜗壳　蜗壳是指叶轮出口到下一级叶轮进口之间或泵的出口管线之间、横截面积逐渐增大的螺旋形流道 A-B 和扩散管部分 B-C，如图2-55所示。由于叶轮外液流自由轨迹上的任意液体质点都存在继续使液流作环流的分速度和使液流向着远离轴心方向外流的分速度，因而其轨迹为螺旋线，见图2-55中的螺旋曲线 A-B。蜗壳的截面通常做成宽度不断增大的扩张形式，使液流的径向分速度随液流向外流动时有较大的降低，为了避免液体流入蜗壳时因流通截面积扩大太快而发生剧烈的边界层分离而形成严重的“脱流”现象，蜗壳截面扩张角不能大于60°。为了进一步减小泵的外形尺寸，一般还要限制蜗壳的螺旋线部分 A-B 所占的包角，使其最大包角小于360°，但这样又限制了蜗壳螺旋部分液流速度的降低程度，导致能量转换不够充分。所以，一般在螺旋线部分的后面做一扩散管，见图2-55中 B-C，使液体动能的很大一部分进一步转换成静压头。为了减小换能时的损失，扩散管的扩散角一般控制在8°～10°，扩散管长度与进口截面直径之比在2.5～3之间。由于泵的蜗壳流道逐渐

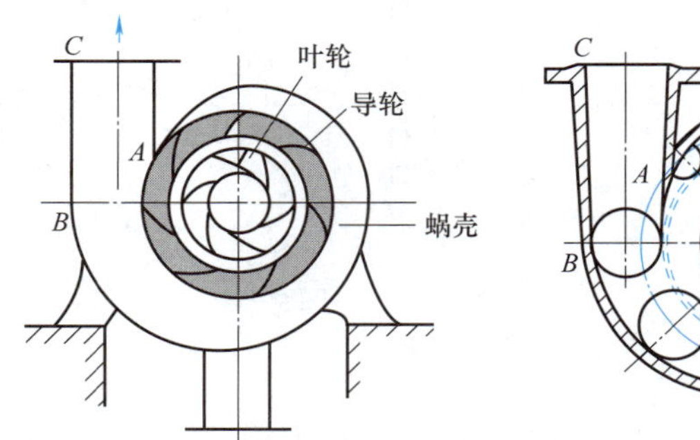

图 2-55　离心泵蜗壳的结构形式

扩大，出口为扩散管状，因此液体从叶轮流出以后流速平缓降低，如果流动时没有能量损失，则动能的减少应全部转变为静压头的增加。

泵只有在设计工况下工作时液体自由运动轨迹才与蜗壳一致，如果偏离了设计工况，液体的自由运动的轨迹与蜗壳形状不一致，会产生冲击或脱流现象，使泵的效率降低。

蜗壳的优点是制造方便，高效区宽，车削叶轮后泵的效率变化小。缺点是蜗壳形状不对称，在使用单蜗壳时作用在转子上的径向压力不均匀，容易使泵轴产生弯曲，所以在多级离心泵中只是在首段（进入段）和尾段（排出段）采用蜗壳，而在中间段采用导轮装置。

（2）导轮　导轮是一个固定不动的圆盘，它由正向导叶、环形空间（或弯道）和反向导叶（或背向导叶）组成。导轮位于叶轮的外缘、泵壳的内侧，是一个前后两面都有叶片的静止圆盘，导轮正面有包在叶轮外圆的正向导叶，正向导叶的开始段与蜗壳一样，按设计工况下液流的自由轨迹绘出，而正向导叶的后半段则与相邻导叶的背面一起形成一段扩压管，如图 2-56 所示。正向导叶带有前弯叶片，叶片间逐渐扩大的通道使进入泵壳液体的流动方向逐渐改变，从而减少了能量损失，使动能向静压能的转换更加有效，背面有将液体引向下一级叶轮入口的反向导叶。液体从叶轮甩出后平缓地进入导轮，沿正向导叶向外流动，速度逐渐降低，大部分动能转变为静压能，液体经导轮背面的反向导叶被引入下一级叶轮，速度进一步降低，所以导轮的每两个导叶之间实际上相当于一个等宽度的螺旋形管和扩散管代替蜗壳。

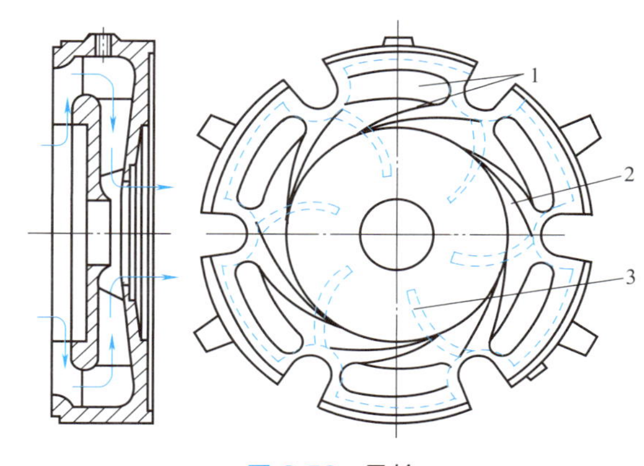

图 2-56　导轮

1—流道；2—导叶；3—反向导叶

导轮上的导叶数一般为 4～8 片，导叶的入口角一般为 8°～16°，叶轮与导轮之间的径向间隙约为 1mm，如果间隙过大，效率会降低，间隙过小，则引起振动和噪声。

导轮的结构

导轮与蜗壳相比，采用导轮的多级离心泵泵壳制造容易，换能效率较高，但安装检修比蜗壳困难，另外当工况偏离设计工况时，液体流出叶轮的运动轨迹与导叶形状不一致，容易产生较大的冲击损失。

2.6.3　轴向力平衡装置

离心泵工作时，在形状不对称的单吸叶轮上，由于液体作用在叶轮上的力不平衡，将产生与泵轴线平行的力，称为轴向力，其方向指向叶轮的吸入口。轴向力是由叶轮盖板两侧液体压力不同而引起的轴向力和动反力的合力。

2.6.3.1　轴向力的计算

（1）叶轮盖板两侧液体压力不同而引起的轴向力 F_{I}　当离心泵正常工作时，密封环处的泄漏量很小，可以忽略不计，叶轮前、后盖板与泵壳之间的液体由于受到盖板摩擦而旋转，其旋转角速度 ω' 近似地认为是叶轮旋转角速度 ω 的一半，即 $\omega'=\frac{\omega}{2}$，这时液体的压力 p 将沿半径方向呈抛物线规律分布，如图 2-57 所示。液体压力的大小按公式（2-54）计算。

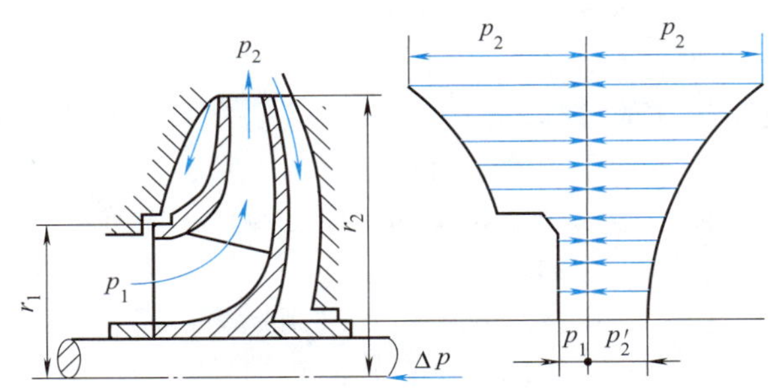

图 2-57 单吸叶轮的轴向推力

$$p=p_2-\rho\frac{u_2^2}{8}\left(1-\frac{r_1^2}{r_2^2}\right) \tag{2-54}$$

由公式（2-54）可见，在叶轮入口半径 r_1 以上部分，叶轮两侧压力按抛物线对称分布，其作用力可互相平衡，但在 r_1 以下部分，由于叶轮后盖板一侧承受的仍然是按抛物线规律分布的液体压力，而前盖板一侧作用的是均匀分布的入口压力 p_1，设叶轮前后轮毂直径相等，都为 d_h（半径为 r_h），则叶轮在两侧压差作用下产生指向叶轮入口的轴向推力 $F_Ⅰ$，$F_Ⅰ$ 的大小按公式（2-55）计算。

$$F_Ⅰ=\pi\rho g(r_1^2-r_h^2)\frac{p_2}{\rho g}-\frac{p_1}{\rho g}-\left(\frac{r_1^2-r_h^2}{2}\right)\frac{\omega^2}{8g} \tag{2-55}$$

如果考虑泵在工作时叶轮两侧实际存在的泄漏，压力就不可能严格按抛物线规律分布，在叶轮前盖板泵腔内的液体产生离心向外的径向流动，压力要减小，在叶轮后盖板处，对于多级离心泵，由于存在级间泄漏，使泵腔内液体产生离心向外的径向流动，压力要增加，因而两盖板间的压力差有所增加。

（2）动反力 $F_Ⅱ$　在离心泵中液体轴向吸入叶轮，径向流出叶轮，因而叶轮受到由于液流进入叶轮的方向及速度不同而引起的动反力。根据动量定律，动反力 $F_Ⅱ$ 的大小为 $F_Ⅱ=\rho Q_T c_0$，其中，c_0 为液体未进入叶轮时的轴向速度，动反力 $F_Ⅱ$ 的方向与 $F_Ⅰ$ 的方向相反。泵正常工作时动反力比较小，可以忽略不计，只有泵在启动时，由于泵正常压力还未建立，动反力的作用比较明显，如多级泵转子反窜、深井泵上窜等都是这个原因，因此作用在一个叶轮上的轴向力应该是 $F_Ⅰ$ 和 $F_Ⅱ$ 的合力，按公式（2-56）进行计算，其方向一般指向叶轮的吸入口。

$$F=F_Ⅰ-F_Ⅱ \tag{2-56}$$

对于大型立式离心泵，泵转子的重量也引起轴向力；对于入口压力较高的悬臂式单吸离心泵，由于吸入压力与大气压力相差较大，也产生轴向力，在计算轴向力时应将它们计入。如果要估算轴向力的大小，可按经验公式（2-57）的计算（叶轮吸液口都在同一侧）。

$$F=K\rho gH\pi(r_1^2-r_h^2)i \tag{2-57}$$

式中　K——实验系数，与比转数有关（当 $n_s=60\sim120$ 时，$K=0.6$，当 $n_s=150\sim250$ 时，$K=0.8$）；

ρ——液体密度，kg/m³；

H——单级扬程，m；

i——泵的级数。

2.6.3.2 轴向力的危害

在离心泵中轴向力有时很大，尤其在多级泵中更为突出，如果不设法消除和平衡叶轮上的轴向力，则泵由于轴向力的存在，泵的整个转子在轴向力的推动下会向吸入口方向窜动，并使叶轮入口外缘与密封环产生摩擦，轴承受力恶化，造成振动和严重磨损，严重时使泵不能正常工作，因此必须设法平衡轴向力，并限制转子的轴向窜动。但假如完全消除了轴向力，也会造成转子在旋转中的不稳定，所以在设计时会设计出30%的余量让轴承来抵消，这就是多级泵非驱动端轴承通常采用角接触轴承的原因，因为它可用来承受很大的轴向力。

2.6.3.3 轴向力的平衡措施

（1）单级离心泵轴向力的平衡

① 采用双吸式叶轮　双吸叶轮两侧形状对称，理论上不会产生轴向力，但实际在运行过程中由于两侧密封环的磨损不一样，泄漏也不相同，作用在叶轮两盖板上的液体压力分布不完全相同，还会有小部分的轴向力存在，需要用轴承来承受残余的轴向力。采用双吸式叶轮不但可以平衡轴向力，而且有利于提高泵的吸入能力，多用于大流量的泵。

② 在叶轮上开平衡孔　在叶轮后盖板上开平衡孔，其数量一般与叶轮的叶片数相等，开设平衡孔后叶轮后盖板与叶轮前盖板前后空间相通，可以使叶轮两侧的压力基本得到平衡，如图 2-58（a）所示。液体通过平衡孔流入叶轮吸入口时，液流方向正好与叶轮吸入口主流液流方向相反，使流入叶轮的主液流速度均匀分布受到破坏，泵的水力效率会降低，抗汽蚀性能会变坏，同时由于液体的回流，使泵的容积效率下降。通常情况下要求平衡孔的截面积要大，一般为密封环间隙面积的 5 倍以上，但由于结构上的原因，不可能将平衡孔做得很大，同时由于泄漏液体通过平衡孔有一定阻力，叶轮后盖板前后两边压力差不可能完全消除，也不可能实现轴向力的完全平衡。采用平衡孔平衡轴向力，结构简单，多用于单级泵，尤其是在小型泵上得到广泛应用。

带平衡孔的闭式叶轮

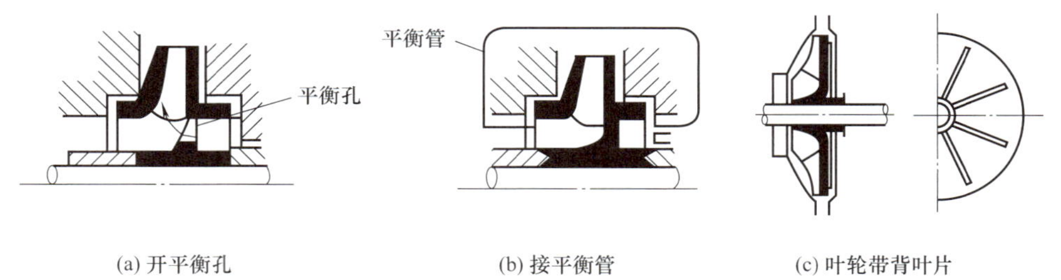

(a) 开平衡孔　(b) 接平衡管　(c) 叶轮带背叶片

图 2-58 单级泵轴向力平衡措施

③ 采用平衡管　在泵体上增设平衡管，将叶轮背面的液体通过平衡管与泵入口处的液体连通来平衡轴向力，如图 2-58（b）所示。这种方法比开平衡孔的方法优越，因为采用平衡管装置，对进入叶轮的主流液体扰动影响比采用平衡孔的方法要小，效率相对较高，常用在大型泵的轴向力平衡装置中。

④ 采用带背叶片的叶轮　带背叶片的叶轮是指在叶轮后盖板的背面装有若干径向叶片，如图 2-58（c）所示，当叶轮旋转时径向叶片可以带动叶轮后盖板与泵壳之间的液体以接近叶轮的角速度旋转，使叶轮背面靠近叶轮中心部分的液体压力下降，从而可以减小轴向力。

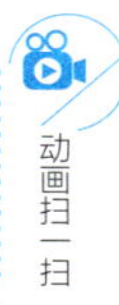

带背叶片的叶轮

采用带背叶片的叶轮，除了可以平衡轴向力以外，还可以通过背叶片对叶轮出口泄漏液体做功，使泄漏液体的一部分被封堵回去，因此可以减小填料函前的液体压力，从而改善泵的密封条件。杂质泵和具有化学腐蚀性液体的石油化工用泵广泛采用这种装置，以防止杂质或悬浮的固体颗粒进入填料函，可以提高轴封的使用寿命；在一些小型泵中，由于轴向力很小，也不采用任何轴向力的平衡装置，有的直接采用推力轴承承担全部的轴向力。

(2) 多级离心泵轴向力的平衡　对于多级离心泵来说，一般出口压力远远大于入口压力，同时多级离心泵的轴向力是各级叶轮所产生轴向力的叠加，数值很大，不可能完全由轴承来承担，所以必须采取有效的平衡措施予以消除。那么如何消除多级离心泵的轴向力呢？多级离心泵一般采用平衡鼓、平衡盘和叶轮对称安装来消除轴向力。

① 叶轮对称布置　叶轮对称布置消除轴向力常用于泵的级数为偶数，并采用蜗壳换能的中开式多级离心泵中。叶轮可以分为两组，各组对称反向布置，两组叶轮产生的轴向力互相抵消，当泵的级数为奇数时可将第一级做成双吸叶轮，其他各级叶轮对称反向布置。这种方案流道复杂，造价较高。图 2-59 是一台六级离心泵叶轮对称布置的四种方案，每种方案各有优缺点。

在图 2-59 (a) 方案中，每一级间密封两端压差小，仅为一级扬程，而在图 2-59 (b) 方案中，3 和 6 之间的级间密封两端压差较大，是泵总扬程的一半，泄漏比图 2-59 (a) 方案严重，同时由于泄漏液流速大，级间密封容易磨损，所以从减小级间泄漏来看，图 2-59 (a) 方案比图 2-59 (b) 方案要好。从轴封压力来看，图 2-59 (a) 中的轴封压力大于图 2-59 (b)，但图 2-59 (a) 方案回流流道比图 2-59 (b) 方案复杂，因此对于级数不多的蜗壳中开多级泵常采用图 2-59 (a) 方案，对于级数较多的多级泵常采用图 2-59 (b) 方案，这样不仅可以缩短轴承间的长度，还能使回流流道简单。

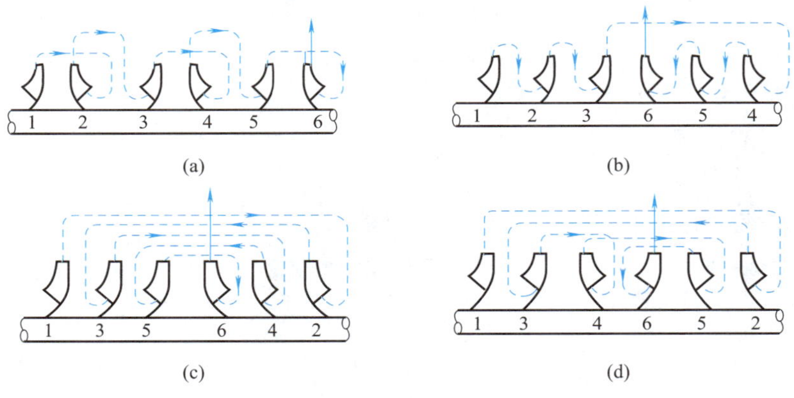

图 2-59　叶轮对称布置

② 采用平衡鼓　图 2-60 所示为安装在多级离心泵末级叶轮后随轴旋转的圆柱形平衡鼓。平衡鼓的外径圆柱面与泵壳体平衡套之间有一不变的径向间隙 b，平衡鼓左侧为高压室，室内压力 p_2 接近末级叶轮的出口压力，右侧为平衡室，通过平衡管将平衡室与第一级叶轮前的吸入室连通，因此平衡室内的压力 p_0 接近第一级叶轮的入口压力。由于 b 很小，使平衡鼓的两侧可以保持较大的压力差 $\Delta p=p_2-p_0$，Δp 作用在平衡鼓端面上，产生一向右的平衡力 T，使得平衡鼓与轴一起向右移动，从而降低高压室内的液体压力 p_2，则作用在叶轮上的轴向力会减小，以此来平衡轴向力。采

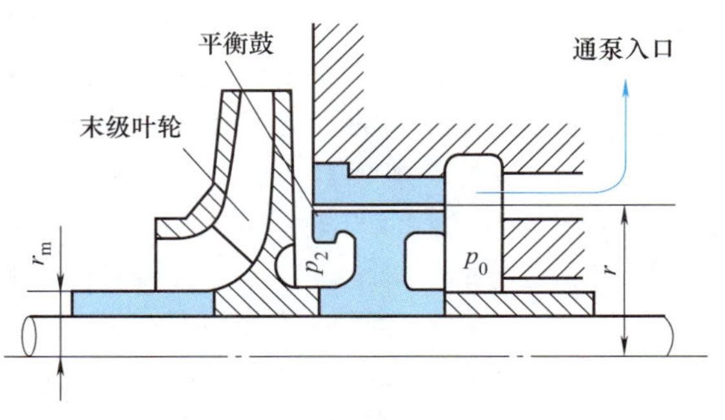

图 2-60　平衡鼓

用平衡鼓平衡轴向力，当轴向力变化时平衡鼓不能自动调整轴向力的平衡，仍需安装止推轴承来承受残余的轴向力。

③ 采用自动平衡盘　平衡盘装置由平衡盘（铸铁制）和平衡环（铸铜制）组成。平衡盘安装在末级叶轮的后面，固定在泵轴上随轴一起旋转，平衡环固定在出水段泵体上静止不动，如图 2-61 所示。在平衡盘和平衡环装置中有两个密封间隙，一个是轴套与泵体之间的径向间隙 b，其值固定不变，另一个是平衡盘端面与平衡环之间的轴向间隙 b_0，其值可以自动调节。平衡盘后面的平衡室用连通管与泵的吸入口连通，液体在径向间隙 b 前的压力是末级叶轮后盖板下面的压力 p_2，通过径向间隙 b 之后压力降为 p'，径向间隙两端的压力差为 $\Delta p_1 = p_2 - p'$，再经过轴向间隙 b_0 后压力下降为 p_0，平衡盘两侧的压力差为 $\Delta p_2 = p' - p_0$，整个平衡盘装置的压力差为 $\Delta p = p_2 - p_0 = (p_2 - p') + (p' - p_0) = \Delta p_1 + \Delta p_2$。由于平衡盘前后存在压力差 $\Delta p_2 = p' - p_0$，所以在平衡盘上产生一个向右的推力 T，其方向与叶轮轴向力的方向正好相反，称为平衡力。当轴向力 F>平衡力 T 时，转子向吸入口方向移动，轴向间隙 b_0 减小，间隙流动阻力增加，泄漏量 q 减少，流过径向间隙 b 的液体速度降低，压力降 $\Delta p_1 = p_2 - p'$减小，因 $\Delta p = \Delta p_1 + \Delta p_2 = p_2 - p_0$ 不变，所以 $\Delta p_2 = p' - p_0$ 增加，从而提高了平衡盘前面的压力 p'，只要转子向左移动，平衡力 T 就增加，到某一位置时平衡力和轴向力相等，达到了新的平衡。当轴向力 F<平衡力 T 时，转子向右移动，轴向间隙 b_0 变大（b_0 约在 0.1～1.0mm 的范围内变动），导致平衡系统泄漏量增大。增大的泄漏量在间隙 b 中形成较大的压力降，引起 p' 下降，则 $\Delta p_2 = p' - p_0$ 下降，平衡力 T 变小，与变小了的轴向力重新达到新的平衡。在实际工作中泵的转子不会停止在某一位置，而是在某一平衡位置左右脉动，当泵的工作点改变时转子会自动从平衡位置移到另一平衡位置。平衡盘由于能够自动平衡轴向力，因而得到了广泛应用。为了减少泵启动时的磨损，平衡盘与平衡环之间的轴向间隙 b_0 一般为 0.1～0.2mm，径向间隙 b 一般为 0.2～0.5mm。

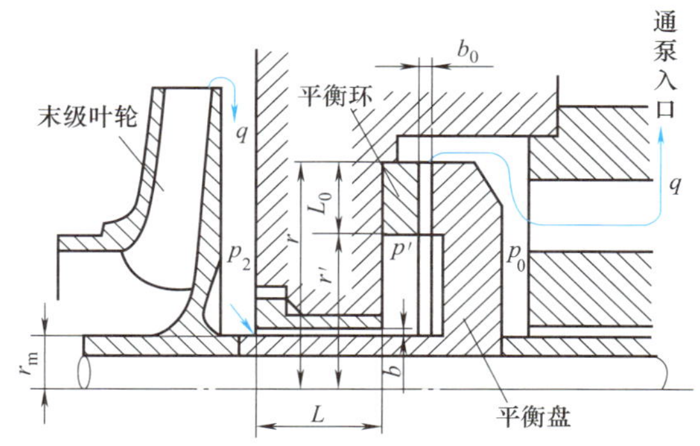

图 2-61　自动平衡盘装置

平衡盘与平衡环

2.6.4　离心泵的密封装置

为了保证泵正常工作，防止液体外漏、内漏或外界空气吸入泵内，必须在叶轮泵壳之间、轴和壳体之间装有密封装置。常用的密封装置有密封环（防止介质内漏）、填料密封和机械密封（防止介质外漏），填料密封和机械密封属于转轴密封装置。如果轴封设置在吸入口一侧，由于吸入口是在真空状态下，密封装置可阻止外界空气吸入泵内；如果轴封装置设置在排出口一侧，由于排出口液体压力较高，密封装置可阻止液体向外泄漏，提高泵的容积效率。

2.6.4.1　密封环

由于叶轮吸入口外圆直径与固定的泵壳之间存在间隙，使叶轮出口处的液体通过叶轮进口外圆直径与泵盖的间隙回流到泵的吸入口，这种泄漏称为内漏，因此必须在泵壳和叶轮吸入口外圆直径之间安装密封环以减少泄漏，密封环有些是安装在叶轮吸入口外圆直径上，有些安装在泵的壳体上。密封环按其轴截面的形状可分为平环式、直角式和迷宫式三种，如图

2-62 所示。

（1）平环式密封　图 2-62（a）是平环式密封环结构示意图。由于泄漏液体具有相当大的速度，而且泄漏液体的运动方向与进入叶轮的液体主流方向相反，因而在叶轮入口处会产生较大的涡流和冲击，使叶轮的进口条件恶化，所以平环式密封环只适用于低扬程泵。这种密封环的单侧径向间隙 S 一般在 0.1～0.2mm 之间，结构简单，制造方便，但密封效果差。

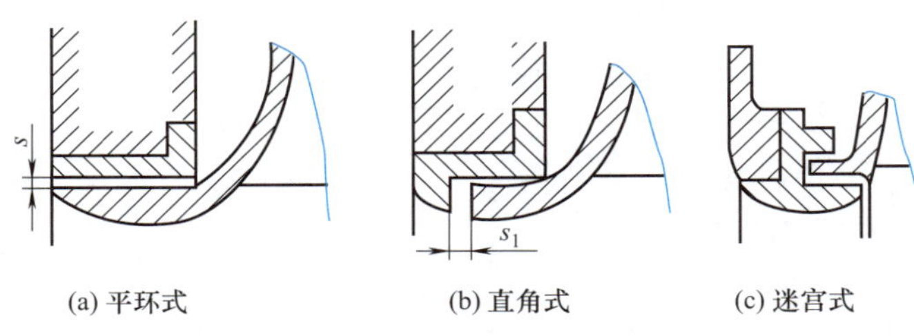

图 2-62　密封环的形式

（2）直角式密封环　图 2-62（b）是直角式密封环结构示意图。由于泄漏液体在旋转 90°之后速度降低了，流动方向与主流液体流动方向垂直，造成的涡流损失和冲击损失比平环式密封环小，密封效果也较平环式好，目前应用比较广泛，主要在中开双吸泵上应用较多。直角式密封环的轴向间隙 S_1 比径向间隙大得多，一般在 3～7mm 之间。

（3）迷宫式密封环　图 2-62（c）是迷宫式密封环结构示意图。由于增加了密封间隙的沿程阻力，因而密封效果更好，但迷宫式密封环结构复杂，对制造及安装工艺要求高，所以在一般离心泵中很少采用，主要用在高压离心泵中。

无论是平环式、直角式还是迷宫式的密封环，密封环的磨损都会使泵的泄漏量增加，泵的效率降低，所以当密封环间隙超过规定值时应及时修理或更换，同时为了减小密封环的磨损应采用耐磨材料制造，常用材料有铸铁、青铜等。

2.6.4.2　填料密封

（1）密封原理　填料密封是依靠轴与壳体之间的填料变形，使轴（或轴套）的外圆表面和填料紧密接触堵塞泄漏通道来实现密封的。图 2-63 为常用软填料密封结构示意图。常用的软填料按照不同的加工方法可分为绞合填料、编织填料、叠层填料、模压填料等。

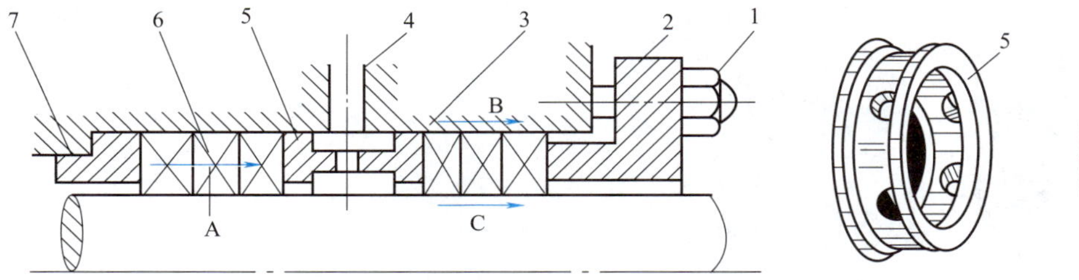

图 2-63　常用软填料密封结构示意图

1—压盖螺栓；2—压盖；3—填料箱；4—封液入口；5—封液环；6—软填料；7—底衬套

A—软填料渗漏；B—靠箱壁侧泄漏；C—靠轴侧泄漏

填料密封的密封性能可以用压紧和放松填料压盖的方法进行调节，压紧程度要适当。压得太紧，填料与轴（或轴套）的摩擦加大，寿命降低，严重时将填料与轴（或轴套）烧毁；压得过松，其密封性能差，泄漏量增加，外界空气大量进入泵内，使泵无法正常工作。因此填料的松紧程度以 10～60 滴/min 的泄漏量为宜。填料密封中水封环（封液环）的作用是利用从泵的排出口或从泵以外的地方将大于大气压的液体（或选用清水或其他液体，其压力比密封内部压力要高出 0.05～0.15MPa）注入环内，以防止外界空气进入泵内。水封环内的高压液体还可以起到一定的润滑和冷却作用。

（2）软填料密封的泄漏途径　填料密封的泄漏途径主要包括 A、B、C 三个部分。图 2-63 中 A 为渗透泄漏，是指流体穿透纤维材料编制的软材料本身的缝隙而产生的渗漏，一般情况下只要填料被压实，这种泄漏通道便可以被堵塞；图 2-63 中 B 为界面泄漏，是指流体通过软填料与箱壁之间的缝隙而产生的泄漏，由于填料与箱壁内表面无相对运动，压紧填料便可以很容易堵塞泄漏通道实现密封；图 2-63 中 C 为界面泄漏，是指流体通过软填料与运动轴（转动或往复）之间的缝隙产生的泄漏，由于填料与运动轴之间有相对运动关系，难免存在微小间隙而造成泄漏，因此此间隙是填料密封的主要泄漏通道。

动画扫一扫

软填料的安装

（3）软填料密封的特点　填料密封的磨损及摩擦功耗较大，泄漏量较大，使用寿命短，需要经常拧紧填料压盖来实现密封，并且填料更换频繁。由于软填料密封结构简单、成本低廉、装卸方便，所以应用较广。

（4）软填料密封存在的问题

① 受力状态不良　软填料是柔性体，填料对轴的径向压紧力分布不均匀，自靠近压盖端到远离压盖端先急剧递减又逐渐趋于平缓，与压盖直接相邻的 2～3 圈填料压紧力约为平均压紧力的 2～3 倍，此处磨损特别严重，以至出现凹槽，此时压紧比压急剧上升，磨损进一步加剧，以至密封失效，如图 2-64 所示。

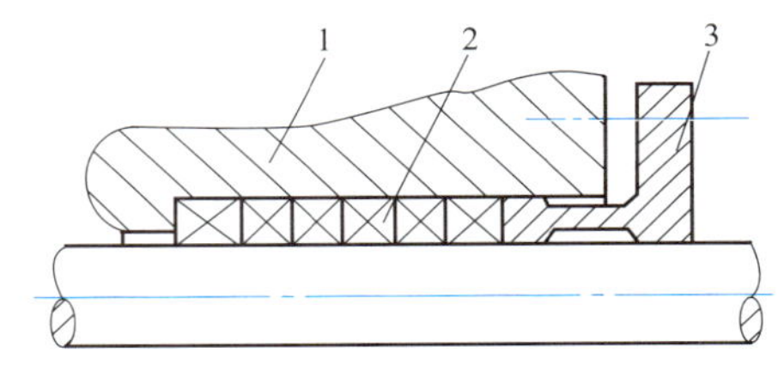

(a) 软填料密封结构
1—填料函；2—填料；3—填料压盖

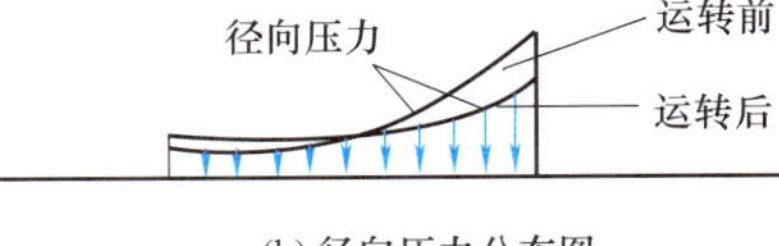

(b) 径向压力分布图

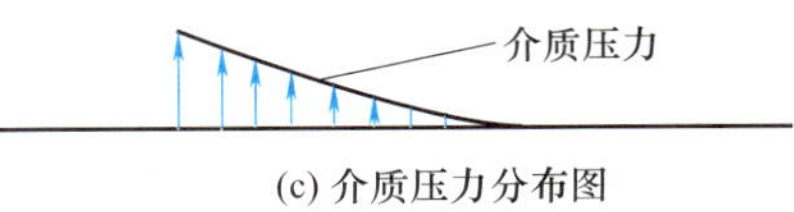

(c) 介质压力分布图

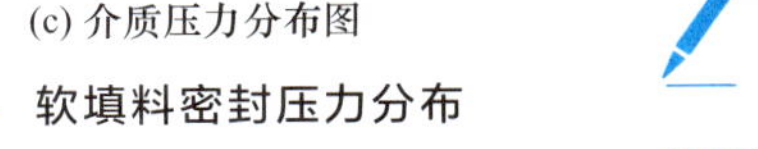
图 2-64　软填料密封压力分布

② 散热、冷却能力不够　软填料密封滑动接触面较大，摩擦产生的热量较大，散热时热量需要通过较厚的填料，而且多数软填料的导热性能都较差，摩擦产生的热量不容易传递出去，使摩擦面温度升高，摩擦面间的油膜蒸发，形成干摩擦，磨损加剧，密封寿命降低。

③ 自动补偿能力较差　软填料磨损以后填料与泵轴、填料箱内壁的间隙增大，而一般软填料密封结构无自动补偿压紧力的能力，随着间隙增大，泄漏量也逐渐增加，因此需要频繁拧紧压盖螺栓来补偿软填料的磨损。

由于填料密封的泄漏量大，使用寿命短，需要经常更换，影响泵的正常工作，所以近年来在石油化工、炼油厂用泵中，已经广泛使用密封效果好、使用寿命长的机械密封来代替填料密封。

2.6.4.3　机械密封

（1）机械密封结构组成　机械密封安装在旋转轴上，由旋转部件和静止部件所组成，旋转部件包括紧定螺钉、弹簧座、弹簧、动环辅助密封圈、动环；静止部件包括静环、静环辅助密封圈和防转销等。图 2-65 为机械密封的结构示意图，泵轴通过紧定螺打、弹簧座、弹簧带动动环旋转，而静环由于防转销的作用而静止于端盖之内。

（2）机械密封的泄漏点和密封原理　图 2-65 所示的机械密封有 4 个泄漏点。泄漏点 1 是动环在弹簧力和介质压力作用下与静环端面紧密贴合并发生相对滑动，阻止了介质沿端面间径向向心方向的泄漏，该密封构成了机械密封的主密封，但两环接触面上总会有少量液体

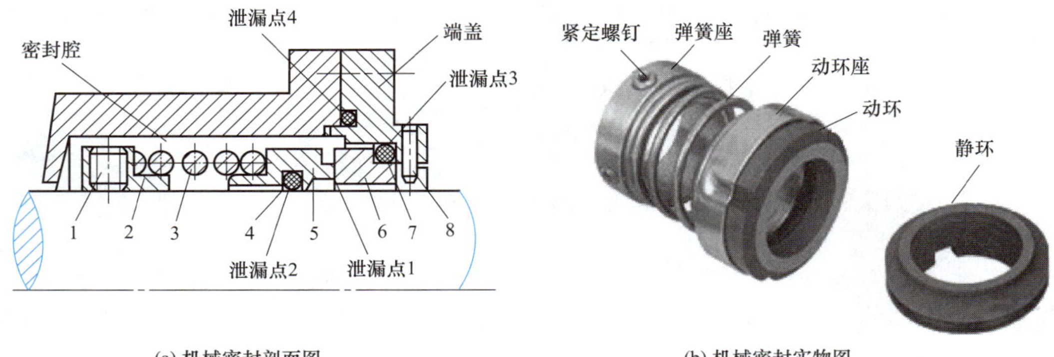

(a) 机械密封剖面图　　(b) 机械密封实物图

图 2-65　机械密封的结构

1—紧定螺钉；2—弹簧座；3—弹簧；4—动环辅助密封圈；5—动环；6—静环；7—静环辅助密封圈；8—防转销

泄漏，泄漏的液体可以形成液膜，一方面可以阻止泄漏，另一方面又可以起到润滑作用。泄漏点 2 是动环辅助密封圈与旋转轴之间的泄漏，动环辅助密封圈阻止了介质可能沿动环与轴间隙的轴向泄漏。泄漏点 3 是静环辅助密封圈阻止介质可能沿静环与端盖间隙的泄漏，是径向离心方向泄漏。泄漏点 4 是端盖与密封腔体连接处的泄漏，是静密封，常用 O 形密封圈或各种类型的垫片来实现密封。

从结构上看，机械密封主要是将极易泄漏的轴向密封改为不易泄漏的端面密封来实现密封的，在机械密封的密封点中，由动环端面与静环端面相互贴合构成的动密封是决定机械密封性能和寿命的关键。

（3）机械密封的主要性能参数　在机械密封的各种性能参数中，端面比压十分重要，它直接影响机械密封性能的好坏和密封寿命。端面比压是指作用在机械密封环带单位面积上净剩的闭合力，以 p_c 表示，单位为 MPa。端面比压大小是否合适对密封性能和使用寿命影响很大，端面比压过大会加剧密封端面的磨损，破坏流体液膜，降低寿命；端面比压过小会使泄漏量增加，降低密封性能。因此，端面比压的计算和调整对机械密封的密封性能十分重要。现以内流式单端面机械密封为例来说明端面比压的计算方法，对补偿环（动环）做受力分析，其轴向力平衡如图 2-66 所示，动环受到弹簧的作用力 F_s，密封流体的推力 F_p，端面间的流体膜反力 F_m，补偿环辅助密封的摩擦阻力 F_f。

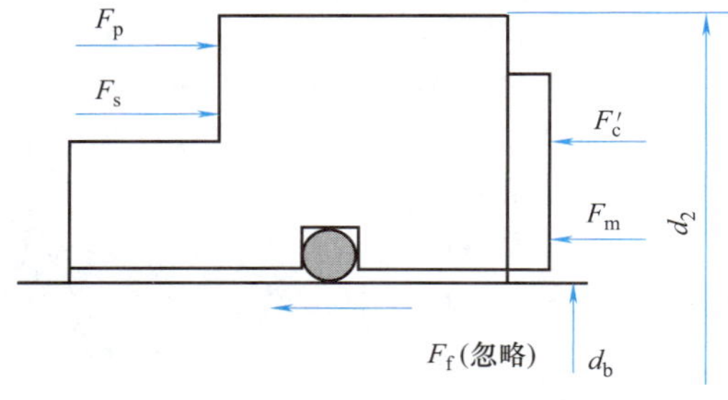

图 2-66　动环受力分析

① 弹簧力　弹簧力是由弹性元件所产生的作用力，其作用总是使密封环贴紧，用弹簧力除以密封环带的面积 A，即弹性元件施加到密封环带单位面积上的力，称为弹簧比压，用式（2-58）来计算，单位为 MPa。

$$p_s=\frac{F_s}{A} \tag{2-58}$$

② 密封流体推力　在图 2-66 所示结构中，密封流体压力在轴向的作用范围是 $d_b \sim d_2$

的环形面，其效果是使密封环贴紧，由密封流体压力而产生的轴向推力可用式（2-59）来表示。

$$F_p=\frac{\pi(d_2^2-d_b^2)}{4}p=A_e p \tag{2-59}$$

③ 端面流体膜反力　密封端面间的流体膜是有压力的，这种压力必然产生一种推开密封环的力，这种力称为流体膜反力，用 F_m 来表示。

④ 补偿环辅助密封的摩擦阻力　F_f 的方向与补偿环轴向移动的方向相反，当补偿环向闭合方向移动时 F_f 为负值，反之为正值。影响摩擦阻力的因素很多，目前还难以准确计算，在稳定工作条件下，F_f 一般较小，可以忽略不计。

综合机械密封的受力分析，补偿环所受静剩闭合力为动环所受力的合力，用公式（2-60）计算。

$$F_c'=F_s+F_p-F_m=p_sA+p_eA-p_mA \tag{2-60}$$

公式（2-60）两边同除以密封环带面积 A，可得机械密封的端面比压 p_c，见公式（2-61）。

$$p_c=\frac{F_c'}{A}=p_s+p_e-p_m \tag{2-61}$$

（4）机械密封的特点　机械密封与其他形式的密封相比具有以下特点。

① 密封性能好　机械密封在长期运转中密封状态很稳定，泄漏量很小，据统计机械密封的泄漏量约为软填料密封泄漏量的 1%以下。

② 使用寿命长　机械密封端面由自润滑性及耐磨性较好的材料组成，还具有磨损补偿机构，因此密封端面的磨损量在正常工作条件下很小，一般的可连续使用 1～2 年，特殊的可用到 5～10 年及以上。

③ 运转中不用调整　由于机械密封靠弹簧力和流体压力使摩擦副紧密贴合，在运转中即使摩擦副磨损后密封端面也始终能自动保持贴合，因此机械密封正确安装后就不需要经常调整，使用方便，适合连续化、自动化生产。

④ 功率损耗小　由于机械密封端面接触面积小，摩擦功率损耗小，一般仅为填料密封的 20%～30%。

⑤ 轴或轴套表面不易磨损　由于机械密封与轴或轴套的接触部位几乎没有相对运动，因此对轴或轴套的磨损较小。

⑥ 耐振性强　由于机械密封具有缓冲功能，因此当设备或转轴在一定范围内振动时，仍能保持良好的密封性能。

⑦ 密封参数高，适用范围广　当合理选择摩擦副材料及结构，加之设置适当的冲洗、冷却等辅助系统的情况下，机械密封可广泛适用于各种工况，尤其在高温、低温、强腐蚀、高速等恶劣工况下更显示出其优越性。

⑧ 结构复杂、拆装不便　与其他密封结构相比较，机械密封的零部件数目多，要求精密，结构复杂，特别是在装配方面较困难。

2.6.5 离心泵的选型

2.6.5.1 选择原则

（1）应满足工艺过程流量、压头及输送液体性质的要求。

（2）应具备良好的吸入性能，轴封装置严密可靠，润滑冷却良好，零部件有足够的强度、便于操作和维修。

(3) 泵的高效工作区域要宽，能适应工况的变化。

(4) 泵的尺寸小，重量轻，结构简单，制造容易，成本低。

(5) 满足其他特殊要求，如防爆、耐腐蚀、耐磨损等。

2.6.5.2 选择步骤

(1) 列出选择离心泵时所需原始数据　根据工艺要求，详细列出原始数据，包括输送液体的物理性质（密度、黏度、饱和蒸汽压、腐蚀性等），操作条件（离心泵进出口两侧设备内部的压力、操作温度和流量等）以及泵所在位置情况（如环境温度、海拔高度、装置水平面和垂直面要求、进出口两侧设备内液面至泵中心距离和管线布置方案等）。

(2) 估算泵的流量和扬程

① 当原始数据给出正常流量、最小流量和最大流量时，可直接取最大流量作为选泵的依据；若只给出泵装置所需的正常流量时，应采用适当的安全系数估算泵的流量。

② 当原始数据给出所需扬程时，可直接采用，如没有给出扬程时需要估算。一般先做出泵装置的垂直面流程图，标明离心泵在流程中的位置、标高、距离、管线长度及管阀件数量等。

③ 考虑泵在最困难的条件下的工作情况（例如流量增大、管线安装误差和工作过程中阻力损失变化等影响），计算水力阻力损失，必要时留出适当的余量，最后确定泵所需扬程。

(3) 选择泵的类型及型号　根据被输送液体的性质来确定选用哪种类型的泵，例如，当被输送的液体为原油和石油产品时，应选用油泵；当输送腐蚀性较强的液体时，应从耐腐蚀泵的系列产品中选取；当输送泥浆类液体时，应选用耐磨损杂质泵。

在选择泵的类型时，应与其台数同时考虑，正常操作时，一般只用一台泵，在某些特殊场合，也可采用两台泵或多台泵同时操作。但是，泵的台数不宜过多，否则不仅管线复杂，使用不便，而且成本高，有时为了保证可靠的连续性生产和适应工作条件的变化，必须适当配置备用泵。

当选定泵的类型后，将流量 Q 和扬程 H 标绘到该类型泵的系列性能曲线型谱图上，看其交点落在哪个切割高效工作区的四边形中，就可以读出该四边形上所注明的离心泵型号，如果交点不是恰好落在上述四边形的上底边，则选用该泵后可用改变叶轮外径或转速的方法来改变离心泵的 $H—Q$ 性能曲线，使其通过该交点，这时，应从泵样本或系列性能规格表中查出该泵原输液性能参数和曲线，以便进行换算。假如交点并不落在任一个高效工作区的四边形中，而是处在某个四边形附近，这说明没有一台泵的高效工作区能够满足此工况点参数的要求，在这种情况下，可适当改变台数或适当改变泵的工作条件（如用排出阀门进行流量调节等）来满足要求。

(4) 核算泵的性能曲线　为了保证离心泵正常运转，防止产生汽蚀现象，要根据流程图的布置，计算出最困难条件下泵入口的有效汽蚀余量，与该泵的允许值相比较，或根据泵的许用汽蚀余量 $[\Delta h]$，计算出泵的最大允许安装高度，与工艺流程图中拟定的实际安装高度相比较，若不能满足，就必须另选其他型号泵，或变更泵的安装位置和采取其他提高泵吸入性能的措施。

(5) 计算泵的轴功率和原动机功率　根据离心泵所输送液体的工况点参数（Q、H 和 η），根据式（2-18）和式（2-19）计算泵的轴功率。

特别注意，在选用驱动泵的原动机时，应该考虑要有10%～15%的储备功率。

例题 2-9　某厂输送系统见例 2-9 图所示，现要将流量为 $110m^3/h$、密度为 $1100kg/m^3$、性质类似于水的清洁液体输送到一敞口贮槽中。

已知贮槽液面高出取液池液面 55m，管路总阻力损失为 $15mH_2O$ 液柱，试选择 1 台离心泵，并计算操作时的轴功率（假设输液黏度与常温水相同）。

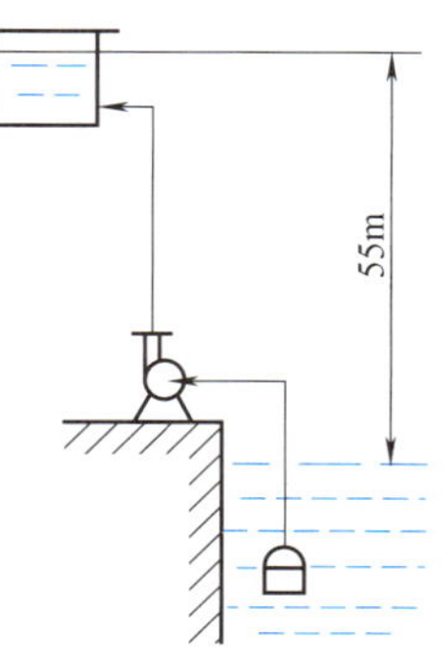

例 2-9 图　某厂输送系统

解：（1）确定泵的类型　因为输液性质为类似于水的清洁液体，故可选用离心式清水泵。

（2）选择泵的型号　首先计算出管路要求供给的压头，然后根据要求流量和压头选择合适的泵。

管路要求泵提供给的压头，可由列两液面间的伯努利方程求得：

$$H=\left(\frac{p_2}{\rho g}+\frac{c_2^2}{2g}+Z_2\right)-\left(\frac{p_1}{\rho g}+\frac{c_1^2}{2g}+Z_1\right)+\sum h_{f1\text{-}2}$$

$$=(Z_2-Z_1)+\left(\frac{p_2}{\rho g}-\frac{p_1}{\rho g}\right)+\left(\frac{c_2^2}{2g}-\frac{c_1^2}{2g}\right)+\sum h_{f1\text{-}2}$$

已知：贮槽液面高出取液池液面 $Z_2-Z_1=55\text{m}$；贮槽液面和取液池液面上液体的流速可以近似地认为相等并等于零，即 $c_1\approx c_2=0$；贮槽液面和取液池液面上液体的压力可以近似地认为大气压，即 $p_1=p_2=0.1\text{MPa}$；管路总阻力损失为 $\sum h_{f1\text{-}2}=15\text{mH}_2\text{O}$。代入上式，可得

$$H=(55+0+0+15)\text{mH}_2\text{O}=70\text{mH}_2\text{O}$$

能满足在 $Q=110\text{m}^3/\text{h}$ 下，扬程略大于 70m 要求的离心泵有两种，其特性数据见例 2-9 表。

例 2-9 表　离心泵性能参数表

泵	流量 Q /(m³/h)	扬程 /m	转速 n /(r/min)	轴功率 N /kW	效率 η /%	允许吸上真空高度[Δh] /mH₂O	叶轮直径 /mm	配电动机功率 /kW	泵的质量 /kg
Ⅰ	65	98	2900	27.6	63	7.1	27.2	55	138
	90	91		32.8	68	6.2			
	110	83		36.4	68.3				
	115	81		37.1	68.5	5.1			
	135	72.5		40.4	66	4.6			
Ⅱ	110	88	2900	38.6	68.3	5	24.8	55	150
	130	84		40	72				
	162	78		46.5	74				
	198	70		43.4	72				

由离心泵性能参数表可看出：

① 两种泵的流量 Q 与压头 H 均能满足要求；

② 所配电动机功率相同；

③ 泵Ⅱ的效率虽高一些，但它的设计流量大，泵运行时离开设计点工作，因而效率会下降，泵Ⅰ虽然效率低一些，但经常在设计点附近工作，再从特性曲线查得：当 $Q=110\text{m}^3\text{h}$ 时，两种型号离心泵的效率均为 68.3%。

综上所述，选泵Ⅰ为宜。其性能如下：

流量 $Q=115\text{m}^3/\text{h}$；压头 $H=81\text{m}$；转速 $n=2900\text{r/min}$；效率 $\eta=68.5\%$；轴功率 $N=37\text{kW}$；允许吸上真空高度 $[\Delta h]=5.1\text{m}$。

（3）校核轴功率　从离心泵性能参数表查得：$Q=110\text{m}^3/\text{h}$，$H=83\text{m}$，$\eta=68.3\%$，$P=36.4\text{kW}$，由于输送液体的密度与常温清水的不同，故实际轴功率 P' 按下式校核：

$$N'=N\frac{\rho'}{\rho}=36.4\times\frac{1100}{1000}=40.04\ (\text{kW})$$

原配电动机为55kW，符合要求。

习题2-6

1. 单选题

(1) 多级离心泵平衡轴向推力的方法主要有（　　）。

A. 采用平衡孔　B. 采用平衡盘　C. 采用双吸叶轮　D. 设置轴套

(2) 属于无泄漏的泵有（　　）。

A. 一般离心泵　B. 双吸泵　C. 磁力泵　D. 多级泵

(3) 单级离心泵平衡轴向推力可采用（　　）。

A. 平衡盘　B. 平衡鼓

C. 平衡孔　D. 平衡盘和平衡鼓的组合

(4) 离心泵的叶片出口角最常用的为（　　）。

A. 16°～20°　B. 20°～30°　C. 30°～40°　D. 40°～50°

(5) 多级离心泵的平衡盘和平衡鼓主要用于（　　）。

A. 平衡径向力　B. 平衡轴向力　C. 平衡各级间作用力　D. 平衡载荷

(6) 离心泵中导轮不能起到（　　）的作用。

A. 导流　B. 克服涡流　C. 减速升压　D. 减压升速

(7) 检查水泵填料密封处滴水情况是否正常，泄漏量的大小一般要求不能流成线，以每分钟（　　）为宜。

A. 200滴　B. 120滴　C. 60滴　D. 10滴

(8) 离心泵轴向力平衡不用（　　）。

A. 反向布置叶轮　B. 平衡孔　C. 平衡盘　D. 外加作用力

(9) 离心泵的叶轮有三种类型，若输送浆料或悬浮液，宜选用（　　）。

A. 闭式　B. 半开式　C. 开式　D. 叶片式

(10) 为提高离心泵的经济指标，宜采用（　　）叶片。

A. 前弯　B. 后弯　C. 垂直　D. 水平

(11) 离心泵平衡管堵塞将会造成（　　）的危害。

A. 出口压力升高　B. 入口压力降低　C. 推力轴承负荷增大　D. 泵抽空

(12) 输送液体的过程中，不产生轴向力的泵是（　　）。

A. 50F-63　B. 80Y-100B　C. 100Sh-50　D. IS80-65-160

(13) 多级离心泵轴向力主要用（　　）方法来平衡。

A. 叶轮上的开孔　B. 平衡管　C. 平衡叶片　D. 平衡盘

(14) 离心泵填料密封温度过高的原因之一是（　　）。

A. 流量大　B. 扬程高　C. 填料压盖过紧　D. 出口开度大

(15) 离心泵叶轮平衡孔堵塞会使泵（　　）不平衡。

A. 离心力　B. 向心力　C. 轴向力　D. 径向力

(16) 多级离心泵推力盘与和它相接触的止推瓦块表面要求相互（　　）。

A. 平行　B. 垂直　C. 压紧　D. 平衡

(17) 多级离心泵推力盘在装配时，要求与止推瓦块间保证有一定的（　　），以便形成油膜。

A. 过盈　B. 间隙　C. 压紧力　D. 接触力

(18) 机械密封动静环接触面积大于（　　）方可使用。

A. 75% B. 60% C. 50% D. 80%

(19) 单端面机械密封除有一个密封面外，还有（ ）静密封面。

A. 一个 B. 两个 C. 三个 D. 四个

(20) 填料函漏液过多的原因不可能是（ ）。

A. 填料压得过紧 B. 油压过高 C. 冷却水进不去 D. 轴套有损坏

(21) 在安装填料时应先将填料制成（ ）。

A. 填料环 B. 填料条 C. 填料块

(22) 机械密封的关键元件是（ ）。

A. 弹簧座 B. 辅助密封件 C. 静环 D. 动、静环

(23) 在机械密封的选用中，作为机械密封主要的工作性能指标是（ ）。

A. 端面比压 B. 弹簧比压

C. 端面平均周速 D. 端面比压和端面平均周速

(24) 机械密封安装完毕后应予盘车，如感到存在摩擦现象，必须检查（ ）。

A. 轴是否碰到静环 B. 密封件是否碰到密封腔

C. 弹簧的压缩量 D. A 和 B

(25) 机械密封设冲洗油的目的是（ ）。

A. 带走摩擦副产生的热量 B. 防止杂质沉淀

C. 防止气体滞留 D. ABC

(26) 密封环的三种结构形式当中，（ ）的密封效果最好。

A. 平环式 B. 直角式 C. 迷宫式 D. BC

(27) 离心泵的叶轮形状不同，用途也不同，（ ）叶轮适合含有杂质或悬浮物的物料。

A. 开式 B. 半闭式 C. 平衡式 D. 闭式

(28) 离心泵的换能装置主要包括蜗壳和导轮，其中（ ）主要应用于多级离心泵中。

A. 导轮 B. 蜗壳 C. 导轮和蜗壳 D. 叶轮

(29) 具有自动平衡轴向力的平衡装置有（ ）。

A. 平衡环 B. 平衡盘 C. 平衡孔 D. 平衡管

(30) 软填料密封的泄漏通道主要包括（ ）。

A. 渗透泄漏 B. 界面泄漏 C. 内泄漏 D. AB

2. 判断题

(1) 输送杂质的离心泵宜采用开式叶轮。（ ）

(2) 离心泵的叶轮采用后弯叶片比前弯叶片抗汽蚀性能好。（ ）

(3) 机械密封装置主要由动环、静环、弹簧加荷装置和辅助密封圈等四部分组成。（ ）

(4) 良好的软填料密封是“轴承效应”和“迷宫效应”的综合。（ ）

(5) 衡量密封性能好坏的主要指标是泄漏率、寿命、转速。（ ）

(6) 离心泵的轴封装置中，填料密封比机械密封的密封性能好。（ ）

(7) 机械密封动、静环的接触比压取决于弹簧力。（ ）

(8) 填料环数过多或厚度过大，都会使密封面间产生过大的摩擦。（ ）

(9) 离心泵填料函密封装置中将叶轮进口处的低压液体通过引水管引入水封环。（ ）

(10) 通常机械密封材料送配时，动、静两环一硬一软配对使用，只有在特殊情况下，才以硬对硬材料配对使用。（ ）

(11) 离心泵按叶轮吸入方式可分为单级泵和多级泵。 ( )
(12) 密封环外圆与泵壳的内孔之间为基孔制过渡配合，用螺栓固定防止松动。 ( )
(13) 填料密封正常工作的必要条件是泵运转时有液体保持填料处在润湿状态。 ( )
(14) 单级单吸离心泵填料处漏液造成的流量不足应通过紧固或更换填料来改善。 ( )
(15) 多级离心泵推力平衡装置一般装在第一级叶轮的后面。 ( )
(16) 离心泵的密封环主要是防止空气进入泵体。 ( )
(17) 机械密封的冲洗方法有自冲洗、反冲洗、外冲洗以及局部循环法冲洗等。 ( )
(18) 机械密封中弹簧保证动环与静环的良好贴合，以及自动补偿两环端面的磨损。 ( )

3. 简答题

(1) 说明离心泵轴向力的平衡方法（单级和多级）。
(2) 离心泵结构中的换能装置有哪些？各有什么功能？
(3) 说明填料密封和机械密封的结构和优缺点。

2.7 其他类型的叶片泵

2.7.1 轴流泵

2.7.1.1 轴流泵的结构和工作原理

轴流泵是一种低扬程、大流量的叶片式泵。图 2-67 是轴流泵的一般结构，其过流部件是由吸入管、叶轮、导叶、弯管和排出管组成。轴流泵工作时液体沿吸入管进入叶轮，液体和叶片相互作用获得能量，然后通过导叶和弯管进入排出管，轴流泵是利用叶片对绕流液体产生升力而输出液体的。

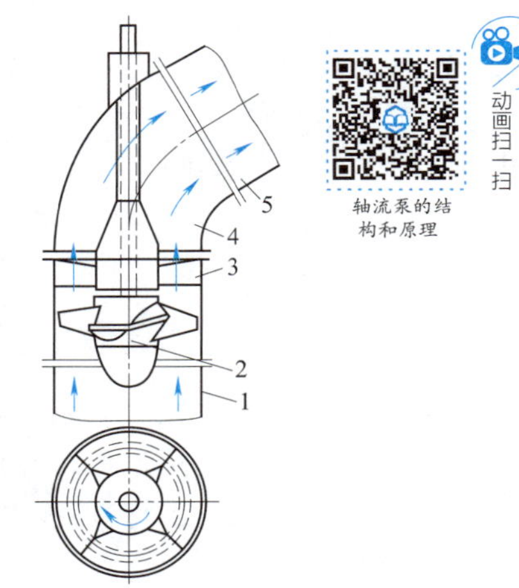

图 2-67 轴流泵的结构
1—吸入管；2—叶轮；3—导叶；4—弯管；5—排出管

根据叶轮上叶片安置角度是否可调，轴流泵可分为两类：一类是固定叶片的轴流泵，这种类型的泵叶片固定不可调；另一类是可调叶片的轴流泵，这种类型的泵叶片角度可以进行调节。

轴流泵的工作特点是流量大，单级扬程低，为了提高泵的扬程，轴流泵可以做成多级，轴流泵与离心泵相比，其优点是外形尺寸小、占地面积小、结构简单、重量轻、制造成本低及可调叶片式轴流泵扩大了泵的高效工作区等。缺点是吸入高度小，一般小于 2m。由于轴流泵的低汽蚀性能，一般轴流泵的工作叶轮装在被输送液体的液面以下，以便在叶轮进口处形成一定的灌注压力。

2.7.1.2 轴流泵的型号编制

轴流泵的型号是由五组大写汉语拼音字母和阿拉伯数字组成，如图 2-68 所示，其中：
(1) 出口直径　用阿拉伯数字表示轴流泵的出口直径，单位为 mm。

图 2-68 轴流泵的型号编制

（2）Z 一般用“Z”表示该泵为轴流泵。

（3）型式代号 用大写汉语拼音字母表示轴流泵的型式代号，其中，“D”表示固定叶片，“B”表示半调节叶片，“Q”表示全调节叶片。

（4）安装方式 用大写汉语拼音字母表示轴流泵的安装方式，其中，“L”表示立式，“W”表示卧式，“X”表示斜式。

（5）扬程 用阿拉伯数字表示轴流泵的规定点的扬程，单位为 m。

应用举例：出口直径为 300mm，规定点的扬程为 6m 的固定式叶片的立式轴流泵，其型号可以表示为 300ZLD-6，即：

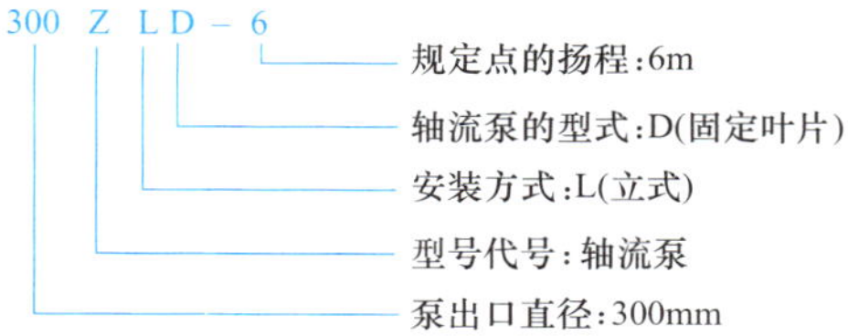

2.7.1.3 轴流泵的性能特点

轴流泵的性能曲线如图 2-69 所示，轴流泵与离心泵相比，具有下列性能特点。

（1）H-Q 曲线 轴流泵的扬程随流量的增大而减小，H-Q 曲线陡降并有转折点，如图 2-69 所示，其主要原因是流量较小时在叶轮叶片进口和出口产生回流，水流多次重复得到能量，类似多级加压状态，所以扬程随流量的减小而急剧增大，同时回流使水流阻力损失增多，从而造成轴功率增大的现象。一般轴流泵的空转扬程 H_0 约为设计工况点扬程的 1.5～2.0 倍。

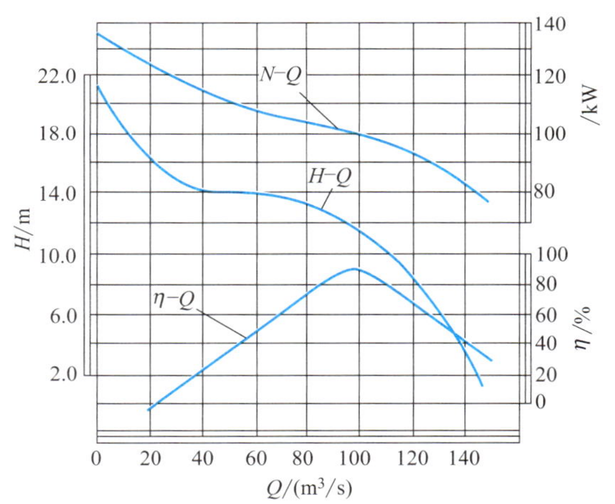

图 2-69 轴流泵的性能曲线

（2）N-Q 曲线 轴流泵的 N-Q 曲线也是陡降的，当 $Q=0$（即出口管闸阀关闭）时，其轴功率 $N_0=(1.2\sim1.4)N_d$，其中，N_d 为设计工况时的轴功率，因此轴流泵启动时应当在闸阀全开的情况下启动电动机，一般称为“开闸启动”。

（3）η-Q 曲线 轴流泵的 η-Q 曲线呈驼峰型，即高效工作区范围很小，流量在设计工况点附近稍有偏离效率就下降很快，根据轴流泵的这一特点，采用闸阀调节流量是不利的，一般只采取改变叶片离角 β 的方法来改变其性能曲线，所以称为变角调节。对于大型全调式轴流泵，为了减小水泵的启动功率，通常在启动前先关小叶片的 β 角，待启动后再逐渐增大 β 角，这样就充分发挥了全调试轴流泵的特点。

在泵的样本中，轴流泵的吸液性能一般用汽蚀余量来表示，轴流泵的汽蚀余量都要求比较大，因此其最大允许吸上真空高度都比较小，有时叶轮常常需浸没在液体一定深度处，安装高度为负值。为了保证在运行中轴流泵不产生汽蚀，需要认真考虑轴流泵的进水条件，主要包括吸液口淹没深度、吸液流道的形状等。

2.7.2 旋涡泵

2.7.2.1 旋涡泵的结构和工作原理

旋涡泵又称涡流泵，属于叶片泵，其结构如图 2-70 所示，主要由叶轮（外缘上带有径向叶片的圆盘）、泵体、泵盖以及由泵体、泵盖和叶轮组成的环形流道所构成。从结构上讲旋涡泵与离心泵的区别主要表现在以下几个方面。

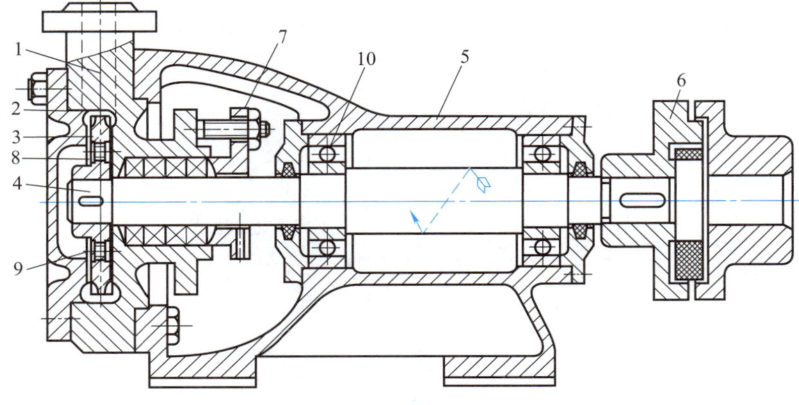

图 2-70 旋涡泵的结构

1—泵体；2—泵盖；3—叶轮；4—泵轴；5—托架；6—联轴器；
7—填料压盖；8,9—平衡孔与拆装用螺栓；10—轴承

（1）壳体形状不同　旋涡泵的壳体是圆环形，易于加工，而离心泵的蜗壳是螺旋形，加工困难。

（2）叶轮形状不同　旋涡泵的叶轮是一个用钢或铜制成的圆盘，在圆盘边缘两边铣削成许多辐射状的径向叶片，叶轮端面紧靠泵体，如图 2-71 和图 2-72 所示。

（3）吸入口和排出口的位置不同　旋涡泵的吸入口与排出口在同侧并由隔舌隔开，如图 2-72 所示，隔舌与叶轮的径向间隙很小，以防止排出口高压液体串漏到吸入口，确定吸入口和排出口要根据叶轮的旋转方向来判断。

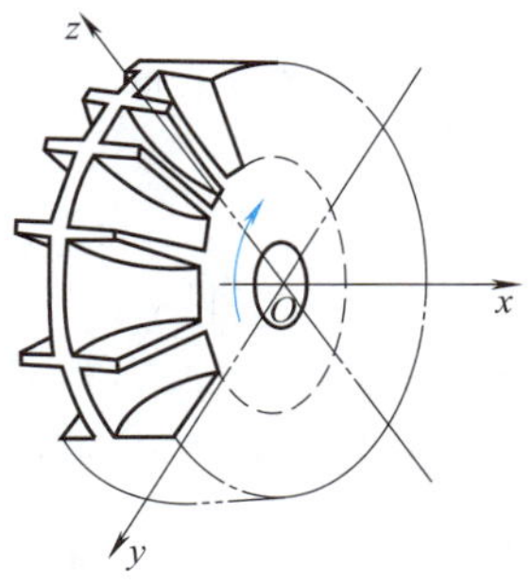

图 2-71 旋涡泵的叶轮

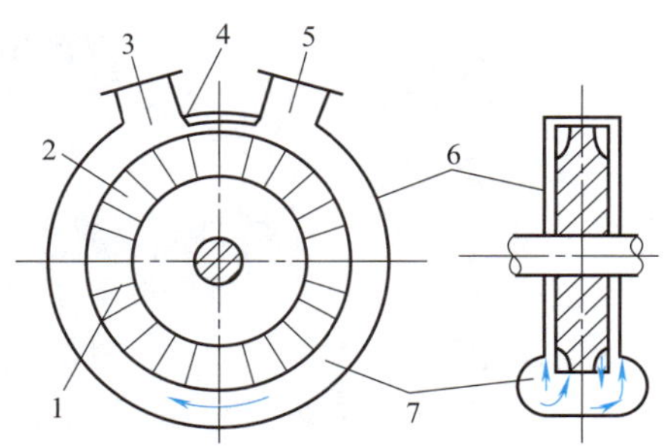

图 2-72 隔舌与叶轮间隙

1—叶片；2—叶轮；3—出口；4—隔舌；
5—进口；6—泵壳；7—流道

(4) 工作原理不同　如图 2-72、图 2-73 所示，旋涡泵工作时液体由吸入口进入流道和叶轮，当叶轮旋转时，由于叶轮内运动液体的离心力 F_u 大于流道内液体的离心力 F_e，两者之间产生了一个旋涡运动，其旋转中线沿流道纵向，称为纵向旋涡，如图 2-73 (a) 所示，在纵向旋涡的作用下液体多次进入与流出叶轮，液体每流经叶轮一次就获得一次能量，当液体从叶轮流至流道时就与流道中的液体相混合，由于两股液体速度不同，在混合过程中产生能量交换，使流道中液体的能量得以增加，由于旋涡泵可以使液体多次增加能量，所以单级旋涡泵的扬程要比一般叶片泵的扬程高，同时纵向旋涡的存在是旋涡泵区别于其他类型的叶片泵工作过程的一个重要原因，流体在旋涡泵内不仅在轴面上做旋涡运动，而且在叶轮周围做螺旋运动，如图 2-73 (b) 所示，液体的运动轨迹为 $A—B—C—D—E$。由于旋涡泵在工作时液体在叶片间反复运动，多次接受原动机的能量，因此能形成比离心泵更大的压头，但流量小，而且由于液体在叶片间的反复运动，造成大量能量损失，因此效率低，一般为 15%～40%，因此旋涡泵适合输送流量小而压头高的液体，例如送精馏塔顶的回流液等。

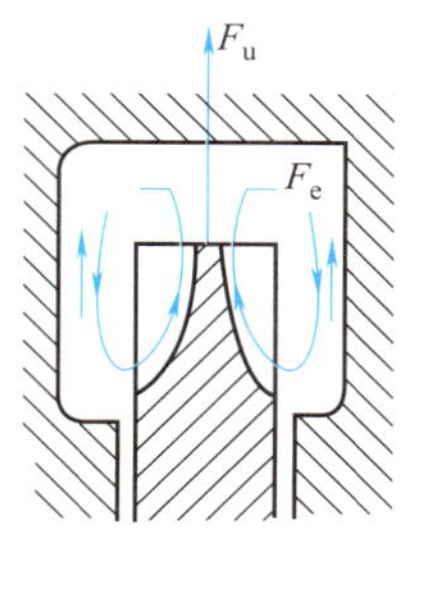

(a) 纵向旋涡的产生

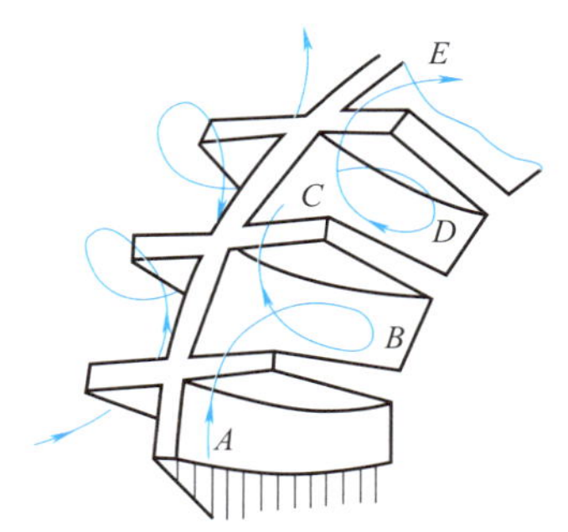

(b) 液体在叶道中的运动路线

图 2-73　旋涡泵的工作原理

(5) 操作方式不同　旋涡泵的性能曲线如图 2-74 所示，其性能曲线除 N-Q 曲线与离心泵相反外，其他性能曲线与离心泵相似。由图 2-74 可知，旋涡泵的流量减小，扬程就增加，所以旋涡泵是一种高扬程、小流量的泵，由于流量为零时的轴功率最大，所以旋涡泵在启动时出口阀门必须全开，故不宜采用改变排出管道阀门的方法来调节流量。

(6) 应用场合不同　旋涡泵叶轮与泵体之间的径向和轴向间隙要求很严，通常径向间隙为 0.15～0.3mm，轴向间隙为 0.07～0.2mm，故不宜输送含有固体颗粒和黏度较大的液体，主要应用在代替低比转数、高扬程离心泵的场合。

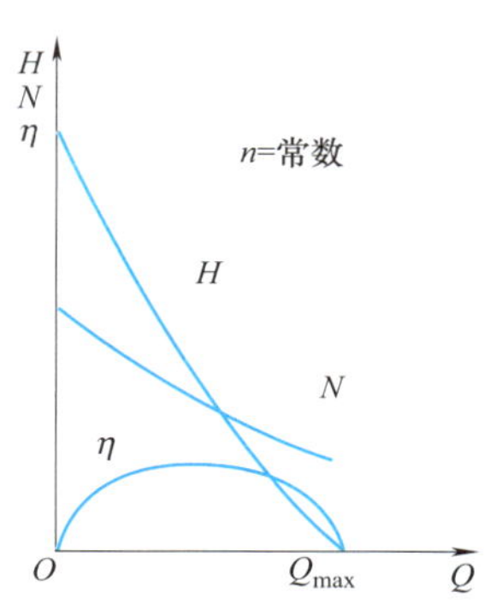

图 2-74　旋涡泵的性能曲线

2.7.2.2　旋涡泵的型号编制

旋涡泵的型号是由大写的汉语拼音字母和阿拉伯数字等组成，如图 2-75 所示。其中：

图 2-75　旋涡泵的型号编制

(1) 入口直径　用阿拉伯数字表示旋涡泵的吸入口直径，单位为 mm。

(2) 驱动方式　用大写汉语拼音首字母表示旋涡泵的驱动方式，如磁力驱动表示为“CQ”，机械密封泵不表示。

(3) W　一般用“W”表示该泵为旋涡泵。

(4) 级数　用大写汉语拼音首字母表示旋涡泵的级数，如两级旋涡泵用“L”表示，单级旋涡泵不表示。

（5）扬程　用阿拉伯数字表示旋涡泵的扬程，单位为 m。

应用举例：吸入口直径为 20mm、扬程为 65m 的单级旋涡泵，其型号可以表示为 20CQW-65。

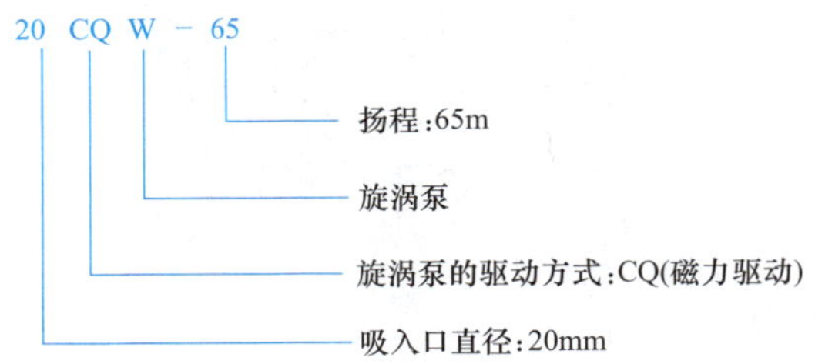

2.7.2.3　旋涡泵的汽蚀和流量调节

（1）旋涡泵的汽蚀现象　实验表明旋涡泵输送液体流量较小时，泵入口压力值几乎沿流道直线升高，当流量变大时，在某一流量下泵入口压力值开始时有一段降低，当通过某一长度后压力值才开始上升，由于流量变大时泵入口开始压力有一段下降，所以如果此时液体的压力低于该液体的饱和蒸汽压，随即产生汽蚀现象，如果发生汽蚀，尽管再开大阀门降低扬程，流量也不再增加。

（2）旋涡泵的流量调节　从图 2-74 可以看出，旋涡泵的性能特点是当流量下降时，扬程、轴功率反而增加，因此这种泵不能在远离正常流量的小流量下运转，流量调节也不能用简单的节流调节来调节流量，而只能用旁路调节方法来调节流量。旋涡泵流量调节系统如图 2-76 所示，液体经吸入管路进入泵内，经排出管路阀门排出，并有一部分经旁通管路流回吸液管路，排出流量由排出阀和旁通阀配合调节，在旋涡泵运转过程中，这两个阀门至少有一个是开启的，以保证泵送出去的液体有去处，如果下游压力超过一定限度时，安全阀即自动开启，泄回一部分液体，以减轻泵及管路所承受的压力。

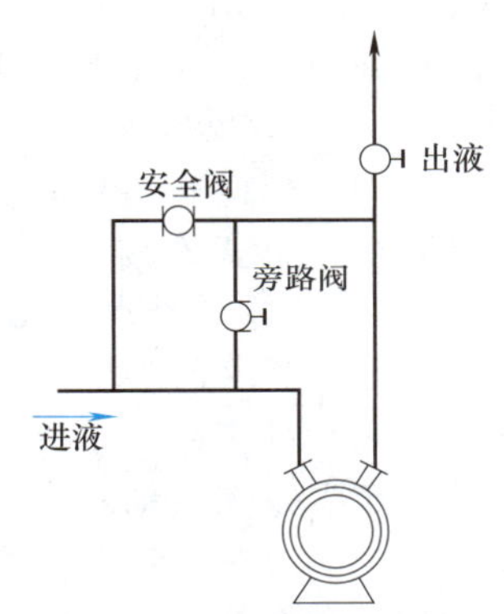

图 2-76　旋涡泵流量调节系统

习题2-7

1. 单选题

（1）中小型轴流泵广泛采用（　　）叶轮。

A. 半调节式　　B. 全调节式　　C. 不可调节式　　D. 闭式叶轮

（2）有台水泵扬程不高，但流量很大，这台泵一般为（　　）。

A. 混流泵　　B. 离心泵　　C. 轴流泵　　D. 螺旋泵

（3）14ZLB-60 中的 Z 表示（　　）。

A. 混流泵　　B. 离心泵　　C. 轴流泵　　D. 射流泵

（4）水泵型号 14ZLB-70 中的“70”表示水泵（　　）。

A. 扬程　　B. 流量　　C. 比转速　　D. 轴功率

（5）水泵的型号为 28ZLB-70，则该泵是（　　）。

A. 立式半调节轴流泵　　B. 立式全调节轴流泵

C. 卧式全调节轴流泵　　D. 卧式半调节轴流泵

(6) 旋涡泵效率低是由于（　　）。

A. 内部泄漏多　　B. 水力损失大　　C. 机械摩擦大　　D. ABC

(7) 旋涡泵比较经济简便的流量调节方法是（　　）。

A. 回流调节　　B. 节流调节　　C. 变速调节　　D. 切割叶轮调节

(8) 轴流泵的叶轮一般安装在水面（　　）。

A. 以下　　B. 以上　　C. 位置

(9) 旋涡泵当流量下降时，（　　）。

A. 扬程减小、轴功率增加　　B. 扬程增加、轴功率减小

C. 扬程减小、轴功率减小　　D. 扬程增加、轴功率增加

(10) 轴流泵流量的调节方式采用（　　）。

A. 闸阀调节　　B. 变角调节　　C. 回流调节　　D. 出口节流调节

2. 判断题

(1) 轴流泵是利用叶片与液体的相互作用来输送液体的。（　　）

(2) 旋涡泵适合输送流量小而压头高的液体。（　　）

(3) 轴流泵属于容积式泵，离心泵属于叶片泵。（　　）

(4) 离心泵、轴流泵、污水泵都属于容积泵。（　　）

(5) 轴流泵可分为两类，一类是固定叶片轴流泵，另一类是可调叶片轴流泵。（　　）

(6) 轴流泵不能采用闸阀调节流量，一般只采用变角调节。（　　）

(7) 轴流泵启动时应在闸阀全开的情况下启动电动机，一般称为“开闸启动”。（　　）

(8) 旋涡泵不宜输送含有固体颗粒和黏度较大的液体，主要原因是旋涡泵叶轮与泵体之间的径向和轴向间隙要求很小。（　　）

(9) 旋涡泵发生汽蚀时，开大阀门扬程降低，但流量不再增加。（　　）

(10) 旋涡泵主要应用在代替低比转数、低扬程的离心泵的场合。（　　）

3. 简答题

(1) 简述轴流泵结构和工作原理。

(2) 简述离心泵和旋涡泵的区别。

(3) 简述旋涡泵的操作流程，说明和离心泵的不同点，并思考原因。

2.8 容积泵

在石油化工生产中虽然离心泵的应用很广泛，但在一些特殊场合仍然需要一些其他形式的泵来满足不同工艺条件的需求。本节简要介绍常见容积泵的工作原理、主要性能参数及工作特点。

容积泵又称正排量泵，是依靠工作容积的周期性变化来输送液体的。根据工作原理，容积泵可分为往复泵和回转泵两种类型，其分类如图 2-77 所示。除液环泵是一种气体输送机械外，其余所有容积泵都具有以下共同的特点。

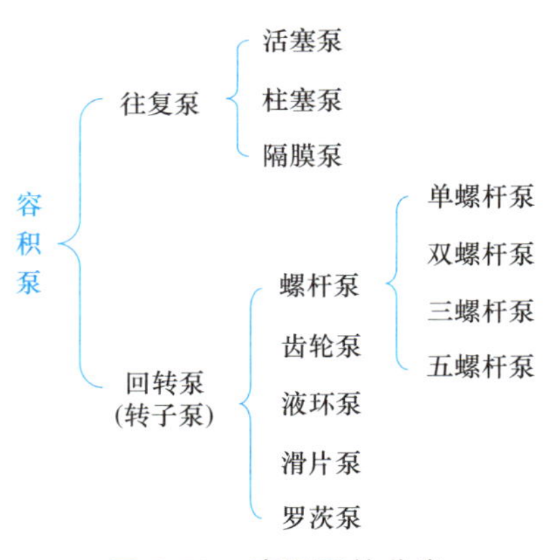

图 2-77　容积泵的分类

(1) 平均流量恒定。容积泵的流量只取决于工作容积的变化值及其频率，理论上流量与排出压力（不考虑

泄漏)，输送液体的温度、黏度等物理化学性质无关，当泵的转速一定时泵的流量是恒定的。

(2) 泵的压力取决于管路特性。如果输送的流体是不可压缩的，在理论上可以认为容积泵的排出压力将不受任何限制，即可根据泵的管路特性建立泵所需的排出压力。泵的铭牌上对排出压力都有规定，由于受到原动机额定功率和泵本身结构强度的限制，泵的排出压力不允许高出铭牌上的排出压力。

(3) 对输送的液体有较强的适应性。容积泵原则上可以输送任何介质，不受介质物理性质和化学性质的限制，当然在实际应用中有时也会遇到不能适应的情况，主要是由于与液体接触的材料和制造工艺及密封技术暂时不能解决的缘故，其他类型的泵就不能做到这一点。

(4) 容积泵具有良好的自吸能力，启动前不需要灌泵。

2.8.1 往复泵

2.8.1.1 往复泵的结构

往复泵通常由两部分构成，如图 2-78 所示。一部分是直接输送液体把机械能转化为液体压力能的液力端（或称为液缸部分），主要由泵缸、活塞、活塞杆、吸入阀、排出阀等组成；另一部分是将原动机的能量传递给液力端的传动端（或称为动力端），主要由曲柄、连杆、十字头等部件组成。

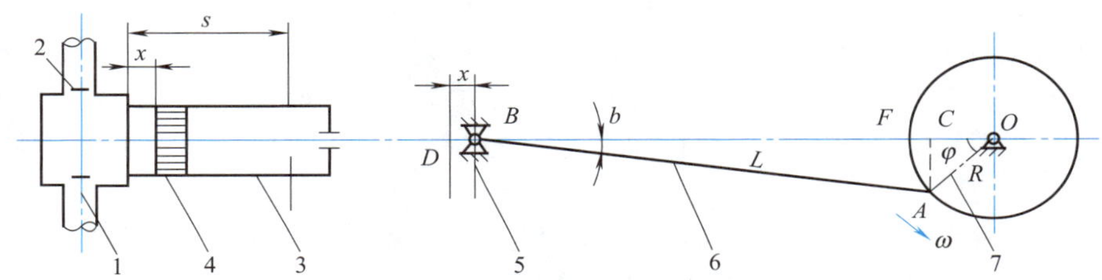

图 2-78 往复泵结构示意图

1—吸入阀；2—排出阀；3—液缸体；4—活塞；5—十字头；6—连杆；7—曲柄

2.8.1.2 往复泵的工作原理

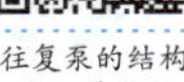

往复泵是容积泵的一种，它主要是依靠活塞在泵缸内运动，使泵缸的工作容积周期性地扩大与缩小来实现吸、排液体的。当曲柄以角速度 ω 逆时针旋转时，活塞向右移动，活塞左侧液缸工作容积增大，泵体内压力降低，排出阀门关阀，吸液槽内的液体在液面压力的作用下通过吸液管上升，顶开泵缸内的吸液阀，液体进入液缸。当活塞在曲柄连杆机构的带动下由右支点向左支点移动时，吸入阀关闭，活塞左侧液缸容积减小，泵体内液体被挤压，液缸内液体压力急剧升高，在压力作用下吸入阀关闭，排出阀打开，液缸内的液体在压力差的作用下被输送到排液管路中，直到活塞运行到左支点为止，排液过程结束。当往复泵的曲柄以角速度 ω 不停地旋转时，往复泵就不断地吸入和排出液体。在往复泵中活塞往复运动一次称为泵的一个工作循环，往复泵的工作循环只有吸液和排液两个过程。往复泵左、右支点之间的距离称为活塞的行程或冲程，一般用 S 来表示。

2.8.1.3 往复泵的分类

往复泵的分类方法很多，一般可按以下几种方式进行分类。

(1) 按传动方式分类

① 动力往复泵　以电动机或柴油机为原动机，通过曲柄连杆等机构带动活塞往复运动，最常用的是电动往复泵。

② 直接作用往复泵　以蒸汽、压缩空气或压力油为原动机，与泵的活塞直接相连做往复运动，最常见的是蒸汽往复泵。

③ 手动往复泵　依靠人力，通过杠杆等作用使活塞做往复运动，如手摇试压泵。

（2）按活塞构造形式分类

① 活塞式往复泵　在液力端往复运动件上有密封元件的往复泵。

② 柱塞式往复泵　在液力端往复运动件上无密封元件的往复泵。

③ 隔膜式往复泵　依靠隔膜片往复鼓动来实现吸入和排出液体的往复泵。

（3）按泵的作用方式分类

① 单作用往复泵　吸入阀和排出阀安装在活塞的一侧，活塞往复运动一次只有一次吸入过程和一次排出过程，如图 2-78 所示。

② 双作用往复泵　活塞的两侧都装有吸入阀和排出阀，活塞往复运动一次有两次吸入过程和两次排出过程，如图 2-79 所示。

③ 差动往复泵　吸入阀和排出阀装在活塞的一侧，泵的排出管和吸入管与活塞另一侧相通，活塞往复运动一次有一次吸入过程和两次排出过程或两次吸入过程和一次排出过程，如图 2-80 所示。

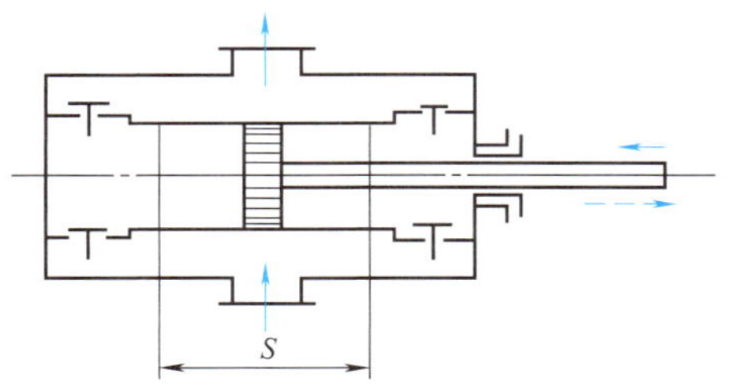

图 2-79　双作用往复泵

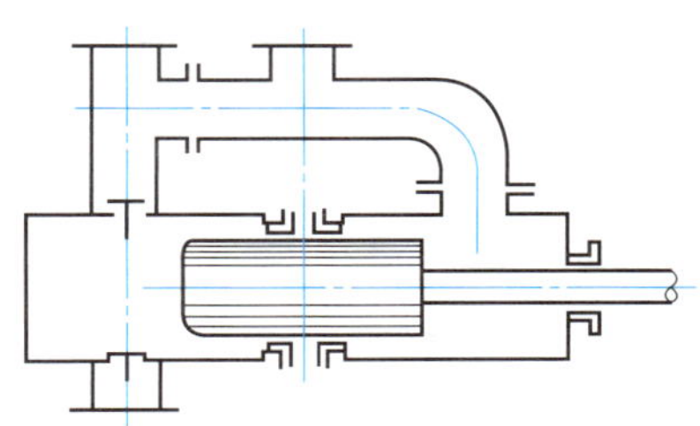

图 2-80　差动往复泵

2.8.1.4　往复泵的主要性能参数

往复泵的主要性能参数包括流量、扬程、功率与效率等，其定义与离心泵一样。

（1）流量　在曲柄连杆机构的往复泵中，当曲柄以不变的角速度旋转时活塞做变速运动，所以往复泵的瞬时流量随时间而变化，但对于使用者来说往往要知道在一定时间内往复泵所输送液体的体积，因此就需要研究往复泵的理论平均流量。在图 2-78 中，活塞在一个往复行程中所排出液体的体积在理论上应该等于活塞在一个行程中所扫过的体积，因此理论平均流量 Q_{th} 可以通过式（2-62）和式（2-63）来计算。

单作用往复泵：

$$Q_{th}=\frac{zASn}{60} \tag{2-62}$$

双作用往复泵：

$$Q_{th}=\frac{z(2A-A_d)Sn}{60} \tag{2-63}$$

式中　z——液缸数目；

A——活塞作用面积，m^2；

A_d——活塞杆截面积，m^2；

S——活塞的行程，m；

n——活塞每分钟往返的次数，次/min。

从式（2-62）和式（2-63）不难看出，往复泵的理论流量只与活塞在单位时间内扫过的体积有关，因此往复泵的理论流量只与泵缸的截面积、活塞的冲程、活塞的往复频率及每个周期内的吸排液次数等有关，是一个与管路特性无关的定值，但由于密封不严造成泄漏、阀启闭不及时等原因，实际流量要比理论值小。

往复泵的瞬时流量是不均匀的，如图 2-81 所示，但双作用往复泵要比单作用往复泵均匀，差动往复泵比双作用往复泵均匀。流量的这一特点限制了往复泵的使用，工程上有时通过设置空气室使流量更加均匀，图 2-82 是具有吸、排空气室的往复泵装置示意图。排出空气室的作用是当泵的瞬时流量大于平均流量时泵的排出压力升高，空气室中的气体被压缩，超过平均流量的部分液体进入空气室储存，当瞬时流量小于平均流量时排出压力降低，空气室内的气体膨胀，空气室向排出管放出一部分液体，从而使空气室以后管路中的流量比较稳定。

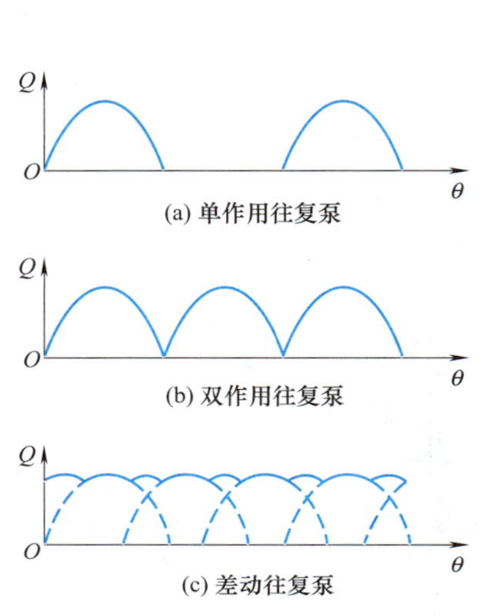

图 2-81 三种往复泵的流量曲线图

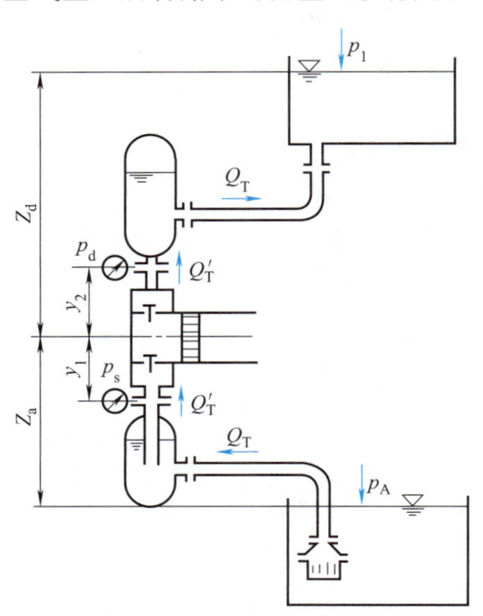

图 2-82 具有吸、排空气室的往复泵装置示意图

吸入空气室的作用正好相反，当泵的瞬时流量大于平均流量时空气室内的气体膨胀，向泵放出一部分液体，当瞬时流量小于平均流量时吸入压力升高，空气室内的气体被压缩，吸入管路中的一部分液体流入空气室，这样可以使吸入空气室以前管路中的流量比较稳定。

在装有空气室的往复泵中，液体的不稳定流动只发生在泵工作室到相应空气室之间，而在空气室以外的吸入管路和排出管路内液体流动较为稳定，但在空气室中压力是变化的，不可能完全消除流量脉动。

(2) 压头　往复泵的压头与泵的几何尺寸及流量均无关系，只要泵的机械强度和原动机械的功率允许，系统需要多大的压头，往复泵就能提供多大的压头。

(3) 功率与效率　往复泵的功率与效率的计算与离心泵相同，但效率比离心泵高，通常在 0.72～0.93 之间，蒸汽往复泵的效率可达到 0.83～0.88。

2.8.1.5 往复泵的型号编制

根据 GB/T 11473—1989《往复泵型号编制方法》的规定，往复泵的型号由大写的汉语拼音字母和阿拉伯数字组成，如图 2-83 所示，其中：

图 2-83 往复泵的型号编制

(1) 联（缸）数　用数字表示，单联（缸）不表示。

(2) 第一特征　泵的第一特征是指由泵的驱动方式、输送介质、结构特点、功能及主要配套五类中选出的最能代表泵的一个特征，见表 2-5。

(3) 结构型式　往复泵的结构型式在型号编制中的第二位体现，一般立式结构用“L”表示，隔膜式结构用“M”表示，其他结构型式则不用表示。

(4) 额定流量　调量泵的额定流量标注泵的最大额定流量值。多缸计量泵的额定流量，用缸数乘以单缸额定流量表示；其他多缸泵的额定流量，用各缸的额定流量之和表示。额定流量的单位，计量泵和试压泵用 L/h、手动泵用 mL/次、其他泵用 m^3/h。

(5) 额定排出压力　对于多联计量泵，应单独列出各联缸的额定流量和额定排出压力，各联参数用逗号隔开。

(6) 特殊性能　特殊性能按表 2-6 规定的代号表示。如需多项并列标注特殊性能时，可按表 2-6 字母的排列顺序标注。

(7) 变型号　用数字 1～9 表示，表示第几次变型。

按照以上型号编制规则，对于双缸卧式气（汽）动往复油泵，若额定流量为 $22m^3/h$、额定排出压力 3.5MPa，则该泵的型号可以表示为 2QY-22/3.5；对于三缸卧式电动往复氨基甲酸铵泵，额定流量 $60m^3/h$，额定排出压力 1.5MPa，防爆，其型号为 3JA-60/1.5-B；而型号 DY-63/5 则表示，额定流量为 63L/h、额定排出压力为 5MPa 的单缸立式手动试压往复泵。各泵的具体表示如下。

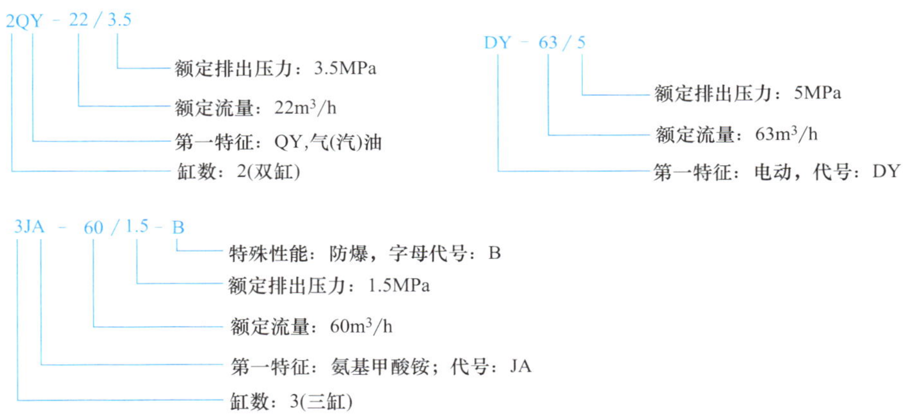

表 2-5　部分往复泵的特征、代号及意义

泵种	类别	第一特征	代号	意义
气(汽)动泵		输水	QS	气(汽)水
		输油	QY	气(汽)油
		其他	Q	气(汽)
液动泵		液动	YD	液动
试压泵		电动	DY	电压
		手动	SY	手压
计量泵		计量	J	计
手动泵		手动	SD	手动
一般泵	杂质泵	隔膜	KM	颗膜
		柱塞	KZ	颗柱
		活塞	KH	颗活
	化工泵和清水泵	液氨	A	氨
		氨水	AS	氨水
		硝酸	X	硝
		油	Y	油

续表

泵种	类别	第一特征	代号	意义
一般泵	其他泵	船用	C	船
		上充	SC	上充
		注水	ZS	注水
		增压	ZY	增压

表 2-6 往复泵的特殊性能

特殊性能	字母代号	特殊性能	字母代号
防爆	B	调节流量	T
防腐	F	保温夹套	W

2.8.1.6 往复泵的流量调节

（1）旁路回流法　由于往复泵的流量是固定的，绝不允许像离心泵那样直接用出口阀调节流量，否则容易造成泵的损坏。生产中常采用旁路调节法来调节往复泵的流量（注：所有正位移特性的泵均用此法调节，所谓正位移性是指流量与管路无关、压头与流量无关）。

利用旁通管路将排出管路与吸入管路接通，使排出的液体部分回流到吸入管路进行流量调节，如图 2-84 所示，在旁通管路上设有旁路调节阀，改变调节阀的开度可调节回流量，达到调节流量的目的。这种调节方法能量损失较大，经济性能较差。

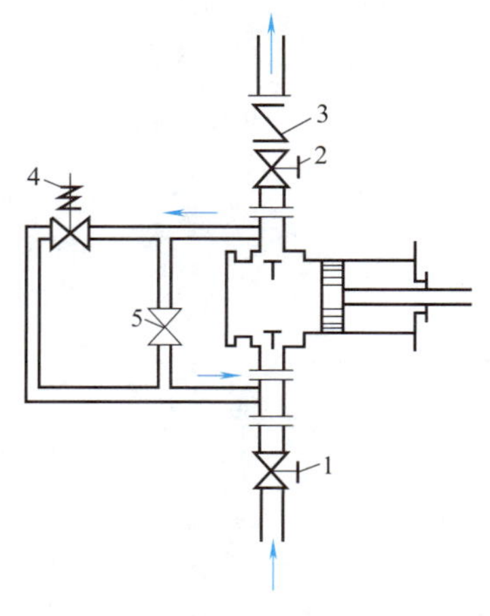

图 2-84 往复泵的流量调节装置

1—吸入阀；2—排出阀；3—单向阀；4—安全阀；5—旁路阀

（2）改变活塞行程法　由公式（2-62）和公式（2-63）可知，往复泵的流量与活塞的行程成正比，因此改变活塞行程的大小可改变往复泵的流量。常用的方法是通过改变曲柄销的位置，调节柱塞与十字头连接处的间隙或采用活塞行程大小调节机构来改变活塞的行程，活塞行程调节机构可以进行无级调节，行程可调至零，使泵的流量在零和最大之间任意调节。此方法目前广泛应用于计量泵中流量的无级调节和正确计量。

（3）改变活塞往复次数法　由公式（2-62）和公式（2-63）可知，往复泵的流量与活塞的往复次数成正比，对于动力泵可以采用塔轮或变速箱改变泵轴转速，使活塞的往复次数发生改变。但应当注意，转速变大时原动机的功率、泵零部件的强度和极限转速应符合要求，对于蒸汽往复泵，只要控制进气阀的开度即可改变活塞的行程，达到调节流量的目的。

2.8.1.7 往复泵的使用与维护

同离心泵相比较，往复泵的主要特点是流量固定但不均匀，压头高、效率高等，因此在化工生产中主要用来输送黏度大、温度高的液体，特别适用于小流量和高压头的液体输送任务。另外由于工作原理不同，离心泵没有自吸作用，但往复泵有自吸作用，因此不需要灌泵，由于往复泵和离心泵都是靠压差来吸入液体的，因此安装高度也受到限制。

往复泵操作时，应按照下列步骤进行。

① 检查压力表读数及润滑等情况是否正常。

② 盘车检查是否有异常。

③ 先打开放空阀、进口阀、出口阀及旁路阀等，再启动电动机，关放空阀。

④ 通过调节旁路阀使流量符合任务要求。

⑤ 做好运行中的检查，确保压力、阀门、润滑、温度、声音等均处在正常状态，发现问题及时处理，严禁在超压、超转速及排空状态下运转。

2.8.1.8 往复泵的选型

当输送液体的压力较高而流量不大或液体黏度较大时，选用往复泵比较合适，往复泵的效率较高，吸入性能良好（启动时不用灌泵），可用来输送各种液体，其流量与排出压力无关。往复泵的这些特点，决定了其宽广的应用范围。

选择往复泵时，需要根据扬程的高低、流量的大小以及液体的性质等情况进行综合考虑。往复泵选择方法和步骤主要包括以下几个方面。

（1）列出基础数据

① 液体介质的物理化学性质　液体介质的物理化学性质主要包括：液体介质的名称、输送条件下介质的密度、黏度、温度、蒸汽压和腐蚀性等；液体介质中所含固体颗粒、颗粒直径和含量、液体介质中气体的成分及含量（%）等。

② 操作条件　操作条件主要包括进出口侧设备所能承受的压力（MPa）、流量（正常、最大及最小）（m^3/h）。

③ 泵的安置场所情况　主要包括环境温度（℃）、海拔高度（m）、泵进口侧/排出侧容器液面与泵基准面的高度差（m）。

（2）排量和压力　根据基础数据确定泵的排量和压力。

（3）确定泵的类型及型号　根据介质的物理性质以及已确定的排量和压力，确定泵的类型，再从泵的样本中选出泵的型号，列出以水或矿物油为准的性能参数（Q、H 或 ΔP、η）以及 NPSH。

（4）校核泵的性能　校核泵的性能主要包括：换算出往复泵的性能参数，列出换算后的性能参数，如符合工艺要求，则所选泵可用，必要时，可绘制校核后泵的性能曲线及管路特性曲线，以确定泵的工作点。

（5）制定措施　当往复泵输送系统的流量变化较大时，应提出泵工况调节的具体措施。

2.8.2 计量泵

计量泵又称调量泵、可变排量泵、比例泵等，是一种可在额定流量以下根据使用要求通过调节冲程大小来精确输送一定量液体的往复泵。由于在石油化学工业中有时需要精确计量所输送的介质，所以需要计量泵。计量泵流量调节机构是用来调节驱动泵的柱塞或活塞的行程，也就是用来调节泵缸的行程容积来达到调节流量的目的。多数计量泵都是往复式的，计量泵可以进行停车或不停车的无级流量调节和正确计量，多缸计量泵能够实现两种以上介质按准确比例进行混合输送。

2.8.2.1 柱塞式计量泵

柱塞式计量泵的基本形式和往复泵相似，图 2-85 所示为 N 形曲轴调节机构的柱塞式计量泵，该泵是由泵缸、传动装置、驱动机构及行程调节机构等组成。

（1）泵缸　柱塞计量泵的泵缸一般为单作用柱塞式往复泵，柱塞由传动机构带动在泵缸内做往复运动，柱塞密封装置采用密封环填料密封，进、出口阀采用双球型或双锥型阀。为了保证计量精度，泵阀和密封装置较一般往复泵要求高，其零部件材料根据输送液体的性质进行选择。

（2）传动机构　柱塞式计量泵的驱动机一般采用电动机，采用蜗轮蜗杆或齿轮减速装置减速，其他传动件往往不是一个单独的部件，大多和调节机构相配合。

（3）调节机构（N 轴调节机构）　计量泵的流量调节一般采用柱塞行程调节机构来实

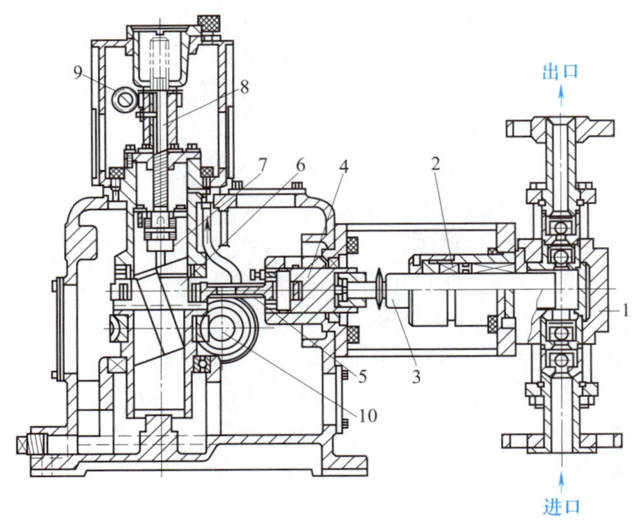

图 2-85 N 形曲轴调节机构的柱塞式计量泵

1—泵缸；2—填料箱；3—柱塞；4—十字头；5—连杆；6—偏心轮；7—N 形曲轴；8—调节螺杆；9—调节用蜗轮蜗杆；10—传动用蜗轮蜗杆

现，泵在运转时可将柱塞行程从最大值无级调节到最小值，使泵的流量在最大值到零的范围内调节，达到调节流量的目的。

N 轴调节机构是由 N 形曲轴与偏心轮相配合构成偏心距，通过连杆带动柱塞往复运动，如图 2-86 所示，偏心轮的转动是由电动机通过蜗轮蜗杆使下套筒减速转动，通过下套筒内的滑键带动 N 轴转动，由于偏心轮是剖分式抱在 N 轴斜杆上，所以偏心轮与 N 轴一起转动。N 形曲轴调节原理如图 2-86 所示，偏心轮的偏心距是最大冲程的 1/4，N 轴中部的偏心距为零，而 N 轴上下两端距整条轴轴线的偏心距相同，也是最大冲程的 1/4 。当 N 轴在底部时，如图 2-86（a）所示的位置，N 轴的偏心距与偏心轮的偏心距相互抵消，总的偏心

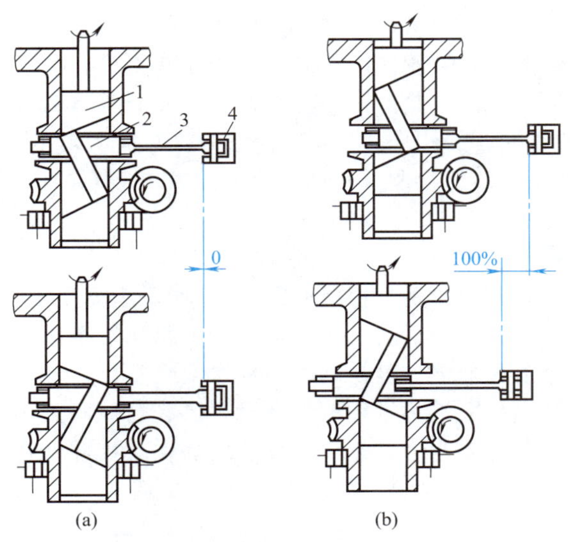

图 2-86 N 形曲轴调节原理

1—N 形曲轴；2—偏心轮；3—连杆；4—十字头

距为零，即偏心轮的中心和曲轴的旋转中心重合，所以冲程长度为零。若 N 轴与偏心轮的位置在图 2-86（b）所示位置，N 轴在顶部，偏心轮和 N 曲轴的偏心半径为冲程大小的 1/2，此时柱塞的行程为 100%冲程大小。

调节流量时蜗杆蜗轮机构通过调节螺杆上的滑键带动螺杆旋转，由于调节座上的螺纹不动，故螺杆在旋转的同时上、下移动，通过下端的轴承带着 N 形曲轴上、下移动，从而改变柱塞的行程。由于冲程大小可在 0～100%范围内变化，可实现流量 0～100%的调节。

（4）N 轴调节机构特点

① N 轴调节机构是目前较先进的结构，由于采用了 N 形曲轴使冲程调节机构与变速机构合一，结构紧凑、尺寸缩小，降低了泵的成本。

② N 形曲轴机构的调节操作方便可靠，结构紧凑，目前在往复式计量泵中应用广泛。

③ 柱塞计量泵的连接杆或柱塞通过液缸端部的填料箱时会产生泄漏。

④ 柱塞计量泵结构简单、计量精度高（在泵的使用范围内其计量精度可达±0.5%～±2%左右）、可靠性好、调节范围宽，尤其适合在高压、小流量的情况下计量输送。

2.8.2.2 机械隔膜计量泵

隔膜泵是通过弹性薄膜将被输送液体与活塞（柱塞）隔开，使活塞与泵缸得到保护的一种往复泵，主要用于输送腐蚀性液体或含有悬浮物的液体。

（1）机械隔膜计量泵的结构和工作原理　机械隔膜计量泵是由泵缸、隔膜、球阀、柱塞等组成，如图 2-87 所示，连接杆不是同柱塞连接，而是连接到一个做往复运动的挠性隔膜中心，由隔膜的往复运动来吸入和排出液体。泵缸一般采用优质灰铸铁制造，隔膜采用橡胶、皮革、塑料或弹性金属片制成，泵缸内部与被输送液体的部分采用耐腐蚀的材料衬里，吸液和排液依靠安装在吸液和排液口的球形阀控制，泵缸与隔膜之间为静密封，可以做到“绝对不漏”。

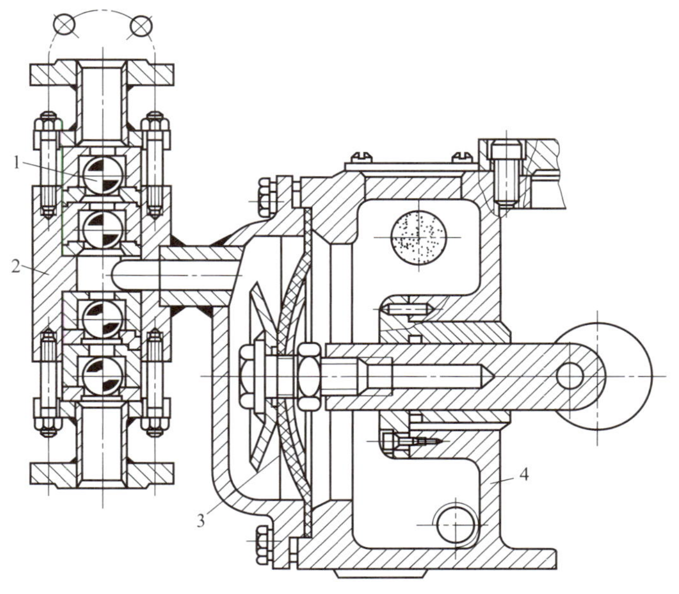

图 2-87　机械隔膜式计量泵

1—球阀；2—泵体；3—隔膜；4—托架

（2）机械隔膜计量泵的特点

① 机械隔膜计量泵消除了液体泄漏问题　由于输送介质和液缸用隔膜隔开，输送介质

不会外漏，因此隔膜泵最适合输送易燃、易爆、有毒、贵重及具有腐蚀性的液体以及具有放射性或对操作人员有害的介质。

② 吸入性能较低　机械隔膜计量泵在柱塞的吸入过程中为了克服隔膜的弹性变形还需要消耗一定的能量，因此在同样条件下吸入性能低于一般柱塞泵。

③ 余隙容积大　相对于柱塞泵来说，隔膜泵的余隙容积较大，因此流量系数较低，且随排出压力的增加影响增大，隔膜泵在周期性的弹性变形下工作，为了使隔膜泵具有足够的使用寿命和较高的容积效率，隔膜泵的往复次数较低。

④ 计量精度较低　机械隔膜计量泵的计量精度不如柱塞计量泵精确。

⑤ 应用范围窄　机械隔膜计量泵流量小，排液压力不高，运转可靠性较差，维修困难，从而限制了它的应用范围。

2.8.2.3　液压隔膜计量泵

(1) 液压隔膜计量泵的结构和工作原理　液压隔膜计量泵的柱塞是在一个充满液体的密闭室内做往复运动，密封室的一端用隔膜和所输送的介质隔开，柱塞和隔膜没有机械连接，当柱塞往复运动时通过液体压力隔膜做周期性变化，使隔膜两侧压差发生交替变化，形成隔膜周期性的弹性变形来吸入和排出液体，如图 2-88 所示。由于作用在隔膜上的是液体压力，隔膜整个表面两边的压力比较均匀，又因为隔膜固定在两个经过精密加工的限制板之间的凹处所形成的空腔内振动，因此可以防止过大的挠曲。

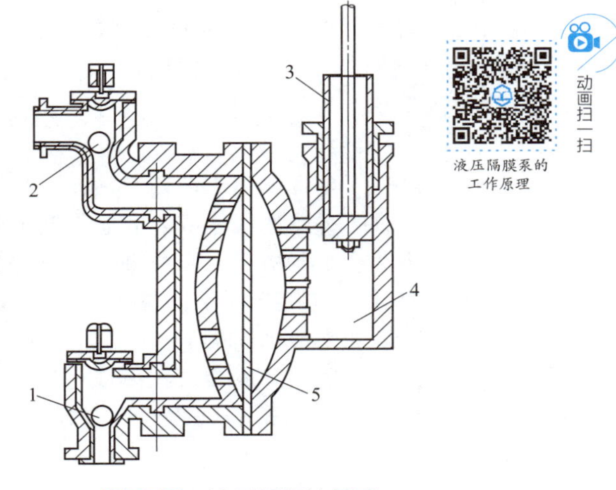

图 2-88　液压隔膜计量泵

1—吸液阀；2—排液阀；3—柱塞；4—泵缸；5—隔膜

(2) 液压隔膜计量泵的特点　液压隔膜计量泵的优点是所输送的液体不泄漏，因此除了和所输送的液体相接触的那些零部件根据所输送液体的性质选用适当的材料外，其他零部件均可用铸铁和钢制造，隔膜可以用金属材料或合成橡胶做成。当所输送的介质为易燃、易爆或有强腐蚀性危险时，为了防止由于隔膜破裂和液油压相接触而产生强烈反应或污染所输送介质，可采用双隔膜泵。

2.8.3　螺杆泵

2.8.3.1　螺杆泵的结构和工作原理

螺杆泵是回转式容积泵的一种特殊形式，它是利用一根或数根螺杆相互啮合的空间容积的变化来输送液体的，因此称为螺杆泵。螺杆泵按照相互啮合的螺杆数目，可分为单螺杆泵、双螺杆泵、三螺杆泵和五螺杆泵等。图 2-89 为双螺杆泵结构示意图。

主动螺杆通过填料函伸出泵壳，由原动机驱动，主动螺杆和从动螺杆的螺纹旋向相反，一个为左旋螺纹，另一个为右旋螺纹，如图 2-89 和图 2-90 所示。当主动螺杆旋转时，依靠吸入一侧的啮合空间打开并与吸入室接通，使吸入室容积增大，压力降低，液体被吸入，液体进入泵以后被拦截在啮合室内，随螺杆旋转而做轴向运动。为了使充满齿杆齿槽的液体不至于旋转，必须以一固定的齿条（双螺杆齿槽接触的凸齿）紧靠在螺纹内将液体挡住，随着螺杆的不断旋转，液体即从吸入室沿轴向移动至排出室。

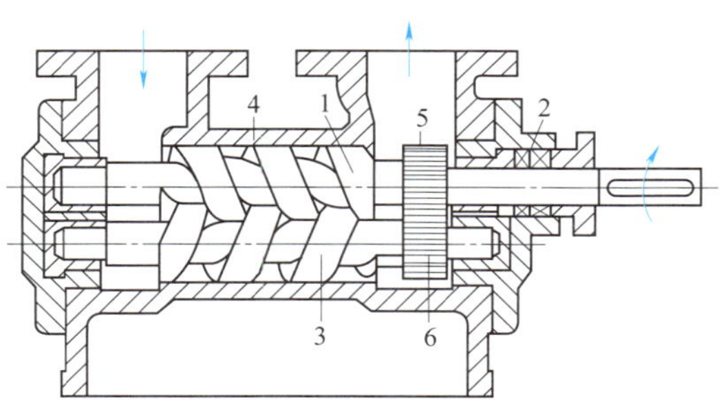

图 2-89 双螺杆泵示意图

1—主动螺杆；2—填料函；3—从动螺杆；4—泵壳；5,6—齿轮

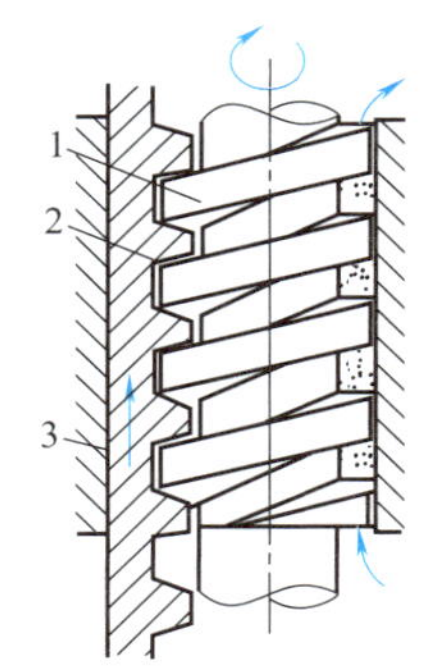

图 2-90 螺杆泵工作原理

1—螺杆；2—齿条；3—壳体

2.8.3.2 螺杆泵的型号编制

螺杆泵的型号目前没有统一规范，各个生产厂家一般型号编制方法不尽相同。现以天津和安徽两家螺杆泵生产厂家的螺杆泵产品为例，说明螺杆泵的型号编制方法。

（1）单螺杆泵的型号编制　单螺杆泵的型号一般由七组字母和数字组成，每一组字母或数字的含义，如图 2-91 所示。

图 2-91 单螺杆泵的型号编制

① 结构型式　一般用字母 E 或 G 表示泵的结构型式，如 E 表示偏心螺旋转子泵。

② 级数　螺杆泵的级数用阿拉伯数字表示，泵出口压力与级数的选择见表 2-7。

③ 泵系列号　如用 H 表示基本系列卧式泵。

④ 规格　表 2-8 给出了某螺杆泵厂家 1500 规格单螺杆泵的相关性能参数。

⑤ 轴封类型　如 P 代表填料密封，Q 代表带填料环填料密封，V 代表单端面机械密封，D 代表双端面机械密封。

⑥ 材质编号　用于表示螺杆和衬套的材质情况，见表 2-9。

表 2-7 单螺杆泵出口压力与级数的选择

级数	最大压力/MPa	级数	最大压力/MPa
1	0.6	3	1.8
2	1.2	4	2.4

表 2-8 某螺杆泵厂 1500 系列单螺杆泵性能参数

转速/(r/min)	出口压力/MPa	流量/(m^3/h)	轴功率/kW	电动机型号	电动机功率/kW
161	0.4	15.2	3.04	YCJ160	5.5
250	0.4	26	4.72	YCJ100	7.5
360	0.4	39.7	6.8	YCJ100	11
161	0.6	12.8	4.15	YCJ160	5.5
254	0.6	24.3	6.54	YCJ112	11
360	0.6	37.4	9.72	YCJ112	15

表 2-9 某螺杆泵厂材质编号含义

代码	螺杆	衬套	代码	螺杆	衬套
W201	2Cr13	丁腈橡胶	W210	2Cr13	氟橡胶
W102	1Cr18Ni9Ti	丁腈橡胶	W111	1Cr18Ni9Ti	氟橡胶
W105	1Cr18Ni9Ti	食品橡胶	W112	1Cr18Ni9Ti	丁腈橡胶
W208	2Cr13	乙丙橡胶	W115	1Cr18Ni9Ti	乙丙橡胶
W109	1Cr18Ni9Ti	乙丙橡胶	W116	1Cr18Ni9Ti	氟橡胶

（2）双螺杆泵的型号编制　双螺杆的型号一般由七组字母和数字组成，每一组字母或数字的含义，如图 2-92 所示。

图 2-92　双螺杆泵的型号编制

① 系列代号。

② 安装方式：其中，H 表示卧式安装、F 表示支架式安装、L 表示立式安装。

③ 规格型号。

④ 具体导程。

⑤ 密封型式：其中，N 表示内置轴承、机械密封，W1 或无代号表示外置轴承、机械密封，B 表示外置轴承、金属波纹管机封。

⑥ 进出口相对位置：无代号表示右进左出、Z 表示左进右出，进出口相对位置的方向为从驱动（电机）端向泵方向看。

⑦ 特殊要求：无代号表示无特殊要求，T 表示用户有特殊要求。

应用举例：

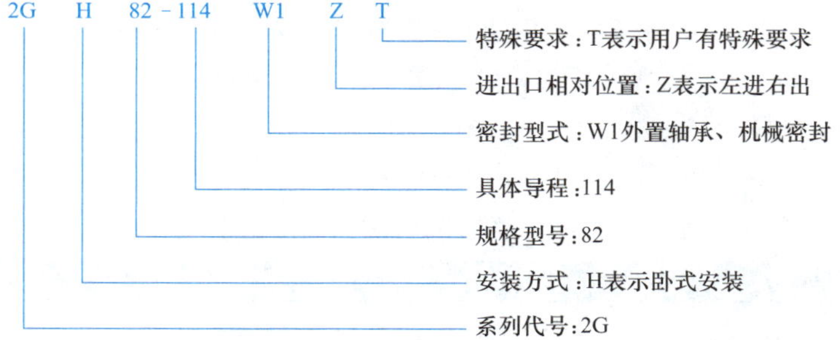

（3）三螺杆泵的型号编制　三螺杆泵的型号编制和参数说明，如图 2-93 所示。

图 2-93　三螺杆泵的型号编制

① 使用特征：其中，无符号为通用型，C 表示船用型。

② 产品系列。

③ 结构特征。

④ 规格型号。

⑤ 主杆方向：从驱动端看，主杆右旋为 R（可省略），主杆左旋为 L。

⑥ 螺旋角度。

⑦ 密封型式：N表示轴承内置式机械密封（可省略），W1表示轴承外置机械密封。

⑧ 进口方向：从驱动端看，无符号为右进，Z表示左进。

⑨ 特殊要求：T表示用户有特殊要求。

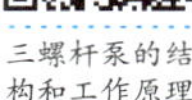
三螺杆泵的结构和工作原理

表2-10为某螺杆泵厂三螺杆泵的结构特征代号及含义。

表2-10 某螺杆泵厂三螺杆泵结构特征代号及含义

特殊代号	含义	特殊代号	含义
H	普通泵体、侧进侧出、卧式安装	Ra	低部加热泵体、侧进侧出、卧式安装
F	普通泵体、侧进侧出、支架式安装	Rb	低部加热泵体、侧进上出、卧式安装
S	普通泵体、侧进侧出、立式安装	Y	整体加热泵体、上进上出、卧式安装
K	普通泵体、侧进侧出、浸没式安装	Ya	整体加热泵体、侧进侧出、卧式安装
D	普通泵体、端进上出、卧式安装	Yb	整体加热泵体、侧进上出、卧式安装

2.8.3.3 螺杆泵的特点

（1）流量均匀　当螺杆旋转时密封腔连续向前推进，各瞬时排出量相同，因此流量比往复泵、齿轮泵均匀。

（2）受力状况良好　多数螺杆泵的主螺杆不受径向力的作用，从动螺杆不受扭转力矩的作用，因此使用寿命较长，双螺杆结构的螺杆泵还可以平衡轴向力。

（3）运转平稳，噪声低　螺杆泵输送液体不受搅拌作用，螺杆泵密封腔空间较大，有少量杂质颗粒也不妨碍工作。

（4）具有良好的自吸能力　螺杆泵密封性能好，可以排送液体，启动时不用灌泵，可以气液混相输送。

（5）螺杆泵可以输送黏度较大的液体。

2.8.4 齿轮泵

齿轮泵属于回转式容积泵，它一般用于输送具有润滑性能的液体，如石油部门输送燃料油和润滑油；在机械行业作为辅助油泵，主要用于速度中等、作用力不大的简单液压系统以及润滑油系统中；在石油化工行业中主要用于高黏度物料的输送，如尼龙、聚乙烯、聚丙烯和其他熔融树脂等。

2.8.4.1 齿轮泵的分类

齿轮泵的工作机构是一对相对啮合的齿轮。齿轮泵的类型很多，可以根据不同的特征进行分类。

（1）按齿轮啮合的形式分类　齿轮泵根据齿轮的啮合形式，可分为外啮合和内啮合两种类型，如图2-94所示。

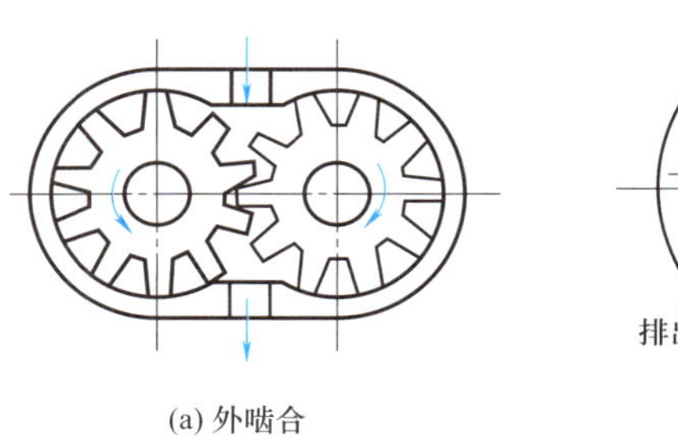
(a) 外啮合

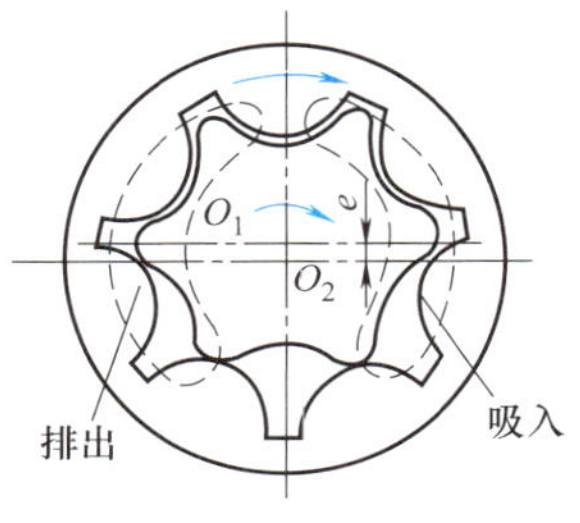

(b) 内啮合

图2-94 齿轮泵的分类

(2) 按齿形曲线分类　齿轮泵按齿形曲线形式分类，可分为渐开线齿形、圆弧齿形（仅限于外啮合齿轮泵）、正弦曲线齿形（仅限于外啮合齿轮泵）、摆线齿形（仅限于内啮合齿轮泵）、次摆线齿形（仅限于内啮合齿轮泵）和对数螺线齿形（仅限于内啮合齿轮泵）。

(3) 按齿向分类　齿轮泵按齿向分类可分为直齿齿轮、斜齿齿轮、人字齿轮和圆弧齿面齿轮。

(4) 按侧面间隙是否可调分类　按侧面间隙是否可调分类，齿轮泵可分为固定间隙式和可调间隙式两类。

2.8.4.2 齿轮泵的型号编制

齿轮泵的型号编制方法，国内外各个生产厂家千差万别，所表示的含义也各不相同。本节以辽宁某液压件厂生产的 CBF-E 型外啮合齿轮泵和上海某机床厂生产的 GPA 型内啮合齿轮泵为例来说明齿轮泵的型号编制方法。

(1) CBF-E 型外啮合齿轮泵　CBF-E 型外啮合齿轮泵的型号编制，如图 2-95 所示。

图 2-95　CBF-E 型外啮合齿轮泵的型号编制

① 结构型式：CB，外啮合齿轮泵。
② 系列代号：F。
③ 压力等级：16MPa。
④ 排量：单位为 mL/r。
⑤ 轴伸形式：平键——省略，花键——H，渐开线花键——K。
⑥ 旋转方向：从轴头看，顺时针则省略，逆时针为 X 或“左”。

(2) GPA 型内啮合齿轮泵　GPA 型内啮合齿轮泵的型号编制，如图 2-96 所示。

图 2-96　GPA 型内啮合齿轮泵的型号编制

① 结构型式：GP，内啮合齿轮泵。
② 组别：A1-1，76～4.4mL/r；A2-6.9～17.3mL/r；A3-25，5～63，3mL/r。
③ 排量 1：单位为 mL/r。
④ 排量 2（单泵无此部分）。
⑤ 前轴承配置：E——滑动轴承，直接驱动用；F——滚动及滑动轴承，间接驱动用。
⑥ 调节范围：溢流阀调节范围，K——0.5～6MPa；M——0.5～10MPa。
⑦ 泄漏方式：1——外泄；2——内泄（不带阀无此部分）。
⑧ 设计代号。
⑨ 旋转方向：从轴头看，顺时针则省略，逆时针为 L。

2.8.4.3 齿轮泵的结构和工作原理

齿轮泵的形式很多，但结构和工作原理基本相同。现以外啮合齿轮泵为例来说明齿轮泵的结构和工作原理。

(1) 外啮合齿轮泵的结构　外啮合齿轮泵主要是由两个相互啮合的齿轮以及容纳它们的泵体和前后盖板所组成，在泵体上齿轮开始啮合和脱离啮合之处分别设置排油口和吸油口，在齿轮脱离啮合的轮齿表面和泵体的内表面组成吸油腔，由齿轮开始啮合的轮齿表面和泵体内表面组成排油腔，两腔互不相通。外啮合齿轮泵的结构如图 2-94 (a) 所示。

（2）外啮合齿轮泵的工作原理

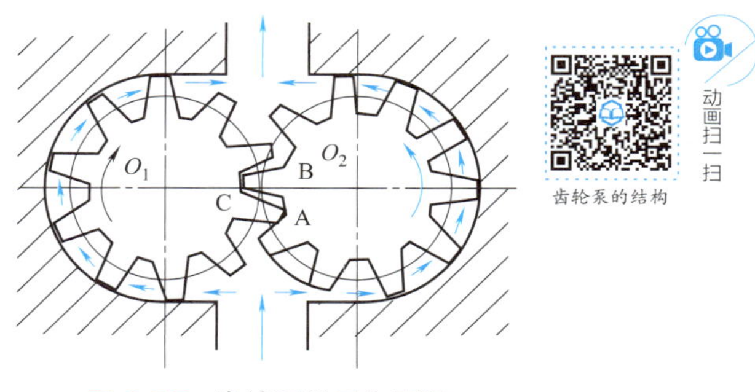

图 2-97 齿轮泵的工作原理

外啮合齿轮泵是依靠齿轮相互啮合，在啮合过程中依靠转子转动造成工作室容积的改变来对液体做功的机械，具有正位移特性。如图 2-97 所示，啮合齿 A、B、C 将工作容积空间隔成吸入腔和排出腔，当一对轮齿按图示方向转动时，位于吸入腔的 C 齿逐渐退出啮合，使吸入腔工作容积逐渐增大，压力降低，液体沿着管道进入吸入腔并充满齿间容积，随着齿轮的转动，进入齿间的液体被带到排出腔，由于轮齿啮合占据了齿间容积，使排出腔容积变小，液体被排出，这就是齿轮泵的工作原理。

2.8.4.4 齿轮泵的困液现象及消除方法

（1）齿轮泵的“闭死容积” 齿轮泵工作时为了保证齿轮平稳啮合运转，必须在前一对轮齿还没有退出啮合之前后一对轮齿进入啮合，这样轮齿之间就形成一个封闭的容积，它既不与排液腔相通，也不与吸液腔相通，这个容积称作“闭死容积”，如图 2-98 所示阴影部分的容积。

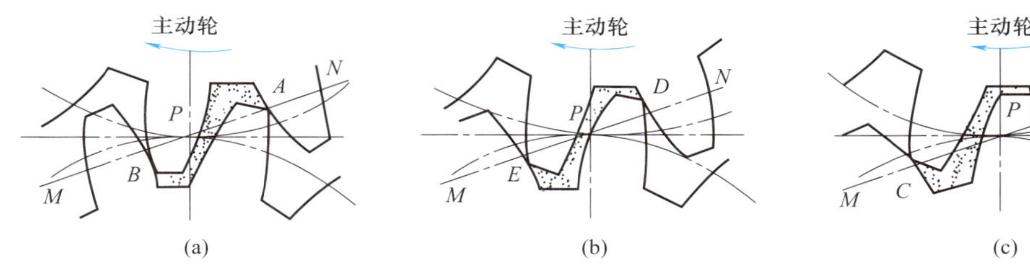

图 2-98 齿轮泵的闭死容积

（2）齿轮泵的“困液现象” 由于齿轮泵“闭死容积”的存在，当齿轮泵运转时“闭死容积”的大小会发生变化。当“闭死容积”由大变小时，被困在容积内的液体受到挤压，压力急剧升高，被困液体从一切可能泄漏的缝隙中被强行挤出，齿轮和轴承受到压力冲击，产生振动和噪声；当“闭死容积”由小变大时，剩余被困液体压力下降，形成局部真空，使溶解在液体中的气体析出或液体本身汽化形成汽蚀，泵产生振动或噪声，容积效率降低。这种现象称为齿轮泵的“困液现象”。齿轮泵的“困液现象”对泵的工作性能及寿命危害很大，必须予以消除，通常是在端盖、轴套或侧板上相对齿轮连接线开设对称卸荷槽，使“闭死容积”与吸液腔或排液腔相通，如图 2-99 所示。当“闭死容积”由最大逐渐缩小时，困在其中的油液可经过卸荷槽通向排液腔，当“闭死容积”由最小逐渐增大时，所需油液可通过卸荷槽从吸液腔得到补充，这样通过设置卸荷槽可以有效防止齿轮泵出现汽蚀现象和憋压，使齿轮泵正常工作。

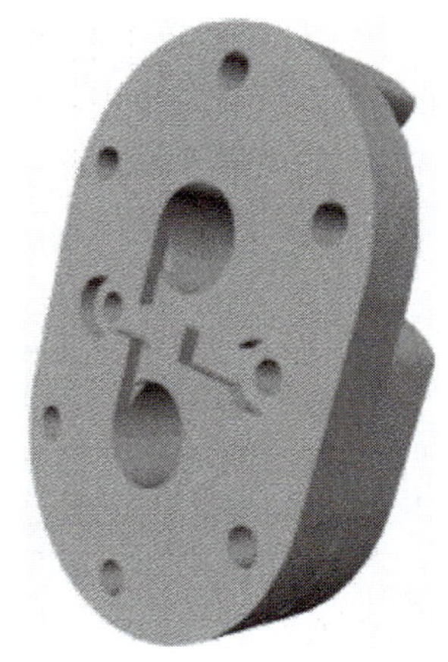

图 2-99 齿轮泵的卸荷槽

2.8.4.5 齿轮泵的泄漏与间隙补偿措施

由于齿轮泵内有高、低压腔，所以存在介质互相窜漏的问题，在各类油泵中齿轮泵的容积效率最低，其主要原因是泄漏量增大。齿轮泵的泄漏主要包括端面泄漏、径向泄漏和啮合线泄漏三种形式。

(1) 端面泄漏　端面泄漏是指沿齿轮端面和端盖之间轴向间隙的泄漏，该泄漏占总泄漏量的75%～80%，轴向间隙一般在0.04～0.10mm，间隙的调整可在齿轮和盖板之间增加一个补偿零件，如浮动轴套或浮动侧板等。

(2) 径向泄漏　径向泄漏是指压油腔的油液沿齿顶与泵体内表面之间的径向间隙向吸油腔的泄漏，该泄漏占总泄漏量的15%～20%，径向间隙一般控制在0.10～0.15mm以内。

(3) 啮合线泄漏　啮合线泄漏是指沿齿轮轮齿啮合间隙的泄漏，该泄漏占总泄漏量的5%，一般不予考虑。

2.8.4.6　齿轮泵的特点

(1) 齿轮泵的流量与排出压力基本无关，流量和压力有脉动。

(2) 齿轮泵无进、排液阀，结构比往复泵简单，制造容易，维修方便，运转可靠，流量较往复泵均匀。

(3) 齿轮泵可产生较高的扬程，但流量小，适用于输送高黏度液体或糊状物料，一般用于输送具有润滑性质的液体，但不宜输送含固体颗粒的悬浮液。

(4) 为防止排出管路因堵塞等原因使排出压力过高而产生事故，齿轮泵泵体上装有安全阀。

2.8.5　液环泵

2.8.5.1　液环泵的工作原理及特点

液环泵是一种输送气体的化工机器，依靠叶轮的旋转把机械能传递给工作液体，又通过液环对气体进行压缩，把能量传递给气体，使其压力升高，达到抽真空或压缩气体的目的。

2.8.5.2　液环泵的结构

液环泵的基本结构如图2-100所示。叶轮与泵体呈偏心配置，两端由侧盖封住，侧盖端面上开有吸气窗口和排气窗口，分别与泵的进口和出口相通。当泵体内充有适量工作液时，由于叶轮的旋转，液体向四周甩出，在泵体内壁与叶轮之间形成一个旋转的液环，液环内表面与叶轮表面及侧盖面之间构成月牙形工作空腔，叶轮叶片又将空腔分隔成若干互不连通、容积不等的封闭小空腔，如图2-101所示。

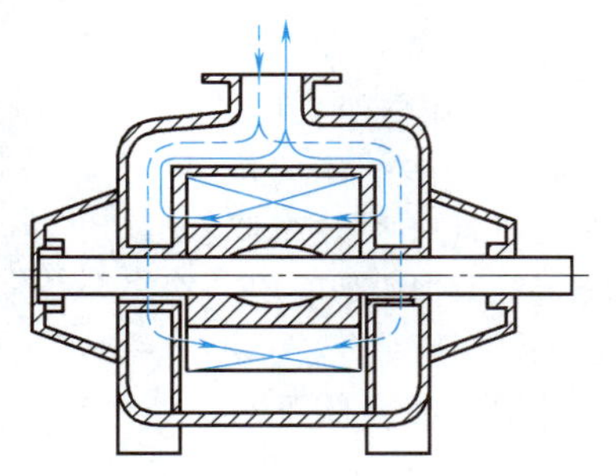
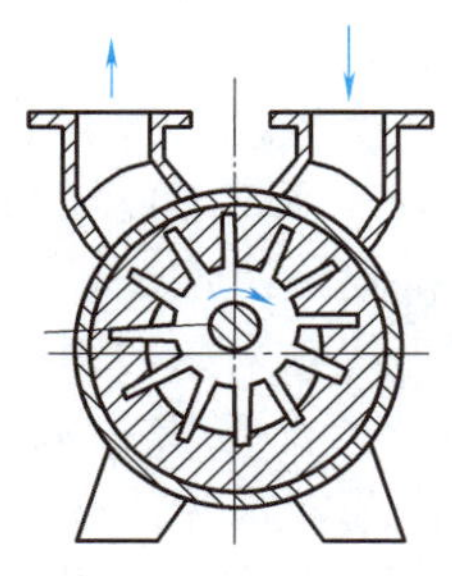

图2-100　液环泵的基本结构

在叶轮的前半转（吸入侧），小空腔容积逐渐增大，气体经吸气窗口被吸入小室中，在叶轮的后半转（排出侧），小空腔容积逐渐减小，气体被压缩，压力升高，然后经排气窗口排出。因此，从液环泵的工作过程来看，液环泵是一种特殊形式的容积泵，工作过程同样有吸气、压缩、做功、排气，类似往复压缩机。

液环泵工作时，必须从外部连续地向泵体内注入一定量的新鲜工作液体，以补充随气体

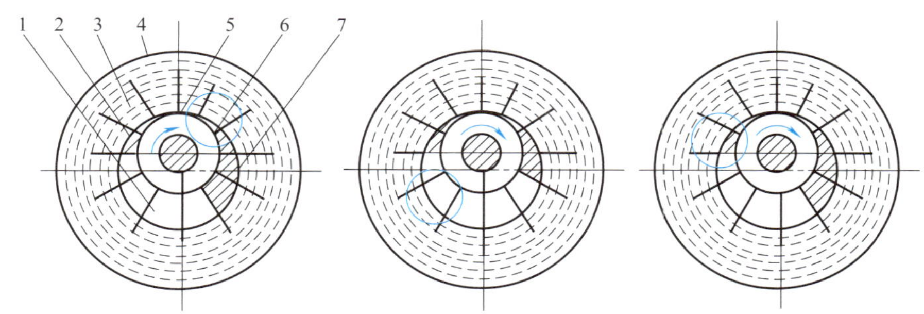

图 2-101 液环泵的工作过程

1—月牙形空腔；2—排气窗；3—液环；4—泵体；5—叶轮；6—叶片间小室；7—吸气窗

排出的液体。工作液除起传递能量的作用外，还可以密封工作腔和冷却气体，工作液体不能溶解于被输送的气体，也不能互相发生化学反应。最常用的工作液体一般为水。

液环泵用于抽真空，其最大抽气量目前已达 1800m³/min，当工作水温度为 15℃时，单级泵的极限真空度可达 30Pa（绝压），两级泵可达 15Pa（绝压）。

2.8.5.3 液环泵的特点

液环泵的特点主要包括以下几个部分。

（1）液环泵的工作过程接近等温，泵内没有互相摩擦的金属表面，因此，液环泵适合输送易燃、易爆或遇升温易分解的气体。

（2）液环泵可以采用非油工作液体，使输送的气体不受油污染。

（3）液环泵可以输送含有蒸汽、水分或固体微粒的气体。

（4）液环泵结构简单，不需要吸、排气阀门，工作平稳可靠，气量均匀。

（5）液环泵的缺点是效率较低，一般只有 30%～50%，最高也不超过 55%。

2.8.5.4 液环泵的性能参数

（1）气量 Q　液环真空泵的气量也称抽气速率或抽速，是指泵的出口大气压力为 98.1kPa 时，单位时间内通过泵进口的吸入状态下的气体容积，单位为 m^3/min。液环压缩机的气量是指在泵进口大气压力状态为 98.1kPa 时，单位时间通过泵进口的气体容积，单位为 m^3/min。

（2）极限真空压力和最大排出压力　极限真空压力简称极限压力，是指液环真空泵气量为零时的真空度，用绝压或相对压力表示。极限真空压力与工作液体的性质和温度有关，一般以水在 15℃的极限真空压力为标准，在不同温度下使用时需要进行换算。

最大排出压力是指液环压缩机气量为零时的排出压力（表压）。

（3）功率和效率　液环泵的有效功率 P_{is}，是指气体等温压缩功率，可按式（2-64）进行计算。

$$P_{is}=\frac{1}{60}p_1 Q_s \lg\frac{p_2}{p_1} \tag{2-64}$$

式中　P_{is}——有效功率，W；

p_1——吸入绝对压力，Pa；

p_2——排出绝对压力，Pa；

Q_s——气量，m^3/min。

液环泵总效率可按式（2-65）进行计算。

$$\eta=\frac{P_{is}}{P}=\eta_{in}\eta_V\eta_h\eta_m \tag{2-65}$$

式中 P_{is}——泵的轴功率，W；

η_V——容积效率，$\eta_V=0.65\sim0.82$；

η_h——水力效率，$\eta_h=0.50\sim0.70$；

η_m——机械效率，$\eta_m=0.985\sim0.99$；

η_{in}——内效率，考虑气体压缩过程与等温过程不一致引起的能量损失，$\eta_{in}=0.93\sim0.95$。

2.8.5.5 液环泵的性能曲线

液环泵的性能参数与所输送的气体状态、工作液体的性质以及温度有关，通常只给出规定条件下的性能曲线，如图 2-102 所示。当实际条件与规定条件不符时，液环泵的性能曲线需进行换算或修正。

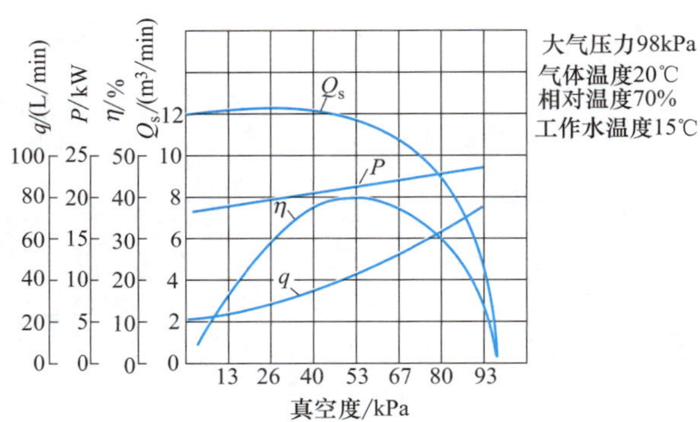

图 2-102 液环真空泵的性能曲线

由气体状态改变而引起的性能参数（主要是气量）变化，可按气体状态方程进行换算。

液环泵的理论极限真空等于工作液体在该温度下的饱和蒸汽压。

同一台液环泵，当其转速变化在±10%（相对额定转速）时，其气量和轴功率的换算按式（2-66）和式（2-67）进行计算。

$$\frac{Q_{s1}}{Q_{s2}}=\frac{n_1}{n_2} \tag{2-66}$$

$$\frac{P_1}{P_2}=\frac{n_1}{n_2} \tag{2-67}$$

式中 Q_{s1}，Q_{s2}——转速为 n_1、n_2 时的排气量，m^3/min；

P_1，P_2——转速为 n_1、n_2 时的轴功率，W。

一般泵站常用的液环式真空泵有 SZ 型和 SZB 型。其中 S 为水环式、Z 为真空泵、B 为悬臂结构。

液环真空泵的抽气性能表明，抽气量随真空度的增加而减小，真空泵是根据所需要的抽气量进行选择的，而液环泵及进液管所需要的抽气量又与产生真空所要求的时间和在进液管、液环泵内空气的体积有关。液环真空泵的抽气量可按式（2-68）计算。

$$Q_s=K\frac{V}{t} \tag{2-68}$$

式中 Q_s——闸门以下管路及泵壳所需的抽气量，m^3/min；

K——安全系数，考虑缝隙及填料函的漏损，要取 1.5 左右；

t——抽气时间，min，一般 $r<5min$；

V——出水管闸阀到进水池水面之间管道和泵壳内空气总量，m^3。

根据计算的 Q_s 选择合适的液环泵，但泵体内所需的抽气量是按最大值考虑的，具有较大的安全值，实际抽气时间可以缩短。

2.8.5.6 液环泵装置及使用条件

液环泵工作系统是由液环泵、气液分离器、阀门和管路系统组成，如图 2-103 所示。

液环泵在工作时，泵内损失的能量将转换为热量，使泵的温度上升，同时，工作液体还可能从密封处和排气口处泄漏。为了带走泵产生的热量，限制泵的温升，一般设置气液分离器，利用阀门来调节其向泵内供应的水量，以保证液环泵的正常工作。

液环泵不适合输送带有粉尘的气体，也不允许工作液体中含有泥沙，否则将会使端面很快磨损，间隙加大，致使气体泄漏量增加，使气体流量和泵的效率降低。

液环泵在抽送液体时效率很低，而且扬程不大，因此不宜用来抽送液体。

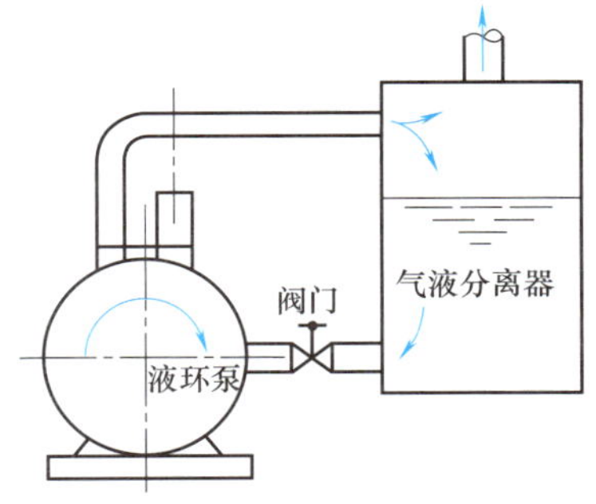

图 2-103 液环泵的装置示意图

2.8.5.7 液环泵的分类、结构型式

液环泵按吸排气方向分为轴向吸排气泵和径向吸排气泵，按作用方式分为单作用泵和双作用泵，按叶轮数目分为单级泵和双级泵。液环泵基本结构型式如图 2-104 所示。

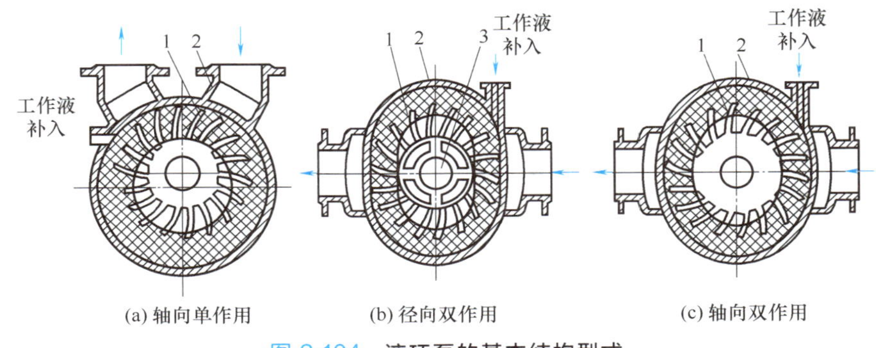

图 2-104 液环泵的基本结构型式

（1）轴向吸排气泵　气体经由侧盖端面上的窗口沿轴向进入叶轮，由叶轮排出，这类液环泵结构简单，侧盖可做成装配式，更换方便，但吸气方向与液环移动方向垂直，水力阻力较大。

（2）径向吸排气泵　气体经由设在叶轮轮毂中的气体分配器上的窗口沿径向进入叶轮，由叶轮排出，吸排气方向一致，水力阻力较小，吸排气效果好，但结构复杂，制造精度要求高，需增加分配器。

（3）单作用泵　叶轮与泵体呈单偏心形式，叶轮旋转一周，进行一次吸、排气，泵体截面形状为圆形，结构简单，加工容易，气体压缩较充分，可获得较高的压缩比，但泵的尺寸较大，径向力一般不能自动平衡。

（4）双作用泵　叶轮与泵体是双偏心形式，叶轮旋转一周，进行两次吸、排气，在相同叶轮尺寸下，理论气量比单作用大一倍，径向力可自动平衡。一般较大型泵和液环压缩机宜做成双作用型，泵体截面形状近似椭圆，但制造困难，结构比较复杂。

上述结构重新组合以后，可得到轴向单作用、径向双作用和轴向双作用三种基本形式，如图 2-104 所示。中小型泵多采用轴向单作用，较大型泵以径向双作用为多，轴向双作用目前还限于做压缩机用。

单级泵和双级泵都具有上述三种基本形式。双级泵的叶轮外径相同，但次级叶轮宽度较第一级小一半，以便使结构相匹配。双级泵具有比单级泵高的极限真空或排出压力，而且抽气量曲线下降较平缓。

2.8.5.8 液环泵的型号编制

液环泵的生产厂家不同，型号编制方法也不一样。现以国内某水环真空泵厂生产的

SZ 和 SZB 两种类型的液环泵为例，说明液环泵的型号编制方法，如图 2-105 和图 2-106 所示。

SZ 系列液环泵用来抽吸或压缩空气以及其他无腐蚀、不溶于水、不含固体颗粒的气体。由于在工作过程中，气体的压缩过程是等温的，所以在压缩和抽吸易燃易爆气体时，危险性较低，被广泛应用于机械、石油化工、制药、食品、制糖和电子工业领域。

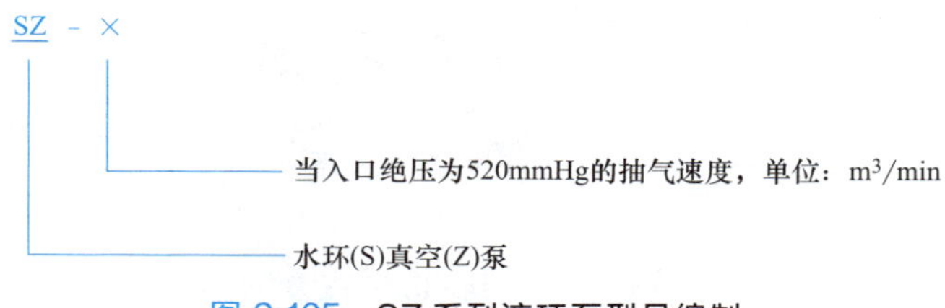

图 2-105 SZ 系列液环泵型号编制

SZB 型悬臂水环式真空泵，可供抽吸空气或其他无腐蚀、不溶于水、不含固体颗粒的气体，最高真空度可达 85%，特别适合做大型水泵引水用。

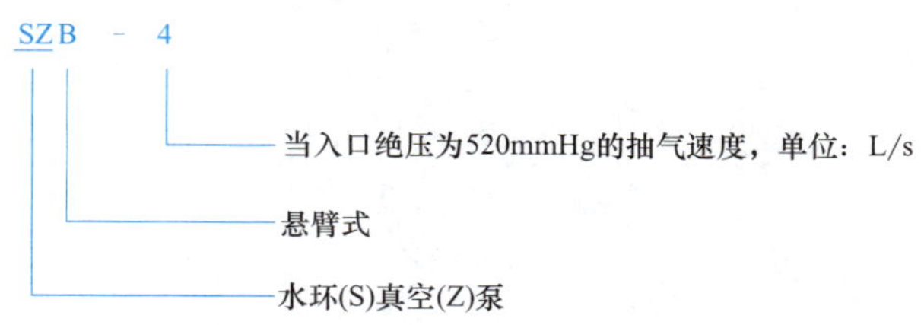

图 2-106 SZB 系列液环泵型号编制

习题2-8

1. 单选题

(1) 柱塞泵主要应在（　　）装置中。

A. 要求流量均匀　B. 低扬程　C. 大流量　D. 高扬程、小流量

(2) 往复泵的出口为防止流体回流应装（　　）。

A. 安全阀　B. 单向阀　C. 闸阀　D. 球阀

(3) 往复泵适用于（　　）。

A. 大流量且流量要求特别均匀的场合　B. 介质腐蚀性特别强的场合

C. 流量较小、扬程较高的场合　D. 投资较小的场合

(4) 往复泵的流量调节是采用（　　）调节装置。

A. 阀门　B. 放空　C. 弯路　D. 回路

(5) 高压氨水柱塞泵不常出现的故障有（　　）。

A. 泵阀损坏　B. 填料处泄漏　C. 轴瓦烧损　D. 安全阀失灵

(6) 下列不属于齿轮泵振动的原因是（　　）。

A. 吸入空气　B. 轴承间隙过大

C. 机械密封或填料密封泄漏　D. 齿轮磨损

(7) 对输送黏度高，流量小的液体比较适合的泵是（　　）。

A. B 型泵　B. 双吸泵　C. D 型泵　D. 齿轮泵

(8) 下列必须设置安全阀的是（　　）。

A. 旋涡泵 B. 齿轮泵 C. 离心泵 D. 水环泵

(9) 下列化工机器中流量与排出压力无直接关系的是（ ）。

A. 离心泵 B. 活塞式压缩机 C. 往复泵 D. 罗茨鼓风机

(10) 齿轮泵的困油现象不会导致（ ）。

A. 轴承负荷增大 B. 工作噪声增大 C. 容积效率降低 D. 排出压力增大

(11) 齿轮泵产生困油现象的原因是（ ）。

A. 排出口太小 B. 转速较高

C. 齿轮端面间隙调整不当 D. 部分时间两对相邻齿同时啮合

(12) 关于设非对称卸荷槽的齿轮泵，下列说法中不正确的是（ ）。

A. 能使噪声更低 B. 不允许反转

C. 可只设在吸油侧 D. 卸荷槽向吸入侧偏移

(13) 必须设卸荷槽解决困油现象的是（ ）齿轮泵。

A. 正 B. 斜 C. 人字形

(14) 关于齿轮泵的说法，不正确的是（ ）。

A. 可以自吸 B. 额定排压与尺寸无关

C. 可与电动机直连，无须减速 D. 流量连续均匀，无脉动

(15) 齿轮泵排出压力超过额定值不会导致（ ）。

A. 轴承负荷加大 B. 磨损加剧 C. 电动机过载 D. 流量急剧减小

(16) 关于齿轮泵的说法，正确的是（ ）。

A. 没有自吸能力 B. 由于转速快，自吸能力优于往复泵

C. 由于密封差，自吸能力不如往复泵 D. 都是容积式泵，自吸能力与往复泵差不多

(17) 齿轮润滑油泵吸入压力过低时，发生“气穴现象”，一般是由于（ ）。

A. 油液汽化 B. 油中水分汽化

C. 溶于油中空气逸出 D. A 或 B 或 C

(18) 齿轮泵工作中，噪声过大的常见原因可能是（ ）。

A. 工作压力过高 B. 齿轮端面间隙过大

C. 吸入管漏入空气 D. 油的清洁度差

(19) 内啮合齿轮泵主、从动元件转向（ ）。

A. 相同 B. 相反

C. A、B 都有 D. 顺时针转向相同，逆时针转向相反

(20) 齿轮泵设卸荷槽后，若对泄漏影响不明显，则泵流量应（ ）。

A. 稍有增加 B. 稍有减小 C. 保持不变 D. 脉动加剧

(21) 转子泵通常是（ ）。

A. 径向吸入，径向排出 B. 侧向吸入，侧向排出

C. 径向吸入，侧向排出 D. 侧向吸入，径向排出

(22) 高压齿轮泵采用间隙自动补偿结构是为了（ ）。

A. 消除困油 B. 减少内部泄漏 C. 减少磨损 D. 减少噪声和振动

(23) 下列各项中不会使齿轮泵流量增加的是（ ）。

A. 增大齿宽 B. 增大节圆直径 C. 减少齿数 D. 增加齿数

(24)（ ）会使齿轮泵排出压力升高。

A. 发生困油现象 B. 油温降低 C. 油温升高 D. 关小吸入阀

(25) 往复泵工作时间长，排出空气室的空气量（　　）。

A. 增加　B. 减小　C. 不变　D. 随液体性质而变

(26) 决定往复泵排出压力的因素是（　　）。

A. 泵缸的几何尺寸　B. 排出液面的高度和压力

C. 泵的强度　D. 排出管路的阻力

(27) 往复泵自吸能力的好坏，主要与泵的（　　）有关。

A. 活塞的运动速度　B. 电动机的功率　C. 密封性能　D. 转速

(28) 为了减少汽蚀现象，应提高往复泵的（　　）。

A. 泵内真空度　B. 排出压力　C. 吸入压力　D. 转速

(29) 往复泵设吸入空气室的目的是（　　）。

A. 降低输出流量的脉动率　B. 减小吸入压力的脉动率

C. 降低排出压力的脉动率　D. 贮存液体帮助自吸

(30) 往复泵排出压力、流量正常，但电动机过载，主要原因是（　　）。

A. 转速太高　B. 活塞环或填料过紧

C. 安全阀开启　D. 排出管堵塞

(31) 对往复泵下列说法不正确的是（　　）。

A. 流量不均匀　B. 转速较低

C. 尺寸重量相对较大　D. 自吸能力较差

(32) 往复泵启动后不上量的原因是（　　）。

A. 吸入压力低　B. 隔膜损坏

C. 缺油或油安全阀坏　D. ABC

2. 判断题

(1) 齿轮泵是转子泵。（　　）

(2) 隔膜泵属于一种特殊形式的容积式泵，而屏蔽泵是离心泵的一种特殊形式。（　　）

(3) 往复泵的排出压力可以无限高。（　　）

(4) 在启动螺杆泵前，必须用液体注满泵吸入侧的壳体。（　　）

(5) 柱塞泵是利用柱塞的往复运动进行工作的，由于柱塞的外圆及与之相配合的孔易实现精密配合，所以柱塞泵一般做成中高压泵，用于中高压系统中。（　　）

(6) 往复泵、齿轮泵等容积式泵启动时，必须先开启泵进、出口阀门。（　　）

(7) 往复泵属于容积式泵。（　　）

(8) 理论上说，计量泵的排出压力可以无限高。（　　）

(9) 计量泵主要应用在大流量、高扬程的场合。（　　）

(10) 计量泵的流量与排出压力无直接关系。（　　）

(11) 螺杆泵由一根或多根螺杆组成，利用两根互相啮合的螺杆轴向移动，液体从螺杆两端进入后从中央排出，螺杆越长则泵的扬程越高。（　　）

(12) 容积泵是以泵缸内工作容积变化，泵阀控制液体单向吸入和排出，形成工作循环，使液体能量增加。（　　）

3. 简答题

(1) 什么是齿轮泵的“闭死容积”，“闭死容积”对齿轮泵的运转有何影响？

(2) 简述隔膜泵的结构和工作原理。

(3) 简述往复泵的流量调节方式。

小结

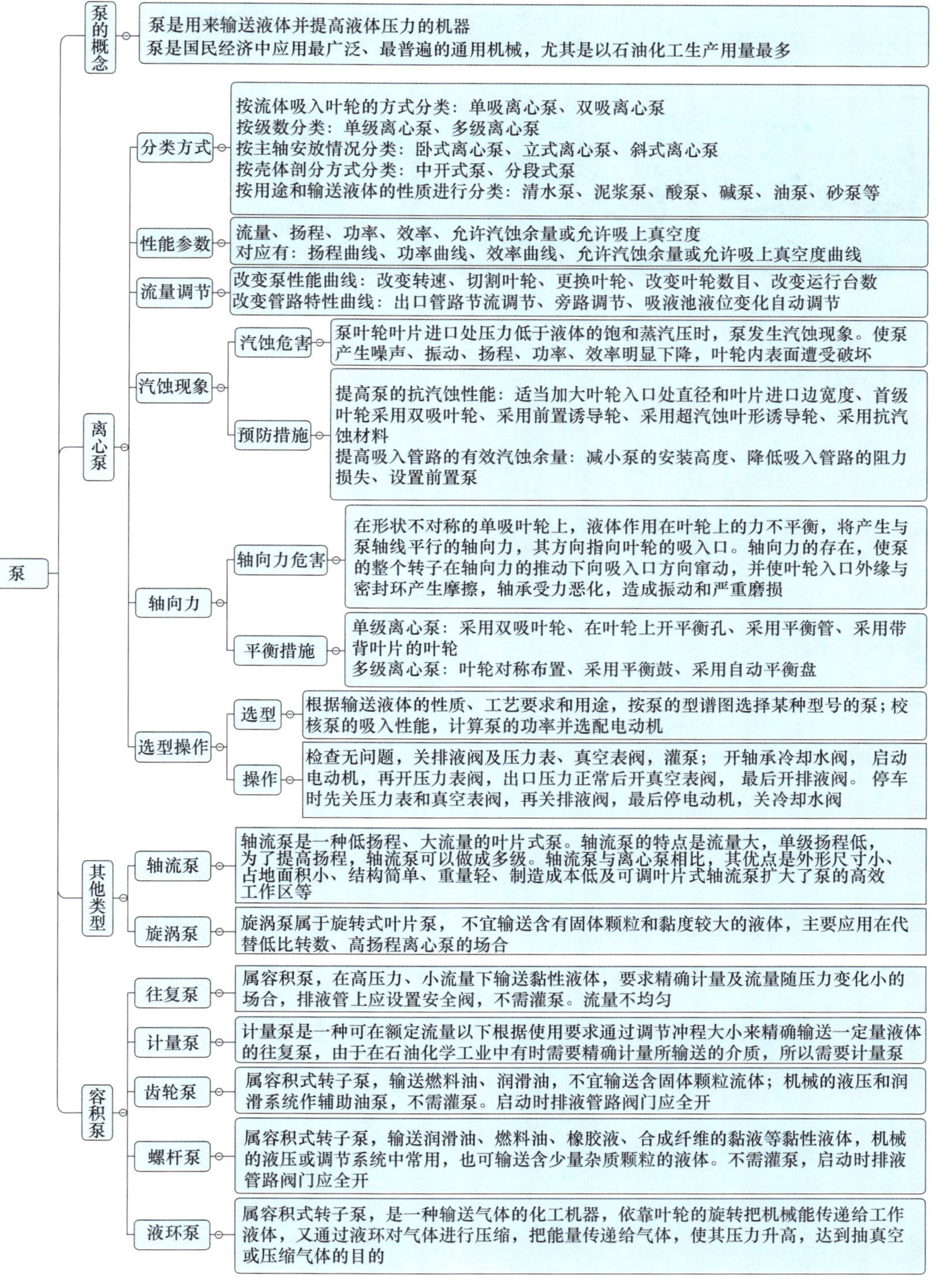
泵
泵的概念
泵是用来输送液体并提高液体压力的机器
泵是国民经济中应用最广泛、最普遍的通用机械，尤其是以石油化工生产用量最多
离心泵
分类方式
按流体吸入叶轮的方式分类：单吸离心泵、双吸离心泵
按级数分类：单级离心泵、多级离心泵
按主轴安放情况分类：卧式离心泵、立式离心泵、斜式离心泵
按壳体剖分方式分类：中开式泵、分段式泵
按用途和输送液体的性质进行分类：清水泵、泥浆泵、酸泵、碱泵、油泵、砂泵等
性能参数
流量、扬程、功率、效率、允许汽蚀余量或允许吸上真空度
对应有：扬程曲线、功率曲线、效率曲线、允许汽蚀余量或允许吸上真空度曲线
流量调节
改变泵性能曲线：改变转速、切割叶轮、更换叶轮、改变叶轮数目、改变运行台数
改变管路特性曲线：出口管路节流调节、旁路调节、吸液池液位变化自动调节
汽蚀现象
汽蚀危害
泵叶轮叶片进口处压力低于液体的饱和蒸汽压时，泵发生汽蚀现象。使泵产生噪声、振动、扬程、功率、效率明显下降，叶轮内表面遭受破坏
预防措施
提高泵的抗汽蚀性能：适当加大叶轮入口处直径和叶片进口边宽度、首级叶轮采用双吸叶轮、采用前置诱导轮、采用超汽蚀叶形诱导轮、采用抗汽蚀材料
提高吸入管路的有效汽蚀余量：减小泵的安装高度、降低吸入管路的阻力损失、设置前置泵
轴向力
轴向力危害
在形状不对称的单吸叶轮上，液体作用在叶轮上的力不平衡，将产生与泵轴线平行的轴向力，其方向指向叶轮的吸入口。轴向力的存在，使泵的整个转子在轴向力的推动下向吸入口方向窜动，并使叶轮入口外缘与密封环产生摩擦，轴承受力恶化，造成振动和严重磨损
平衡措施
单级离心泵：采用双吸叶轮、在叶轮上开平衡孔、采用平衡管、采用带背叶片的叶轮
多级离心泵：叶轮对称布置、采用平衡鼓、采用自动平衡盘
选型操作
选型
根据输送液体的性质、工艺要求和用途，按泵的型谱图选择某种型号的泵；校核泵的吸入性能，计算泵的功率并选配电动机
操作
检查无问题，关排液阀及压力表、真空表阀，灌泵；开轴承冷却水阀，启动电动机，再开压力表阀，出口压力正常后开真空表阀，最后开排液阀。停车时先关压力表和真空表阀，再关排液阀，最后停电动机，关冷却水阀
其他类型
轴流泵
轴流泵是一种低扬程、大流量的叶片式泵。轴流泵的特点是流量大，单级扬程低，为了提高扬程，轴流泵可以做成多级。轴流泵与离心泵相比，其优点是外形尺寸小、占地面积小、结构简单、重量轻、制造成本低及可调叶片式轴流泵扩大了泵的高效工作区等
旋涡泵
旋涡泵属于旋转式叶片泵，不宜输送含有固体颗粒和黏度较大的液体，主要应用在代替低比转数、高扬程离心泵的场合
容积泵
往复泵
属容积泵，在高压力、小流量下输送黏性液体，要求精确计量及流量随压力变化小的场合，排液管上应设置安全阀，不需灌泵。流量不均匀
计量泵
计量泵是一种可在额定流量以下根据使用要求通过调节冲程大小来精确输送一定量液体的往复泵，由于在石油化学工业中有时需要精确计量所输送的介质，所以需要计量泵
齿轮泵
属容积式转子泵，输送燃料油、润滑油，不宜输送含固体颗粒流体；机械的液压和润滑系统作辅助油泵，不需灌泵。启动时排液管路阀门应全开
螺杆泵
属容积式转子泵，输送润滑油、燃料油、橡胶液、合成纤维的黏液等黏性液体，机械的液压或调节系统中常用，也可输送含少量杂质颗粒的液体。不需灌泵，启动时排液管路阀门应全开
液环泵
属容积式转子泵，是一种输送气体的化工机器，依靠叶轮的旋转把机械能传递给工作液体，又通过液环对气体进行压缩，把能量传递给气体，使其压力升高，达到抽真空或压缩气体的目的

模块3

活塞式压缩机

知识目标

- 了解压缩机的概念、分类、用途及相关知识。
- 掌握活塞式压缩机的热力学、动力学分析和计算。
- 掌握活塞式压缩机主要零部件的结构、工作原理、常见故障的判断和消除。
- 掌握活塞式压缩机的调节方式及控制。

能力目标

- 具有对各种容积式压缩机进行安装、调试、维护与检修、故障处理和现场管理的能力。
- 具备典型活塞式压缩机选型、设计、改造及编制制造工艺的能力。

素养目标

- 遵守职业道德准则和行为规范，具备强烈的社会责任感和担当精神。
- 具有良好的科学素养与人文素养，具备职业生涯规划能力。

本模块主要以容积式压缩机中的典型机型——往复活塞式压缩机为主要内容，讲述其工作原理、总体结构、热力计算和动力计算、性能指标及结构参数、调节方式及控制。

3.1 压缩机认知

3.1.1 压缩机的概念

随着近代科学技术的发展，压力能在工业生产中的应用已经十分普遍，压缩机就是将原动机（电动机、水轮机、汽轮机等）的能量转化为压力能的机器，也就是说压缩机是一种输送气体、提高气体压力的机器，它的用途十分广泛，如冶金、矿山、机械和国防等，如图 3-1 所示。尤其是在石油化工生产过程中，压缩机已经成为必不可少的关键设备。

(a) 气体传输

(b) 超临界CO_2制备

(c) 电力工业

(d) 石油化学工业

(e) 气体充瓶

图 3-1　压缩机的应用

3. 1. 2　压缩机的用途

压缩机的用途可以归纳为以下几个方面。

3. 1. 2. 1　压缩气体作为动力

空气压缩后可以用来驱动各种风动机械、风动工具、控制仪表及其自动化装置等，如加工中心刀具的更换、车辆的制动、门窗的启闭、食品/制药工业利用压缩空气搅拌浆液、轮胎充气、喷漆、吹瓶机等，国防工业中某些武器的发射、潜水艇的沉浮等都是用压缩空气作为动力的典型实例。

3. 1. 2. 2　压缩气体用于制冷和气体分离

气体经过压缩液化、冷却、膨胀，可用于制冷（冷冻、冷藏及空气调节），这一类压缩机通常称为“制冷机”或“冰机”。液化的气体若为混合气时可在分离装置中根据各组分沸点的不同将各组分分别分离出来，得到合格纯度的各种气体，如空气液化分离后能够得到纯氧、纯氮和纯的其他稀有气体。

3. 1. 2. 3　压缩气体用于合成及聚合

在化学工业中气体压缩至高压常常有利于合成和聚合。例如，氮气和氢气合成氨，氢气与二氧化碳合成甲醇，二氧化碳与氨合成尿素等。在化学工业中压缩气体用于油的加氢精制，石油工业中用人工办法把氢气加热加压后与油反应，能使碳氢化合物的重组分裂化成碳氢化合物的轻组分，如重油的轻化、润滑油加氢精制等。

3. 1. 2. 4　气体输送

压缩机还可以用于气体的管道输送和装瓶等，气体加压后便于输送。如远程煤气和天然气的输送，氯气和二氧化碳的装瓶等。

3. 1. 3　压缩机的分类

压缩机的种类很多，分类方式也多种多样，按工作原理可分为容积式压缩机和速度式压缩机两大类型，具体分类方法如图 3-2 所示。

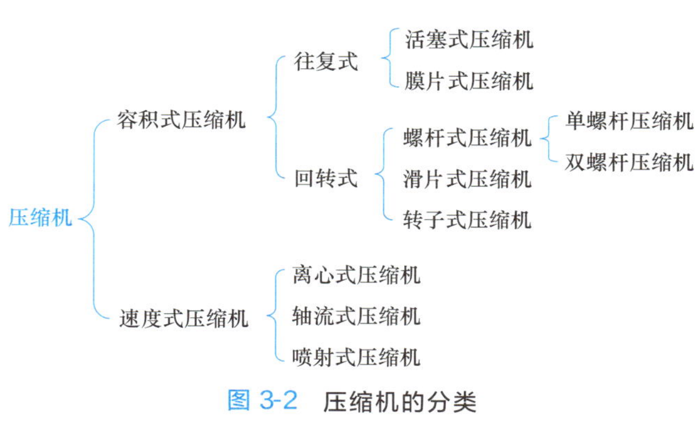

图 3-2　压缩机的分类

3.1.3.1 容积式压缩机

容积式压缩机是指依靠气缸工作容积周期性的变化来压缩气体、提高气体压力的机器（气体直接受到压缩，使气体容积减小、压力提高）。这类压缩机一般具有容纳气体的气缸，压缩气体的活塞，所以又称为“活塞式”压缩机，按其运动特点可分为往复式压缩机和回转式压缩机。

（1）往复式压缩机

① 活塞式压缩机　活塞式压缩机是指在圆筒形的气缸中有一个往复运动的活塞，气缸上装有可以控制进气和排气的气阀，当活塞往复运动时通过气缸容积周期性的变化实现气体的吸进、压缩和排出过程，如图 3-3 所示。目前需要高压的场合多采用这种压缩机。

V型活塞式压缩机的工作原理

② 膜片式压缩机　膜片式压缩机由液压油系统和气体压缩系统组成。液压油系统包括由电动机驱动的曲轴、活塞和连杆，通过活塞往复运动产生液压油压力，推动底层膜片向气体侧运动，从而压缩气体，将气体排出，如图 3-4 所示。

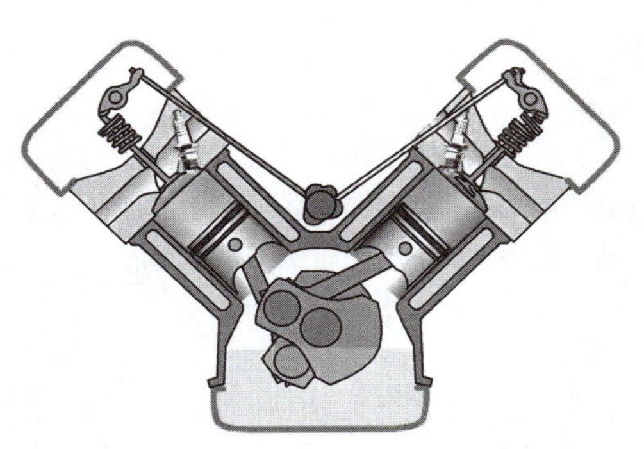
图 3-3　活塞式压缩机

膜片式压缩机

图 3-4　膜片式压缩机

（2）回转式压缩机　回转式压缩机是指依靠机内转子回转时产生容积的变化实现对气体压缩的机器，这类压缩机根据结构形式的不同，可分为滑片式、螺杆式和转子式压缩机。

① 滑片式压缩机　滑片式压缩机是在压缩腔体的偏心位置放置一个转子，转子上开有若干径向滑槽，槽内装有 4～6 片可以沿着轮中心径向滑动的滑片，滑片底部装有弹簧，保证滑片一直与腔体接触。滑片式压缩机的结构如图 3-5（a）所示。

滑片式压缩机的结构

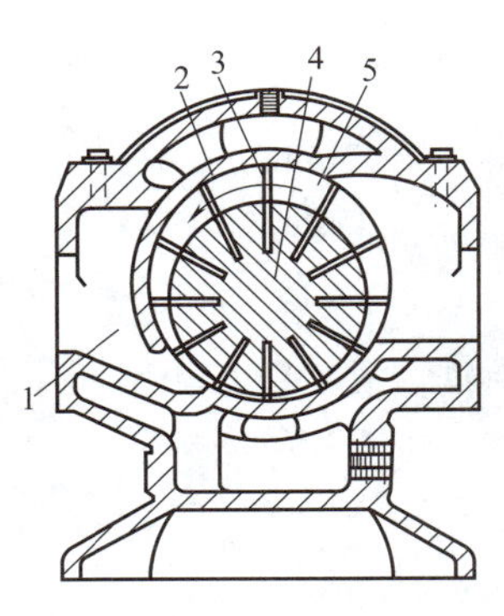

(a) 滑片式压缩机的结构

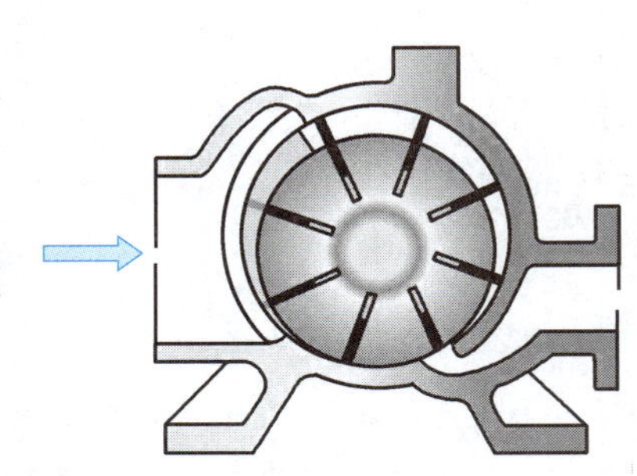
(b) 滑片式压缩机的工作原理

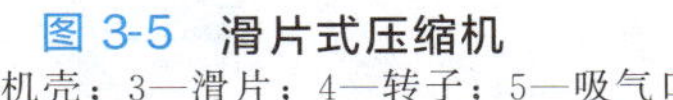
图 3-5　滑片式压缩机

1—排气口；2—机壳；3—滑片；4—转子；5—吸气口

由于运动轮在腔体内偏心放置，因此不同位置的滑片弹出的距离不一样，在滑片弹出距离最长的位置（也就是吸入容积最大的位置）设置一个吸气口，此时两个滑片中进入的空气压力和外界基本一致，滑片压缩机开始吸气，如图 3-5（b）所示。在轮子运动过程中，滑片被腔体内壁持续向中心压缩，滑片之间的空间不断变小，气体被不断压缩，当滑片被腔体压到最短时（即排出容积最小时），设置排气口，被压缩的气体将从这里开始排出，从而完成空气的压缩、排出过程，然后滑片进入下一个工作过程，这就是滑片压缩机的工作原理。

② 螺杆式压缩机　图 3-6 所示为螺杆式压缩机。压缩机的机壳内有两个转子，即一个阴转子及一个阳转子，工作时依靠转子表面的凹槽与机壳内壁所形成的容积不断变化，沿着转子轴线把气体由吸入侧推向排出侧，完成吸入、压缩、排气三个工作过程。

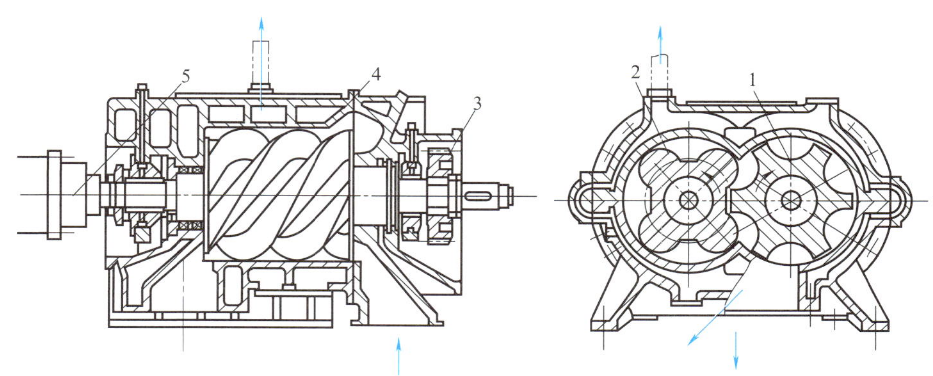

图 3-6　**螺杆式压缩机**

1—阴螺杆；2—阳螺杆；3—啮合齿轮；4—机壳；5—联轴节

③ 转子式压缩机　转子式压缩机主要是由气缸、转子、偏心轴和滑片等组成，如图 3-7（a）所示。

圆筒形气缸的径向开设有不带吸气阀的吸气孔口和带有排气阀的排气孔口，转子（也称滚动活塞）装在偏心轴上，沿气缸内壁滚动并与气缸间形成一个月牙形的工作腔，滑片（也称滑动挡板）靠弹簧的作用力使其端部与转子紧密接触，将月牙形工作腔分隔为两部分，滑片随转子的滚动沿滑片槽道做往复运动，端盖被安置在气缸两端，与气缸内壁、转子外壁、切点、滑片构成封闭的气缸容积，其容积大小随转子转角变化，容积内气体的压力则随容积的大小而改变，从而完成压缩机吸气、压缩和排气过程。图 3-7（b）所示为转子压缩机的工作原理示意图。

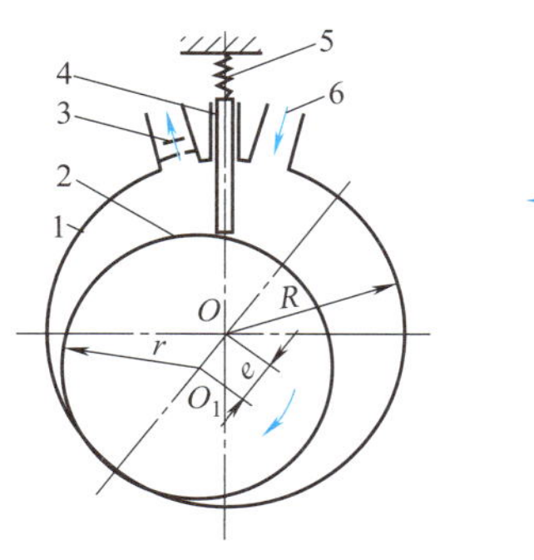

(a) 转子式压缩机的结构

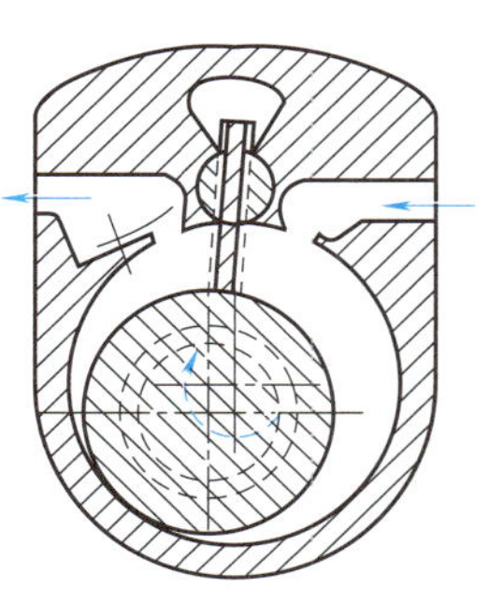

(b) 转子式压缩机的工作原理

转子式压缩机

图 3-7　**转子式压缩机**

1—气缸；2—转子；3—排气阀；4—滑片；5—滑片弹簧；6—吸气孔口

④ 罗茨鼓风机　罗茨鼓风机的结构如图 3-8 所示。罗茨鼓风机是利用两个叶形转子在气缸内做相对运动来压缩和输送气体的回转压缩机，这种压缩机靠转子轴端的同步齿轮使两转子保持啮合，转子上每一凹入的曲面部分与气缸内壁组成工作容积，在转子回转过程中从吸气口带走气体，当移到排气口附近与排气口相连通的瞬时，由于有较高压力的气体回流，这时工作容积中的压力突然升高，然后将气体输送到排气通道，两转子依次交替工作，互不接触，它们之间靠严密控制的间隙实现密封，故排出的气体不受润滑油的污染。这种鼓风机结构简单，制造方便，适用于低压力场合的气体输送和加压，也可用作真空泵。

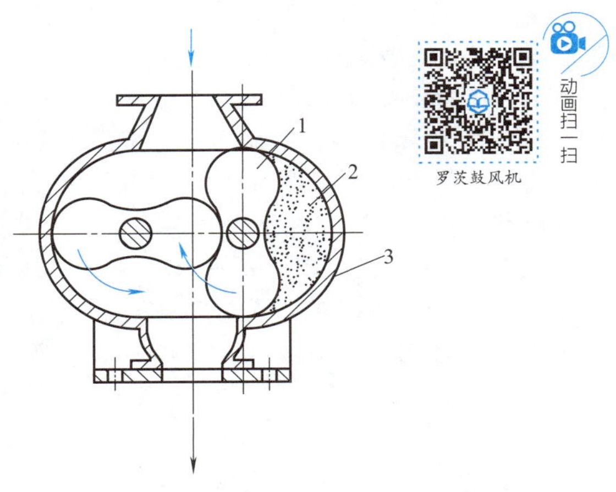

图 3-8　罗茨鼓风机

1—叶轮；2—输送气体的容积；3—机壳

由于周期性的吸气、排气和瞬时等容压缩造成气流速度和压力的脉动，因而会产生较大的气体动力噪声。此外，转子之间和转子与气缸的间隙会造成气体的泄漏，从而使效率降低。罗茨鼓风机的排气量为 0.15～150m^3/min，转速为 150～3000r/min，单级压力比通常小于 1.7，最高可达 2.1，可以多级串联使用。

3.1.3.2　速度式压缩机

速度式压缩机是依靠高速旋转的转子（叶轮）对气体做功，将机械能传递给气体并先使气体的流动速度得以极大提高，然后再将动能转变为压力能，使气体压力提高的机器。速度式压缩机包括离心式、轴流式和喷射式等类型。

(1) 离心式压缩机　离心式压缩机在工作时由主轴带动高速旋转的叶轮，轴向吸入的气体随着叶轮旋转，在离心力的作用下气体高速飞出叶轮，进入具有扩压作用的固定导叶，将速度降低压力提高，接着又被第二级叶轮吸入，通过第二级再提高压力，依此类推，一直达到额定压力由排出口排出。图 3-9 所示为离心式压缩机的结构和工作原理。离心式压缩机由于速度高、压缩过程连续进行、生产能力大、气体洁净，因此很适合大规模生产。

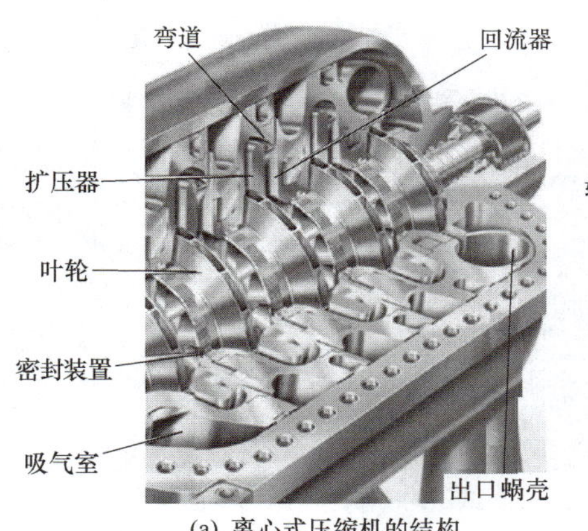

(a) 离心式压缩机的结构

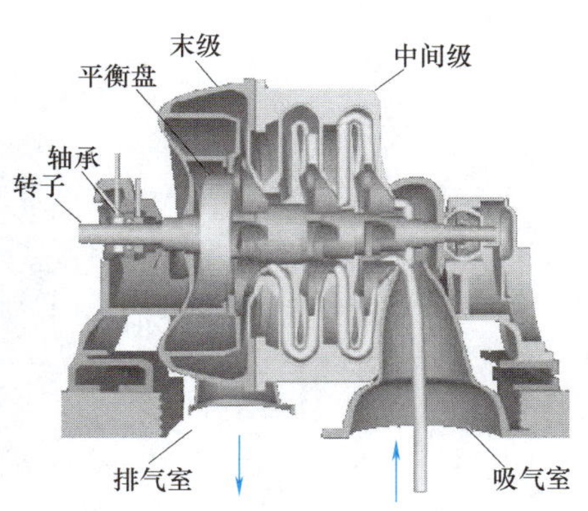

(b) 离心式压缩机的工作原理

图 3-9　离心式压缩机的结构和工作原理

（2）轴流式压缩机　与离心式压缩机相比，轴流式压缩机气体在压缩机中的流动不是沿半径方向，而是沿轴向方向流动，所以得名，如图 3-10 所示。轴流式压缩机当叶片旋转时气体被轴向吸入，经叶轮获得速度，再轴向从固定的导流器排出进行扩压以提高气体的压力。轴流式压缩机的阻力损失较小，效率比离心式压缩机高。

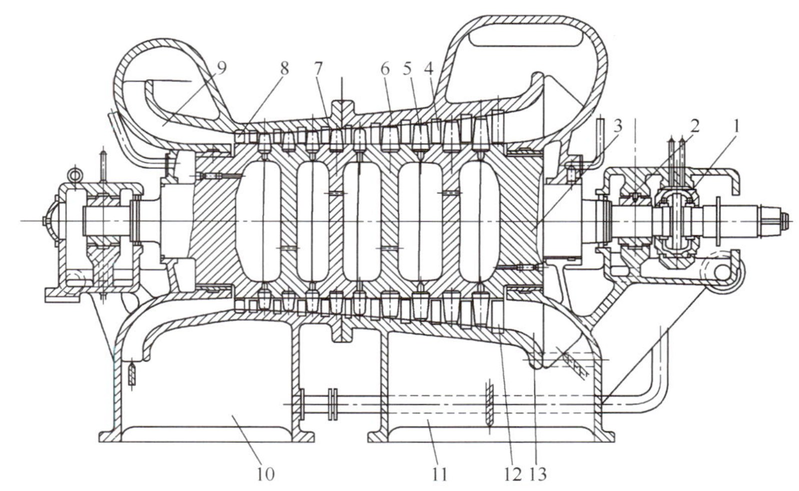

图 3-10　轴流式压缩机

1—止推轴承；2—径向轴承；3—转子；4—导流器（静叶）；5—动叶；6—前气缸；7—后气缸；8—出口导流器；9—扩压器；10—出气管；11—进气管；12—进气导流器；13—收敛器

（3）喷射式压缩机　喷射式压缩机是速度式压缩机的一种，但其没有叶轮，而是依靠具有一定压力的气体，经喷嘴喷出时获得很高的速度并在周围形成低压区吸入气体，使气体获得速度，然后共同经扩压管扩压达到降速增压的目的，如图 3-11 所示。这类压缩机的主要特点是利用具有较高能量的流体来输送能量较低的流体。

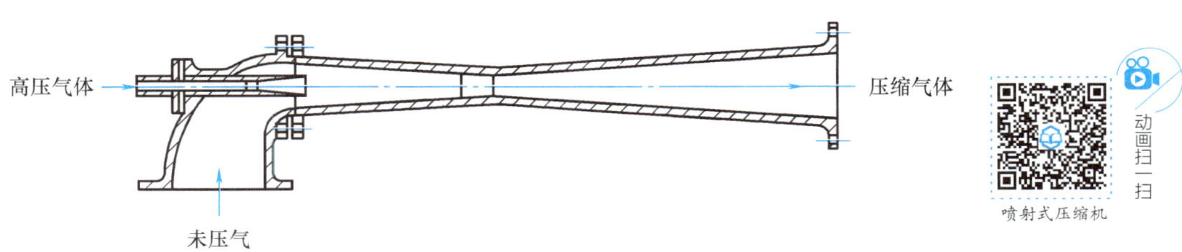

图 3-11　喷射式压缩机

3.1.4　压缩机的适用范围

由于各类压缩机工作原理不相同，所以它们的性能和所适用的范围也不完全一样，图 3-12 所示为几种常见压缩机的适用范围。由图 3-12 可以看出，不同压缩机有不同的适用范围。

活塞式压缩机适用于中小输（排）气量，输（排）气压力可以由低压达到超高压；离心式压缩机适用于大输气量、中低气压；轴流式压缩机适用于大输气量、中低气压；回转式压缩机适用于中小输气量、中低气压。

本模块主要以活塞式压缩机为例，介绍压缩机的性能参数、工作原理、主要零部件的作用及调节方式等。

3.1.5 活塞式压缩机的特点

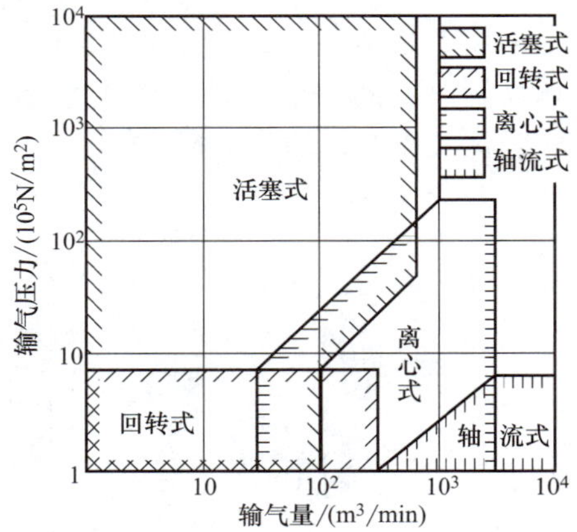

图 3-12 几种常见压缩机的适用范围

3.1.5.1 优点

(1) 适用压力范围广。活塞式压缩机不论流量大小都能达到所需要的压力（超高压、高压、中压或低压），一般单级压缩终压可达 0.3～0.5MPa，多级压缩终压可达 100MPa。

(2) 压缩效率较高。大型往复活塞式压缩机的绝热效率可达 80%以上，等温效率可达 55%～70%以上。

(3) 适应性较强。活塞式压缩机的输气量范围较宽广，小输气量可低至每分钟数升，大输气量可达 $800m^3/min$。

(4) 活塞式压缩机调节输气量时，输气压力几乎不发生变化。

3.1.5.2 缺点

(1) 活塞式压缩机的压缩气体带油污，压缩气体需要净化。

(2) 活塞式压缩机因为受往复惯性力的限制，转速不能过高，所以最大输气量较小。

(3) 活塞式压缩机输气不连续，气体压力有波动，所以在排出口一般设有稳压装置。

(4) 活塞式压缩机易损件较多，维修工作量大，一般需要备机。

3.1.6 活塞式压缩机的基本构造和工作原理

3.1.6.1 活塞式压缩机的结构

活塞式压缩机的种类繁多，结构复杂，但基本结构大致相同，主要由三部分构成，即机体、工作机构（气缸、活塞、气阀等）和运动机构（曲柄、连杆、十字头等），如图 3-13 所示。曲轴由电动机带动做旋转运动，曲轴上的曲柄带动连杆大头回转并通过连杆使连杆小头做往复运动，活塞由活塞杆通过十字头与连杆小头连接做往复直线运动，这就是活塞压缩机的运动过程。

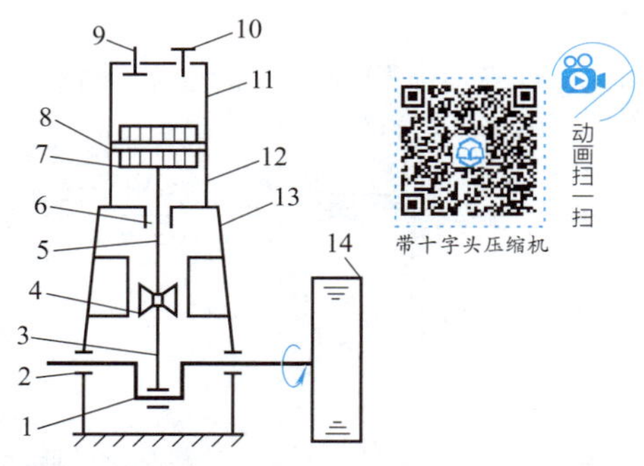

图 3-13 活塞式压缩机的结构

1—曲轴；2—轴承；3—连杆；4—十字头；5—活塞杆；6—填料函；7—活塞；8—活塞环；9—进气阀；10—排气阀；11—气缸；12—平衡缸；13—机体；14—飞轮

3.1.6.2 活塞式压缩机的工作原理

活塞式压缩机的工作过程是由若干连续的循环组成，但每一次循环都是由吸气、压缩、排气三个过程所组成，如图 3-13 所示。

(1) 吸气过程　当活塞在最高点（气缸盖处即上止点）向下运动时，气缸内的上部容积逐渐增大，压力降低，这时外界气体沿进气管冲开进气阀进入气缸，直到活塞达到最低位置（下止点）时，进气阀关闭，吸气过程完成。

(2) 压缩过程　当活塞向上运动时，气缸容积缩小，气体被压缩，当气缸内的压力达到预先设计好的数值（或稍大于排气管的压力）时，压缩过程完成。

(3) 排气过程　当压力达到工作要求的数值时，排气阀被打开，气体进入排气管，直到活塞运动到最上位置（上止点）时，排气过程完成，排气阀关闭。

总之，活塞式压缩机的曲轴旋转一周，活塞就往复运动一次，气缸内相继实现进气、压缩、排气三个过程，即完成活塞式压缩机的一个工作循环，其中，上（或左）支点到下（或右）支点之间的距离称为活塞式压缩机活塞的行程。

3.1.7 活塞式压缩机的分类及型号表示

3.1.7.1 活塞式压缩机的分类

活塞式压缩机分类方法很多，名称也各不相同。通常有以下几种分类方法。

（1）按排气压力分类

① 鼓风机　排气终了压力小于 3×10^5 Pa。

② 低压压缩机　排气终了压力在 $(3\sim10)\times10^5$ Pa。

③ 中压压缩机　排气终了压力在 $(10\sim100)\times10^5$ Pa。

④ 高压压缩机　排气终了压力在 $(100\sim1000)\times10^5$ Pa。

⑤ 超高压压缩机　排气终了压力大于 1000×10^5 Pa。

（2）按排气量大小分类

① 微型压缩机　排气量小于 $1m^3/min$。

② 小型压缩机　排气量在 $1\sim10m^3/min$。

③ 中型压缩机　排气量在 $10\sim60m^3/min$。

④ 大型压缩机　排气量大于 $60m^3/min$。

（3）按气缸容积的利用方式分类

① 单作用式压缩机　气体只在活塞一侧进行压缩，又称单动压缩机，见图 3-14（a）。

② 双作用式压缩机　气体在活塞的两侧均能进行压缩，见图 3-14（b）。

③ 级差式压缩机　气缸内一端或两端进行两个或两个以上不同级次的压缩循环，见图 3-14（c）、(d)。

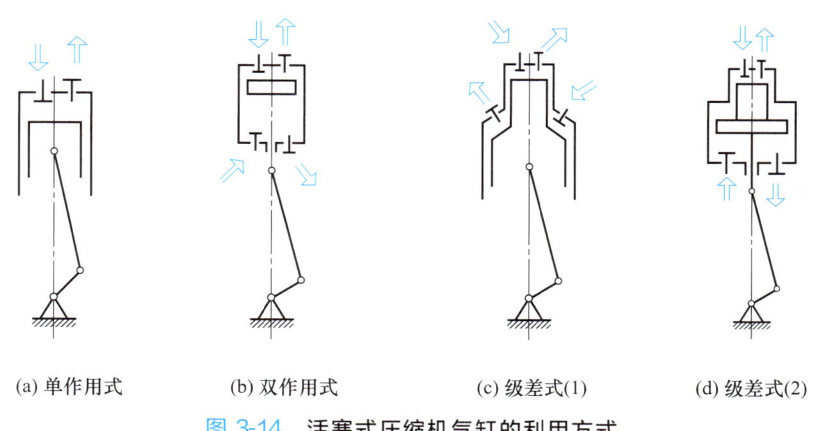

图 3-14　活塞式压缩机气缸的利用方式

（4）按气缸中心线位置分类

① 立式压缩机　气缸中心线与地面垂直，见图 3-15（a）。

② 卧式压缩机　气缸中心线与地面平行且气缸只布置在机身的一侧，见图 3-15（b）。

③ 对置式压缩机　气缸中心线与地面平行且气缸布置在机身两侧，见图 3-16（a）、

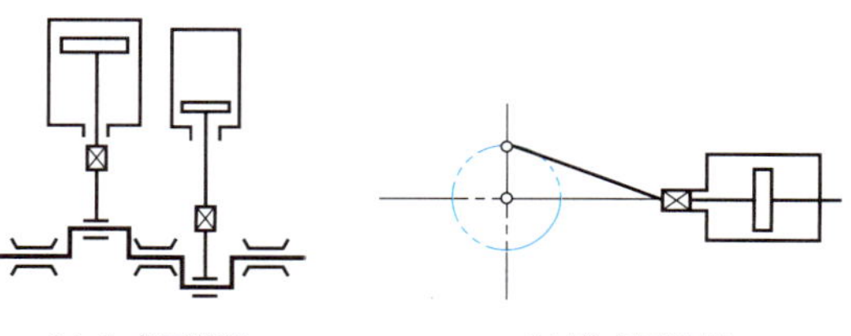

图 3-15　立式压缩机和卧式压缩机

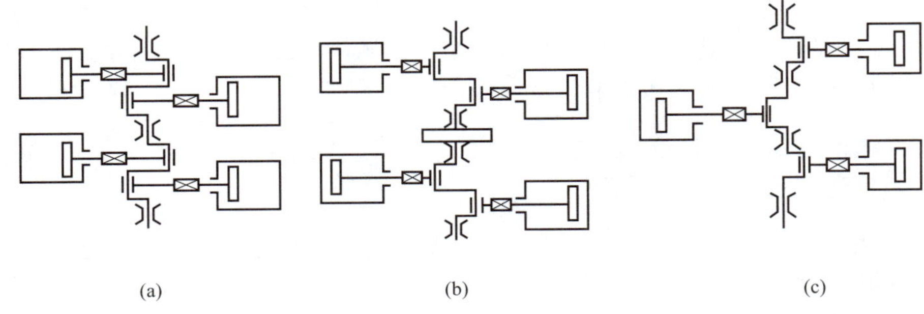

图 3-16 对置式压缩机

(b)、(c)；如果相对列的活塞相向运动，称为对称平衡式，见图 3-16（a）、(b)。

④ 角度式压缩机 气缸中心线互成一定角度，可以布置成 L 型、V 型、W 型和星型等不同角度，如图 3-17 所示。

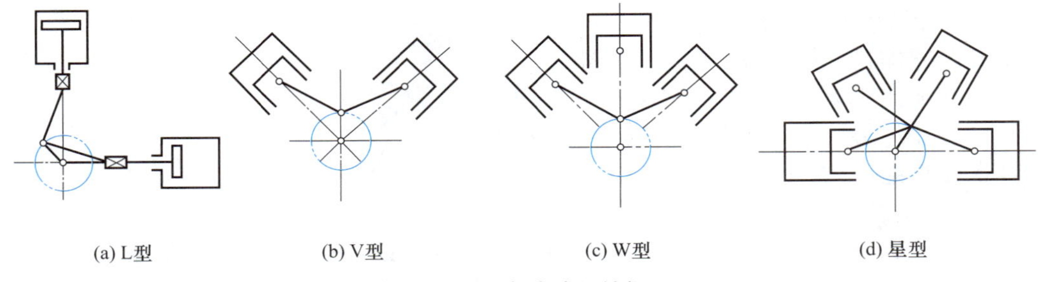

图 3-17 角度式压缩机

(5) 按气缸的排列方式分类

① 串联式压缩机 几个气缸依次排列于同一根轴上的多级压缩机。

② 并列式压缩机 几个气缸平行排列于数根轴上的多级压缩机。

③ 复式压缩机 由串联和并联式共同组成的多级压缩机。

(6) 按压缩级数分类

① 单级压缩机 气体在气缸内只进行一次压缩即达到排气压力。

② 双级压缩机 气体在气缸内进行两次压缩达到排气压力。

③ 多级压缩机 气体在气缸内进行多次压缩达到排气压力，如图 3-18 所示。

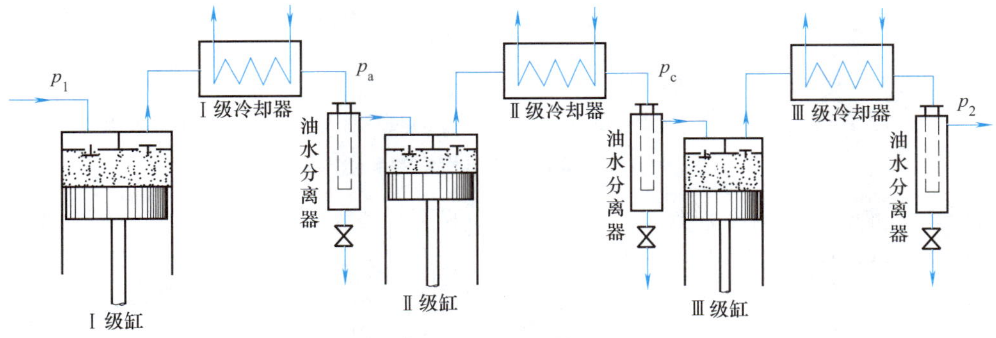

图 3-18 活塞式压缩机的多级压缩

(7) 按冷却方式分类

① 水冷式压缩机 利用冷却水的循环流动导走压缩过程中的热量，见图 3-19（a）。

② 风冷式压缩机　利用自身风力通过散热片导走压缩过程中的热量，见图 3-19（b）。

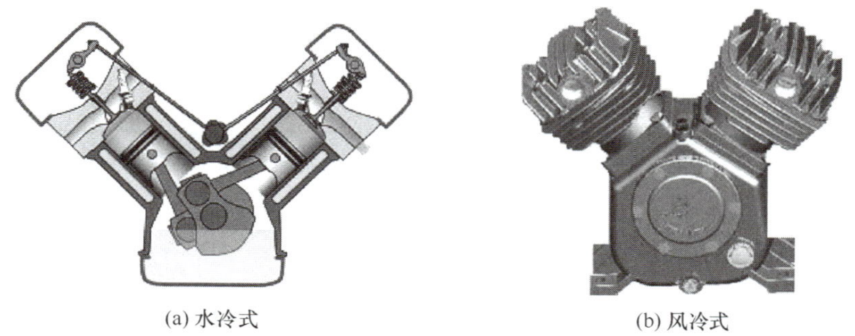

(a) 水冷式　　(b) 风冷式

图 3-19　活塞压缩机的冷却方式

（8）按转速分类

① 低转速压缩机　转速在 200r/min 以下。

② 中转速压缩机　转速在 200～450r/min 之间。

③ 高转速压缩机　转速在 450～1000r/min 之间。

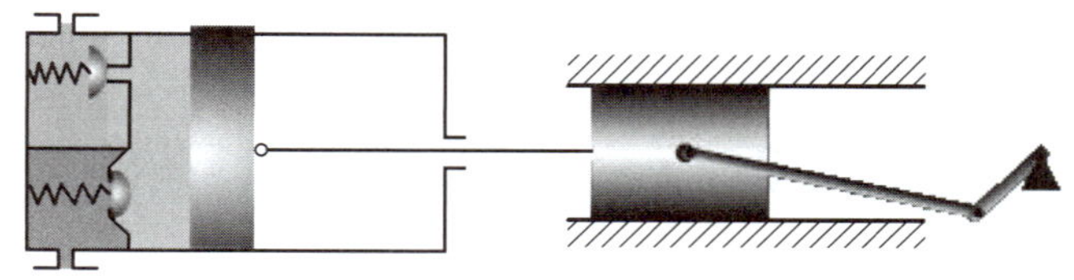

图 3-20　带十字头压缩机

（9）按有无十字头分类　无十字头压缩机如图 3-19 所示；带十字头压缩机如图 3-20 所示。

3.1.7.2　活塞式压缩机的型号编制

（1）型号表示形式　活塞式压缩机的型号反映了活塞式压缩机结构特点、结构参数和主要性能参数。根据标准 JB/T 2589—2015《容积式压缩机　型号编制方法》规定，活塞式压缩机的型号由大写汉语拼音字母和阿拉伯数字组成，具体表示方法及说明如图 3-21 所示。

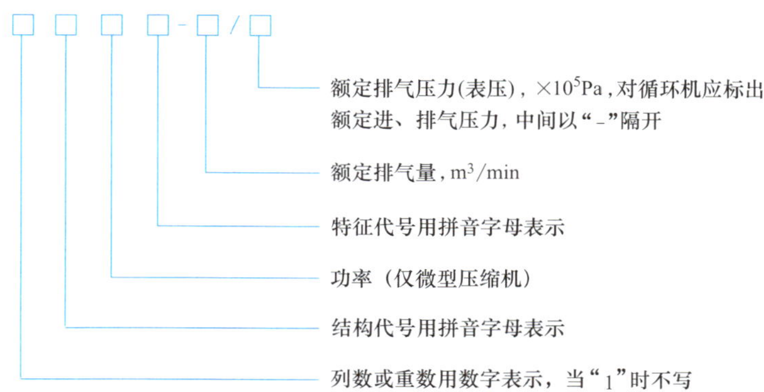

图 3-21　活塞式压缩机型号表示形式

（2）结构参数说明

① 列数（重数）　表示气缸的中心线数目，用阿拉伯数字表示。

② 结构代号　表示气缸的结构特征，用汉语拼音字母表示，见表 3-1。

③ 功率　仅为微型压缩机表示功率，单位为 kW，其他表示活塞力，单位为 N。

④ 特征代号　用汉语拼音字母表示，见表 3-2。

⑤ 额定排气量（指吸入状态）　膜片式压缩机的单位为 m^3/h，其他压缩机的单位均为

m^3/min。

⑥ 额定排气压力　指压缩机的最高排气压力值（表压），原动机功率小于 0.18kW 的压缩机不标排气量与排气压力的值。

表 3-1　活塞式压缩机的结构代号

结构代号	含义	来源	结构代号	含义	来源
V	V 型	V-V	M	M 型	M-M
W	W 型	W-W	H	H 型	H-H
L	L 型	L-L	D	两列对称型	D-DUI(对)
S	扇型	S-SHAN(扇)	MT	摩托	M-MO(摩)
X	星型	X-XING(星)	DZ	对置式	D-DUI(对)
Z	立式	Z-ZHI(直)	ZH	自由活塞	Z-ZI(自)
P	一般卧式	P-PING(平)			H-HUO(活)

表 3-2　活塞式压缩机的特征代号

特征代号	含义	来源	特征代号	含义	来源
W	无润滑	W-WU(无)	F	风冷	F-FENG(风)
D	低噪声罩式	D-DI(低)	Y	移动式	Y-YI(移)

3.1.7.3　应用举例

（1）V2.2D-0.25/7 型压缩机

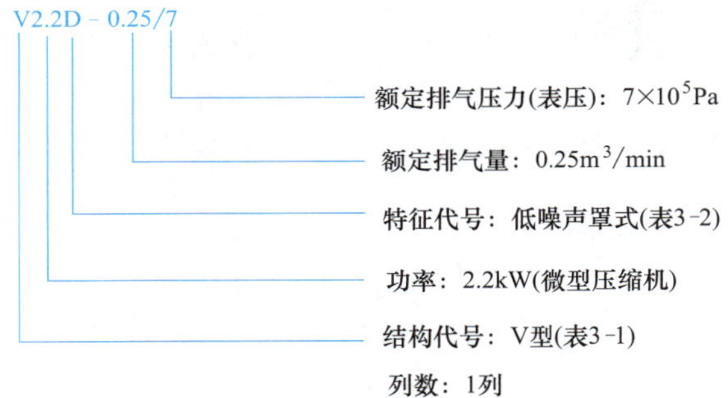

（2）2VY-6/7 型压缩机

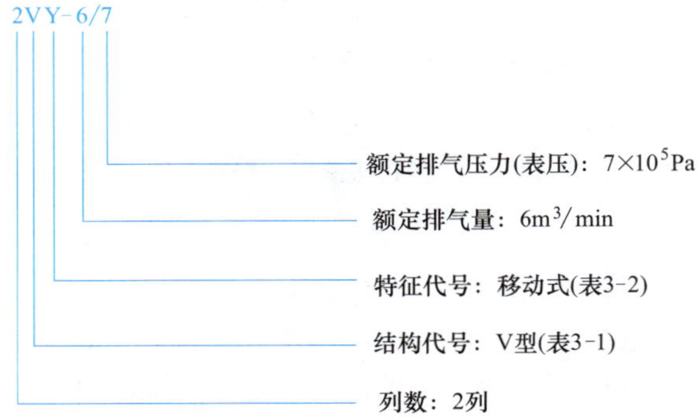

在此标准颁布之前，活塞式压缩机的型号编制略有不同，例如：

（3）5L5.5-40/8 型空气压缩机

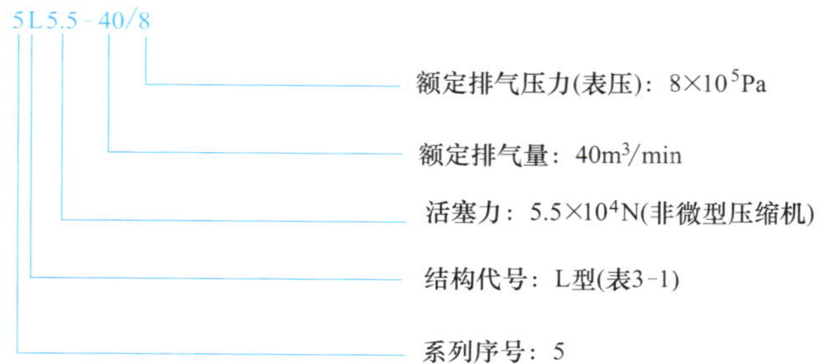

（4）4M12-45/210 型压缩机

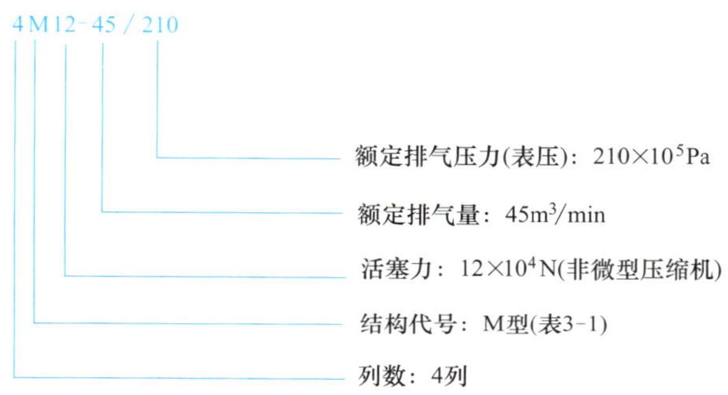

（5）H22-165/320 氮氢气压缩机

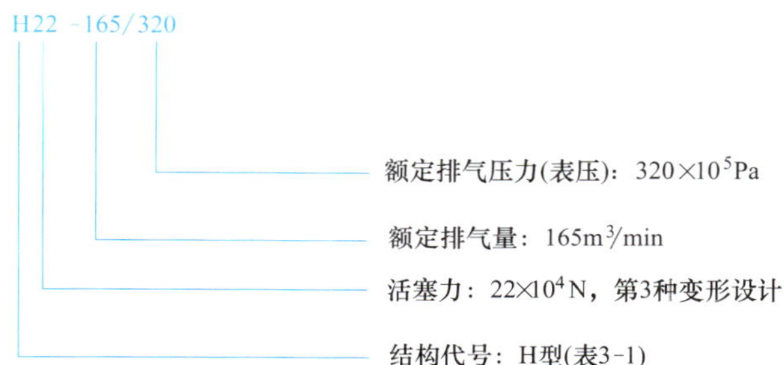

活塞式制冷压缩机的型号编制与上述内容有所不同，基本参数包括制冷工质、蒸发温度等，其表示方法参阅相关标准。

习题3-1

1. 单选题

（1）活塞式压缩机气缸的冷却水（　　）。

A. 从下部进入，上部排出　　B. 从上部进入，下部排出

C. 无所谓如何排出　　D. 从左边进入，右边排出

（2）滑片式压缩机是（　　）压缩机的一种。

A. 速度式　　B. 容积式　　C. 往复式　　D. 离心式

（3）4M12-45/210 型压缩机的额定排气量为（　　）。

A. $45m^3/min$　　B. $12m^3/min$　　C. $4m^3/min$　　D. $210m^3/min$

（4）某活塞式压缩机工作压力是 1.2MPa，则该压缩机是（　　）压缩机。

A. 高压　　B. 中压　　C. 低压　　D. 超高压

(5) 5L5.5-40/8 型空气压缩机的额定排气压力是（　　）。

A. 5.5MPa　　B. 4MPa　　C. 0.8MPa　　D. 0.5MPa

(6) 活塞式压缩机的运动机构，主要指（　　）。

A. 机体、曲轴、十字头　　B. 曲轴、连杆、十字头

C. 气缸、活塞、气阀　　D. 活塞、气阀、连杆

(7) 下列不属于活塞式压缩机的传动部件的是（　　）。

A. 曲轴　　B. 连杆　　C. 十字头　　D. 气缸

(8) 离心式压缩机与活塞式压缩机相比，其效率（　　）。

A. 大流量时效率高　　B. 大流量时效率低

C. 大流量时效率差不多　　D. 大压缩比时效率高

(9) 离心式压缩机主要用于（　　）的场合。

A. 气体流量大　　B. 排气压力高　　C. 压缩比大　　D. 排气温度高

(10) 微型压缩机是指排气量（　　）$1m^3/min$ 的压缩机。

A. 大于　　B. 小于　　C. 等于　　D. 大于等于

(11) 容积式压缩机主要包括（　　）类型。

A. 活塞式　　B. 膜片式　　C. 滑片式和螺杆式　　D. ABC

2. 判断题

(1) 活塞式压缩机是速度式压缩机的一种。（　　）

(2) 判断往复式压缩机连杆螺栓是否存在缺陷，可用着色法检查。（　　）

(3) 活塞上止点与下止点之间的距离称为活塞的行程。（　　）

(4) 活塞式压缩机的冷却方式主要分为风冷和水冷。（　　）

(5) 离心式压缩机的效率低于活塞式压缩机。（　　）

(6) 活塞式压缩机的压力可以无限制提高。（　　）

(7) 4M12-45/210 型压缩机的 12 表示功率为 12kW。（　　）

(8) 轴流式压缩机气体的流动不是沿半径方向，而是沿轴向。（　　）

(9) 离心式压缩机生产能力大，压缩气体比活塞式压缩机洁净。（　　）

(10) 活塞式压缩机的吸气、压缩、排气构成一个工作循环。（　　）

(11) 活塞式压缩机是速度式压缩机。（　　）

3. 简答题

(1) 说明容积式压缩机的工作原理。

(2) 说明 H22-165/320 型氮氢气压缩机型号中各字母和数字的意义。

(3) 活塞式压缩机与其他类型的压缩机比较，有哪些优缺点？

3.2 活塞式压缩机的热力学基础

3.2.1 气体的状态参数

活塞式压缩机运转时气缸内气体的温度、压力、比容等参数总是不断变化的，由这些参数所表述的气体状态就是热力状态。要了解压缩机的工作过程，首先必须知道气体的状态及状态的变化过程。用以说明某物理特性的各个物理量称为状态参数，常用的气体状态参数有温度（T）、压力（p）、比容（v）等。

3.2.1.1 温度

温度是表示物体冷热程度的物理量，在热力学中采用绝对温度，用符号 T 来表示，单位为开尔文（K），绝对温度与摄氏温度可以通过公式（3-1）进行换算，只有绝对温度才是气体的状态参数。

$$T=273+t \tag{3-1}$$

式中 t——摄氏温度，℃；

T——绝对温度，K。

3.2.1.2 压力

气体作用在器壁单位面积上的力就是气体的“压力”，也称压强，用 p 来表示，单位为Pa，在热力学中规定只有绝对压力才是气体的状态参数。

3.2.1.3 比容

比容是指单位质量（1kg）的气体所占的体积，用 υ 来表示，单位为 m^3/kg，可通过公式（3-2）来计算。

$$\upsilon=\frac{V}{G} \tag{3-2}$$

式中 V——气体的体积，m^3；

G——气体的质量，kg；

υ——气体的比容，m^3/kg。

应该指出，比容是状态参数，但气体的总体积 V 不是状态参数，因为状态不变时气体数量的增加或减少只能引起总体积的变化，而不会使状态参数有所变化。

3.2.2 理想气体状态方程式

3.2.2.1 理想气体状态方程式

理想气体是指分子之间完全没有引力，分子本身的体积相对于气体所占体积完全可以忽略的一种假想的气体；反之称为实际气体。事实上理想气体是不存在的，但对于那些不容易被液化的气体，如空气、氧气、氮气、氢气以及由这些气体组成的混合气体，在温度不太低、压力不太高时，它们的性质非常接近于假定的理想气体，因此这些气体均可以作为理想气体来处理，这样可以使问题的处理简单化。对于理想气体，气体的压力、温度、比容之间存在一定的关系，这个关系可用公式（3-3）来表示。

$$\frac{p\upsilon}{T}=\text{常数} \tag{3-3}$$

对于 1kg 气体，气体常数为 R，则公式（3-3）可以转化为公式（3-4）。

$$p\upsilon=RT \tag{3-4}$$

对于 G（kg）气体，将公式（3-4）两边同乘以 G，则公式（3-4）转变为公式（3-5）。

$$p\upsilon G=GRT \quad \text{即} \quad pV=GRT \tag{3-5}$$

式中 p——理想气体的绝对压力，MPa；

υ——理想气体的比容，m^3/kg；

G——气体的质量，kg；

T——理想气体的绝对温度，K；

R——理想气体常数，J/(kg·K)；

V——质量为 G 的气体体积，m^3，$V=G\upsilon$。

公式（3-4）和公式（3-5）均称为理想气体状态方程，根据状态方程，只要知道被压缩气体的任意两个状态参数，第三个状态参数便可以确定，气体的状态也就完全确定了。

3.2.2.2 理想气体过程方程式

当理想气体由状态 1 变化到状态 2 时，根据公式（3-5），两个状态之间的关系可以用公式（3-6）来表示。

$$\frac{p_1V_1}{T_1}=\frac{p_2V_2}{T_2}=GR \tag{3-6}$$

公式（3-6）并没有说明气体是经过怎样的过程从状态 1 变化到状态 2 的，而气体必须经过一定的过程才能实现状态之间的变化，如果过程不同，气体的状态变化规律也不相同。压缩机不同的热力学过程是由过程指数决定的，假设过程指数为 m'，当气体从某一状态变化到另一状态时，各参数之间的关系可用公式（3-7）表示，公式（3-7）称为理想气体过程方程式。

$$p_1v_1^{m'}=p_2v_2^{m'} \tag{3-7}$$

利用公式（3-6）和公式（3-7）可以求出理想气体在过程指数为 m'时的各参数，具体见公式（3-8）～公式（3-10）所示。

$$p_2=p_1\left(\frac{v_1}{v_2}\right)^{m'} \tag{3-8}$$

$$v_2=v_1\left(\frac{p_1}{p_2}\right)^{\frac{1}{m'}} \tag{3-9}$$

$$T_2=T_1\left(\frac{p_2}{p_1}\right)^{\frac{m'-1}{m'}}=T_1\left(\frac{v_1}{v_2}\right)^{m'-1} \tag{3-10}$$

3.2.2.3 过程指数

过程指数 m'是由不同的热力学过程所决定的，与压缩机有关的热力学过程有等温过程、绝热过程和多变过程。

（1）等温过程　在压缩过程中气体的温度保持不变，即过程指数 $m'=1$。

（2）绝热过程　在压缩过程中气体既不获得热量，也不放出热量，即过程指数 $m'=k$ $\left(k=\frac{c_p}{c_V}\right)$，这时的过程指数称为绝热指数。

（3）多变过程　在压缩过程中除过程指数 $m'=1$ 和 $m'=k$ 外的其余过程均称为多变过程，其过程指数称为多变指数，此时气体有热量传递给外界，但没有达到等温。

3.2.2.4 各种热力学过程的 p-V 图

不同的热力学过程可在 p-V 图上表示出来，如图 3-22 所示。从图中可以看出各种热力学过程曲线的变化规律。

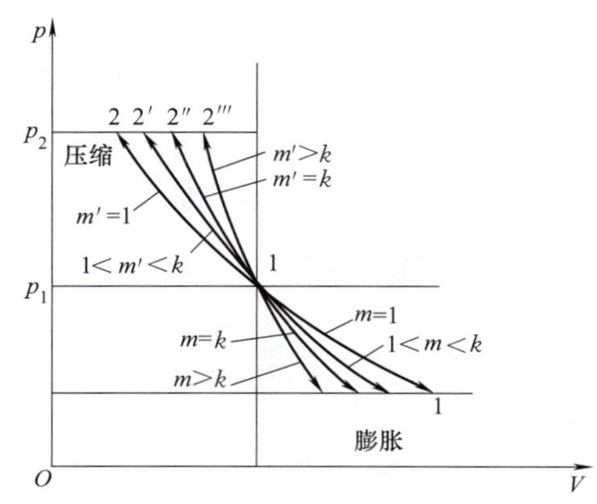

图 3-22 各种热力学过程比较

（1）等温过程　过程曲线 1—2，过程指数 $m'=1$，曲线最平坦，压缩终了时气体的容积最小。

（2）绝热过程　过程曲线 1—2″，过程指数 $m'=k$。

（3）多变过程　过程曲线 1—2′，过程指数 $1<m'<k$，气体有热量传递给外界，但没有达到等温。过程曲线 1—2‴，过程指数 $m'>k$，外界有热量传递给气体，曲线最陡，压缩终了气体的容积最大。

3.2.3 活塞式压缩机的理论工作循环

活塞式压缩机的工作循环是指活塞往复运动一次在气缸中进行的各过程（吸气、压缩、排气）的总和，把活塞式压缩机完成一次吸气、压缩、排气的过程称为活塞式压缩机的一个工作循环。实际上，活塞式压缩机的理论工作循环和实际工作循环有很大的差别，但是通过对理论工作循环的研究可以揭示出压缩机实际工作情况的本质，因此特做如下假设。

3.2.3.1 理论工作循环条件

（1）气体通过进、排气阀时无压力损失，进、排气压力没有波动，保持稳定。

（2）工作腔内无余隙容积，气缸内的气体在排气结束时被全部排出。

（3）工作腔作为一个孤立体与外界无热交换，即气体在吸、排气过程中温度始终保持不变。

（4）气体在压缩过程中过程指数为定值。

（5）气体在循环过程中无任何泄漏。

凡是符合以上假设条件的工作循环称为理论工作循环，可以用压容图来表示。

3.2.3.2 理论工作循环的示功图

活塞式压缩机的理论工作循环是由吸气、压缩、排气三个过程构成的，理论工作循环的压容图（压力-容积，也称示功图）如图 3-23 所示，当活塞在左止点时气缸内没有气体，容积为零。

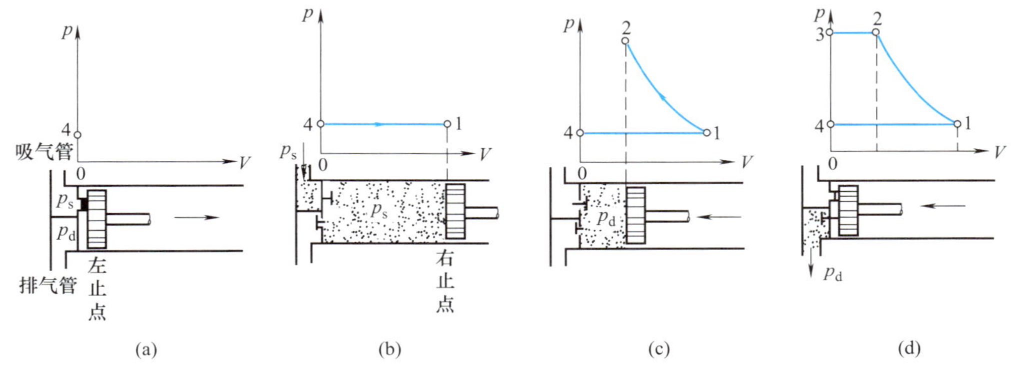

图 3-23 理论工作循环压容图

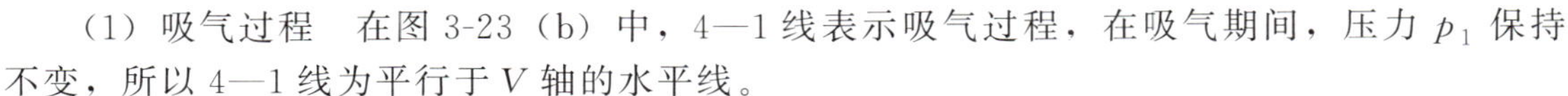

（1）吸气过程　在图 3-23（b）中，4—1 线表示吸气过程，在吸气期间，压力 p_1 保持不变，所以 4—1 线为平行于 V 轴的水平线。

（2）压缩过程　在图 3-23（c）中，1—2 线表示压缩过程，气体随着活塞的左移，容积由 V_1 压缩至 V_2，压力由 p_1 升高到 p_2。

（3）排气过程　在图 3-23（d）中，2—3 线表示在等压 p_2 下的排气过程，因为气体在恒压下被全部排出，所以排气过程 2—3 线平行于 V 轴。

曲线 4—1—2—3—4 表示活塞压缩机的理论工作循环示功图，该图所围成的多边图形的面积称为该理论工作循环所消耗的功，称为理论工作循环指示功，它是吸气、压缩、排气过程所做功的总和，是完成一个理论工作循环所需的外功。

动画扫一扫

活塞压缩机理论工作循环示功图

3.2.3.3 理论工作循环指示功的计算

为了计算理论工作循环指示功，规定如果活塞对气体做功，其值为正值，如果气体对活塞做功，其值为负值，则理论工作循环总功的计算过程如图 3-24 所示。

吸气过程：如图 3-24（a）所示，在吸气过程中具有初始压力 p_1 的气体作用在活塞端面上（设活塞端面面积为 F），推动活塞移动了行程 S，由于规定气体对活塞做功为负值，因此吸气过程中所做的功为 $W_{吸}=-p_1F\times S=-p_1V_1$。

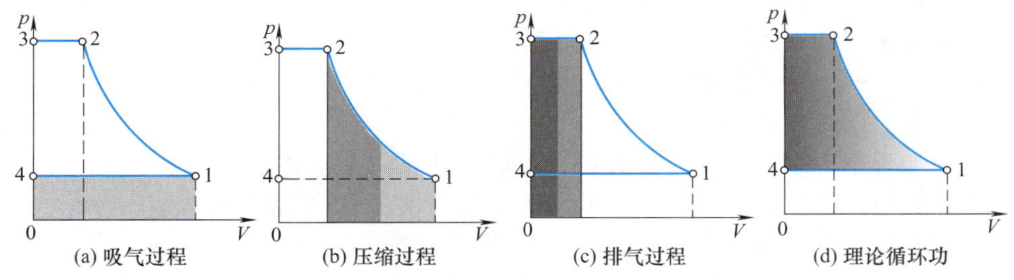

图 3-24 理论循环指示功的计算

压缩过程：如图 3-24（b）所示，在压缩过程中活塞对气体做功，活塞移动微小的距离 dx，工作容积产生微小的变化 dV，所做的功为 pdV，整个压缩过程所做的功为 $W_{压}=\int_{p_2}^{p_1}p\mathrm{d}V=-\int_{p_1}^{p_2}p\mathrm{d}V$。

排气过程：如图 3-24（c）所示，在排出过程中活塞对压力 p_2 的气体做功（正），即排气过程所做的功为 $W_{排}=p_2V_2$。

则理论工作循环的总功为 $W=W_{吸}+W_{压}+W_{排}=-p_1V_1-\int_{p_1}^{p_2}p\mathrm{d}V+p_2V_2$。

由微积分的相关知识可知，$p_2V_2-p_1V_1=\int_{p_1}^{p_2}\mathrm{d}(pV)$，代入上式可得公式（3-11）。

$$W=W_{吸}+W_{压}+W_{排}=\int_{p_1}^{p_2}\mathrm{d}(pV)-\int_{p_1}^{p_2}p\mathrm{d}V=\int_{p_1}^{p_2}p\mathrm{d}V+\int_{p_1}^{p_2}V\mathrm{d}p-\int_{p_1}^{p_2}p\mathrm{d}V=\int_{p_1}^{p_2}V\mathrm{d}p \tag{3-11}$$

公式（3-11）所表示的几何意义是图 3-24 中曲线 1—2—3—4—1 所围成的多边曲形的面积。从公式（3-11）可以看出，在一定的吸、排气压力下，理论工作循环指示功仅与压缩过程有关，典型的压缩过程有等温、绝热和多变，对应不同的压缩过程，理论工作循环也分为等温、绝热、多变三种过程。

（1）等温压缩循环　等温压缩循环是指气体在压缩过程中温度始终保持不变，要实现这种循环，气缸壁必须具有理想的导热性能，使压缩产生的热量及活塞环和缸壁摩擦产生的热量都能及时导出，这显然不能实现，但是可以用它作为一个基准来判断机器设计的完善程度，衡量实际工作过程的经济性。

等温压缩过程中，$T_1=T_2$，即吸入气体的温度等于排出气体的温度，而且满足 $p_1V_1=p_2V_2$，将此式代入公式（3-11）可得等温压缩循环指示功 W_{is}，见公式（3-12）。

$$\begin{aligned}W_{is}&=\int_{p_1}^{p_2}V\mathrm{d}p=V\int_{p_1}^{p_2}\mathrm{d}p=pV\int_{p_1}^{p_2}\frac{1}{p}\mathrm{d}p\\&=pV\ln p\Big|_{p_1}^{p_2}=p_2V_2\ln p_2-p_1V_1\ln p_1=p_1V_1\ln\frac{p_2}{p_1}=p_1V_1\ln\varepsilon\end{aligned} \tag{3-12}$$

由于 $p_1V_1=GRT_1$，则等温循环指示功又可以用公式（3-13）表示。

$$W_{is}=p_1V_1\ln\frac{p_2}{p_1}=GRT_1\ln\frac{p_2}{p_1} \tag{3-13}$$

式中 W_{is}——每一循环所消耗的功，J；

V_1——每一循环的理论吸气量，m^3；

p_1，p_2——名义吸、排气压力，Pa；

ε——名义压力比。

由公式（3-13）可知，一定质量的气体等温压缩循环功与气体常数 R、压力比 ε 以及进气温度 T_1 成正比关系，即气体的吸入温度 T_1 越高，压缩机所消耗的功 W_{is} 就越大，因此为了提高压缩机的经济性能应尽量降低进气温度。

（2）绝热压缩循环　绝热压缩循环是指气体在压缩时与周围环境没有任何热量交换，压缩气体时所产生的热量全部用于气体温度升高，摩擦产生的热量全部导出。这当然难以实现，不过由于绝热压缩循环较接近压缩机的实际工作情况，所以常常作为近似计算的依据。

同理，将理想气体绝热过程状态方程 $p_1V_1{}^k=p_2V_2{}^k$ 代入公式（3-11）可得绝热压缩循环指示功 W_{ad}，见公式（3-14）。

$$W_{ad}=\int_{p_1}^{p_2}V\mathrm{d}p=p_1V_1\frac{k}{k-1}\left[\left(\frac{p_2}{p_1}\right)^{\frac{k-1}{k}}-1\right] \tag{3-14}$$

式中 k——气体的等熵指数，也称绝热指数。

（3）多变压缩循环　多变压缩循环是指压缩过程中气体温度有变化，而且与外界有热量交换。在理论循环分析中，将多变压缩状态方程 $p_1V_1^{m'}=p_2V_2^{m'}$ 代入公式（3-11）可得多变压缩循环指示功，见公式（3-15）。

$$W_{pol}=\int_{p_1}^{p_2}V\mathrm{d}p=p_1V_1\frac{m'}{m'-1}\left[\left(\frac{p_2}{p_1}\right)^{\frac{m'-1}{m'}}-1\right] \tag{3-15}$$

式中 m'——压缩［过程］指数，一般按经验选取，一般情况下，$1<m'<k$，若压缩过程中气体受热，则 $m'>k$。

图 3-25 为等温、绝热、多变理论工作循环功在 p-V 图上的比较，由图可知，当 $1<m'<k$ 时，$W_{is}<W_{pol}<W_{ad}$，示功图中的压缩曲线就具有不同的过程指数 m'。从图 3-25 中可以看出在这三种理论工作循环中，绝热循环功最大，等温循环功最小，多变循环功则居中。所以，为了降低功耗，应尽可能使压缩过程接近等温，并尽可能创造较好的冷却条件。

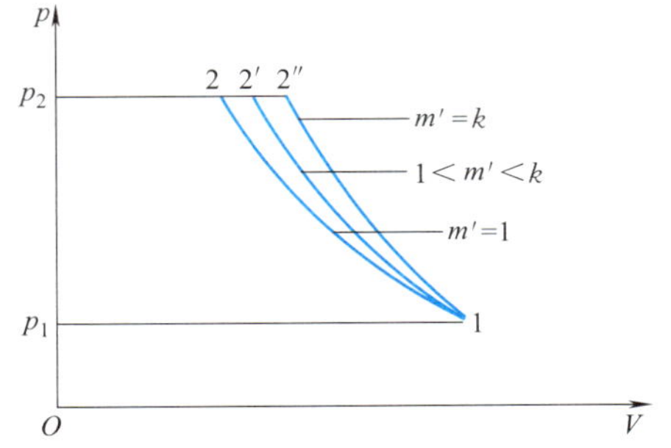

图 3-25　不同理论工作循环功的比较

3.2.3.4 理论工作循环的吸气量

活塞式压缩机理论工作循环时的吸气过程是沿着整个活塞行程进行的，气体的吸入容积就是活塞的行程容积，同时也等于气缸的容积 V_1，而且吸入气体的量 V_B 等于排出气体的量 V_d，即

理论吸气量 V_B＝理论排气量 V_d＝气缸的行程容积 V_1

3.2.3.5 理论工作循环的排气量

活塞式压缩机的排气量是指单位时间内压缩机最后一级排出的气体体积换算到第一级入口状态的温度和压力时的气体体积值，理论循环时压缩机的排气量见公式（3-16）。

$$V_d=V_hn_f=FSn_f \tag{3-16}$$

式中 V_d——压缩机的排气量，m^3/s；

F——活塞的横截面积，m^2；

S——活塞的行程，m；

n_f——压缩机的转速，r/min。

3.2.4 活塞式压缩机的实际工作循环

3.2.4.1 实际工作循环的特点

在分析活塞式压缩机的理论工作循环时曾做过一系列的假设，而实际工作循环过程比较复杂，实际工作循环过程并不具备理论工作循环的特点，所以实际示功图和理论示功图并不完全相同。图 3-26 是用示功仪测得的压缩机的实际工作循环图，称为实际示功图，其中，1—2 线为实际压缩过程曲线，2—3 线为实际排出过程曲线，3—4 线为实际膨胀过程曲线，4—1 线为实际吸入过程曲线（即图中实线所示），1′—2′—3′—4′所围成的多边形为理论工作循环示功图，1—2—3—4 所围成的多边形为实际工作循环示功图。两者差别很大，究其原因主要表现在以下几个方面。

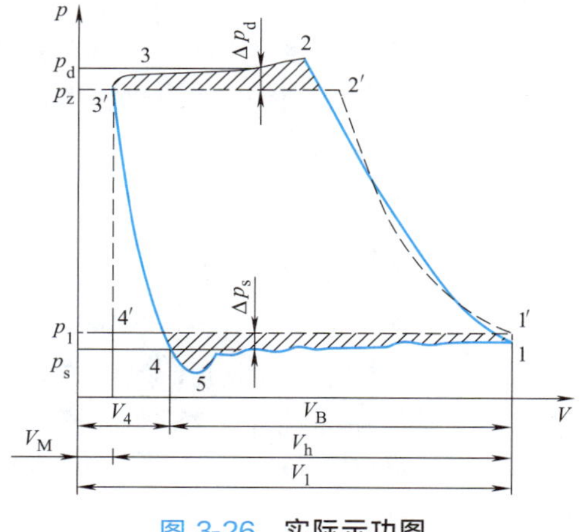

图 3-26 实际示功图

（1）气缸具有余隙容积和膨胀现象 活塞式压缩机的实际工作循环必然存在一定的余隙容积，这些余隙容积主要包括：

① 在止点位置时，活塞与气缸盖的间隙，一般为 1.5～4mm，具体由活塞式压缩机的设计参数决定，留有此间隙的目的主要是避免活塞在运动过程中与缸盖发生碰撞。

② 气阀通道及气阀内部的剩余容积。

③ 第一道活塞环前的气缸与活塞的间隙。

④ 填料以前活塞杆与气缸孔座的间隙。

这些间隙在压缩机的设计和安装过程中都不可避免地存在，其总体积为 V_M，称为气缸的余隙容积，如图 3-26 所示。当排气行程结束时，余隙容积内均残留一定的高压气体。同时由于气缸工作容积不可能做到绝对密封，在压缩机工作时总会有高压气体向低压区泄漏，使每一转的排气量总是小于实际的吸气量。

由于气缸开始吸气之前，气缸余隙中残留的和泄漏的高压气体首先要进行膨胀降压，所以实际工作循环中出现了余气膨胀过程，即图 3-26 中的 3—4 线。当膨胀至气体压力低于名义吸气压力 p_1（即吸入管道压力）时，吸气阀打开，气缸才能吸入气体，此时余隙容积 V_M 已增大至 V_4，所以余隙容积 V_M 的存在，使气缸的实际吸气容积 V_B 小于气缸的容积 V_1，也小于气缸的行程容积 V_h。因此，余隙容积的存在降低了压缩机的生产能力，在设计压缩机时在保证运转可靠的条件下，应尽量减小余隙容积。

（2）吸、排气通道和气阀具有阻力 由于气体流经吸、排气管道和气阀时必然产生阻力损失，因此实际吸气时气缸内的实际吸入压力 p_s 总是低于吸入管道中的压力（也称名义吸入压力 p_1），吸气阀才能被管道内的气体推开，所以实际吸入压力线总是低于名义吸气压力线，而吸气阀开始开启到全开又必须克服较大的局部阻力，使压力降得更低。所以在图 3-26 中 4 点为余隙容积内的气体膨胀结束，吸气阀开启开始吸入气体，5 点位置为吸气阀全开的情况。同理，气缸内实际气体的排出压力 p_d 总是高于排出管道的压力（也称名义排出压力 p_2），排气阀的局部阻力使得排气阀在点 2 点处才全部开启。在实际的示功图上，吸入过程线与排出过程线呈波浪形，主要是由于气流速度随活塞运动速度变化以及阀片的惯性振动，使阻力损失不稳定而产生的，实际压力比 $\varepsilon'=\dfrac{p_d}{p_s}$ 总是大于名义压力比 $\varepsilon=\dfrac{p_2}{p_1}$。

（3）压缩和膨胀过程指数不是常数　压缩机实际工作循环中气缸内气体的温度是不断发生变化的，而缸体、缸盖等壁面的温度由于外部冷却基本保持恒定，约为吸、排气温度的平均值。在膨胀开始阶段，气缸内气体的温度高于缸壁温度，气体放热膨胀，膨胀过程指数 $m'>k$；随着气体的膨胀，气体温度逐渐降低，到了膨胀后期，气体温度低于缸壁温度，气体吸热膨胀，这时 $m'<k$，通常吸热膨胀是主要的。在压缩开始阶段，气缸内气体的温度低于缸壁温度，气体吸热压缩，压缩过程为 $m'>k$，所以压缩线在绝热线之内；随着气体被压缩，气体温度不断提高，气体与气缸的温差逐渐减小，到某一时刻温差等于零，此时气体为绝热压缩，压缩过程指数 $m'=k$，所以压缩线与绝热线相交；当气体温度高于气缸温度时，气体放热压缩，压缩过程指数 $m'<k$，压缩过程为多变压缩过程。从以上过程分析可知，压缩机的实际工作循环过程中热交换的影响比较复杂，反映在示功图上就是过程指数不是常数。

3.2.4.2　实际工作循环指示功的计算

（1）实际气体状态方程　由于实际气体并不是理想气体，因此实际气体在工作过程中要对理想气体状态方程进行修正。工程上一般引入可压缩性系数 Z 进行修正，Z 表示实际气体偏离理想气体的程度，Z 值的大小与气体的性质、压力和温度有关，可由实验求得。公式（3-17）和公式（3-18）是引入修正系数后的气体状态方程。

$$pv=ZRT \tag{3-17}$$

或

$$pV=ZGRT \tag{3-18}$$

其中，$Z=1$ 时，表示该气体可视为理想气体；$Z>1$ 时，表示该气体比理想气体难以压缩；$Z<1$ 时，表示该气体比理想气体容易压缩。

（2）实际工作循环指示功的计算　实际气体对循环的影响主要是对循环指示功的影响，一般采用公式（3-19）～公式（3-21）进行近似计算，实践证明误差很小。

① 实际等温理论循环指示功

$$W'_{is}=\int_{p_1}^{p_2}V\mathrm{d}p=p_1V_1\ln\frac{p_2}{p_1}\times\frac{Z_1+Z_2}{2Z_1} \tag{3-19}$$

② 实际绝热压缩循环指示功

$$W'_{ad}=\int_{p_1}^{p_2}V\mathrm{d}p=p_1V_1\frac{k}{k-1}\left[\left(\frac{p_2}{p_1}\right)^{\frac{k-1}{k}}-1\right]\times\frac{Z_1+Z_2}{2Z_1} \tag{3-20}$$

③ 实际多变理论循环指示功

$$W'_{pol}=\int_{p_1}^{p_2}V\mathrm{d}p=p_1V_1\frac{m'}{m'-1}\left[\left(\frac{p_2}{p_1}\right)^{\frac{m'-1}{m'}}-1\right]\times\frac{Z_1+Z_2}{2Z_1} \tag{3-21}$$

式中，Z_1、Z_2 分别为吸气状态及排气状态下的可压缩性系数，可见实际气体与理想气体的偏差程度是用 $\dfrac{Z_1+Z_2}{2Z_1}$ 来修正的。

3.2.4.3　实际吸气量

由图 3-26 可以看出，余隙容积内气体的膨胀、吸气阀及系统中的压力损失、气体在气缸中被加热等因素都将使每个活塞行程所吸进的气体量减少，因此实际吸气量 V'_B 的影响因素较多，可用吸气系数 λ_B 来表示综合因素的影响，大小可按公式（3-22）计算。

$$V'_B=\lambda_B V_h=\lambda_V\lambda_p\lambda_T V_h \tag{3-22}$$

式中 V'_B——吸入状态下曲轴旋转一周气缸的实际吸气量，m^3；

λ_B——吸气系数，$\lambda_B=\lambda_V\lambda_p\lambda_T$；

V_h——气缸的行程容积，m^3。

这些系数可以用热力学的方法计算出来，但在设计时往往借助于已有压缩机设计中所积累的经验数据来确定。下面对这些系数进行逐一分析和讨论。

(1) 容积系数　容积系数 λ_V 反映了余隙容积内气体膨胀对实际吸入量 V'_B 的影响，为了便于分析和计算，将实际示功图简化为图 3-27，将图 3-26 中的实际吸入过程线用图 3-27 中的 4—1 线来代替，实际排出过程线用 2—3 线来代替，实际的压缩循环近似用 1—2—3—4—1 表示。由于余隙容积 V_M 膨胀至 V_4 时气缸开始吸入气体，所以气缸的实际吸入容积 V_B 可以用公式（3-23）进行计算。

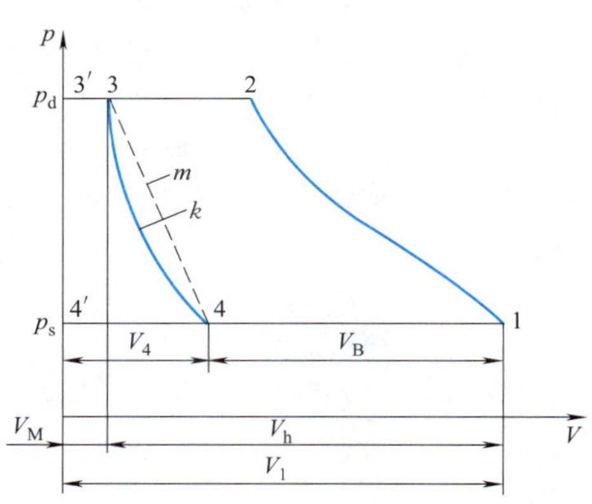

图 3-27　简化的实际示功图

$$V_B=V_1-V_4=V_M+V_h-V_4 \tag{3-23}$$

为了求出 V_4，用假想的膨胀指数曲线 m 来代替膨胀过程，图 3-27 中虚线 3—4 按多变过程处理（设膨胀过程指数为 m），其膨胀过程方程式可以用公式（3-24）来表示。

$$p_d V_M^m=p_s V_4^m \tag{3-24}$$

由公式（3-24）可以求出 V_4，即 $V_4=V_M\left(\frac{p_d}{p_s}\right)^{\frac{1}{m}}$，代入公式（3-23）中，可得压缩机的实际吸气容积，见公式（3-25）。

$$V_B=V_h+V_M-V_4=V_h+V_M-V_M\varepsilon'^{\frac{1}{m}}=V_h-V_M(\varepsilon'^{\frac{1}{m}}-1)=V_h\left[1-\frac{V_M}{V_h}(\varepsilon'^{\frac{1}{m}}-1)\right]$$

即
$$V_B=V_h\left[1-\frac{V_M}{V_h}(\varepsilon'^{\frac{1}{m}}-1)\right] \tag{3-25}$$

容积系数定义为实际吸入气体的容积 V_B 与气缸行程容积的比值，因此可以通过公式（3-25）求得容积系数 λ_V 的大小，即 $\lambda_V=\frac{V_B}{V_h}=\left[1-\frac{V_M}{V_h}(\varepsilon'^{\frac{1}{m}}-1)\right]$。

令 $\alpha=\frac{V_M}{V_h}$，α 称为气缸的相对余隙容积，则容积系数的大小见公式（3-26）。

$$\lambda_V=\frac{V_B}{V_h}=1-\alpha(\varepsilon'^{\frac{1}{m}}-1) \tag{3-26}$$

由公式（3-26）可以看出，影响余隙容积系数 λ_V 的因素有三个，即相对余隙容积 α、压力比 ε' 和膨胀过程指数 m。下面分别分析这三个因素对容积系数的影响。

① 相对余隙容积 α 对容积系数 λ_V 的影响　在压力比和膨胀过程指数相同的条件下，余隙容积 V_M 越大，相对余隙容积 $\alpha=\frac{V_M}{V_h}$就越大，容积系数 $\lambda_V=\frac{V_B}{V_h}=1-\alpha(\varepsilon'^{\frac{1}{m}}-1)$ 就越小，

气缸的有效利用率就越低，如图 3-28 所示，当行程容积不变，余隙容积由 V_M 增加到 V'_M 时，则吸气量由 V_{1-4} 减少到 $V_{1-4'}$，当余隙容积增加到某一数值时，余隙容积中的高压气体膨胀后充满整个气缸容积，使进气量为零，所以在设计中要尽可能减小气缸的余隙容积 V_M，提高气缸容积的利用率。表 3-3 是 $\varepsilon'=4$、$m=1.25$ 时相对余隙容积对气缸行程容积利用率的影响。

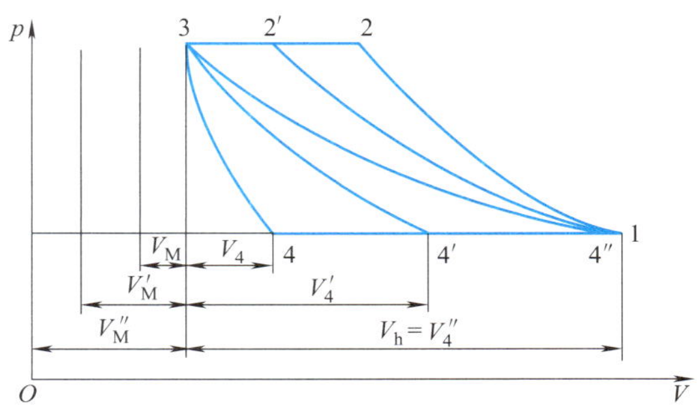

图 3-28 相对余隙容积对气量的影响

表 3-3 相对余隙容积对气缸行程容积利用率的影响

相对余隙容积 α	气缸行程容积的利用率
7%	85.8%
14%	71.6%
21%	57.4%

将表 3-3 的数值表示在图 3-29 所示的示功图上，可以看出由于 α 值不同，气缸行程容积 V_h 的利用率从 85.8%减至 57.4%，由此说明 α 的重要性。

② 压力比 ε' 对容积系数 λ_V 的影响　在相对余隙容积 α 和膨胀过程指数 m 一定时，压力比 ε' 越大，容积系数 λ_V 越小，如图 3-30 所示。当排气压力由 p'_2 增大到 p''_2 时，吸气量由 $V_{1-1'}$ 减小到 $V_{1-1''}$，当排气压力增大到 p'''_2 时，吸气量降低为零，此时由于高压气体的膨胀充满了整个气缸容积，新鲜气体不再进入气缸，容积系数 $\lambda_V=0$，此时的压力比称为极限压力比，把 $\lambda_V=0$ 代入公式（3-26），可求得极限压力比的大小，见公式（3-27）。

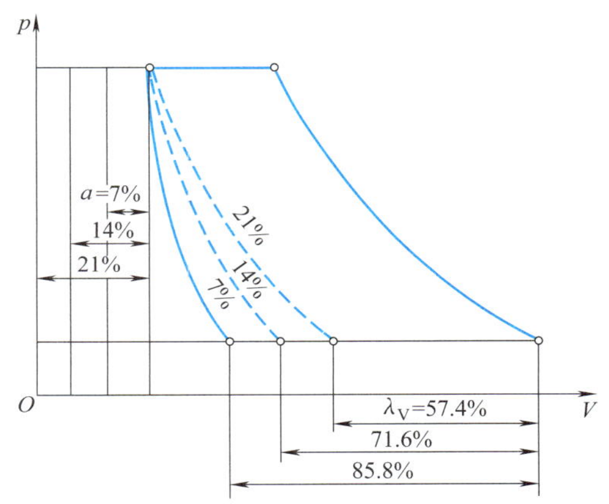

图 3-29 相对余隙容积对容积系数 λ_V 的影响

$$\varepsilon_{max}'=\left(1+\frac{1}{\alpha}\right)^m \tag{3-27}$$

从气缸容积的利用角度看，提高压力比是不利的，一般每级的压力比为 $\varepsilon'=3\sim4$，只有在一些小型和特殊的压缩机中压力比达到 $\varepsilon'=8$，甚至更高些。

③ 膨胀过程指数 m 对容积系数 λ_V 的影响　在其他条件相同的情况下，膨胀过程指数 m 越大，则容积系数 $\lambda_V=\dfrac{V_B}{V_h}=1-\alpha(\varepsilon'^{\frac{1}{m}}-1)$ 越大，如图 3-31 所示。膨胀过程指数 m 增大时，膨胀过程曲线越陡，膨胀后气体所占的容积就越小，则吸进的气体量就越多。在膨胀过程中，气缸壁传递给气体的热量越少，m 值就越大，所以气缸冷却能力好的压缩机能提高容积系数 λ_V。高转速的压缩机，由于膨胀时间极短，膨胀过程趋于绝热，这对提高容积系数是有利的。一般膨胀过程指数 m 要比压缩指数 m' 小，可以由表 3-4 求得。

（2）压力系数 λ_p　压力系数 λ_p 反映了压力损失对吸气量的影响，在实际吸入过程中气体通过吸气阀和吸入管道时有阻力损失，所以气体在气缸内的平均压力 p_s 总是小于名义吸入压力 p_1（吸入管道中的压力），其差值为 Δp_s，气体进入气缸后由于体积膨胀占去了一部

图 3-30 压力比 ε′ 对容积系数 λ_V 的影响

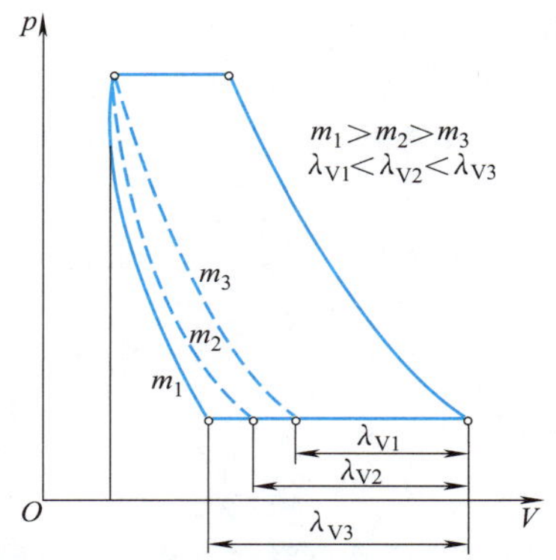

图 3-31 膨胀过程指数 m 对容积系数 λ_V 影响

表 3-4 膨胀过程指数 m（压力比 ε′ = 3~4）

吸气压力/[0.1MPa(绝压)]	m 值	
	一般情况	k=1.4 时
<1.5	$1+0.50(k-1)$	1.2
1.5~4	$1+0.62(k-1)$	1.25
4~10	$1+0.75(k-1)$	1.3
10~30	$1+0.88(k-1)$	1.35
>30	$m=k$	1.4

分有效容积，从而影响了新鲜气体的吸入量，这种影响用压力系数 λ_p 来表示，主要是由吸气阀的弹簧力和进气管中的压力波动所引起的。当弹簧力设计正确时，对于吸气压力等于或接近大气压力的第一级，压力系数一般取经验值 $\lambda_p=0.95\sim0.98$，其余各级因弹簧力相对气体压力要小得多，故取 $\lambda_p=0.98\sim1$，第三级以后可取 $\lambda_p=1$。进气管中压力波动的影响，决定于吸气终了气流压力波的相位和波幅的大小，当吸气终了气流处于波峰时，能起到增压作用，$\lambda_p>1$，反之处于波谷时，λ_p 则降低。

（3）温度系数 λ_T　温度系数反映了热交换对吸入量的影响，压缩机运转后气缸、活塞、气阀以及与之接近的气管都将升温，这样新鲜气体被加热而容积膨胀，密度减小，使吸入气体的实际量相对减少，温度系数正是从这方面来反映吸气容积的损失，温度系数一般取经验值 $\lambda_T=0.94\sim0.98$。对于大排气量、冷却好、吸气阻力小、转速高的取上限值，反之取下限值，对于导热性好或进气温度低于常温的气体因受热多，λ_T 取小值。

3.2.4.4 实际排气量 V'_d

（1）实际排气量 V'_d 的定义　压缩机的排气量通常是指单位时间内压缩机最后一级排出的气体体积换算到第一级进口状态下的压力和温度时的气体体积值，排气量表征压缩机的大小，常用的单位为 m^3/min。压缩机的额定排气量（压缩机铭牌上标注的排气量）是指特定的进口状态（例如：0.1MPa 的进气压力，进气温度为 20℃时）的排气量。

（2）每转的排气量　在压缩机的实际循环中由于泄漏损失的存在，使压缩机每一转的实际排气量 V'_d 总是小于实际吸气量（少一泄漏损失量），这种泄漏损失可用泄漏系数 λ_l 来表示，压缩机每一转的实际排气量可以用公式（3-28）计算。

$$V'_d=\lambda_l V'_B=\lambda_l\lambda_V\lambda_p\lambda_T V_h=\lambda_0 V_h \tag{3-28}$$

式中　V'_d——压缩机完成一个工作循环的排气量，m^3/min；

λ_l——泄漏系数，与气缸的列数、压缩机的转速、压力比、气体的性质以及安装质量等因素有关，根据经验一般取 $\lambda_l=0.95\sim0.98$；

λ_0——排气系数，$\lambda_0=\lambda_l\lambda_V\lambda_p\lambda_T=\dfrac{V'_d}{V_h}$，根据经验一般取 $\lambda_0=0.55\sim0.85$。

(3) 转速为 n_f 时的实际排气量　若压缩机的转速为 n_f，则总的实际排气量是在公式（3-28）的基础上乘以转速 n_f，具体见公式（3-29）。

$$V'_d=\lambda_0V_hn_f=\lambda_0\times\pi\times\left(\frac{D_1}{2}\right)^2\times S\times n_f=\frac{\pi}{4}D_1^2S\lambda_0n_f \tag{3-29}$$

式中　n_f——转速，r/min；

D_1——第一级活塞直径，m；

S——活塞行程，m。

例题 3-1　某原料气压缩机第一级缸内径等于1000mm，活塞行程 S 为 420mm，相对余隙容积为 8.24%，吸气压力为 1.05×10^2kPa（绝压），排气压力为 2.9×10^2kPa（绝压）。活塞杆直径 d 等于 90mm，气缸系双作用。原料气的绝热指数 k 为 1.37。当转速 n_f 从 250r/min 提高到 300r/min 后，试计算这时排气量。

分析：已知气缸内径 $D=1000$mm；活塞行程 $S=420$mm；活塞杆直径 $d=90$mm；绝热指数 $k=1.37$；相对余隙容积 $\alpha=8.24\%$；吸气压力 $p_s=1.05\times10^2$kPa（绝压）；排气压力 $p_d=2.9\times10^2$kPa（绝压）；转速 $n_f=250$r/min。求 $n_f=300$r/min 时的排气量。

解：

(1) 活塞式压缩机的实际排气量可根据公式（3-28）和公式（3-29）求得。

(2) 泄漏系数、压力系数、温度系数均可通过经验值获得，即

$$\lambda_l=0.97;\lambda_p=0.96;\lambda_T=0.96$$

(3) 容积系数可以通过计算获得：

① $\lambda_V=1-\alpha\ (\varepsilon'^{\frac{1}{m}}-1)\ =1-\alpha\left[\left(\dfrac{p_d}{p_s}\right)^{\frac{1}{m}}-1\right]$；

已知：$\alpha=8.24\%$，$\varepsilon'=\dfrac{p_d}{p_s}=\dfrac{2.9}{1.05}=2.762$。

② 膨胀过程指数 m 由表 3-4 查得：$m=1+0.5(k-1)=1+0.5(1.37-1)=1.185$。

③ 则 $\lambda_V=1-\alpha(\varepsilon'^{\frac{1}{m}}-1)=1-0.0824\times(2.762^{\frac{1}{1.185}}-1)=0.888$。

(4) 求行程容积 V_h：

$$V_h=FS+(F-f)S=(2F-f)S$$

$$=\left[2\times3.14\times\left(\frac{1}{2}\right)^2-3.14\times\left(\frac{0.09}{2}\right)^2\right]\times0.42=0.654\ (\text{m}^3/\text{r})$$

(5) 求排气量：

① 当 $n_f=250$r/min 时

$V'_d=\lambda_l\lambda_V\lambda_p\lambda_TV_hn_f=0.97\times0.888\times0.96\times0.96\times0.654\times250=129.79\ (\text{m}^3/\text{min})$

② 当 $n_f=300$r/min 时

$V'_d=\lambda_l\lambda_V\lambda_p\lambda_TV_hn_f=0.97\times0.888\times0.96\times0.96\times0.654\times300=155.75\ (\text{m}^3/\text{min})$

③ $\dfrac{\Delta V'_d}{V'_d}=\dfrac{155.75-129.79}{129.79}=\dfrac{25.96}{129.79}=20\%$

所以，当 $n_f=250$r/min 提高到 $n_f=300$r/min 时，排气量增加了 25.96m^3/min，增加量约为原排气量的 20%。

3.2.5 活塞式压缩机的功率

压缩机是一种大量消耗动力的机器，在一些化工厂中所消耗的电能几乎占全厂电能消耗的70%左右，因此如何提高压缩机的效率、降低功率消耗就成为生产上的重要问题。

3.2.5.1 理论工作循环指示功率

活塞式压缩机在单位时间内活塞对气体所做的功称为指示功率，在理论工作循环中单位时间内所做的理论功称为理论工作循环指示功率，由于压缩机的压缩过程不同，所以压缩机的功率有不同的表示方法，常见的压缩循环工作过程有等温压缩和绝热压缩，相应的功率称为等温循环指示功率和绝热循环指示功率。

（1）理论等温循环指示功率

$$N_{is}=\frac{W_{is}\times n_f}{60}=\frac{1}{60}p_1V_1n_f\ln\frac{p_2}{p_1} \tag{3-30}$$

（2）理论绝热循环指示功率

$$N_{ad}=\frac{W_{ad}\times n_f}{60}=\frac{1}{60}p_1V_1n_f\frac{k}{k-1}\left[\left(\frac{p_2}{p_1}\right)^{\frac{k-1}{k}}-1\right] \tag{3-31}$$

3.2.5.2 实际工作循环指示功率

活塞式压缩机的实际工作循环功称为指示功，是压缩机直接对气体做功所消耗的能量，在 p-V 图上是实际工作过程曲线所包围的面积，以 W_i 来表示。单位时间内消耗的指示功称为指示功率，以 N_i 来表示。实际工作循环指示功率 N_i 的确定有两种方法，一种是实测法，另一种是解析法。实测法用于已有的机器，解析法用于机器的设计过程。

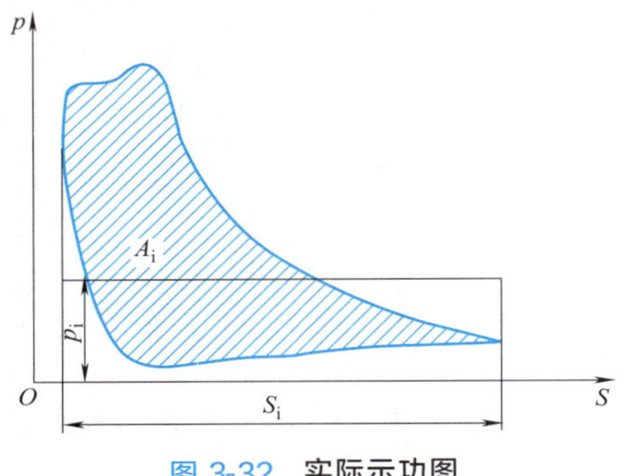

图 3-32 实际示功图

（1）实测法　实测法是指用微机系统或电测法把不同时刻压缩机气缸内的压力和活塞相应的位移同时描绘出来形成一封闭的图形，如图 3-32 所示，该图形的面积相当于活塞压缩机每一转所消耗的功，再乘以转速即得到气缸的指示功率。为了便于计算和比较，常把示功图面积折算成同等宽度、面积相等的长方形，该长方形的高度称为平均指示压力，用 p_i 表示，其值按公式（3-32）计算，根据平均指示压力便可求取指示功率。

$$p_i=\frac{A_i}{S_i}\times m_p \tag{3-32}$$

式中　p_i——气缸内的平均指示压力，kPa；
A_i——图 3-32 封闭曲线所包围的面积，cm^2；
m_p——示功图压力比例尺，kPa/cm；
S_i——矩形的长度，cm。

① 对于单作用气缸，指示功率按公式（3-33）计算。

$$N_i=\frac{1}{60}W_in_f=\frac{1}{60}p_iFSn_f \tag{3-33}$$

式中　p_i——气缸内平均指示压力，kPa，用公式（3-32）计算；
F——活塞的面积，m^2；

S——活塞的行程，m；

n_f——活塞压缩机的转速，r/min。

② 对于双作用气缸，活塞每往复运动一次所消耗的功率为两侧功率之和。

③ 多级压缩，总功率为各级气缸所消耗的指示功率的总和。

（2）解析法 活塞式压缩机设计时要求算出指示功率，但实际工作循环过程中指示功率的计算比较复杂。因为实际工作循环示功图中吸气过程线和排气过程线在 p-V 图上都是波浪线，膨胀过程和压缩过程曲线的指数也不是常数，很难直接推导出计算公式，因此可先将实际示功图简化成类似的理论示功图，一般假设压缩过程和膨胀过程都是绝热过程（绝热指数为 k），这样就可认为实际指示功是两个理论工作循环功的差值。通常用等功法（即等面积简化法）进行转化，其原则是简化前后示功图的面积不变，即功不变，简化以后的示功图如图 3-33 所示。在 p-V 图上，用假想的水平线 4—1 和 2—3 代替实际的吸、排气波浪线，并保持简化前后总面积不变，其中，p_s、p_d 为平均实际吸、排气压力；p_1、p_2 为名义吸、排气压力。同理，按等面积简化原则将实际膨胀、压缩过程指数简化为常数，所得膨胀过程线 3—4、压缩过程线 1—2 称为当量过程线。经验表明，无论膨胀过程还是压缩过程，当其过程指数 m 近似于该气体的绝热指数 k 时就能满足等功法原则。

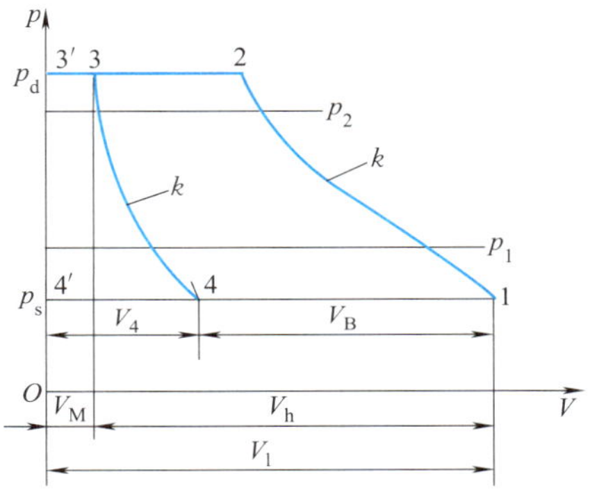

图 3-33 解析法求示功图

实际示功图简化以后就可以用计算理论功的方法计算指示功率，如图 3-33 所示，实际循环的一个工作循环所消耗的指示功为面积 1—2—3′—4′与面积 3—3′—4′—4 之差，即

$$W_i = \text{面积 } 1—2—3'—4' - \text{面积 } 3—3'—4'—4$$

$$= p_s V_1 \frac{k}{k-1}\left[\left(\frac{p_d}{p_s}\right)^{\frac{k-1}{k}} - 1\right] - p_s V_4 \frac{k}{k-1}\left[\left(\frac{p_d}{p_s}\right)^{\frac{k-1}{k}} - 1\right]$$

$$= p_s (V_1 - V_4)\frac{k}{k-1}\left[\left(\frac{p_d}{p_s}\right)^{\frac{k-1}{k}} - 1\right]$$

$$= p_s V_B \frac{k}{k-1}\left[\left(\frac{p_d}{p_s}\right)^{\frac{k-1}{k}} - 1\right]$$

根据公式 $\lambda_V = \dfrac{V_B}{V_h}$ 可得，$V_B = \lambda_V V_h$，代入 W_i 表达式可得实际工作循环的指示功 W_i，见公式（3-34）或公式（3-35）。

$$W_i = p_s \lambda_V V_h \frac{k}{k-1}\left[\left(\frac{p_d}{p_s}\right)^{\frac{k-1}{k}} - 1\right] \tag{3-34}$$

或

$$W_i = p_s \lambda_V V_h \frac{k}{k-1}\left[\varepsilon'^{\frac{k-1}{k}} - 1\right] \tag{3-35}$$

式中 W_i——实际工作循环指示功，J；

p_s，p_d——实际平均吸、排气压力，Pa；

V_h——行程容积，m^3；

λ_V——容积系数；

k——绝热指数；

ε'——实际压力比。

当转速为 n_f 时，任意一级气缸的指示功率按公式（3-36）计算。

$$N_{ij}=\frac{1}{60}p_s V_h n_f \lambda_V \frac{k}{k-1}\left[\left(\frac{p_d}{p_s}\right)^{\frac{k}{k-1}}\right] \tag{3-36}$$

总指示功率为各级指示功率和，按公式（3-37）计算。

$$N_i=\sum_{j=1}^{n} N_{ij} \tag{3-37}$$

3.2.5.3 轴功率

轴功率是驱动机传递给曲轴的实际功率，用 N 表示。轴功率除了用来克服压缩气体所需要的指示功率 N_i 以外，还必须克服机器各运动部件的摩擦所消耗的摩擦功率 N_m，因此轴功率 N 按公式（3-38）计算。

$$N=N_i+N_m \tag{3-38}$$

实际上影响摩擦功率的因素很复杂。统计资料和实验表明，在摩擦功率中消耗于开口活塞环的约占 40%，是主要功率消耗部分，消耗于曲柄主轴颈的约占 15%～20%，此外还有的消耗在十字头滑道和填料等处。由于摩擦功率 N_m 难以精确计算，所以工程上常用机械效率 η_m 来表示，因此轴功率可通过机械效率进行计算，见公式（3-39）。

$$N=\frac{N_i}{\eta_m} \tag{3-39}$$

η_m 的大小与压缩机的结构形式、转速、制造及安装质量有关。对于大、中型立式有十字头的压缩机，$\eta_m=0.90$～0.95；对于卧式单级压缩机，$\eta_m=0.85$～0.93；对于小型无十字头的压缩机及高压循环机，$\eta_m=0.80$～0.85。

3.2.5.4 驱动功率

驱动机（电动机）的功率 N_d 是电动机主轴的功率，确定驱动机功率时要考虑驱动机到压缩机的传动损失，传动损失的大小采用传动效率 η_c 来衡量。驱动机的功率比轴功率还大一些，可按公式（3-40）计算。

$$N_d=\frac{N}{\eta_c} \tag{3-40}$$

一般情况下，传动效率 $\eta_c=0.9$～0.95；对于皮带传动，$\eta_c=0.85$～0.97；对于齿轮传动，$\eta_c=0.97$～0.99；对于联轴器直连压缩机，$\eta_c=1$。

考虑到压缩机运转时负荷的波动、进气状态、冷却水温度的变化以及压缩机的泄漏等因素会引起功率的增加，所以在选择驱动机的功率时，应在计算所得驱动机功率 N_d 的基础上，储备 5%～15%的余量，即驱动机的总功率 N_g 应按公式（3-41）选取。

$$N_g=(1.05\sim1.15)N_d \tag{3-41}$$

3.2.5.5 压缩机的比功率

压缩机的比功率 N_r 是指在一定排气压力时单位排气量所消耗的功率，其值等于压缩机的轴功率 N 与排气量 V_d 之比，见公式（3-42）。

$$N_r=\frac{N}{V_d} \tag{3-42}$$

比功率常常用于比较同一类型压缩机的经济性，很直观，特别是动力用的空气压缩机常常采用比功率来作为评价活塞式压缩机经济性能的指标。一般生产用的空压机（空气压缩机）排气量小于 $10\text{m}^3/\text{min}$ 时，$N_r=5.8$～$6.3\text{kW}\cdot\text{min/m}^3$；排气量在 10～$100\text{m}^3/\text{min}$ 时，$N_r=5.0$～$5.3\text{kW}\cdot\text{min/m}^3$。

3.2.6 活塞式压缩机的效率

在同样的额定生产能力以及同样的名义吸、排气压力下，各种活塞式压缩机的指示功率不一定相同，这是由于它们在结构上存在着差异，使容积系数、阻力损失以及冷却效果等不相同，为此引入“效率”这一概念来衡量压缩机的经济性能。

3.2.6.1 活塞式压缩机能量分配关系

图 3-34 是单级压缩机内部能量传递和分配关系图。可以看出，外界电动机输入机器的驱动功率 N_d 由于存在传动损失功率 N_c，使机器从轴端获得的功率仅为轴功率 N；又由于压缩机内部的机械摩擦等损失功率 N_m 存在，使得气缸内气体净获得的指示功率 N_i 又小于轴功率 N，因此压缩机各种能量损失和分配关系满足公式（3-43）和公式（3-44）。

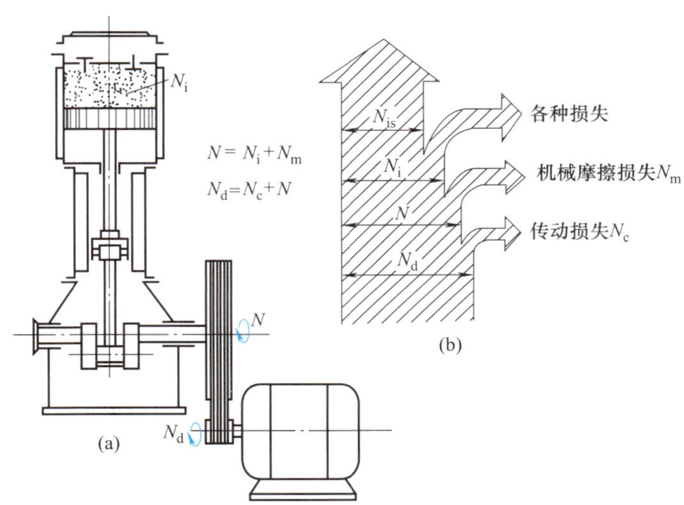

图 3-34 单级压缩机内部能量传递和分配关系图

$$N_d = N_c + N \tag{3-43}$$

$$N = N_i + N_m \tag{3-44}$$

式中 N_d——电动机输入的有效功率（驱动功率），kW；

N——压缩机输入端的轴功率，kW；

N_i——气缸内的指示功率，kW；

N_m——摩擦损失以及驱动附属机构所耗的功率，kW；

N_c——传动损失功率，kW。

3.2.6.2 活塞式压缩机的效率

工程上为了便于比较，常取理论工作循环所消耗的功率作为衡量实际工作循环的基准，效率是用来衡量实际工作循环与理论工作循环之间差距程度的，即用来衡量压缩机的经济性能。根据衡量标准的不同，效率可分为等温指示效率和绝热指示效率两种。

（1）等温指示效率 等温指示效率是压缩机等温理论循环指示功率 N_{is} 和同吸气压力、同吸气量下的实际工作循环指示功率 N_i 之比，用 η_{is} 来表示，见公式（3-45）。

$$\eta_{is} = \frac{N_{is}}{N_i} (\eta_{is} = 0.6 \sim 0.7) \tag{3-45}$$

等温指示效率反映了实际工作循环中热交换、吸气、排气过程中阻力损失情况，常用来评价水冷式压缩机的经济性能。

（2）绝热指示效率　绝热指示效率是压缩机的绝热理论循环功率 N_{ad} 与同吸气压力、同吸气量下的实际工作循环指示功率 N_i 之比，用 η_{ad} 来表示，见公式（3-46）。

$$\eta_{ad}=\frac{N_{ad}}{N_i}(\eta_{ad}=0.85\sim0.97) \tag{3-46}$$

由于 $\eta_{ad}>\eta_{is}$，所以实际压缩循环比较接近绝热压缩循环。由于等温理论压缩循环的功耗最小，因此常采用等温指示效率作为衡量压缩机经济性的指标。至于小型压缩机，由于冷却较差，实际过程多接近于绝热过程，所以常采用绝热指示效率作为衡量指标。

（3）机械效率和传动效率　机械效率和传动效率分别用 η_m 和 η_c 来表示，用公式（3-47）和公式（3-48）来计算。

机械效率
$$\eta_m=\frac{N_i}{N} \tag{3-47}$$

传动效率
$$\eta_c=\frac{N}{N_d} \tag{3-48}$$

习题3-2

1. 单选题

（1）测量往复式压缩机余隙时，可将（　　）伸入气缸压扁后测量。

A. 铜丝　B. 铝条　C. 铁丝　D. 铅条

（2）气缸余隙的调整方法有（　　）。

A. 调整活塞杆头部与十字头连接处垫片厚度　B. 调节十字头与活塞杆连接处双螺母

C. 调整气缸盖垫片厚度　D. ABC

（3）活塞式压缩机理论工作循环和实际工作循环的主要差别是（　　）。

A. 排气温度的高低　B. 有余隙和膨胀过程　C. 热交换的影响　D. 排气量

（4）在压力比和膨胀过程指数一定时，相对余隙容积越大，则（　　）系数越小。

A. 压力　B. 温度　C. 容积　D. 泄漏

（5）一活塞高压机在运行中发现第四级出口压力及温度异常升高，由此分析故障原因是（　　）。

A. 第五级进气阀严重漏气　B. 第四级进气阀严重漏气

C. 第四级排气阀严重漏气　D. 第三级排气阀严重漏气

（6）活塞式压缩机的排气压力取决于（　　）。

A. 供求关系　B. 吸气压力　C. 压力比　D. 相对余隙容积

（7）国内一般规定活塞式压缩机排气温度不超过（　　）。

A. 160℃　B. 170℃　C. 180℃　D. 100℃

（8）活塞式压缩机气缸余隙的测量与调整，（　　）。

A. 有害余隙愈小愈好　B. 设计和机加工精度作保证不必调整

C. 同一气缸两端余隙不同，缸盖端余隙稍大　D. 填料段余隙稍大

（9）活塞式压缩机气缸余隙可采用（　　）进行测量。

A. 涂色法　B. 擦光法　C. 垫片调整法　D. 压铅法

（10）活塞式压缩机的气阀余隙容积增大，压缩机（　　）。

A. 排气量增大　B. 所需功率增大　C. 工况不变　D. 排气温度降低

（11）以下使压缩机工作时的功率消耗超过设计值的因素是（　　）。

A. 气阀阻力过大　B. 吸气压力过高　C. 排气压力过低　D. 活塞环漏气严重

(12) 双作用活塞式压缩机余隙的确定应该是（　　）。
A. 前小后大　B. 前大后小　C. 前后一样大　D. ABC
(13) 以下不能增加活塞式压缩机的排气量的方法有（　　）。
A. 提高转速　B. 镗大缸径　C. 增设辅助气缸　D. 增加压缩比
(14) 压缩机某段出口温度的高低取决于此段的（　　）。
A. 压缩比　B. 入口压力　C. 出口压力　D. 温度比
(15) 影响多级压缩机指示功率的因素是（　　）。
A. 气阀设计　B. 气缸的冷却　C. 级间冷却　D. ABC
(16) 压缩机常见的压缩过程有（　　）。
A. 等温过程　B. 绝热过程　C. 多变过程　D. ABC

2. 判断题

(1) 往复式压缩机吸入气体温度升高会使压缩机生产能力提高。（　　）
(2) 往复式压缩机气缸余隙的大小对排气量有影响，但不会影响气缸温度。（　　）
(3) 如果允许，活塞式压缩机的气缸余隙容积越小越好。（　　）
(4) 活塞式压缩机的余隙对压缩机的工作效率没有影响。（　　）
(5) 活塞式压缩机压缩过程开始时，气体对气缸放热。（　　）
(6) 压力比过大，有可能使压缩机的排气温度升高，因此压力比一般小于 4。（　　）
(7) 在其他条件不变的情况下，膨胀过程指数越大则容积系数越大。（　　）
(8) 对于同一气缸而言，当相对余隙容积和膨胀过程指数一定时，压力比越大，容积系数将越小。（　　）
(9) 双作用活塞压缩机两侧的余隙容积一般相等。（　　）
(10) 在相同的压缩过程及初、终压力下，等温理论循环功耗最大。（　　）
(11) 由于余隙容积的存在，活塞压缩机实际工作循环由膨胀、吸气、压缩和排气四个过程组成，而理论循环则无膨胀过程，这就使实际吸气量比理论的少。（　　）

3. 简答题

(1) 说明理论工作循环和实际工作循环的区别，并说明原因。
(2) 说明气缸的余隙容积的组成。
(3) 影响压缩机排气量的主要因素有哪些？

3.3 多级压缩

由于活塞式压缩机单级压缩所能提高的压力范围十分有限，所以当需要更高压力时就必须采用多级压缩。工业上多级压缩的级数一般可达 6～7 级，例如合成氨生产过程中，要求把合成气加压到 32MPa，这样高的压力若用单级压缩是根本不可能达到的，必须采用多级压缩。下面重点介绍多级压缩的概念和压缩过程。

3.3.1 多级压缩的概念

多级压缩机的工作原理

多级压缩是指将气体的压缩过程分在若干级中进行，在每级压缩之后将气体导入中间冷却器冷却，使每级排出的气体经过中间冷却器冷却后的温度与第一级的吸气温度相同（即冷却完善）。图 3-35 为活塞式压缩机三级压缩流程示意图，其理论工作循环是由三个连续压缩的单级理论工作循环组成。

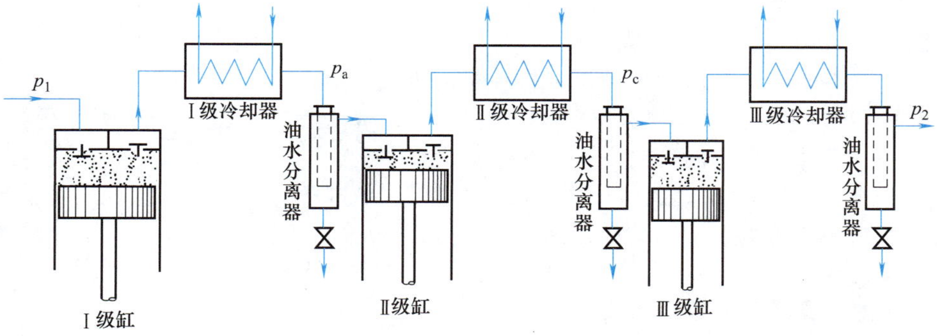

图 3-35 活塞式压缩机的三级压缩流程

3.3.2 多级压缩的示功图

为了便于分析比较，设活塞式压缩机各级压缩无吸、排气阻力损失，各级压缩都按绝热过程（绝热指数为 k）进行，而且每级排出的气体经中间冷却器冷却后的温度与第一级的吸气温度相同，同时不计泄漏损失及余隙容积的影响，这样该理论循环的 p-V 图可表示为图 3-36 所示的形式，其中曲线 1—2 为单级等温压缩过程线，曲线 1—2″为单级绝热压缩过程线，曲线 1—a—b—c—e—2′为多级（三级）压缩过程线，三种不同的压缩过程压力都从 p_1 提高到 p_2。曲线 1—a、b—c、e—2′分别为一级、二级、三级绝热压缩过程线；a—b、c—e、2′—2 分别为一级、二级、三级压缩冷却过程线。

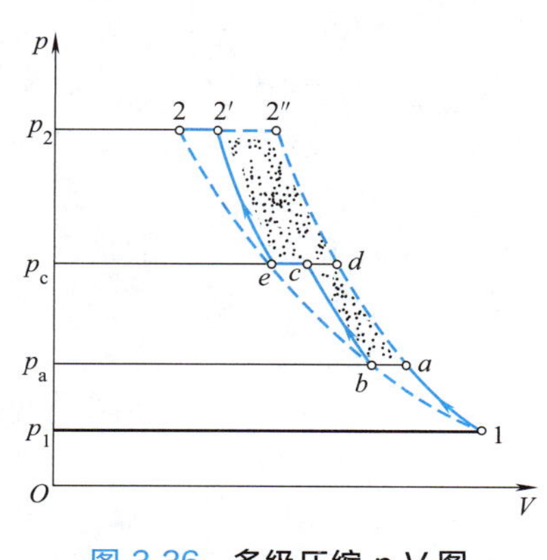

图 3-36 多级压缩 p-V 图

3.3.3 多级压缩的优点

3.3.3.1 节省压缩气体的指示功

从图 3-36 可以看出，单级等温压缩过程功耗最省、最理想，单级绝热压缩过程功耗最大，多级压缩过程功耗介于单级等温压缩和单级绝热压缩之间，多级压缩的功耗比单级绝热压缩功耗节省了相当于阴影面积 a—b—c—e—2′—2″—d—a 的功量，而且级数越多越接近等温压缩。实际上多级压缩省功的主要原因是进行了中间冷却，如果没有中间冷却，则多级压缩所消耗的功与单级压缩机相同，如果中间冷却不完善，气体温度每升高 3℃，下一级功耗约增加 1%。

3.3.3.2 降低排气温度

对于带油润滑的压缩机，排气温度过高会使润滑油黏性降低，润滑不良，并且造成积炭现象，此外，某些特殊气体的压缩机因排气温度过高会产生腐蚀或爆炸。一般动力用的空压机按常规单级风冷排气温度 $t_d \leqslant 250$℃，单级水冷的排气温度 $t_d \leqslant 185$℃，双级风冷的排气温度 $t_d \leqslant 180$℃，双级水冷的排气温度 $t_d \leqslant 150$℃，而且排气温度还应比润滑油的闪点低 30～35℃。在无油润滑的压缩机中，密封元件采用自润滑材料，有些自润滑材料最适宜的工作温度也有限制，例如聚四氟乙烯的工作温度不能超过 170℃，各种尼龙材料的工作温度也不允许超过 100℃。

采用多级压缩可以使每一级的压力比下降，从而降低排气温度。排气温度和压力比之间的关系可以用公式（3-49）和公式（3-50）计算。

$$T_2=T_1\left(\frac{p_2}{p_1}\right)^{\frac{m'-1}{m'}}=T_1\varepsilon^{\frac{m'-1}{m'}} \tag{3-49}$$

$$\varepsilon=\left(\frac{T_2}{T_1}\right)^{\frac{m'}{m'-1}} \tag{3-50}$$

如果进气温度为 303K，排气温度限制在 453K，压缩过程指数为 1.4，则一级允许压力比为 4.09，因此对于要求较高压力而排气温度又不允许过高的场合，就必须采用多级压缩以限制各级的压力比和排气温度。

3.3.3.3 提高容积系数

气缸的余隙容积是不可避免的，随着压力比的上升，余隙容积中气体膨胀所占的容积增加，气缸实际吸气量减少，如果采用多级压缩，随着级数的增加，每级的压力比减小，因而相应各级的容积系数提高，使气缸的工作容积得到合理利用。

3.3.3.4 降低活塞力

活塞力是指作用在活塞上的气体力，活塞力的大小为活塞两侧各相应气体压强与各活塞有效面积乘积的代数和，采用多级压缩能大大降低活塞所受的气体力，从而使运动机构的重量减轻，机械效率得以提高，现举例说明。

例题 3-2 有两台转速、行程、各系数、原始温度都相同的压缩机，气体压力同样要求从 0.1MPa 压缩至 0.9MPa，其中一台采用单级压缩，另一台采用两级压缩，如图 3-37 所示。求各类压缩的活塞力。

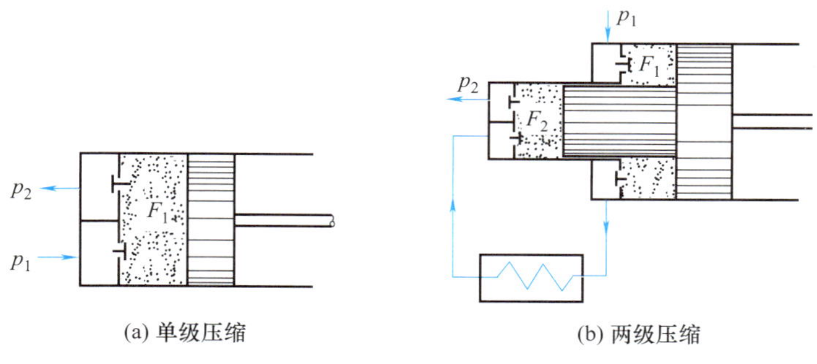

图 3-37 多级压缩对活塞力的影响

解：

（1）单级压缩 如果采用单级压缩，设单级压缩活塞的面积为 F_1，如图 3-37（a）所示，当压力由 0.1MPa 压缩到 0.9MPa 时，活塞所受的最大气体力（又称活塞力）为

$$p'_{max}=(0.9-0.1)F_1=0.8F_1=\frac{2.4}{3}F_1$$

（2）两级压缩 如果压缩过程采用两级压缩，设第Ⅰ级的压力从 0.1MPa 提高到 0.3MPa，活塞面积为 F_1，第Ⅱ级的压力从 0.3MPa 提高到 0.9MPa，活塞面积为 F_2，如图 3-37（b）所示，则活塞在左支点所受的最大气体力为

$$p''_{max}=(0.3-0.1)F_1+(0.9-0.1)F_2=0.2F_1+0.8F_2$$

以 p_1、p_2 分别代表第Ⅰ级、第Ⅱ级的吸气压力，在这两种吸气压力状态下，如果冷却完善，按等温条件 $p_1V_1=p_2V_2 \Rightarrow p_1F_1S=p_2F_2S \Rightarrow F_2=\frac{p_1}{p_2}F_1=\frac{0.1}{0.3}F_1=\frac{1}{3}F_1$，则

$$p''_{max}=0.2F_1+\frac{0.8}{3}F_1=\frac{1.4}{3}F_1$$

（3）单级压缩和两级压缩比较　多级压缩比单级压缩活塞力降低了 $p'_{max}-p''_{max}=\frac{2.4F_1}{3}-\frac{1.4}{3}F_1=\frac{1}{3}F_1$，占单级压缩的

$$\frac{p'_{max}-p''_{max}}{p'_{max}}=41.7\%$$

可见，采用两级压缩最大气体力比单级压缩小得多，但是如果级数过多会造成压缩机的结构复杂，整体尺寸、重量增加，零件增多，维修困难，消耗在管路中的阻力损失也增加，所以级数的选择要适当。

例题 3-3　设空气的初始状态为 $p_s=1.0332\text{kgf/cm}^2$（绝压），$t_s=15.6℃$，将 1m^3 的空气压缩至最终压力为 $p_d=17.6\ \text{kgf/cm}^2$（绝压），试求采用单级和双级压缩时最终温度和功耗。

解： 换算成国际单位制，因 $1\text{kgf/cm}^2=0.9807\text{bar}=0.9807\times10^5\text{N/m}^2$，则

$$p_s=1.0332\times0.9807\times10^5=1.013\times10^5(\text{N/m}^2)(\text{Pa})$$

$$p_d=17.6\times0.9807\times10^5=17.3\times10^5(\text{N/m}^2)(\text{Pa})$$

$$T_s=273+t_s=273+15.6=288.6(\text{K})$$

$$V_s=1\text{m}^3$$

（1）采用单级绝热压缩，设绝热指数 $k=1.4$，则

$$T_d=T_s\left(\frac{p_d}{p_s}\right)^{\frac{k-1}{k}}=288.6\times\left(\frac{17.3}{1.013}\right)^{\frac{1.4-1}{1.4}}=648.5\ (\text{K})$$

$$W_{ad}=p_sV_s\frac{k}{k-1}\left[\left(\frac{p_d}{p_s}\right)^{\frac{k-1}{k}}-1\right]=1.0332\times10^5\times1\times\frac{1.4}{1.4-1}\left[\left(\frac{17.3}{1.013}\right)^{\frac{1.4-1}{1.4}}-1\right]=4.447\times10^5(\text{J})$$

（2）采用双级绝热压缩，加中间冷却器，设各级压力比相等，则求一级压缩的排气压力 p_{d1}

$$\frac{p_{d1}}{p_{s1}}=\frac{p_{d2}}{p_{d1}}\Rightarrow p_{d1}=\sqrt{p_{s1}p_{d2}}=\sqrt{1.013\times17.3\times(10^5)^2}=4.18\times10^5(\text{Pa})$$

$$\varepsilon_1=\varepsilon_2=\frac{p_{d1}}{p_{s1}}=\frac{4.18}{1.013}=4.12$$

一级压缩排气温度 T_{d1} 为

$$T_{d1}=T_s\left(\frac{p_{d1}}{p_{s1}}\right)^{\frac{k-1}{k}}=288.6\times4.12^{\frac{1.4-1}{1.4}}=433\ (\text{K})$$

一级压缩绝热理论循环功为

$$W_{ad1}=p_{s1}V_{s1}\frac{k}{k-1}\left[\left(\frac{p_{d1}}{p_{s1}}\right)^{\frac{k-1}{k}}-1\right]=1.0332\times10^5\times1\times\frac{1.4}{1.4-1}[4.12^{\frac{1.4-1}{1.4}}-1]$$

$$=1.775\times10^5(\text{J})$$

二级压缩排气温度 T_{d2} 为 $T_{d1}=T_{d2}=433\text{K}$（完全冷却）

二级压缩绝热理论循环功为

$$W_{ad2}=p_{s2}V_{s2}\frac{k}{k-1}\left[\left(\frac{p_{d2}}{p_{s2}}\right)^{\frac{k-1}{k}}-1\right]=4.18\times10^5\times0.242\times\frac{1.4}{1.4-1}[4.12^{\frac{1.4-1}{1.4}}-1]$$
$$=1.775\times10^5(\mathrm{J})$$

所以采用两级压缩的总的绝热理论循环功为 $W_{ad}=W_{ad1}+W_{ad2}=3.55\times10^5\mathrm{J}$

将计算结果列于表 3-5 中、从表 3-5 可以看出，多级压缩降低了排气温度，又降低了压缩机的总功耗。

表 3-5 两级压缩总的绝热理论循环功比较

压缩状态	终了温度/K	所需功耗/J
单级绝热压缩	648.5	4.447×10^5
双级绝热压缩(冷却完善)	433.0	3.55×10^5

3.3.4 多级压缩级数的选择和压力比的分配

活塞式压缩机的级数越多，结构越复杂，设备费用越多，摩擦损失、流动损失越多，中间冷却装置越多，动力费用越多，所以多级压缩级数的选择一定要适当。选择级数的一般原则是保证机器运转可靠、功率消耗小、结构简单、易于维修等。确定级数的原则，首先是从最省功的原则出发，使压缩机的总功耗最小，即增加级数节省的功耗和消耗于阻力损失的功耗，必须权衡得失，选择适当的级数；其次，应使每一级的排气温度在允许范围之内，由允许的温度推算出每一级的压力比，进而确定最小的级数。当然，原则有时彼此之间会有矛盾，必须具体情况具体分析，在选择过程中应遵循以下原则。

（1）大、中型压缩机级数的选择，一般以最省功为原则。

（2）小型移动式压缩机虽然也注意节省功的消耗，但往往重量是主要矛盾，因此级数的选择多取决于每级允许的排气温度，在排气温度允许的范围内尽量采用较少的级数，以便减轻机器的重量。

（3）对于一些特殊的气体，其化学性质要求排气温度不能超过某一温度，因此级数的选择也取决于每级允许达到的排气温度。

综上所述，在一定的排气温度下多级压缩的级数应尽可能少，一般每级的压力比不超过4。表 3-6 列出了级数选择的经验统计值，可供选择时参考。

表 3-6 往复式压缩机级数与终了压力的一般关系

终压/MPa	0.3～1	0.6～6	1.4～15	3.6～40	15～100	80～150
级数	1	2	3	4	5	6

级数确定之后，各级压力比还应进行合理分配，以使压缩机的功耗最小，在同样级数的情况下，各级的压力比相等时总压缩功耗最小。

习题3-3

1. 单选题

（1）活塞式压缩机采用多级压缩主要是为了（　　）。

A. 提高气缸利用率　　B. 平衡作用在活塞上的作用力

C. 提高压力　　D. 提高转动稳定性

（2）活塞式压缩机的冷却效果越好，其消耗的功率（　　）。

A. 越大　　B. 不变　　C. 越小

(3) 通常活塞式压缩机每个级的压力比不超过（　　）。

A. 4　　B. 2　　C. 3　　D. 8

(4) 为了使压缩机消耗的总指示功最小，两级的压力比应该（　　）。

A. 一级大于二级　　B. 二级大于一级

C. 两级压力比相等　　D. 二级是一级的 1.5 倍

(5) 活塞式压缩机采用多级压缩可以限制各级的（　　）及排气温度。

A. 压力比　　B. 出口压力　　C. 进口压力　　D. 进气温度

(6) 多级压缩级数越多越接近（　　）压缩。

A. 等温压缩　　B. 绝热压缩　　C. 多变压缩　　D. 实际压缩

(7) 在压力比相同时，采用多级压缩的最大气体力与单级压缩相比（　　）。

A. 大　　B. 小　　C. 相等

(8) 确定压缩机的级数，首先应从最省功的原则出发，使压缩机的总功耗（　　）。

A. 最大　　B. 最小　　C. 相等

(9) 理论上在同样的级数下，各级的压力比（　　）时功率消耗最小。

A. 逐级增大　　B. 逐级减小　　C. 各级相等

(10) 采用多级压缩，可以使每一级的压力比下降，从而可以降低（　　）。

A. 排气温度　　B. 排气压力　　C. 次级进气压力　　D. 末级排气压力

2. 判断题

(1) 活塞式压缩机级数越多越省功。（　　）

(2) 采用多级压缩可以节省功的主要原因是进行中间各种冷却。（　　）

(3) 活塞式压缩机级数越多，经济性能越好。（　　）

(4) 多级压缩各级的压力比相等时总的压缩功耗最小。（　　）

(5) 采用多级压缩可以降低每级的排气温度。（　　）

(6) 多级压缩的级数越多越接近等温。（　　）

(7) 多级压缩的压力比一般不超过 4。（　　）

(8) 多级压缩中间冷却器的冷却效果越好越省功。（　　）

(9) 多级压缩中间冷却器一定要配备油水分离器。（　　）

(10) 多级压缩使压缩机的结构复杂，维修费用增高。（　　）

3. 简答题

(1) 为什么要采用多级压缩?

(2) 多级压缩有什么优点?

(3) 说明多级压缩压力比大小对压缩机的影响。

3.4　活塞式压缩机的动力基础

本节重点是分析活塞式压缩机运动件的运动特性、惯性力与惯性力的平衡问题，以此作为压缩机零件强度和刚度计算的依据。

3.4.1　曲柄连杆机构的运动关系

3.4.1.1　曲柄连杆机构简介

研究曲柄连杆机构运动的主要目的是找出活塞运动的运动规律。图 3-38 为曲柄连杆机构示意图，其中各参数所表示的含义如下。

O：曲轴旋转中心。

D：曲柄销中心。

C：活塞中心（有十字头时应为十字头销中心）。

OD：曲柄旋转半径，用 r 表示。

CD：连杆长度，用 l 表示。

α：曲柄瞬时位置与气缸中心线的夹角。

β：连杆瞬时位置与气缸中心线的夹角。

ω：曲柄销点 D 的角速度。

上止点：当 $\alpha=0°$ 时，活塞中心处于曲轴中心最远点 A 的位置，称上止点（在卧式压缩机中称为外止点）。

下止点：当 $\alpha=180°$ 时，活塞中心处于曲轴中心最近点 B 位置，称下止点（在卧式压缩机中称为内止点）。

S：活塞的行程，上下止点之间的距离称为活塞的行程，$S=2r$。

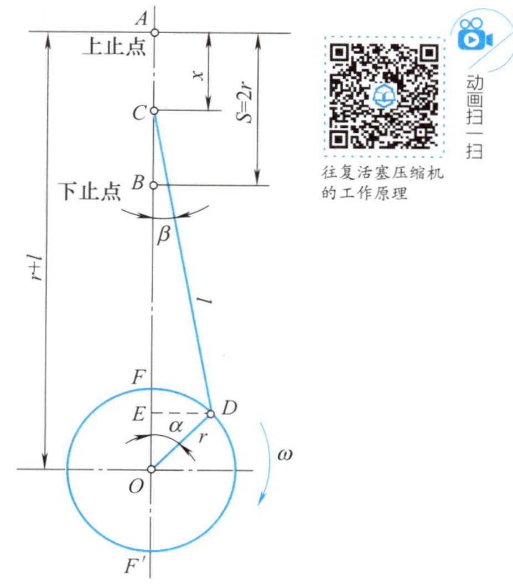

图 3-38 曲柄连杆机构

3.4.1.2 曲柄连杆机构运动关系分析

为了便于分析，将曲柄连杆机构的运动关系简化为两质点的简单运动，一是曲柄销中心点 D 的等速旋转运动，二是活塞中心点 C 的往复直线运动。

（1）曲柄销中心点 D 的角速度

$$\omega=\frac{\mathrm{d}\alpha}{\mathrm{d}t}=\frac{2\pi}{60}\times n_{\mathrm{f}}=\frac{\pi n_{\mathrm{f}}}{30} \tag{3-51}$$

（2）曲柄销中心点 D 的线速度

$$v=r\omega(\mathrm{m/s}) \tag{3-52}$$

（3）曲柄销中心点 D 的旋转加速度

$$a=r\omega^2(\mathrm{m/s^2}) \tag{3-53}$$

（4）活塞中心点 C 的位移

$$x=AO-CO=(l+r)-(r\cos\alpha+l\cos\beta)$$

经简化整理得公式（3-54）。

$$x=r\left[(1-\cos\alpha)+\frac{\lambda}{4}(1-\cos2\alpha)\right](\mathrm{m}) \tag{3-54}$$

式中，$\lambda=\dfrac{r}{l}$，称为活塞压缩机的结构比。λ 值越小，连杆的长度越长，机器越高（或越长）；λ 值过大，机器滑道受力较大，磨损严重，在活塞式压缩机中常取 $\lambda=\dfrac{1}{6}\sim\dfrac{1}{4}$。

（5）活塞中心点 C 的速度　将公式（3-54）对时间微分即可求得活塞的速度，见公式（3-55）。

$$c=\frac{\mathrm{d}x}{\mathrm{d}t}=r\omega\left(\sin\alpha+\frac{\lambda}{2}\sin2\alpha\right)(\mathrm{m/s}) \tag{3-55}$$

（6）活塞中心点 C 的加速度　将公式（3-55）对时间微分即可求得活塞的加速度，见公式（3-56）。

$$j=\frac{dc}{dt}=r\omega^2(\cos\alpha+\lambda\cos 2\alpha)\ (\mathrm{m/s^2}) \tag{3-56}$$

3.4.2 曲柄连杆机构运动惯性力分析

3.4.2.1 曲柄连杆机构的惯性力

由理论力学可知，当具有一定质量的物体在做变速运动时就会产生惯性力，在活塞式压缩机中存在着两种惯性力，一种是曲柄销旋转时所产生的旋转惯性力；另一种是活塞组件往复运动时所产生的往复惯性力。对于连杆运动时产生的惯性力，可转化到上述两种惯性力中加以考虑。要确定惯性力的大小，不仅需要运动部件的加速度，还必须知道压缩机中运动部件的质量，为了能够运用质点动力学中惯性力的计算公式 $F=ma$ 计算惯性力，必须把运动零件的实际质量用一个假想的、集中在某点的、产生相同惯性力的“当量质量”来代替，把这种现象称为“质量转化”，运动部件质量转化以后，可根据惯性力的计算公式很方便地计算出压缩机惯性力的大小。下面重点介绍运动质量的转化和惯性力的计算过程。

3.4.2.2 运动质量的转化

通常活塞式压缩机所有运动零件的质量可简化成两类，一类是质量集中在活塞或十字头销中心点 C 处且只做往复运动的质量，主要包括活塞、活塞杆、十字头等运动部件，其质量总和用 m_s' 表示，另一类是质量集中在曲柄销中心点 D 处且只做绕曲轴中心点 O 的旋转运动，主要包括曲拐和连杆两部分，其旋转质量的总和用 m_r 表示。由于连杆大头装在曲柄销上且随曲轴一起做旋转运动，而连杆小头与十字头相连做往复运动，所以连杆质量需要应进行转化。同时由于曲拐部分虽只做旋转运动，但因其重心不在曲柄销的中心点 D，所以也应进行质量转化。

（1）连杆质量的转化　对于摆动运动的连杆，为简化计算将连杆的整个质量用一个假想的无质量的杆连接起来的两个重块来代替。假设连杆的总质量为 m_1，两个重块的质量分别为 m_1' 和 m_1''，如图 3-39 所示，也就是说 m_1' 集中在点 C 处做往复运动，m_1'' 集中在点 D 处做旋转运动。

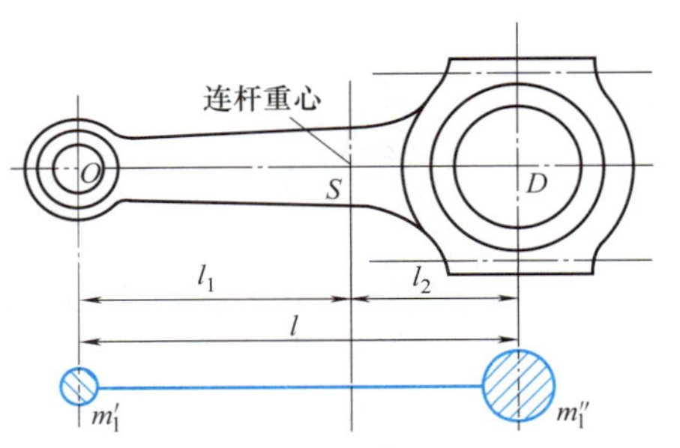

图 3-39　连杆质量的转化

对于已有的连杆，可以通过称重的方法得出连杆的转化质量，将连杆大小头分别搁置在两个磅秤上，同时称出这两点的质量即为所求的转化质量值 m_1' 和 m_1''，根据对已有连杆的统计，连杆大、小头的质量可以根据经验分别按公式（3-57）和公式（3-58）选取。

连杆往复运动的质量　$m_1'=(0.3\sim0.4)m_1$　（3-57）

连杆旋转运动的质量　$m_1''=(0.6\sim0.7)m_1$　（3-58）

对于高速压缩机，连杆旋转运动部分的质量应取较大的系数值。

（2）曲拐质量的转化　曲轴曲拐部分相对旋转中心是不平衡的质量，在运动时会产生惯性力，这部分实际质量可以用一个作用在曲柄销中心处的质量 m_k 代替，其代替条件是 m_k 产生的离心力等于实际质量所产生的离心力，如图 3-40 所示，将曲拐分成各自对称的三部分 m_k'、m_k'' 和 m_k'''。其中 m_k' 对称于曲柄销但相对于旋转中心 O 是不对称的，所以要产生离心力；m_k''' 是围绕曲轴中心 O 的对称质量，相对于旋转中心 O 是对称的，所以不产生离心力，不需要转化；m''_k是曲柄部分的质量，相对于旋转中心 O 不对称，旋转时要产生离心力，需要进行质量转化。设其质心距离旋转中心 O 的距离为 ρ，则转化到曲柄销处 D 的相当质量为 $m''_k\frac{\rho}{r}$。则曲拐在旋转过程中转化到曲柄销 D 点总的不平衡质量 m_k 可通过公式（3-59）计算。

$$m_k=m'_k+m''_k\frac{\rho}{r} \tag{3-59}$$

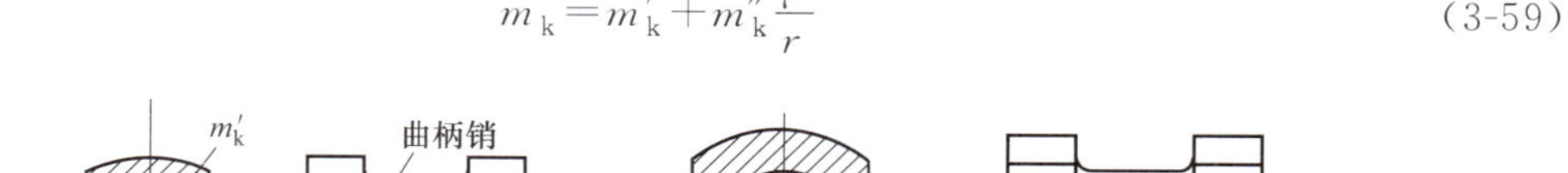

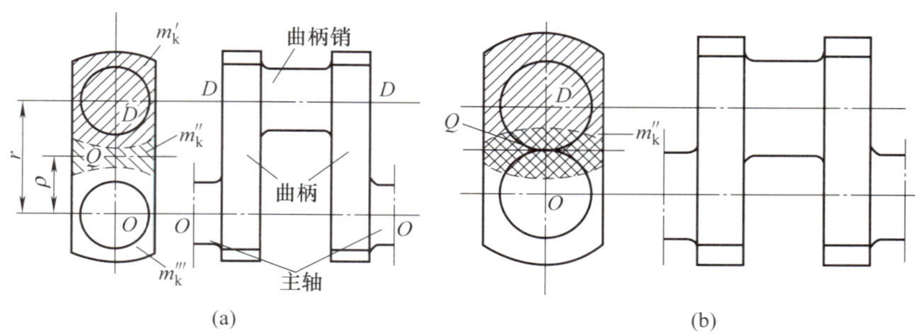

图 3-40 **曲拐质量的转化**

综合上述质量转化分析，曲柄连杆运动机构运动质量的转化主要包括两部分：

① 往复运动的总质量 m_s，主要包括活塞、活塞杆和十字头等部件的质量 m'_s和连杆转化质量 m'_1，用公式（3-60）来表示。

$$m_s=m'_s+m'_1 \tag{3-60}$$

② 旋转运动的总质量 m_r，主要包括曲拐的转化质量 m_k 和连杆的转化质量 m''_1，用公式（3-61）来表示。

$$m_r=m_k+m''_1 \tag{3-61}$$

3.4.2.3 惯性力的计算

曲柄连杆机构运动部件的质量已经转化到图 3-38 中的 C 点和 D 点。其中，C 点的质量只做往复运动，由此产生的惯性力称为往复惯性力，用 I_s 表示；D 点的质量只做旋转运动，由此产生的惯性力称为旋转惯性力，用 I_r 表示。

（1）作用在十字头销上的往复惯性力　往复惯性力的大小等于往复运动的质量与往复加速度的乘积，见公式（3-62）。

$$I_s=m_sj=m_sr\omega^2[\cos\alpha+\lambda\cos(2\alpha)] \tag{3-62}$$

由公式（3-62）可得：$I_s=m_sr\omega^2\cos\alpha+m_sr\omega^2\lambda\cos(2\alpha)$

如果令 $I_1=m_sr\omega^2\cos\alpha$，$I_2=m_sr\omega^2\lambda\cos(2\alpha)$，则往复惯性力的大小可用公式（3-63）进行计算。

$$I_s=I_1+I_2 \tag{3-63}$$

其中，I_1 称为一阶往复惯性力，I_2 称为二阶往复惯性力，往复惯性力的方向是沿气缸中心线方向并且与加速度的方向相反，I_1、I_2 的大小都是周期性变化的，变化规律与加速度的变化规律相一致，在上下支点处加速度最大，惯性力也最大。当 $\alpha=0°$时，$I_1=m_sr\omega^2$，$I_2=m_sr\omega^2\lambda=\lambda I_1$，因此 I_2 是 I_1 的 λ 倍，如果当 $\lambda=\frac{1}{4}\sim\frac{1}{6}$时，$I_1$ 是 I_2 的 4～6 倍，因此要特别注意一阶惯性力 I_1 对机器的影响。

（2）作用在曲轴上的旋转惯性力　作用在曲轴上的旋转惯性力 I_r，其大小等于旋转不平衡的总质量与旋转加速度的乘积，见公式（3-64）。

$$I_r = m_r j_r = m_r r\omega^2 \tag{3-64}$$

旋转惯性力 I_r 的方向始终沿曲柄半径方向向外，方向随曲轴旋转而变化，当转速不变时，其值为定值。由于惯性力的大小与转速的平方成正比，因此在改变压缩机的转速时应特别注意惯性力的变化，在设计高转速压缩机时应特别注意惯性力的平衡措施。为了方便计算惯性力，特规定凡是使活塞连杆受拉的惯性力取正值（+），凡是使活塞连杆受压的惯性力取负值（−）。

3.4.3 惯性力的平衡

3.4.3.1 惯性力的危害和平衡方法

（1）惯性力的危害　由于惯性力大小和方向周期性的变化会引起机组的振动，过大的振动会使压缩机的连接松弛，影响管道连接的可靠性，加剧运动部件的摩擦和磨损，当产生共振时可能使机组遭到破坏，振动也会引起基础不均匀下沉，影响厂房的寿命，影响附近精密机械的操作，同时这种振动还要消耗能量（有时甚至达到压缩机总功率的5%），增加压缩机的功耗，所以必须设法平衡惯性力以减少危害的发生。

（2）惯性力的平衡方法　惯性力的平衡通常有两种方法。一种是外部法，即通过可加大基础的办法来减少振动，这种方法要消耗大量的人力、物力和财力，不经济也不合算，只有在不得已时才采用。另一种方法是内部法，就是通过在曲柄销相反方向设置平衡重使惯性力得到平衡的一种方法，这种方法是从引起振动的内因去解决问题，所以是最有效的办法，也是目前压缩机中广泛采用的惯性力的平衡方法。

3.4.3.2 旋转惯性力的平衡

因为旋转惯性力是一种离心力，它是由旋转不平衡质量绕曲轴中心线旋转时所产生的，所以旋转惯性力的平衡可以通过在曲柄的相反方向装一适当的平衡重，使平衡重产生的惯性力与曲轴连杆机构的回转惯性力正好大小相等、方向相反，从而达到平衡旋转惯性力的目的。如图3-41所示，设压缩机做旋转运动总的不平衡质量为 m_r，并集中在曲柄销的中心，回转半径为 r，则不平衡的回转惯性力为 $m_r r\omega^2$，在曲柄的另一侧配置两块平衡重，其总质量为 m_0，每块平衡重的质量为 $\frac{1}{2}m_0$，平衡重的回转半径为 r_0，如果 m_0、r_0 数值的选择满足公式（3-65），则压缩机的回转惯性力就会得到平衡。

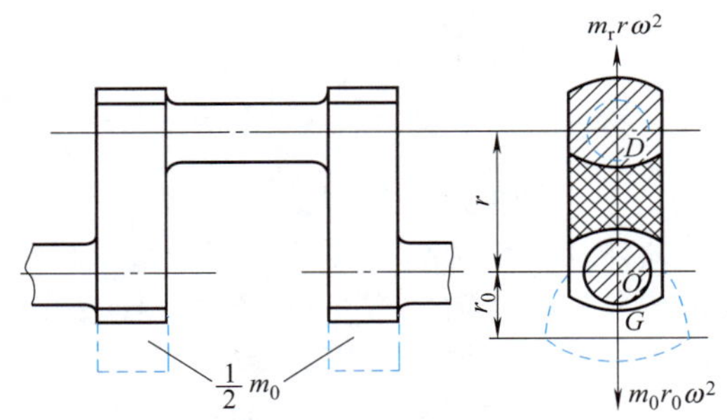

图 3-41　旋转惯性力的平衡

$$m_0 r_0 \omega^2 = m_r r\omega^2 \tag{3-65}$$

根据公式（3-65），在确定了 r_0 之后可计算出每块平衡重的质量，具体按公式（3-66）计算。

$$\frac{m_0}{2} = \frac{r}{2r_0} m_r \tag{3-66}$$

式中　r_0——平衡重的重心到曲轴 O 点的旋转半径，m；

r——曲柄销旋转半径，m；

m_0——旋转平衡重的总质量，kg；

m_r——旋转不平衡总质量，kg；

ω——曲轴旋转的角速度，rad/s。

3.4.3.3 往复惯性力的平衡

往复惯性力对单列压缩机一般是无法平衡的，只能利用配置平衡重的方法使一阶惯性力的方向发生改变，对多列压缩机可通过各列间曲柄错角的合理排列，使各列的往复惯性力在机器内部得到平衡。

（1）单列压缩机往复惯性力的平衡　单列压缩机往复惯性力的平衡如图 3-42 所示，在曲柄相反方向半径等于 r 处设置一个质量为 m'_s 的平衡重，该平衡重在沿曲柄方向就会产生一个离心力 $m'_s r\omega^2$，如果把该力分解在垂直方向和水平方向，当 $m'_s = m_s$ 时，其垂直分量 $m'_s r\omega^2\cos\alpha$ 与一阶往复惯性力 $I_1 = m'_s r\omega^2\cos\alpha$ 大小相等、方向相反，因此可以将一阶往复惯性力全部平衡掉。然而遗留下来的水平分量 $m'_s r\omega^2\sin\alpha$ 垂直作用在气缸中心线方向无法平衡，该力在水平方向周期性的变化能引起水平方向的振动，所以在单列压缩机中设置平衡重只能使一阶往复惯性力在曲轴旋转平面内转向 90°而不能平衡。但实际中因加平衡块的方法简单，常将部分惯性力转向 90°使不平衡的惯性力均匀一些，对卧式压缩机可以减小水平振动，对立式压缩机可以使轴承的负荷沿四周均匀性好一些。在单列卧式压缩机中常利用这一方法，将 30%～50%水平方向的一阶惯性力转移到垂直地面方向以减轻水平方向的振动，二阶往复惯性力是不能用此法平衡和改变方向的。

（2）对称平衡压缩机往复惯性力的平衡　在图 3-43 所示对称平衡压缩机中，各列对称排列在曲轴轴线的两侧，两列曲柄错角 $\delta = 180°$，因两列运动方向相反，所以当两列往复不平衡重质量相等时，两列往复惯性力恰好大小相等、方向相反，都能自己平衡。设第一列和第二列往复质量分别为 m'_s 和 m''_s，则：

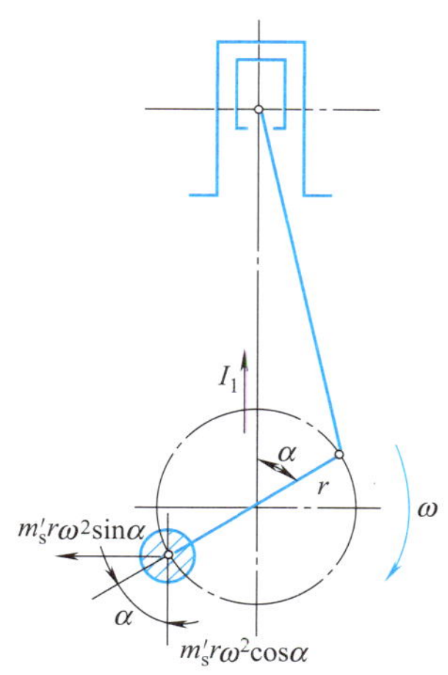

图 3-42　单列压缩机往复惯性力的平衡

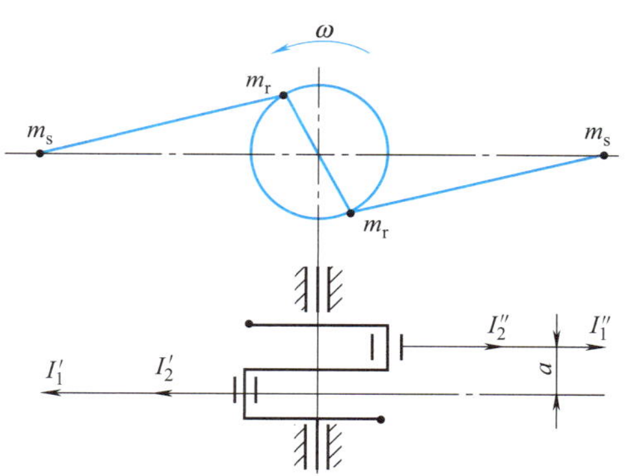

图 3-43　对称平衡压缩机往复惯性力的平衡

一阶往复惯性力的合力为

$$I_1 = I'_1 - I''_1 = (m'_s - m''_s) r\omega^2\cos\alpha$$

二阶往复惯性力的合力为

$$I_2 = I'_2 - I''_2 = (m'_s - m''_s) r\omega^2\lambda\cos(2\alpha)$$

如果两列往复运动质量相等，即 $m'_s = m''_s$，则 $I_1 = 0$，$I_2 = 0$，说明一阶往复惯性力和二阶往复惯性力均达到了完全平衡，故称对称平衡压缩机。对称平衡压缩机惯性力完全平衡这一独特的优点使它有可能采用高转速运转，且基础较轻，两列活塞运动方向相反，对主轴承的作用力较小，因而磨损轻，是卧式压缩机的发展方向，但对称平衡压缩机由于两列间有间距 a，所以必然存在一阶和二阶往复惯性力矩。虽然往复惯性力矩不等于零，但由于气缸分布在曲轴两侧，列间距又可以取得很小，所以一阶和二阶往复惯性力矩都不大，对机器的振动影响很小，故这种类型的压缩机惯性力和惯性力矩的平衡都比较好。

（3）角度压缩机——L 型压缩机惯性力的平衡　L 型压缩机两列气缸的夹角为 90°，一列水平，一列垂直，两列的连杆共用一个曲柄销，如图 3-44 所示。

① 一阶往复惯性力　垂直一列的一阶往复惯性力：

$$I_1'=m_s'r\omega^2\cos\alpha$$

水平一列的一阶往复惯性力：

$$I_1''=m_s''r\omega^2\cos(90°-\alpha)=m_s''r\omega^2\sin\alpha$$

则一阶往复惯性力的合力为

$$I_1=\sqrt{I_1'^2+I_1''^2}$$

当 $m_s'=m_s''=m_s$ 时，L 型压缩机的一阶往复惯性力的合力按公式（3-67）计算。

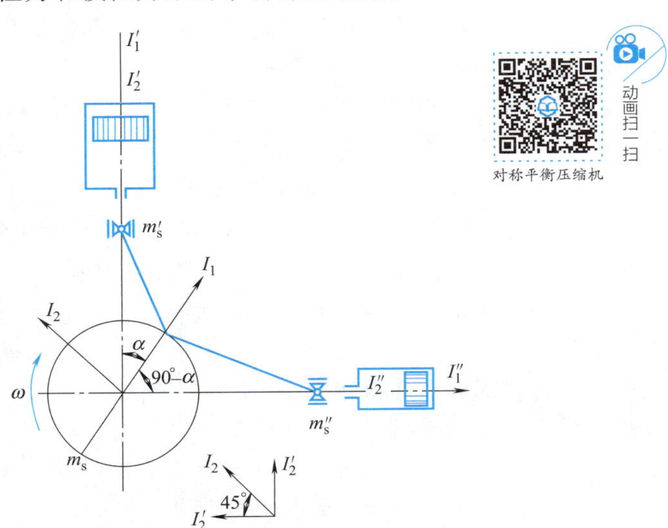

图 3-44　L 型压缩机惯性力的平衡

$$I_1=\sqrt{I_1'^2+I_1''^2}=m_sr\omega^2\sqrt{\cos^2\alpha+\sin^2\alpha}=m_sr\omega^2 \tag{3-67}$$

从公式（3-67）可以看出，L 型压缩机的一阶往复惯性力的矢量和为定值，其方向沿曲柄指向外，方位随曲柄一起旋转而定，因此，L 型压缩机可在曲柄相反方向回转半径为 r 处加装平衡质量 m_s 予以平衡，此类压缩机设计时力求使两列质量相等。

② 二阶往复惯性力　垂直一列的二阶往复惯性力：

$$I_2'=m_s'r\omega^2\lambda\cos(2\alpha)$$

水平一列的二阶往复惯性力：

$$I_2''=m_s''r\omega^2\lambda\cos[2(90°-\alpha)]=-m_s''r\omega^2\lambda\cos(2\alpha)$$

如果 $m_s'=m_s''=m_s$，则二阶往复惯性力的合力为

$$I_2=\sqrt{I_2'^2+I_2''^2}=\sqrt{2}m_sr\omega^2\lambda\cos(2\alpha)$$

二阶往复惯性力的合力的方向：

$$\cos\theta=\frac{I_2''}{I}=-\frac{\sqrt{2}}{2}\Rightarrow\theta=45°$$

可见，二阶往复惯性力的矢量和大小是周期性变化的，而作用方向不变且始终与水平列成 45°，所以二阶往复惯性力不能用装平衡重的方法予以平衡。由于两连杆均连接在同一个曲柄销上，列间距很小，故往复惯性力矩可以忽略不计。

3.4.4 转矩的平衡

在压缩机平稳运转过程中，曲轴每旋转一周，电动机输入的能量总是等于压缩机所消耗的能量，但是在某一瞬间两者的数值并不一定完全相同。当驱动力矩大于阻力矩时，原动机的输入功率有盈余，曲轴就会加速；当驱动力矩小于阻力矩，输入功率有亏缺时，曲轴就会

减速，所以能量的变化使得压缩机的转速极不平稳，主轴转速产生波动。这样的波动对机组的运转有很多不利的影响，主要表现在两个方面，一是在运动部件的连接处产生附加动载荷，降低压缩机的机械效率和工作的可靠性，二是机器在垂直于曲轴的平面内引起振动，如果是电动机直接驱动会引起供电电网电压波动，所以要设法控制主轴转速周期性的波动。其基本方法就是在主轴上设置一个飞轮，即增大旋转质量的转动惯量，当驱动力矩大于阻力矩时，飞轮利用自身巨大的转动惯量，将多余的功积蓄起来，当转速稍有增加便吸收多余的功；当阻力矩大于驱动力矩时，飞轮转速稍减放出积蓄的能量，所以通过设置飞轮在一定程度上使得驱动力矩和阻力矩达到平衡，转矩的平衡实际上就是根据允许的角速度波动幅度，选择适当的飞轮矩。

飞轮的结构

习题3-4

1. 单选题

(1) 活塞压缩机的往复惯性力与（　　）成正比。

A. 转速　　B. 转速的平方　　C. 转速的立方　　D. 功率

(2) 活塞式压缩机旋转惯性力可用（　　）平衡。

A. 平衡铁　　B. 平衡缸　　C. 平衡盘　　D. 平衡环

(3) 活塞式压缩机联轴节靠背轮处，常在曲轴一侧安装一个较大轮，其主要目的是（　　）。

A. 使主轴和电动机连接可靠　　B. 增加惯性，克服死点

C. 增加电动机的输出动力　　D. 利于盘车

(4) 在活塞式压缩机中加装飞轮的目的是用来（　　）。

A. 调整活塞力　　B. 降低功率消耗　　C. 均衡转速　　D. 降低压力脉动

(5) L 型压缩机（　　）往复惯性力可以在曲柄上加装平衡重予以平衡。

A. 一阶　　B. 二阶　　C. 一阶和二阶　　D. 以上都不是

(6) 活塞式压缩机中存在两种惯性力，即往复惯性力和（　　）。

A. 一阶惯性力　　B. 二阶惯性力　　C. 旋转惯性力　　D. 以上都是

(7) 在曲柄连杆结构中为了平衡惯性力需要进行质量转化的部件是（　　）。

A. 活塞　　B. 十字头　　C. 活塞杆　　D. 连杆和曲轴

(8) 由于一阶往复惯性力是二阶往复惯性力的 4～6 倍，所以要特别注意（　　）的平衡。

A. 一阶往复惯性力　　B. 二阶往复惯性力　　C. 旋转惯性力　　D. 无所谓

(9) 往复惯性力不能用加平衡重的方法平衡，但可以使一阶惯性力转向，对卧式压缩机而言可以减少（　　）方向的振动。

A. 水平　　B. 垂直　　C. 水平和垂直　　D. 任意

(10) 在活塞式压缩机中加装飞轮的实质是使驱动力矩和（　　）平衡。

A. 旋转力矩　　B. 往复力矩　　C. 惯性力矩　　D. 阻力矩

2. 判断题

(1) 往复式压缩机的曲轴承受方向和大小不变的气体力和惯性力。（　　）

(2) 连杆在工作中主要受气体力、往复惯性力等交变载荷的作用。（　　）

(3) 活塞式压缩机的结构比是指曲柄半径和连杆长度的比值。（　　）

(4) 活塞式压缩机平衡惯性力的方法有外部法和内部法两种。（　　）

(5) 对称平衡压缩机只要两列往复质量和旋转质量相等，一阶惯性力可以平衡。（　　）

(6) L 型压缩机的一阶往复惯性力的合力是一个定值，与旋转角度无关。 ( )

(7) 活塞式压缩机中增加飞轮就是为了均衡转速。 ( )

(8) 对称平衡压缩机可以采用高速运转主要原因是惯性力能够完全平衡。 ( )

(9) 卧式压缩机设置平衡重可以使一阶惯性力转移到了水平方向。 ( )

(10) 当压缩机的转速增加时，飞轮通过放出积蓄的能量来减小转速。 ( )

(11) 压缩机中的往复惯性力始终沿气缸中心线作用，其方向恒与加速度方向相同，数值按周期性变化。 ( )

3. 简答题

(1) 在往复惯性力中，一阶和二阶往复惯性力有什么不同?

(2) 对称平衡压缩机在结构上有什么特点? 为什么可以提高转速?

(3) 压缩机的飞轮有什么作用，飞轮是如何均衡转速的?

3.5 活塞式压缩机的主要零部件

3.5.1 气缸

3.5.1.1 对气缸的要求

(1) 具有足够的强度与刚度　气缸是直接压缩气体的部件，因为要承受气体的压力，所以必须具有足够的强度，并易于做成复杂的形状。

(2) 具有良好的润滑性能　由于活塞在气缸做往复运动，气缸内壁承受摩擦，因此气缸必须具有良好的润滑性能。

(3) 具有良好的冷却措施　活塞式压缩机在压缩气体的过程中，由于在气缸中进行着功、热的转换过程，产生热量，因此气缸必须具备完善的冷却措施。

(4) 结构要合理　为了减少气体的流动阻力和提高热效率，进、排气阀要合理布置，气缸内部工作表面及尺寸应具有必要的加工精度和表面粗糙度，气缸应具有良好的耐腐蚀性和密封性，余隙容积应尽可能小，气缸上的开孔和通道在尺寸和形状等方面要尽可能有利于减少气体的阻力损失。

(5) 气缸尽量标准化　气缸应有利于制造和便于检修，应符合系列化、通用化、标准化的“三化”要求，以便于互换，力求结构简单，造价低。

3.5.1.2 气缸的结构型式

(1) 按冷却方式分类　可分为风冷式气缸和水冷式气缸。

(2) 按气缸所用的材料分类　可分为铸铁气缸、稀土球墨铸铁气缸和钢气缸等。

(3) 按气缸内压缩气体的作用方式分类

① 单作用气缸　活塞在气缸中做往复运动时，只有活塞一侧的气缸空间是工作容积。单作用气缸主要用于风冷式、运动机构不带十字头的小型压缩机或某些级差式气缸，由于这种气缸是单作用，故气缸容积的利用率低，但结构比较简单。

② 双作用气缸　活塞两侧气缸空间都是工作容积，各自都进行压缩工作循环的气缸。双作用气缸容积的利用率较高，气缸紧凑，活塞往复运动过程中活塞力比较均衡。双作用气缸多为水冷式，气缸结构比较复杂，制造工艺不如单作用气缸简单。

③ 级差式气缸　由不同级次的气缸组合为一体的气缸称为级差式气缸。级差式气缸在总体上更为紧凑，在多级压缩机中采用级差式气缸有利于合理确定压缩机的组合、调整级的

组合和活塞力的分配，有利于确定压缩机的列数并减少密封泄漏部位，但是级差式气缸在制造精度上要求更为严格，气缸的检修维护不够方便。

3.5.2 活塞组件

在活塞式压缩机中一般将活塞、活塞杆和活塞环称为活塞组件，是活塞式压缩机的重要部件之一。活塞组件的结构取决于压缩机的排气量、排气压力以及压缩机的性能及气缸的结构，活塞组件的结构和相互之间的关系如图 3-45 所示。

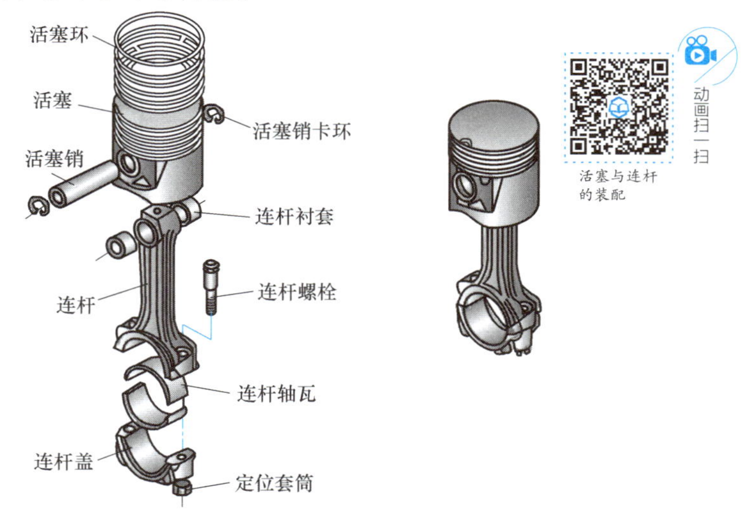

图 3-45 活塞组件示意图

3.5.2.1 活塞的分类

活塞的类型很多，下面主要介绍活塞的结构型式。

（1）筒形活塞　筒形活塞常为单作用活塞，常用于小型无十字头的单作用压缩机，通过活塞销与连杆直接相连。筒形活塞的一般典型结构如图 3-46 所示，筒形活塞由活塞顶部、环部（头部）、裙部三部分组成。活塞顶部与气缸构成压缩气体的容积，活塞在气缸中做往复运动，起压缩气体的作用，活塞顶部直接承受气缸内气体的压力。用来装活塞环的部分称为活塞的环部，活塞的环部靠近压缩容积的活塞环是密封环，起密封作用，靠近曲轴箱一侧的是一道或两道刮油环，刮油环有两种布置方法，一种是将两道刮油环都布置在活塞销孔与密封环之间，另一种是将刮油环布置在活塞销孔的两侧（即一道刮油环布置在活塞环部，一道刮油环布置在活塞裙部），活塞上行时刮油环起均布润滑油的作用，下行时起刮油的作用。实践证明刮油环布置在环部润滑效果和刮油效果较好。

（2）盘形活塞　盘形活塞的结构如图 3-47 所示，主要用于中、低压双作用气缸。盘形活塞通过活塞杆与十字头相连，不承受侧向力，为了减轻往复运动的质量，活塞可铸成空心结构，两端面间用筋板加强。在大直径卧式气缸中，由于活塞质量较大，常在活塞下部 90°～120°范围内浇有巴氏合金作为承压面。

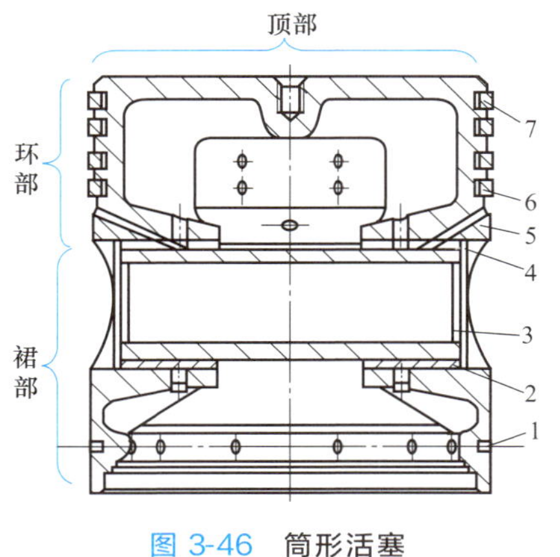

图 3-46 筒形活塞

1，6—刮油环；2—活塞销；3—弹簧圈；4—销座套；5—活塞；7—活塞环

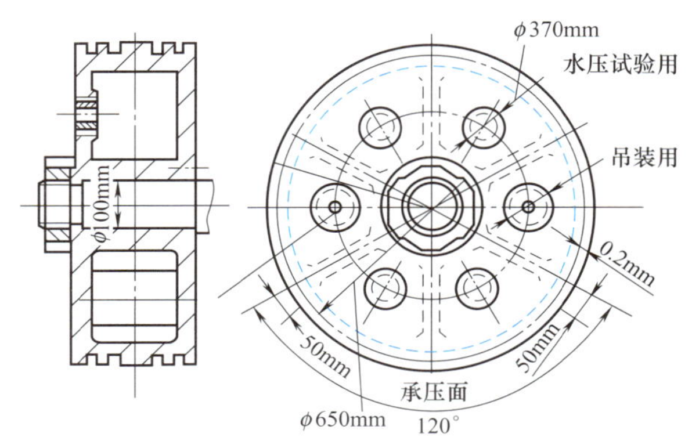

图 3-47 盘形活塞

(3) 级差式活塞 级差式活塞主要用于串联两个以上压缩机的级差式气缸中，为了避免活塞与气缸的摩擦，高压级活塞的直径应比气缸直径小0.8～1.2mm。图3-48为两级级差式活塞结构示意图。

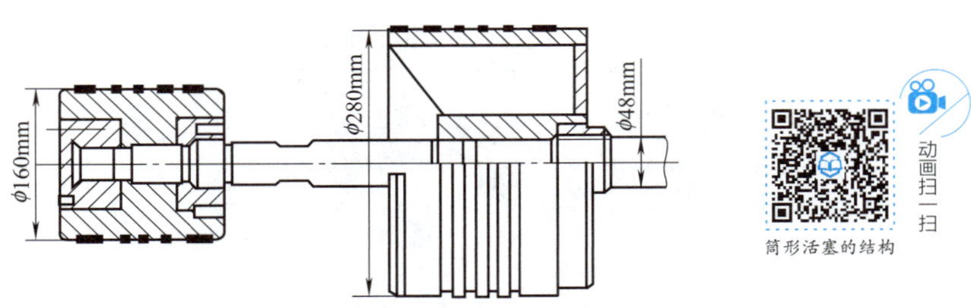

图 3-48 两级级差式活塞结构

3.5.2.2 活塞杆

活塞杆的作用主要是连接活塞和十字头，传递作用于活塞上的力并带动活塞运动的部件。活塞杆应具有足够的强度、刚度和稳定性，耐磨性好并有较高的加工精度和表面粗糙度，在结构上尽量减少应力集中的影响，结构设计要便于活塞的拆装，保证连接可靠，防止松动。

3.5.2.3 活塞环

(1) 活塞环的结构 活塞环是密封活塞与气缸的间隙，防止气体从压缩机的一侧漏向另一侧，还起布油与导热的作用。典型的活塞环是一个具有弹力的开口环，在自由状态下开口间隙为 A，如图3-49 (a) 所示。当活塞环装入气缸内时活塞环被迫合拢呈圆环状，仅在切口处留有热膨胀间隙 δ，如图3-49 (b) 所示。活塞环在弹力的作用下紧贴缸壁，并受到缸壁对它的约束力，单位表面所受约束力称预紧压力 p_k。

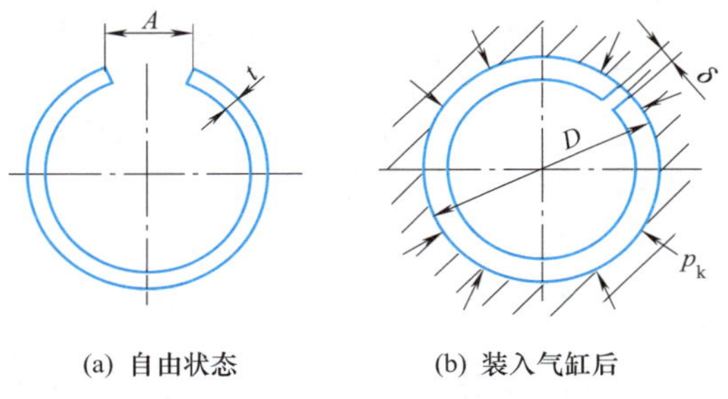

图 3-49 活塞环的结构

活塞环常用的切口形式有直切口、搭接切口和斜切口三种，如图3-50所示。在切口间隙相同的情况下，其泄漏量与切口横截面积成正比。直切口活塞环最容易制造，但泄漏量最大，通常只用于小型压缩机；搭接切口活塞环泄漏量最小，但加工困难，不易制造，安装时环端容易折断，常用于缸径大于320mm的压缩机；斜切口活塞环，泄漏量介于两者之间，加工也不太困难，泄漏量与 $A\sin\alpha$ 成正比，目前最常用。为减小切口间隙的泄漏，安装活塞环时必须使相邻两环的切口互相错开180°左右，当活塞式压缩机的气缸为有油润滑时活塞环材料采用灰铸铁，无油润滑时活塞环采用石墨、填充聚氟乙烯等具有自润滑性能的材料。

(2) 活塞环的密封原理 活塞环是依靠节流和阻塞来实现密封的，其密封原理如图3-51所示。当压缩机工作时，在预紧压力 p_k 的作用下活塞环紧贴缸壁，在气缸内气体压力 p_1 的作用下活塞环被推向环槽的一侧，使活塞环紧贴槽壁。活塞环紧贴缸壁和槽壁，使气体的流通受到阻塞，但由于金属表面总还存在加工不平度造成的微小间隙，不可能完全阻塞气流，而是像迷宫一样使气体通过产生节流效应，压力从 p_1 降至 p_2，如果认为压力沿环高按直线分布，则环侧面的平均压力为 $\frac{p_1+p_2}{2}$。由于活塞环上侧与环槽的间隙较大，可认为环内侧所受压力约等于 p_1，内、外表面的压力差为 $\Delta = p_1 - \frac{p_1+p_2}{2} = \frac{p_1-p_2}{2}$（称为密封力），在此压力作用下活塞环被压向气缸工作表面，阻塞了气体沿气缸壁面的泄漏。单位表面所受的密封力称密封比压 p_d，p_d 越大，环与缸壁贴得越紧，密封性能就越好，这表明活塞环具有自紧密封的特点；但 p_d 过大会使活塞环磨损严重，使用寿命缩短。

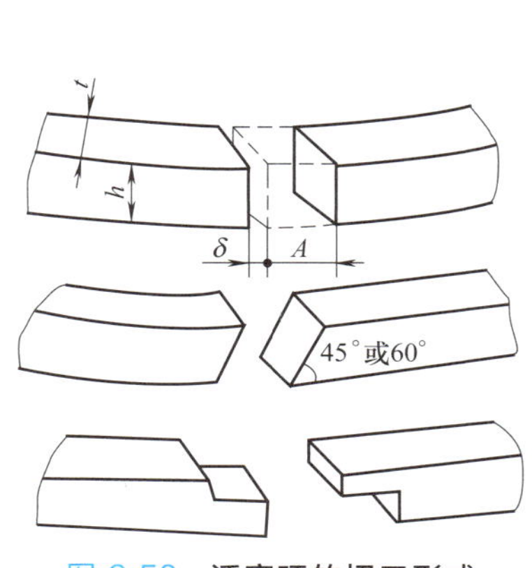

图 3-50 活塞环的切口形式

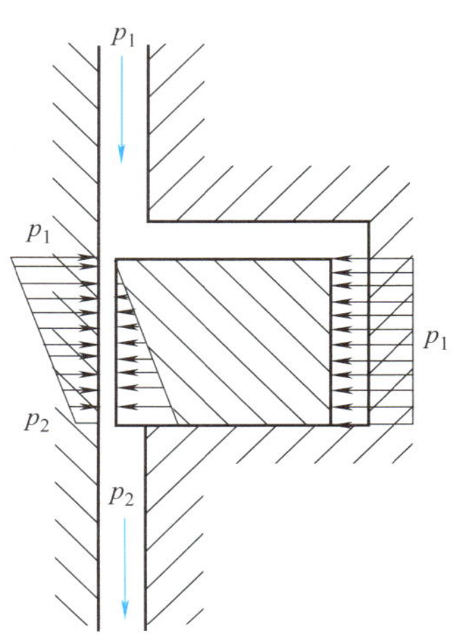

图 3-51 活塞环的密封原理

(3) 活塞环环数的选择 在活塞式压缩机中气体经过多道密封环的阻塞和节流作用以后，泄漏基本上被堵住，只有微量的泄漏。由图 3-52 可知，气体从高压侧的第一道密封环逐级泄漏到最后一道密封环时，每道密封环所承受的压力差都是不一样的。气体经第一道活塞环阻塞节流以后气体压力约为原来压力的 26%，经第二道环密封作用以后气体压力仅为原压力的 10%，经第三道密封环以后气体压力仅为原来压力的 7.6%。由此可见，活塞环的密封作用主要靠前三道环，且第一道环所承受的压力差最大，所以活塞环的数目不宜过多，过多反而会增加磨损和功耗。选择活塞环的环数要根据实际情况而定，一般情况下实际压缩机的活塞环数可按表 3-7 选取，也可按公式（3-68）进行估算。

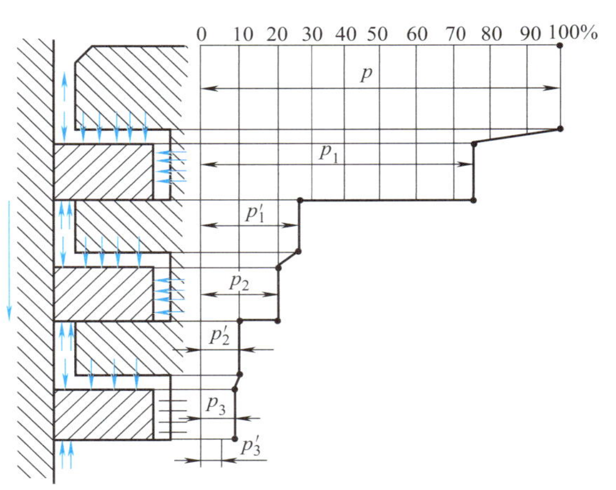

图 3-52 气体通过活塞环的压力变化

$$Z = \sqrt{\Delta p} \tag{3-68}$$

式中 Z——活塞环数；

Δp——活塞两边的最大压力差。

表 3-7 活塞两边的压差与活塞环数的选用

活塞两边的压差/10^2kPa	5	5～30	30～120	120～240
活塞环数 Z	2～3	3～5	5～10	12～20

3.5.3 气阀

3.5.3.1 气阀的结构和作用

气阀是由阀座、阀片、弹簧、升程限制器等组成。气阀的结构如图 3-53 所示，每部分的作用如下。

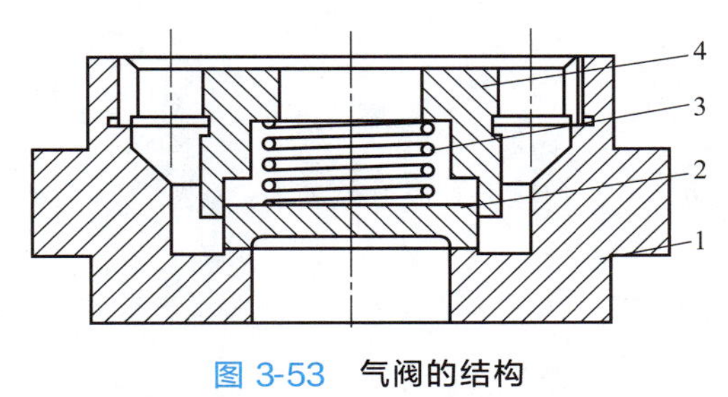

动画扫一扫

气阀的结构

图 3-53 气阀的结构

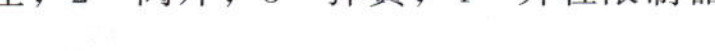
1—阀座；2—阀片；3—弹簧；4—升程限制器

（1）升程限制器　限制阀片的升程，作为安置弹簧的零件。

（2）弹簧　气阀关闭时推动阀片落向阀座，开启时抑制阀片撞击升程限制器。

（3）阀片　阀片周期性开启和关闭，使气流吸入和排出。

（4）阀座　阀座与阀片一起构成闭锁进、排气通道的部件。

（5）排油孔　升程限制器上设置排油孔可以使气体中夹带的润滑油通过排油孔回流到曲轴箱，防止压缩气体中的油和水粘住阀片。

（6）连接螺栓　连接升程限制器、阀座和阀片等结构，组合成为一个完整的气阀。

气阀在结构上要求开启及时，关闭时严密不漏气，气流通过气阀时的阻力损失小，使用寿命长，余隙容积小，结构简单，互换性好。

3.5.3.2 气阀的安装和要求

气阀在气缸上配置的方式有三种形式，即气阀配置在气缸盖上、气阀配置在气缸体上、气阀轴线与气缸轴线呈非正交混合配置方式。气阀在布置过程中尽量使气阀通道面积大些，以减少气流阻力损失，配置气阀力求气缸余隙要小，气阀安装维修方便，对于高压气缸，尽可能不要在气缸上开孔，以免削弱气缸或引起应力集中。

3.5.3.3 气阀的材料

（1）阀座和升程限制器　由于阀座和升程限制器均受冲击载荷，阀座还承受气阀两侧的气体压力差，所以要求制造材阀座和升程限制器料耐冲击并具有足够的强度，可根据气体性质的不同和承受压力差的不同选择相应材料。

（2）阀片　制造阀片的材料应具有强度高、韧性好、耐磨、耐腐蚀性能。

（3）弹簧　弹簧一般采用碳素弹簧钢、合金弹簧钢及不锈钢等材料。

3.5.3.4 气阀的作用和工作原理

气阀的作用是控制气缸中气体的吸入和排出，压缩机上的气阀都是自动气阀，气阀的启闭是依靠气阀两侧的压力差来自动实现及时启闭的，气阀未开启时阀片紧贴在阀座上，当阀片两侧的压力差足以克服弹簧力与阀片等运动质量的惯性力时，阀片便开启，当阀片两侧压力差消失时，在弹簧力的作用下阀片自动关闭。

3.5.4 曲轴连杆机构的作用及组成

压缩机的曲轴连杆机构不仅要将驱动机的旋转运动转化为活塞的往复直线运动，而且是传递动力的机构。曲轴连杆机构包括曲轴、连杆、十字头等组件，要求它们应具有足够的强度，刚度、耐磨性好，结构简单、轻便，便于制造、拆装和维修。

3.5.4.1 曲轴

曲轴是压缩机中的主要运动部件，承受着方向和大小均匀周期性变化的较大载荷和摩擦磨损。曲轴主要有两种形式，一种是曲柄轴，这种结构已被淘汰，另一种是曲拐轴，如图 3-54 所示。曲轴主要包括主轴颈、曲柄和曲拐销等部分。曲拐轴简称曲轴，其特点是曲拐销的两端均有曲柄，曲轴一般用 40 或 45 优质碳素钢锻造或用稀土球墨铸铁锻造而成，常用表面处理方法是表面淬火和氮化。

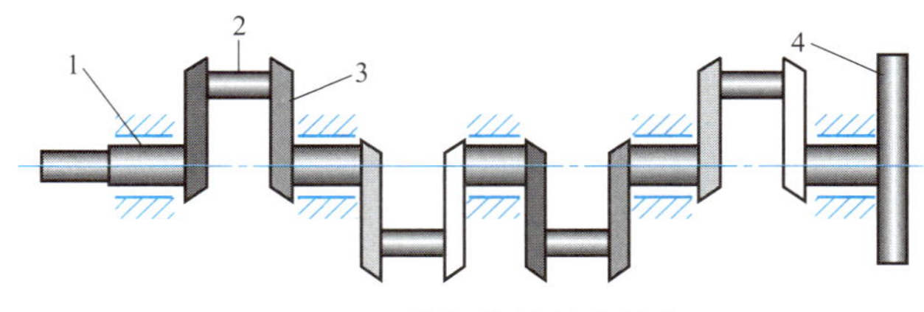

图 3-54 曲拐轴的基本结构

1—主轴颈；2—连杆轴颈；3—曲柄；4—飞轮

曲轴的作用是将活塞、连杆传来的力变为转矩输出做功，并驱动配气机构和其他附属设备。曲轴基本上是由若干单元曲拐构成，一个曲柄销，左右两个曲柄臂和左右两个主轴颈构成一个单元曲拐。单缸活塞压缩机的曲轴只有一个曲拐，多缸直列活塞压缩机曲拐数目与缸数相同，V 型压缩机曲拐数目等于气缸数目的一半。多数曲轴在曲柄上装有平衡重。

3.5.4.2 连杆

连杆是连接曲轴与十字头（或活塞）的部件，连杆的结构包括连杆杆身、连杆大头和连杆小头三部分，如图 3-55 所示。连杆按其大头结构型式可分为开式连杆和闭式连杆。

（1）闭式连杆　连杆大头为整体结构，连杆大头瓦与曲拐销的配合是靠调整斜块来实现的，这种连杆应用比较少，现在普遍用的是开式连杆。

（2）开式连杆　连杆大头为剖分式结构，通过连杆螺栓将连杆杆身与大头盖连接，使大头孔与曲拐销配合。连杆材料一般采用 35、40 及 45 优质碳素钢或球墨铸铁，高转速压缩机的连杆可采用 40Cr，30CrMo 等优质合金钢。

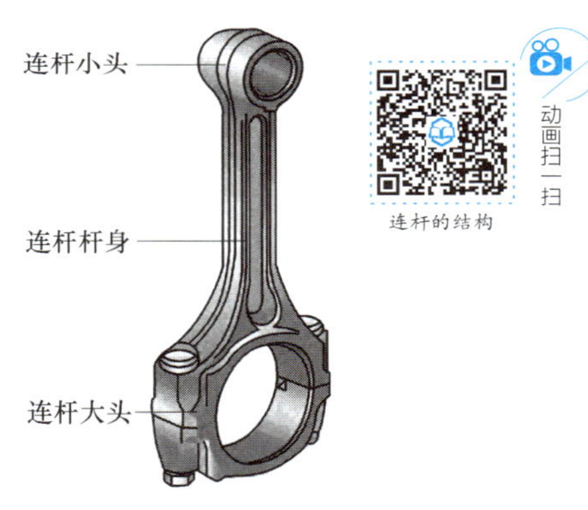

图 3-55 开式连杆的基本结构

动画扫一扫

连杆的结构

3.5.4.3 十字头

（1）十字头的结构　十字头是连接连杆与活塞杆的部件，是将回转运动转化为往复直线运动的关键部件，具有导向作用，其结构如图 3-56 所示。十字头要求具有足够的强度、刚度，耐磨损、重量轻、工作可靠。十字头是由十字头体、滑板、十字头销等组成，按十字头体与滑履的连接方式可分为整体式和可拆式两种，整体式十字头多用于小型压缩机，结构轻便、制造方便，但不利于磨损后的调整。高速压缩机上为了减轻运动质量也可采用整体式十字头，大、中型压缩机多采用可拆式十字头结构，它具有便于调整间隙的特点。

（2）十字头的连接　十字头与活塞杆的连接主要有螺纹连接、连接器连接以及法兰连接和楔连接等，各种连接方式均应采用防松措施以保证连接的可靠性。螺纹连接结构简单、质量轻、使用可靠，但每次检修后要重新调整气缸与活塞的余隙容积。图 3-57 所示为目前采用的螺纹连接形式，大多采用双螺母拧紧作为防松装置锁紧。

十字头的结构

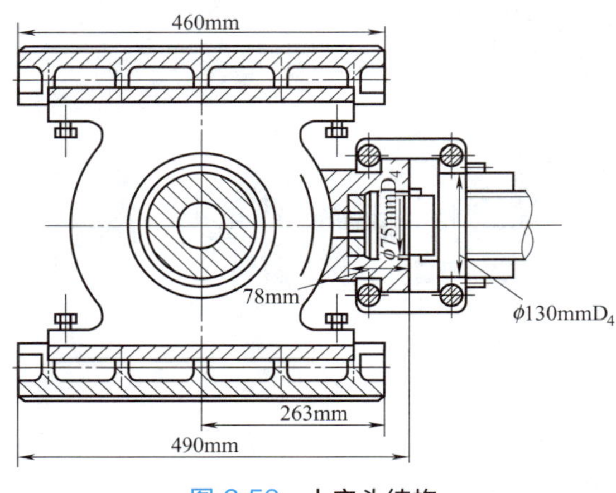

图 3-56 十字头结构

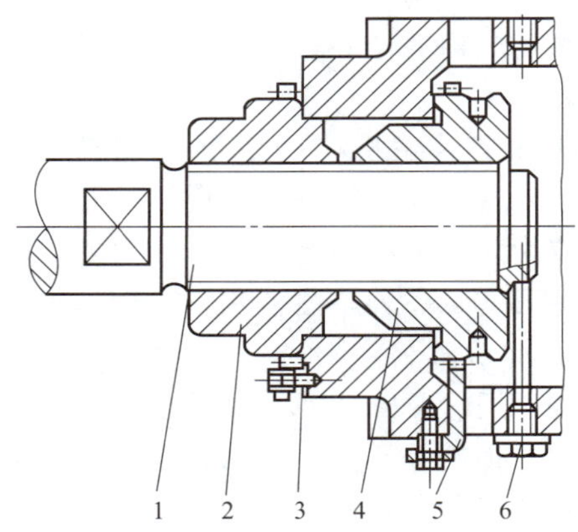

图 3-57 十字头与活塞杆螺纹连接结构

1—活塞杆；2,4—螺母；3—防松齿形板；5,6—防松螺钉

十字头与连杆小头的连接方式可分为开式和闭式两种，开式结构配以叉形连杆，连杆小头叉装在十字头的外侧，闭式结构中连杆小头在十字头体内与十字头销连接，如图 3-58 所示，这种结构具有刚性好、连接结构简单等优点，应用较为广泛。

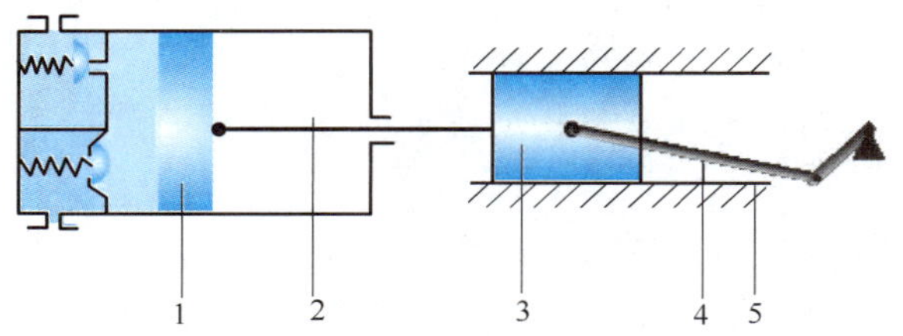

图 3-58 十字头与连杆、压缩杆之间的连接关系

1—活塞；2—活塞杆；3—十字头；4—连杆；5—滑道

3.5.5 活塞式压缩机的辅助装置

活塞式压缩机的辅助系统是保证压缩机正常可靠运转必不可少的部分，并且与压缩机的综合技术经济指标有密切关系，主要包括气路系统、冷却系统和润滑系统。活塞式压缩机的辅助装置包括缓冲器、冷却器、油水分离器和安全阀，如图 3-59 所示。

3.5.5.1 缓冲器

由于活塞式压缩机的运动特性决定了活塞式压缩机排出的气体必然产生脉动现象，缓冲器就起着稳定气流、减小脉动的作用，它实际上是一个气体储罐，如图 3-59 所示。缓冲器具有一定的缓冲容积，气体通过缓冲器以后气流速度比较均匀，从而减少了压缩机的功率消耗和振动现象，同时由于气流速度在缓冲器内突然降低和惯性作用，部分油水被分离出来，所以缓冲器也起到一定的油水分离作用。

3.5.5.2 冷却器

气体被压缩以后温度必然升高，因此气体进入下一级压缩之前必须用冷却器将气体温度冷却到接近气体吸入时的温度。其冷却的目的是：

（1）降低气体在下一级压缩时所需要的功，减少压缩机的功耗。

（2）使气体中的水蒸气凝结出来，并在油水分离器中分离出来。

（3）使气体在下一级压缩后温度不至过高，使压缩机保持良好的润滑。

3.5.5.3 油水分离器

活塞式压缩机气缸中排出的气体常常含有油和水蒸气，经过中间冷却器冷却后形成冷凝液滴，油滴如果不及时分离而进入下一级气缸就会黏附在气阀上，使气阀工作失常、寿命缩短；油滴也会附着在气缸缸壁上，使壁面间润滑恶化。所以，为了把气体中的油滴和水滴分离出来，在各级冷却器以后都设置油水分离器，使液体和被压缩的气体及时分离，防止水滴和油滴在压缩机气缸和管路中大量积聚而引起危险。

3.5.5.4 安全阀

压缩机每级的排气管路上如果没有其他压力保护装置时都需要安装安全阀，如图 3-59 所示，当压力超过正常工作压力时安全阀能自动开启，将容器内的气体排出去一部分，而当压力降低到正常工作压力时安全阀又能自动关闭，从而保证压力容器不致因超压运行而发生事故。安全阀开启时由于容器内的气体从阀中高速喷出，常常发出较大的声响，也可起到一种自动报警的作用。

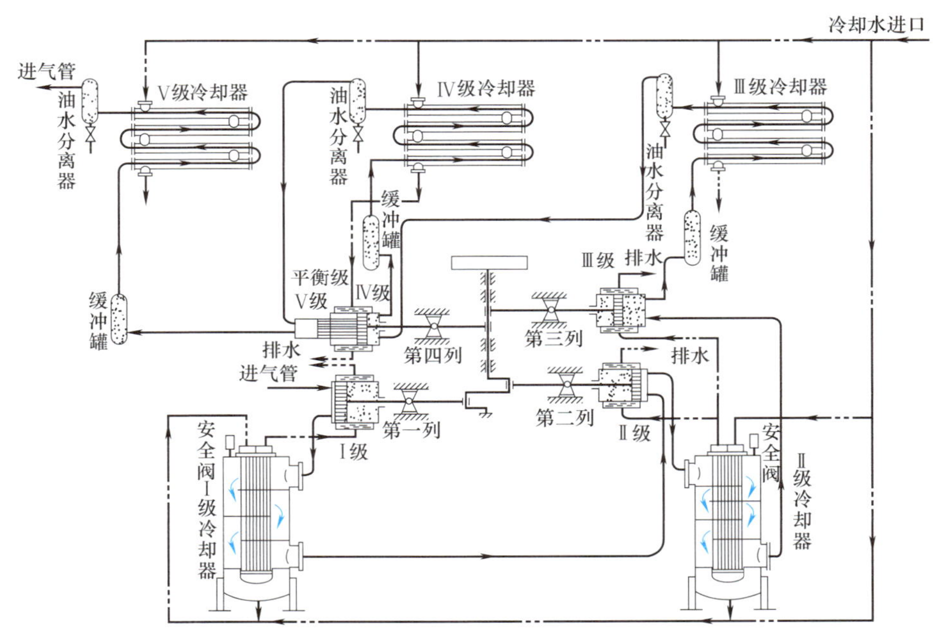

图 3-59 对称平衡压缩机的辅助装置系统示意图

习题3-5

1. 单选题

（1）活塞式压缩机最为常见的易损件为（ ）。

A. 阀片 B. 活塞环 C. 活塞 D. 活塞杆

（2）在活塞式压缩机中气阀是依靠（ ）两侧的压力差来启闭的。

A. 弹簧 B. 阀座 C. 阀片 D. 升程限制器

（3）活塞式压缩机重要的密封零件是（ ）。

A. 气缸 B. 活塞杆 C. 活塞环 D. 活塞

（4）活塞式压缩机活塞环安装时，开口位置错开（ ）密封效果更好。

A. 60°　　B. 90°　　C. 120°　　D. 180°

(5) 活塞式压缩机中间冷却器的作用是（　　）。

A. 冷却气体　　B. 提高压力　　C. 分离液体　　D. 冷却气体、节省功率

(6) 影响活塞环密封效果的因素有以下几点：气缸椭圆、镜面粗糙和（　　）。

A. 活塞环变形、压力大小　　B. 活塞环变形、活塞环槽不平

C. 活塞环槽不平、压力大小　　D. 活塞环槽不平、压力太高

(7) 活塞环的密封原理是（　　）。

A. 阻塞为主，兼有节流　　B. 节流为主，兼有阻塞

C. 只有阻塞　　D. 只有节流

(8) 活塞环开口的目的是（　　）。

A. 获得弹性　　B. 方便装配　　C. 提高密封性能　　D. 降低加工成本

(9) 活塞式压缩机气阀常用结构形式是（　　）。

A. 环状阀　　B. 网状阀　　C. 直流阀　　D. 组合阀

(10) 活塞式压缩机的原动机做旋转运动，活塞在气缸中做往复运动，运动形式的改变是由（　　）来完成的。

A. 曲拐　　B. 活塞杆　　C. 连杆　　D. 十字头滑块

(11)（　　）是造成往复式压缩机阀片弹簧折断的主要原因。

A. 升程小　　B. 油压小　　C. 阀片工作异常　　D. 吸入量大

(12) 曲柄连杆机构由活塞、活塞环、活塞销、连杆、飞轮和（　　）组成。

A. 曲轴　　B. 气缸盖　　C. 气缸套　　D. 曲轴箱

(13) 压缩机活塞环常用的切口形式有（　　）。

A. 直切口　　B. 呈阶梯形的搭接切口

C. 斜角为45°～60°的斜切口　　D. ABC

(14) 压缩机气阀的寿命主要取决于（　　）的寿命。

A. 阀片　　B. 阀座和升程限制器

C. 弹簧　　D. AC

(15) 压缩机气阀的型式有（　　）。

A. 环状阀　　B. 网状阀　　C. 直流阀　　D. ABC

2. 判断题

(1) 往复式压缩机活塞的形式有筒形活塞、盘形活塞和级差活塞。（　　）

(2) 活塞环是密封气缸镜面和活塞间隙用的零件。（　　）

(3) 往复式压缩机的工作腔部分主要由气阀、活塞和活塞杆构成。（　　）

(4) 活塞式压缩机中的活塞环和金属填料均利用阻塞和节流作用实现密封。（　　）

(5) 连杆大头有剖分式和整体式两种。（　　）

(6) 往复式压缩机安装阀盖时，应先拧紧螺筒顶丝，然后对角均匀的拧紧阀盖螺栓。（　　）

(7) 往复式压缩机的气阀是利用气缸内外气体压差来自动开启和关闭。（　　）

(8) 往复式压缩机刮油环与填料盒的径向间隙大，会引起刮油环带油。（　　）

(9) 往复式压缩机吸、排气阀相互位置装错，不但影响气量，还会引起压力在各级中重新分配，温度也有变化。（　　）

(10) 活塞通过连杆由传动部分驱动，活塞上设有刮油环以后密封活塞与气缸的间隙。（　　）

(11) 活塞杆经探伤检查有裂纹或螺丝断丝超过一圈以上者一般不予修理应更换。 ( )

(12) 在活塞式压缩机中，冷却水一般是从水套的一端最高点进入水套，从另一端的最高点引出。 ( )

(13) 活塞环开口后，才能发挥密封作用。 ( )

(14) 气缸冷却效果差，将引起往复式压缩机排气温度降低。 ( )

(15) 活塞式压缩机上的易损件有气阀、活塞环、填料。 ( )

(16) 活塞式压缩机密封环的密封主要靠前三道。 ( )

(17) 活塞式空气压缩机为避免漏气，活塞环槽的间隙越小越好。 ( )

(18) 往复活塞式压缩机十字头与活塞间的连接有螺纹和法兰等形式。 ( )

(19) 往复式压缩机气阀阀片升程越小，气流阻力越小。 ( )

(20) 筒形活塞常用于小型无十字头压缩机。 ( )

(21) 活塞环数最多三个，不能太多。 ( )

(22) 活塞式压缩机连杆大头采用剖分式结构，主要是为了方便与十字头安装。 ( )

(23) 压缩机活塞与气缸之间采用活塞环密封，活塞杆与气缸之间采用迷宫密封。 ( )

(24) 气阀的布置原则是：气体的流通面积要大，阻力要小；安装维修方便。 ( )

(25) 压缩机气缸内壁的工作表面具有较高的尺寸精度和表面光洁度，称为镜面。 ( )

(26) 活塞环主要依靠减小间隙而使气体受到阻塞和节流实现密封。 ( )

(27) 活塞式压缩机采用“自动气阀”，启闭主要由阀件两边的压力差和弹簧来实现。 ( )

3. 简答题

(1) 简述活塞环的工作原理。

(2) 气阀的结构型式有哪些？影响阀片的寿命有哪些因素？

(3) 十字头与活塞杆的连接方式有哪些，各有什么优缺点？

(4) 为什么压缩机中要设置缓冲器？

(5) 曲轴在技术上有哪些要求？常用的材料有哪些？

(6) 简述活塞组件的结构。

3.6 活塞式压缩机的调节方式及控制

活塞压缩机在实际生产过程中的排气量一般总是低于它的额定排气量，而且排气量也会发生变动。当压缩机的供气量与外界耗气量相等时，储气罐内的压力稳定，当耗气量低于供气量时，储气罐内的压力升高，如果不加以调节，气体压力将逐渐升高到危险的程度，相反如果供气量小于耗气量，又不能满足生产需求，所以对压缩机的排气量必须进行调节。对于活塞压缩机来说，排气量的调节是指在低于压缩机额定排气量的范围内进行的调节。

3.6.1 排气量调节的依据

根据活塞式压缩机的排气量公式 $V'_d=\lambda_x\lambda_V\lambda_p\lambda_T V_h n_f=\frac{\pi}{4}D_1^2 S\lambda_0 n_f$，只要改变公式中的

任何一个参数排气量即可改变，但是气缸的直径 D_1 无法改变，在曲柄连杆驱动的压缩机中行程 S 也无法改变，所以实际上只有各系数和转速可以改变，并且除了温度系数 λ_T 因经济性差不采用以外，其他参数都可以用来进行排气量的调节。排气量的调节方法很多，下面介绍常用的几种调节方式。

3.6.2 排气量的调节方式

3.6.2.1 改变转速的调节

（1）连续的变速调节　当活塞式压缩机的排气量需要减小时，可通过降低驱动机的转速来达到，这种方法只适用于可变转速的驱动机，如内燃机、蒸汽机以及可变转速电动机驱动的压缩机等。

这种调节方式的优点是不需要设置专门的调节机构，调节方法简单可靠，压缩机所消耗的功率成比例减小，经济性好，压缩机各级压力比保持不变等。缺点是由于受驱动机本身性能的限制，而且驱动机的转速低于额定转速时效率下降，经济性能降低，同时由于转速降低时压缩机进气速度降低，压缩机的气阀在工作中可能会出现不正常的现象；另外采用电动机驱动的压缩机，由于需要设置变速电动机或变速箱，投资费用大而很少采用。

（2）间断的停转调节　当活塞式压缩机用不可变速的驱动机驱动时，可通过可采用压缩机暂时停止运转的办法来调节排气量。当压缩机的耗气量小于压缩机的排气量时，压缩机出口储气罐压力升高，当压力上升到规定的上限值时，压力继电器切断驱动机电源使驱动机停止运转，这时由于储气罐耗气而压力下降，当压力降低到规定的下限值时压力继电器接通电源，压缩机重新启动又开始供气，压力逐渐升高。

这种调节方式的优点是易于实现自动控制，压缩机停止运转后不消耗动力，经济性能好。缺点是由于频繁的启动和停机，增加了零部件的磨损，启动动力消耗大。所以为了减少启动次数，可采用较大的储气罐。

3.6.2.2 管路调节

（1）切断进气通道调节　切断进气通道调节是指在活塞式压缩机的进气管道上安装停止吸气阀，当压缩机的排气量大于耗气量、排出压力升高到一定的数值时关闭停止吸气阀，压缩机停止吸气进入空转状态，压缩机的排气量为零；当排气压力降低到某一数值时打开停止吸气阀，压缩机再次进入工作状态。

这种调节方式的优点是结构简单，工作可靠，由于压缩机空转几乎不消耗功率，适用于中、小型压缩机，特别是空气动力用的压缩机。缺点是停止吸气时由于吸气压力下降，气缸内会出现很高的压力比，使活塞力突变，同时随着压力比的增高，排气温度也急剧增高；另外切断进气通道时由于气缸中形成真空，所以对某些不允许漏入空气的压缩机严禁使用，对于无十字头的压缩机不能使用，否则存在大量润滑油被吸入气缸的危险。

（2）节流吸气调节　节流吸气调节是指在压缩机的进气管路上安装节流阀，使吸入气缸的气体节流降压，从而减少排气量的一种调节方法。节流后压缩机的吸气量减少，排气量也减少。

这种调节方式的优点是可以实现无级调节，缺点是当节流程度不大时气体功耗增大，所以工业中很少使用。

（3）回流调节　回流调节是指在压缩机的排气管路上安装旁通管并与吸气管相连，在旁通管路上安装阀门，当需要降低压缩机的供气量时打开旁通管路上的阀门，排出的气体部分或全部又回流到吸入管路中，达到调节排气量的目的。吸气管和排气管的连通方式可分为自由连通和节流连通两种。

自由连通是旁通阀完全开启，气体通过旁通阀全部回流到吸气管中，由于气缸吸气和排气形成封闭的循环流动而不输出气体，常用于大型高压压缩机启闭时的卸荷、中小型压缩机排气量的调节。

节流连通是指旁通阀部分开启产生节流作用，使排气管中高压气体部分流回到吸气管，可根据旁通阀的开启程度，使排气量在 100%～0%的范围内进行分级或连续调节。其优点是操作方便可靠，排气量可连续变化。缺点是调节时功率消耗比较大，而且节流阀由于高速气流的冲击作用，能量损失过大，影响正常工作。

3.6.2.3 顶开吸气阀调节

顶开吸气阀调节是指利用一个顶开装置（压叉），在排气过程中把进气阀强制顶开，使进气阀全部或部分丧失其正常工作能力，使压缩机吸入的气体因进气阀阀片不能自动关闭而在压缩和排气行程中回流到进气管，从而减少排气量，达到调节气量的目的。根据阀门的开启时间，可分为全程开启法和部分行程顶开吸气阀两种调节方法。

（1）全程开启法　全程开启法调节流量时，在全部行程中吸气阀始终处于强制顶开状态，吸入的气体进入气缸不经压缩就全部排出气缸，使机器空转达到调节流量的目的。吸入阀的强制顶开装置可用自动控制机构来实现，该方法因为仅需克服进气阀阻力造成的功耗，故调节的经济性较好。

（2）部分行程顶开吸气阀　部分行程顶开吸气阀调节流量时，当进气行程结束时吸气阀仍被强制顶开，气体进入压缩行程后从气缸又回流到进气管中，但到一定时候强制作用取消，进气阀关闭，在剩余行程中气体受到压缩并排出，从而起到定量调节的作用。这种调节适用于转速较低的压缩机。

3.6.2.4 补充余隙容积法

补充余隙容积法是指在压缩机气缸上除固有的余隙容积以外，另外设置一个固定空腔（称为补充余隙容积）与气缸相连，使余隙内已存有的压缩气体在膨胀时压力降低，容积增大，气缸的容积系数产生变化，吸入的气体减少，排气量降低。这种调节方式基本上不消耗功率，因为该调节方法只增加了膨胀过程，即气体放出能量而对活塞做功的过程，所以这种方法是很经济的，但结构比较复杂。

3.6.3 活塞式压缩机的润滑

活塞式压缩机除无油润滑的压缩机以外，所有压缩机的气缸、填料函部分以及曲柄连杆运动机构都应当进行良好的润滑。润滑油可以在相对运动的两摩擦表面之间形成油膜，减少磨损，降低摩擦功耗，同时洗去磨损形成的金属微粒，带出摩擦热，冷却摩擦表面；另外，活塞环和填料函处的润滑油还能起到帮助密封的作用。根据活塞式压缩机的结构特点，润滑方式可分为飞溅润滑（分打油杆和油环润滑）和压力润滑两种。

3.6.3.1 飞溅润滑

飞溅润滑是指曲轴旋转时装在连杆上的打油杆将曲轴箱中的润滑油击打形成飞溅，产生的油滴或油雾直接落到气缸镜面上，起到润滑气缸镜面的作用，如图 3-60 所示。

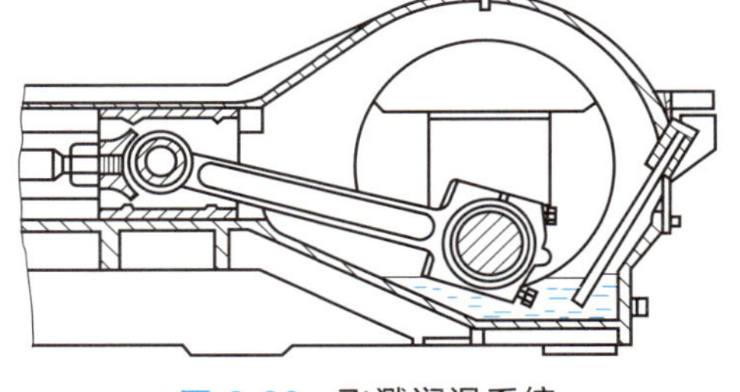

图 3-60 飞溅润滑系统

飞溅润滑的优点是简单，缺点是润滑油耗量大、润滑油未经过滤、运动件磨损大、散热不够、气缸和运动机构只能采用同一种润滑油。使用飞溅润滑的压缩机运行一段时间后油面会降低，溅起的油减少，油面过低会造成润滑不足，所以应有保证润滑的最低油面，低于此油面便要加油。

飞溅润滑一般用于小型无十字头单作用压缩机。

3.6.3.2 压力润滑

压力润滑就是通过注油器加压后强制将润滑油注入各润滑点润滑，常用于大、中型有十字头的压缩机。压力润滑一般分为两个独立的润滑系统，即气缸与填料函润滑系统和传动部件润滑系统。

(1) 气缸与填料函润滑系统　气缸和填料函润滑系统是由专门的注油器供给压力油，如图 3-61 所示。该注油器实际上是一组往复柱塞泵，每个小油泵负责一个润滑点，柱塞 2 由偏心轮 12 经摆杆 11 带动，当柱塞下行时油腔内形成真空，润滑油通过吸入管 1 吸入，经示滴器 9 中的滴油管 8 滴出，通过进油阀 4 进入油缸，当柱塞上行时润滑油通过排油阀 5 经接管 7 输送至润滑点。旋转顶杆 10 可以调节柱塞的行程，借以调节油量。

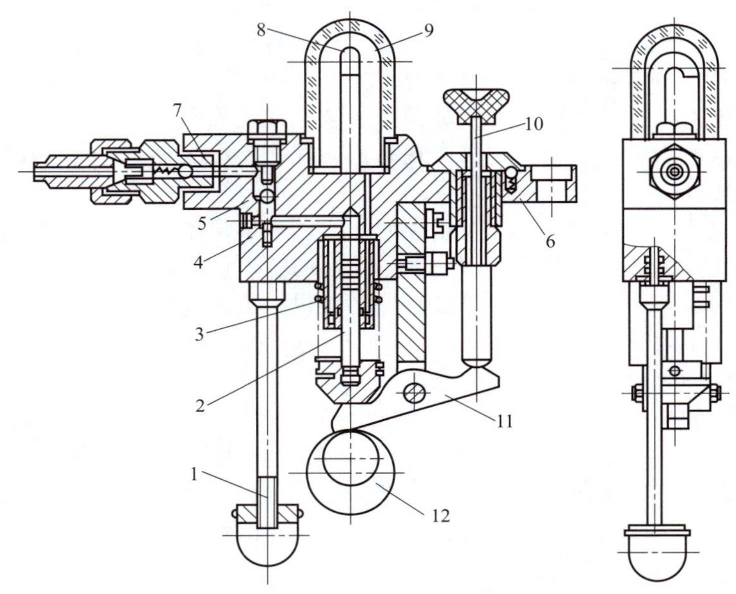

图 3-61　气缸与填料函润滑系统

1—吸入管；2—柱塞；3—油缸；4—进油阀；5—排油阀；6—泵体；7—接管；8—滴油管；9—示滴器；10—顶杆；11—摆杆；12—偏心轮

气缸与填料函处注入的润滑油量必须适当，过少达不到润滑目的，过多会使压缩气体带油过多，结焦后加快磨损并影响气阀及时启闭，影响气体冷却效果，在空气压缩机中有时会导致爆炸。

(2) 传动部件润滑系统　传动部件润滑系统是依靠齿轮泵或转子泵将润滑油输送至摩擦面，油路是循环的，循环油路上设有油冷却器和油过滤器。润滑油路有以下几种类型。

① A 型油路　油泵—曲轴中心—连杆大头—连杆小头—十字头滑道—回入油箱。

② B 型油路　油泵—机身主轴承—连杆大头—连杆小头—十字头滑道—回入油箱。

③ C 型油路　油泵—十字头上滑板、十字头下滑板—回入油箱—机身主轴承—连杆大头—连杆小头—十字头销—回入油箱。

A 型油路可以在机身内不设置任何管路，多用于单拐或双拐曲轴压缩机；B 型油路在机身内壁必须设置总油管，由分油管输送到各主轴承，再由主轴承输送至相邻曲拐连杆大头处，适用于多列压缩机；C 型油路与 B 型油路类似，考虑到润滑油经过的部位多，由于各部分间隙的泄漏可能无法保证润滑油输送至十字头滑板处，所以在总管处单独给十字头滑板设置分油路，同时设置调节阀控制油量。

3.6.4 活塞式压缩机常见故障及排除方法

活塞式压缩机的常见故障及排除方法见表 3-8。

表 3-8 活塞式压缩机的常见故障及排除方法

故障现象	产生原因	排除方法
排气量达不到设计要求	①气阀泄漏，特别是低压级气阀的泄漏 ②填料函漏气 ③第一级气缸余隙容积过大 ④第一级气缸的设计余隙容积小于实际结构的最小余隙容积	①检查低压级气缸气阀，并采取相应措施 ②检查填料函的密封情况，并采取相应措施 ③调整气缸余隙 ④若设计错误，应修改设计或采取措施调整余隙
轴承温度高	①气阀阻力过大 ②进气压力过低 ③压缩级间泄漏	①检查气阀弹簧力是否恰当，气阀通道面积是否足够大 ②检查管道和冷却器，如阻力太大，应采取措施 ③检查进、排气压力是否正常，各级气体排出温度是否增高，并采取相应措施
级间压力超过正常压力	①后一级的进、排气阀不好 ②第一级的进气阀压力过高 ③前一级冷却器冷却能力不足 ④活塞环泄漏引起排气量不足 ⑤到后一级间管路阻力太大 ⑥本级进、排气阀不好或装反	①检查气阀、更换损坏零件 ②检查并消除故障 ③检查冷却器 ④更换活塞环 ⑤检查管路使之畅通 ⑥检查气阀
级间压力低于正常压力	①第一级进、排气阀不良引起排气量不足或第一级活塞环泄漏过大 ②前一级排气后或后一级进入前的机外泄漏 ③进气管道阻力太大	①检查气阀更换损坏件，检查活塞环 ②检查泄漏处，并消除故障 ③检查管道使之畅通
排气温度超过正常温度	①排气阀泄漏 ②进气温度超过正常值 ③气缸或冷却器冷却效果不良	①检查排气阀并消除故障 ②检查工艺流程，移开进气口附近的高温机械 ③增加冷却器水量，使冷却器畅通
运动部件发生异常声音	①连杆螺栓、轴承螺栓、十字头螺母松动或断裂 ②主轴承、连杆大头瓦、连杆小头瓦、十字头滑道等间隙过大 ③各轴瓦与轴承座接触不良，有间隙 ④曲轴与联轴器配合松动	①紧固或更换损坏件 ②检查并调整间隙 ③刮研轴瓦瓦背 ④检查并采取相应措施
气缸内发生异常声音	①气阀有故障 ②气缸余隙容积太小 ③润滑油太多或气体含水多，产生水击现象 ④异物掉入气缸内 ⑤气缸套松动或断裂 ⑥活塞杆螺母或活塞螺母松动 ⑦填料函破坏	①检查气阀并消除故障 ②适当加大余隙容积 ③适当减少润滑油量，提高油水分离器效果或在气缸下部加排泄阀 ④检查并消除故障 ⑤检查并采取相应措施 ⑥紧固螺母 ⑦更换填料函
气缸发热	①冷却水太少或冷却水中断 ②气缸润滑油中断 ③脏物带进气缸，使镜面拉毛	①检查冷却水供应情况 ②检查气缸润滑油油压是否正常，油量是否足够 ③检查气缸并采取相应措施
轴承或十字头发热	①配合间隙过小 ②轴与轴承接触不良 ③润滑油油压太低或断油 ④润滑油太脏	①调整间隙 ②重新刮研轴瓦 ③检查油泵、油压、油路情况 ④更换润滑油

续表

故障现象	产生原因	排除方法
油泵的油压不够或没有压力	①进油管不严密，管内有空气 ②油泵泵壳和填料不严密，漏油 ③进油阀有故障或进油管堵塞 ④油箱内润滑油太少 ⑤滤油器太脏	①排出空气 ②检查并消除故障 ③检查并消除故障 ④添加润滑油 ⑤清洗滤油器
填料函漏气	①油、气太脏或由于断油，把活塞杆拉毛 ②回气管不通 ③填料函装配不良	①更换润滑油，清除脏物，修复或更换活塞杆 ②疏通回气管 ③重新装配填料函
气缸部分发生不正常振动	①支撑不对 ②填料函与活塞环磨损 ③配管振动引起 ④垫片松动 ⑤气缸有异物掉入	①调整支撑间隙 ②调整填料函与活塞环 ③消除配管振动 ④调整垫片 ⑤清除异物
机体部分发生不正常振动	①各轴承及十字头滑道间隙过大 ②气缸振动引起 ③各零部件结合不好	①调整各部分间隙 ②消除气缸振动 ③检查并调整
管道发生不正常振动	①管卡太松或断裂 ②支撑刚性不够 ③气流脉动引起共振 ④配管架子振动大	①紧固或换新，检查管子热膨胀情况 ②加固支撑 ③用预流孔改变其共振面 ④加固配管架子

3.6.5 活塞式压缩机的选型

3.6.5.1 选型原则

(1) 活塞式压缩机选型时要考虑制造、安装、维修的方便及产品变型的可能性。

(2) 对于小型或移动式压缩，采用立式和角式（V 型、W 型）的比较多。

(3) 对于大型压缩机，采用对称平衡型，中型压缩视制造厂的习惯与条件，可选用对称平衡型及 L 型压缩机。

3.6.5.2 活塞式压缩机配置的选择

当活塞式压缩机机型选定之后，列数的确定以及级在列中的配置应遵循如下原则。

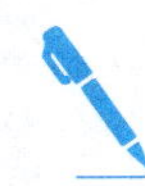

(1) 列数应根据气量大小和级数的多少而定。列数少，填料函少，但一列中串联的级数多，安装维修不方便，惯性力平衡性能较差。列数多，每一列活塞力较小，惯性力平衡性能较好，切向力较均匀，但零部件多、填料函多，泄漏机会多，制造成本高，维护检修工作量大。因此，必须比较多个方案，根据具体情况而定，一般情况下，活塞力在 35kN 以下的设置两列，活塞力大时，可采用多列。

(2) 多列压缩机，应合理选择曲柄错角，使惯性力得到较好的平衡，切向力较均匀。

(3) 级在列中的配置，应力求各列活塞力接近相等，在同一列中，力求活塞力在往复两行程中相等或接近，这样飞轮的尺寸可减小，必要时可采用平衡缸的办法。

(4) 尽可能使填料函位于压力较低处，即低压缸配置在曲轴侧，高压缸配置在远轴端，以减少泄漏和降低对填料函的要求。

(5) 活塞式压缩机配置应便于制造、安装、维护和检修。

习题3-6

1. 单选题

(1) 在气缸-填料函润滑系统中，常用的润滑方式是（　　）。

A. 飞溅润滑　B. 压力润滑　C. 滴油润滑　D. 油环润滑

(2) 活塞式压缩机排气量的调节方法中应用广泛的是（　　）。

A. 转速调节　B. 管路调节　C. 顶开吸气阀法　D. 辅助容积法

(3) 活塞式压缩机的旁通调节的缺点是（　　）。

A. 排气量减小　B. 易出故障　C. 经济性差　D. 流量太大

(4) 活塞式压缩机常设有旁通调节，该调节能（　　）。

A. 平衡气量　B. 减少耗功　C. 提高压力　D. 降低温度

(5) 在中小型空气压缩机中，常用的排气量调节方法是（　　）。

A. 切断吸气调节　B. 节流吸气调节　C. 回流调节　D. 转速调节

(6) 以下因素不会导致空气压缩机的排气量达不到要求的是（　　）。

A. 实际余隙大于设计值　B. 第一级压缩比低于计算值

C. 原动机转速低于设计转速　D. 空气压缩机的滤清器堵塞

(7) 对往复式压缩机排气量影响最大的因素是（　　）。

A. 容积　B. 压力　C. 温度　D. 泄漏

(8) 大型活塞式压缩机气缸常用的润滑方式有（　　）。

A. 油雾润滑　B. 压力润滑　C. 飞溅润滑　D. 油浴润滑

(9) 往复式压缩机必须具有（　　）个压力不同的润滑供油系统。

A. 一个　B. 二个　C. 三个　D. 四个

(10) 用于轮胎充气的微型压缩机润滑方式为（　　）。

A. 无油润滑　B. 压力润滑　C. 飞溅润滑　D. 脂润滑

(11) 活塞式压缩机要求润滑油的闪点较排气温度高（　　）℃。

A. 0～10　B. 10～20　C. 20～30　D. 30～40

(12) 活塞式压缩机运转中通常采用（　　）方法调节排气量。

A. 切断进气　B. 顶开吸气阀　C. 补充余隙容积　D. ABC

(13) 润滑油选用的一般原则是温度高、负荷大时要选用（　　）的。

A. 黏度适中　B. 质量好　C. 黏度低　D. 黏度高

(14) 如果发现压缩机内部注油器不好，有少量小气泡窜出，则首先应（　　）。

A. 加大此点注油量　B. 减小其注油量　C. 停车处理　D. 停油泵

(15) 衡量压缩机的主要性能指标有（　　）、排气量、排气温度。

A. 能量比　B. 压缩比　C. 载荷　C. 转速

(16) 当压缩机结构尺寸一定时，影响排气量的主要因素是（　　）。

A. 转速和排气系数　B. 环境温度　C. 排气压力　D. 余隙容积的大小

(17) 活塞式压缩机气缸的润滑有（　　）形式。

A. 飞溅润滑　B. 喷雾式润滑　C. 压力润滑　D. ABC

2. 判断题

(1) 氧气压缩机可以用蒸馏水来润滑。（　　）

(2) 大型压缩机适合用停机法来调节排气量。（　　）

(3) CO、O_2 压缩机不能使用矿物油润滑，可采用无油润滑结构。（　　）

(4) 对于往复式压缩机都可以采用停转调节方式。（　　）

(5) 对一些不允许和空气混合的压缩机不宜采用切断吸气调节方法。（　　）

(6) 节流吸气调节可以实现无级调节。（　　）

(7) 补充余隙容积调节排气量基本上不消耗功率。（　　）

(8) 飞溅润滑可分为打油杆和油环润滑两种方式。 ( )

(9) 选择润滑油时其闪点比排气温度要高 20℃～25℃。 ( )

(10) 压缩机的停车分为事故停车和计划停车两种。 ( )

(11) 压缩机的排气量是指单位时间内从末级缸排出端测得的，换算到名义吸气状态(压力、温度、相对湿度)时的气体的容积值。 ( )

3. 简答题

(1) 压缩机排气量的调节方法有哪些？

(2) 对压缩机为什么要进行润滑和冷却？

(3) 压缩机的润滑方式有哪几种，各有什么特点？

小结

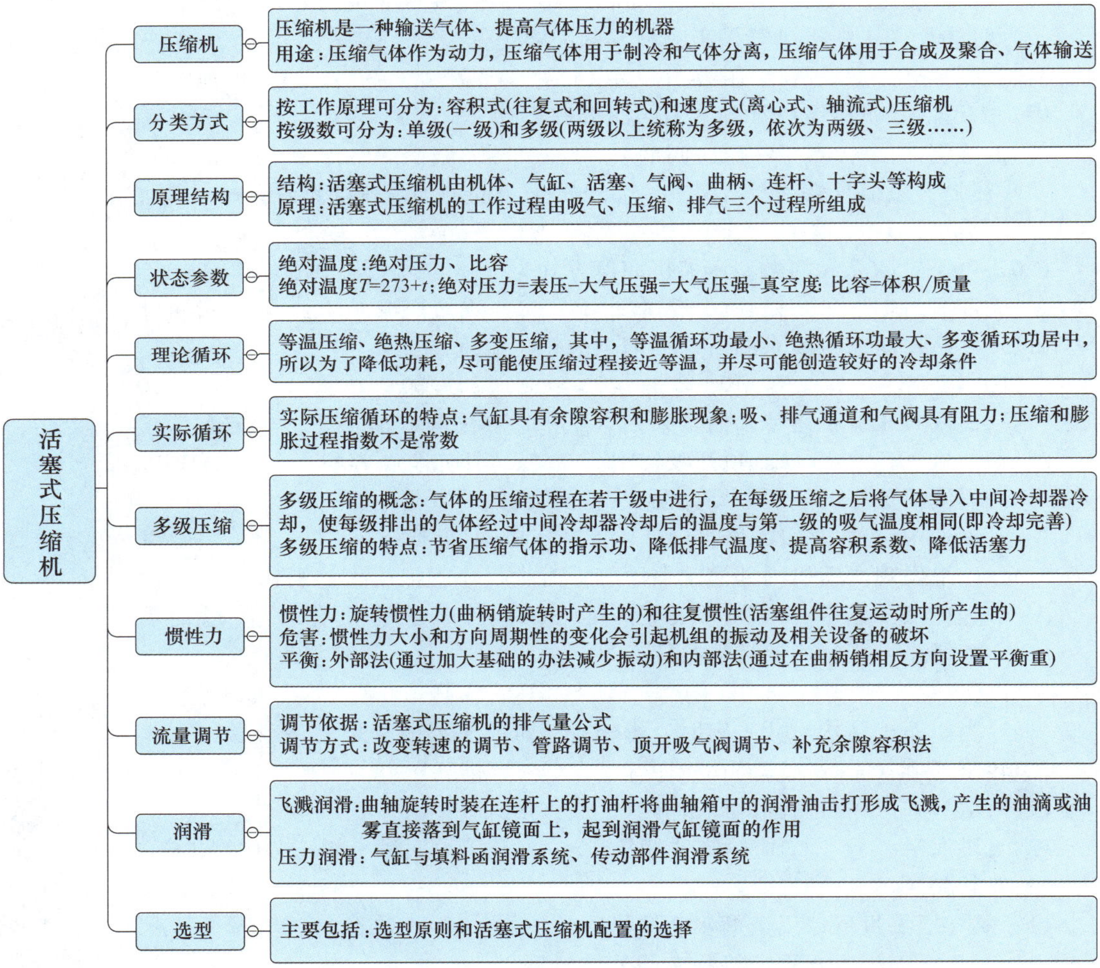

活塞式压缩机

- 压缩机
  - 压缩机是一种输送气体、提高气体压力的机器
  - 用途：压缩气体作为动力，压缩气体用于制冷和气体分离，压缩气体用于合成及聚合、气体输送
- 分类方式
  - 按工作原理可分为：容积式(往复式和回转式)和速度式(离心式、轴流式)压缩机
  - 按级数可分为：单级(一级)和多级(两级以上统称为多级，依次为两级、三级……)
- 原理结构
  - 结构：活塞式压缩机由机体、气缸、活塞、气阀、曲柄、连杆、十字头等构成
  - 原理：活塞式压缩机的工作过程由吸气、压缩、排气三个过程所组成
- 状态参数
  - 绝对温度：绝对压力、比容
  - 绝对温度T=273+t；绝对压力=表压-大气压强=大气压强-真空度；比容=体积/质量
- 理论循环
  - 等温压缩、绝热压缩、多变压缩，其中，等温循环功最小、绝热循环功最大、多变循环功居中，所以为了降低功耗，尽可能使压缩过程接近等温，并尽可能创造较好的冷却条件
- 实际循环
  - 实际压缩循环的特点：气缸具有余隙容积和膨胀现象；吸、排气通道和气阀具有阻力；压缩和膨胀过程指数不是常数
- 多级压缩
  - 多级压缩的概念：气体的压缩过程在若干级中进行，在每级压缩之后将气体导入中间冷却器冷却，使每级排出的气体经过中间冷却器冷却后的温度与第一级的吸气温度相同(即冷却完善)
  - 多级压缩的特点：节省压缩气体的指示功、降低排气温度、提高容积系数、降低活塞力
- 惯性力
  - 惯性力：旋转惯性力(曲柄销旋转时产生的)和往复惯性(活塞组件往复运动时所产生的)
  - 危害：惯性力大小和方向周期性的变化会引起机组的振动及相关设备的破坏
  - 平衡：外部法(通过加大基础的办法减少振动)和内部法(通过在曲柄销相反方向设置平衡重)
- 流量调节
  - 调节依据：活塞式压缩机的排气量公式
  - 调节方式：改变转速的调节、管路调节、顶开吸气阀调节、补充余隙容积法
- 润滑
  - 飞溅润滑：曲轴旋转时装在连杆上的打油杆将曲轴箱中的润滑油击打形成飞溅，产生的油滴或油雾直接落到气缸镜面上，起到润滑气缸镜面的作用
  - 压力润滑：气缸与填料函润滑系统、传动部件润滑系统
- 选型
  - 主要包括：选型原则和活塞式压缩机配置的选择

模块4

螺杆式压缩机

知识目标

- 了解螺杆式压缩机的结构、工作原理、分类和用途。
- 掌握螺杆式压缩机的基本参数、排气量的计算和调节。
- 了解喷油螺杆式压缩机的结构、工作原理、冷却方式和特点。

能力目标

- 具备对螺杆式压缩机进行安装、调试、维护与检修、故障处理和现场管理的能力。
- 具备典型螺杆式压缩机选型、设计、改造及编制制造工艺的能力。

素养目标

- 培养学生自主学习和终身学习意识，具备不断学习和适应社会发展的能力。
- 践行社会主义核心价值观，使学生具有深厚的爱国主义情感和民族自豪感。

4.1 螺杆式压缩机认知

4.1.1 螺杆式压缩机的结构和工作原理

4.1.1.1 螺杆式压缩机的结构

螺杆式压缩机的结构如图 4-1 所示，在“∞”字形的气缸中平行配置一对相互啮合并按一定传动比相互反向旋转的螺旋形转子（称为螺杆），通常将节圆外具有凸齿的螺杆称为阳螺杆，在节圆内具有凹齿的螺杆称为阴螺杆。一般阳螺杆与发动机连接，并由此输入动力，阴、阳螺杆共轭齿形相互填塞，在壳体与两端盖之间形成齿间容积对，壳体两端呈对角线布

(a) 互相啮合的阴阳转子　　(b) 螺杆式压缩机总体结构

图 4-1　螺杆式压缩机的基本结构

1—吸气口；2—排气口；3—阴转子；4—阳转子；5—气缸；6—同步齿轮；7—轴封；8—挡油环；9—轴承；10—推力轴承

置有吸气口和排气口。

4.1.1.2　螺杆式压缩机的工作原理

螺杆式压缩机的阳螺杆由发动机带动旋转时，阴螺杆在同步齿轮带动下与阳螺杆相互啮合做反向同步旋转，阴、阳螺杆共轭齿形相互填塞使封闭在壳体与两端盖间的齿间容积大小发生周期性的变化，并借助壳体上呈对角线布置的吸气口和排气口完成对气体的吸入、压缩和排出过程。螺杆式压缩机从工作原理上讲是一种按容积变化工作的双轴回转式压缩机，气体被吸入工作室后工作室关闭并缩小，被压缩的气体在其内部经受一个多变的压缩过程，最后进入排气过程，如果把阳转子的齿当作活塞，阴转子的齿槽（齿槽与机体内圆柱面、端壁面共同构成工作容积，称为基元容积）视作气缸，螺杆式压缩机的工作过程如同活塞式压缩机的工作过程，主要由吸气、压缩、排气三个过程组成，如图 4-2 所示。

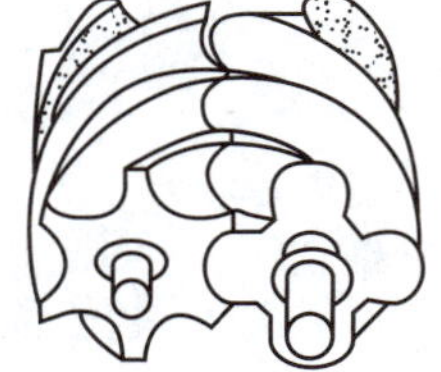

(a) 吸气过程

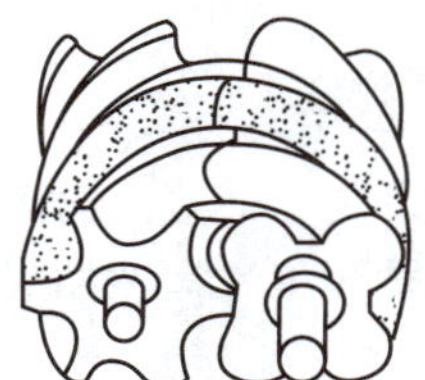

(b) 吸气过程结束，压缩过程开始

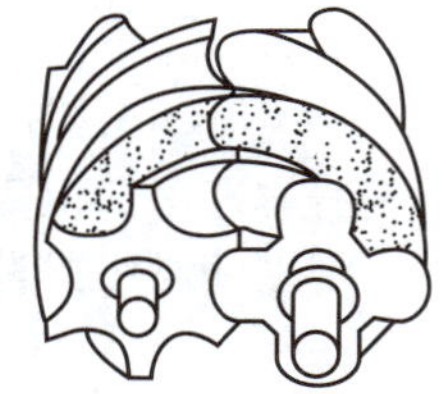

(c) 压缩过程结束，排气过程开始

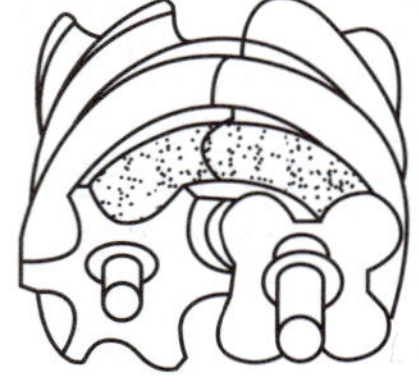

(d) 排气过程

图 4-2　螺杆式压缩机的工作原理

（1）吸气过程　螺杆式压缩机开始运转时，齿间基元容积随着转子旋转逐渐扩大并与吸气口连通，气体通过吸气口进入齿间基元容积，完成气体的吸入过程，当转子旋转到一定角度以后，齿间基元容积越过吸气口位置并与吸气口断开，吸入过程结束。需要指出的是此时阴阳螺杆的齿间容积彼此并没有连通。

（2）压缩过程　当螺杆式压缩机吸入过程结束以后，主动转子的齿间基元容积和从动转子的齿间基元容积彼此孤立，转子继续转过一定角度，两个孤立的齿间基元容积相互连通，形成一对齿间基元容积，随着齿的互相挤入，基元容积开始缩小，实现气体的压缩过程，直到一对齿间基元容积与排气口相连通的瞬间为止，压缩过程结束。

（3）排气过程　在基元容积和排气口相连通以后，螺杆式压缩机进行排气过程，压缩后具有一定压力的气体从基元容积排至输气管道，排出过程一直延续到两个齿完全啮合、基元容积值约等于零时为止，随着转子的连续旋转，螺杆式压缩机的吸气、压缩、排气工作过程循环进行。

4.1.2 螺杆式压缩机的分类

螺杆式压缩机按运行方式的不同，可分为无油螺杆式压缩机和喷油螺杆式压缩机两类。

4.1.2.1 无油螺杆式压缩机

无油螺杆式压缩机又称为干式螺杆式压缩机，在这类压缩机的吸气、压缩和排气过程中，被压缩的气体介质不与润滑油直接接触，两者之间有着可靠的密封装置，另外螺杆之间并不直接接触，相互之间存在一定的间隙，阳螺杆通过同步齿轮带动阴螺杆高速旋转，同步齿轮在传输动力的同时还确保螺杆之间的间隙。

4.1.2.2 喷油螺杆式压缩机

在喷油螺杆式压缩机中大量的润滑油被喷入压缩的气体介质中，起润滑、密封、冷却和降低噪声的作用，这种压缩机不设同步齿轮，一对螺杆就像一对齿轮一样由阳螺杆直接带动阴螺杆转动，由于油膜的密封作用取代了轴封，因此喷油螺杆式压缩机的结构更加简单。

4.1.3 螺杆式压缩机的优缺点

就压缩气体的特点而言，螺杆式压缩机与往复式压缩机一样，同属于容积式压缩机；就其运动形式而言，螺杆式压缩机的螺杆又与速度型叶片式压缩机一样做高速旋转运动。因此，螺杆式压缩机兼有速度型及容积型两者的特点。

4.1.3.1 螺杆式压缩机的优点

螺杆式压缩机与活塞式压缩机比较，具有下列优点。

（1）无不平衡的质量力。螺杆式压缩机由于没有往复运动的零件，不存在不平衡的质量力，使机器能够平稳、无振动地以较高的转速运转。通常螺杆式压缩机不需要特别的基础，甚至可以实现无基础运转，所以对于这种机型的压缩机即使功率较大也可用于移动式装置当中。

（2）转速高。螺杆式压缩机具有较高的齿顶线速度，转速高达每分钟万转以上，可与高速动力机直接相连，因此可以直接选用价格便宜的原动机而无需配置减速设备。螺杆式压缩机的高转速，可使同样生产能力的机器比往复式压缩机的容积小、重量轻，占地面积以及排气脉动量远比往复式压缩机小，一台螺杆压缩机的重量约为一台同等功率活塞式压缩机重量的$\frac{1}{13}$～$\frac{1}{7}$。表 4-1 列出了螺杆式压缩机与往复活塞式压缩机的相对质量和外形尺寸比较。

表 4-1　螺杆式压缩机与往复活塞式压缩机的相对质量和外形尺寸比较

压缩机类型	排气量/(m^3/min)	排气压力/($\times 10^{-1}$MPa)	相对质量/[kg/(m^3/min)]	相对外形尺寸/[m^3/(m^3/min)]
单级螺杆式压缩机	5～420	2.5～5	5～18	0.005～0.010
单级活塞式压缩机	2.3～60	5～7	138～260	0.150～0.390
两级螺杆式压缩机	10～420	7～11.5	20～35	0.012～0.030
两级活塞式压缩机	10～130	8～9	140～392	0.16～0.68

（3）无磨损。干式螺杆式压缩机的转子以非接触方式运转，因此无磨损、寿命长，在整个使用期间功率保持恒定不变，但机器的寿命受轴承耐久性的限制。

（4）结构简单、运转可靠。螺杆式压缩机零部件少，没有容易出故障的气阀或活塞环等密封件，所以运转可靠，维护工作量少，对浸蚀性气体和污垢不敏感。

(5) 调节性能良好。螺杆式压缩机可在多个方面满足工况要求，其调节措施有变转速调节、吸气节流调节、用电力驱动时的停机-运转控制调节、旁通调节以及用于制冷压缩机的滑阀调节等。

(6) 绝对的无油压缩。与大多数压缩机比较，干式螺杆式压缩机可以保持气体洁净，具有绝对无油压缩的优点，因此可用于输送不能受油浸蚀的气体。

(7) 螺杆式压缩机还具有基本上连续的输送量、功耗小，与活塞式压缩机比较具有特性曲线平直和没有喘振界限的优点。

4.1.3.2 螺杆式压缩机的缺点

(1) 效率较低　螺杆式压缩机发展到今天，虽有许多改进，但由于其内部密封性能不好和较高的气流速度，其等温效率比同等功率的活塞式压缩机要低。

(2) 转子制造复杂、支承要求高　螺杆式压缩机基于高的转速和很小的间隙，转子必须高精度加工，所需工具和机床价格十分昂贵，由于齿廓形状复杂，配对的每个转子均需要专用的铣刀加工，转子配对也不能随便组合，而应精确选配，以便获得良好的配合，所以损坏的压缩机转子常常是成对调换。

(3) 噪声较大　由于齿间容积周期性地与吸气口和排气口连通以及气体通过间隙的泄漏等原因，使螺杆式压缩机产生很强的高频噪声，必须采取消音减噪措施，尤其是干式螺杆式压缩机噪声大，需要附带特殊的吸气和排气消声器将噪声保持在允许限度之内。由于频谱特性（高频成分占优势）可采用隔声罩壳，其噪声问题一般比活塞式压缩机的好处理。

(4) 应用范围受到限制　由于螺杆式压缩机是依靠间隙来密封气体以及螺杆刚度等方面的限制，所以只适用于中低压范围。

4.1.4 螺杆式压缩机的应用范围

螺杆式压缩机广泛应用于矿山、化工、动力、冶金、建筑、机械、冷冻等工业部门。目前螺杆式压缩机的排气量范围是 0.425～960m^3/min，一般采用的范围是 2～600m^3/min。在吸入压力为大气压时，无油螺杆式压缩机单级排出压力可达 0.4～0.5MPa，两级排出压力可达 1.0～1.2MPa，三级排出压力可达 2.0～3.0MPa，最高排出压力是 4.5MPa，喷油螺杆式压缩机单级排出压力可达 0.8～1.0MPa。螺杆式机械也可以作为真空泵使用，单级达到的真空度为 80%，两级达到的真空度为 97%。螺杆式制冷压缩机还可与活塞式、离心式制冷压缩机组合使用。

单级螺杆式制冷压缩机可制成开启式和半封闭式。螺杆式压缩机用于制冷上目前绝大多数均为喷油式，因喷油螺杆式压缩机无需设增速齿轮箱，转子与电动机直连使用，从而简化了压缩机的结构。螺杆式制冷压缩机配置有滑阀或可调节滑阀的能量调节装置，可实现无级调节和满足各种变工况压力比的要求。

习题4-1

1. 单选题

(1) 干式螺杆式压缩机的转子是以（　　）方式运转的。

A. 接触　　B. 非接触　　C. 滴油润滑　　D. 油环润滑

(2) 螺杆式压缩机的（　　）一般与发动机连接。

A. 阳螺杆　　B. 阴螺杆　　C. AB

(3) 干式螺杆式压缩机被压缩的气体介质与润滑油（　　），两者之间有着可靠的密封装置。

A. 直接接触　　B. 不直接接触　　C. 直接混合

(4) 在喷油螺杆式压缩机中，大量的润滑油被喷入所压缩的气体介质中，其作用是(　　)。

A. 润滑　　B. 密封　　C. 冷却　　D. ABC

(5) 下列哪些不是螺杆式压缩机的特点：(　　)。

A. 转速高　　B. 无磨损

C. 结构简单、运转可靠　　D. 具有不平衡的质量力

(6) 螺杆式压缩机的等温效率与同等功率的活塞式压缩机相比(　　)。

A. 低　　B. 高　　C. 相等

(7) 螺杆式压缩机的转速(　　)，可使同样生产能力的机器结构容积小而重量轻。

A. 低　　B. 高　　C. 相等

(8) 螺杆式制冷压缩机可用于(　　)等。

A. 冷藏　　B. 冻结　　C. 冷却和化工工艺　　D. ABC

(9) 干式螺杆式压缩机寿命长的主要原因是(　　)。

A. 无磨损　　B. 无不平衡的质量力

C. 转速高　　D. 无油润滑

(10) 螺杆式压缩机效率低的主要原因是(　　)。

A. 内部密封性能不好　　B. 气流速度较高

C. A 和 B　　D. A 或 B

2. 判断题

(1) 干式螺杆式压缩机的转子是以非接触方式运转的，所以无磨损。(　　)

(2) 喷油螺杆式压缩机无需设增速齿轮箱，转子与电动机直连使用。(　　)

(3) 螺杆式压缩机的气缸中有一对相互啮合、相互同向旋转的螺旋形转子。(　　)

(4) 螺杆式压缩机是一种速度压缩机。(　　)

(5) 螺杆式压缩机的工作原理是由吸气、压缩、排气三个过程组成。(　　)

(6) 螺杆式压缩机按运行方式可分为无油螺杆式压缩机和喷油螺杆式压缩机两类。(　　)

(7) 干式螺杆式压缩机被压缩的气体介质不与润滑油直接接触。(　　)

(8) 喷油螺杆式压缩机中必须设同步齿轮。(　　)

(9) 与活塞式压缩机比较，螺杆式压缩机具有特性曲线平直和没有喘振界限的优点。(　　)

(10) 单级螺杆式制冷压缩机可制成开启式和半封闭式。(　　)

3. 简答题

(1) 说明螺杆式压缩机的工作原理。

(2) 说明无油螺杆式压缩机和喷油螺杆式压缩机的区别。

(3) 简述螺杆式压缩机的优缺点。

4.2　螺杆式压缩机的基本参数

本节讨论螺杆式压缩机的各种参数及其影响因素，并给出这些性能参数的大致范围。

4.2.1 转子的圆周速度

4.2.1.1 圆周速度对螺杆式压缩机性能的影响

螺杆式压缩机主动螺杆齿顶圆周速度是影响机器尺寸、重量、效率及传动方式的一个重要因素。随着圆周速度的提高，压缩机的重量及外形尺寸得到改善，通过降低压缩机间隙的相对泄漏量，有利于提高压缩机的容积效率和绝热效率，但是随着圆周速度的增大，气体在吸、排气口及基元容积中流动的动力损失也相应增加，又会引起绝热效率的降低。由于圆周速度对泄漏和动力损失的影响是相反的，在圆周速度较低时泄漏损失对效率起主要作用，提高圆周速度会使效率提高；在圆周速度较高时动力损失对效率起主要影响作用，随着圆周速度的提高，效率反而下降，只有在某一最佳圆周速度下才能获得较小的相对泄漏和动力损失总和，使压缩机效率达到最高。

4.2.1.2 圆周速度的范围

表 4-2 列出了螺杆式压缩机转子圆周速度的应用范围，Ma 是用表示气体动力特性的马赫数确定最佳圆周速度的数值，Ma 的计算按公式（4-1）进行。

$$Ma=\frac{u}{v} \tag{4-1}$$

式中 u——螺杆齿顶的圆周速度，m/s；

v——压缩介质对应于吸入状态的声速，m/s。

表 4-2 螺杆式压缩机转子圆周速度的应用范围

螺杆式压缩机的类型	圆周速度的应用范围	
	对称圆弧型线螺杆式压缩机最佳圆周速度的范围	用表示气体动力特性的马赫数 Ma 确定最佳圆周速度的数值
无油螺杆式压缩机	$u=80\sim120$m/s	$Ma=0.15\sim0.35$
喷油螺杆式压缩机	$u=30\sim50$m/s	$Ma=0.05\sim0.12$

4.2.1.3 圆周速度的影响因素

应该指出，圆周速度的大小与机器的压差、压力比、排气量等因素有关，在压差和压力比比较大时，泄漏的影响较大，最佳圆周速度的数值也相应大些。图 4-3 为瑞典 SRM 公司给出的对称圆弧型线螺杆式压缩机最佳圆周速度 u 与压力比 ε 之间的关系曲线图，从图中可以看出，最佳圆周速度 u 随着压力比 ε 的提高而增加。对于高压差或大压力比的机器，圆周度应取表 4-2 给出数值的上限，而小压力差或小压力比的机器应取下限，不对称型线的螺杆式压缩机因其泄漏比对称圆弧型线小，故最佳圆周速度的数值偏低。

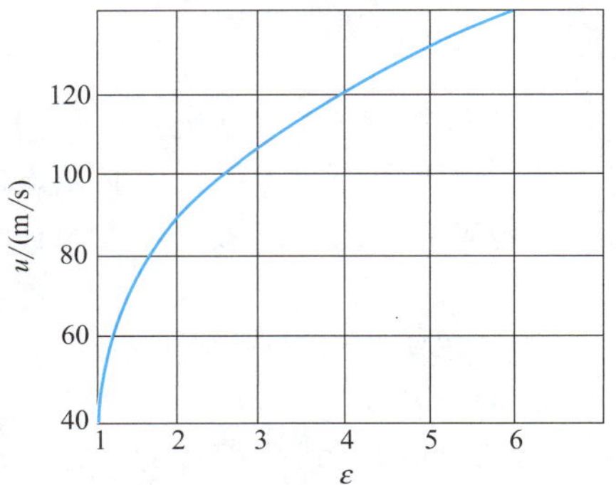

图 4-3 最佳圆周速度 u 与压力比 ε 的关系

圆周速度一经确定，转速也随之确定。由于大排气量的机器选用大直径，小排气量的机器选用小直径，所以排气量越小，机器的转速越高，无油螺杆式压缩机阳转子的转速范围是 1500～15000r/min，喷油螺杆式压缩机阳转子转速范围为 730～4400r/min。

4.2.2 转子的相对长度

4.2.2.1 转子相对长度的计算

螺杆式压缩机转子的相对长度是指螺杆的轴向长度 L 与螺杆的直径 D 之比，用 λ 来表示，按公式（4-2）计算，近年来螺杆压缩的发展趋势是采用小的相对长度。

$$\lambda=\frac{L}{D} \tag{4-2}$$

式中 λ——相对长度；

L——螺杆的轴向长度，m；

D——螺杆的直径，m。

4.2.2.2 相对长度对螺杆式压缩机性能的影响

在排气量不变时，降低相对长度 λ，则螺杆直径相应加大，使吸、排气口面积增加，降低了气体流速，减少了气体动力损失。表 4-3 是在排气量相同时，相对长度 $\lambda=1.5$ 的长螺杆（各参数均为 100%时）和 $\lambda=0.75$ 的短螺杆各参数数值比较。

表 4-3 长螺杆和短螺杆参数比较（长螺杆各参数均为 100%时）

相对长度 λ	吸气口面积	吸入气流速度	排气口面积	排出气流速度
1.5	100%	100%	100%	100%
0.75	200%	50%	220%	45%

减小相对长度 λ，螺杆变得粗短，使转子具有良好的刚度，增加了运转的可靠性，并有利于螺杆式压缩机向高压方向发展，同时使一个轴上串联两段螺杆组成两级压缩成为可能。另外，在直径和转速相同的情况下，通过改变转子的相对长度可很方便地获得不同的排气量。

4.2.2.3 相对长度的范围

转子的相对长度的范围通常是 $\lambda=1.0\sim2.0$，在高压差的级中应采用较小的相对长度。

4.2.3 螺杆式压缩机的级数和压力比

4.2.3.1 级数和压力比对螺杆式压缩机性能的影响

级数和压力比的选择对螺杆式压缩机机组的尺寸、布置及性能有很大影响，对于无油螺杆式压缩机，温升是影响级的压力比的决定性因素。例如，在常温常压下吸入介质为双原子的气体，如果级的压力比 $\varepsilon=4$，那么气体的排出温度将达到 200℃以上，此时转子的热变形将会很大，容易引起转子咬住，而且温度太高对密封、润滑系统的工作都会带来不利影响。

对于多级螺杆式压缩机的高压级或吸入压力较高的增压螺杆式压缩机，压差是限制每级压力比的主要因素，这一点与往复式压缩机不同，在较高压力的情况下各级压力比不大，一般都在 2 以下，气体压缩后的温度也并不高，但这时的吸、排气压差却很大，转子在较大进出口压差的作用下，刚度会显得不足，使转子产生很大的变形，以致影响机器的正常工作，同时压差较大，作用在转子上的力也变得相当大，对轴承工作十分不利。

4.2.3.2 压力比的选择和应用范围

单级无油螺杆式压缩机最大压力比为 $\varepsilon=3\sim4$，个别情况可达 $\varepsilon=5$；两级无油螺杆式压缩机可达到的最大压力比通常为 $\varepsilon=10\sim11$，每级压力比的分配可按总压力比开平方求得，有时考虑第二级的压差较大，该级的压力比可比第一级取得适当小些。如果吸入压力为大气压，排出压力在1MPa以上，则应采用三级或三级以上压缩，这时主要考虑转子的弯曲变形和轴承的负荷来确定该级所能达到的压力，也就是说在第三级或第三级以上的级所能达到的压力主要受压差的限制，这样可以得出转子齿数比为 $m_1:m_2=4:6$ 标准齿形的无油螺杆式压缩机采用不同级数所能达到的终压力（吸入压力为大气压力）：一级压缩小于0.4MPa；两级压缩0.4～1.0MPa；三级压缩1.0～2.0MPa；四级压缩2.0～3.0MPa。若压缩机的吸入压力比大气压力低很多或高很多时，应该根据各级的温升和转子的刚度，参照上述数值确定级数和各级的压力比。对喷油螺杆式压缩机一般采用一级压缩或两级压缩，由于冷却完善，级的压力比不会受排出气体温度的限制，一级压缩所能达到的压力比为 $\varepsilon=8\sim10$。螺杆式压缩机多级压缩的级与级之间均需要设置中间冷却器冷却被压缩的气体。

4.2.4 间隙

理论上螺杆式压缩机的转子与转子之间、转子与机体之间都不存在间隙，即在啮合过程中彼此之间是相互接触的，但事实上由于制造、安装误差、弯曲变形和热膨胀等因素的影响，要求转子与转子之间、转子与机体之间都应留有适当的间隙，这些间隙都会影响螺杆式压缩机的性能。

4.2.4.1 间隙对螺杆式压缩机性能的影响

间隙是影响螺杆式压缩机可靠性与经济性的一个重要因素，减小间隙不但可以提高容积效率，也可以减少单位排气量所消耗的功率，提高绝热效率，因此在圆周速度达到最佳数值以后，减小间隙是进一步提高螺杆式压缩机经济性能的有效措施。但间隙过小，往往会发生转子咬住的现象，当然也不仅仅局限于单纯减小间隙的几何尺寸，也可以在间隙处嵌入软密封或采取各种节流措施来降低间隙处的流通能力。

4.2.4.2 间隙的确定

（1）在确定螺杆式压缩机间隙时应综合考虑的因素

① 转子和机体受气体加热而引起的热膨胀。

② 转子受到气体压差作用而引起的弯曲变形。

③ 轴承、同步齿轮（或增速齿轮）等零部件正常工作所必需的间隙。

④ 转子、机体、轴承、同步齿轮等零部件由于加工及安装所产生的误差。

（2）确定间隙值　用理论计算的方法来确定间隙值，其结果不一定令人满意，一般是根据已有机器实际运转的效果和积累的经验数据来确定各部分的间隙，并在工厂试车时予以适当调整才能得到满意的结果。表4-4列出了常用间隙的取值范围，可供设计和安装时参考。

表4-4　常用间隙的范围值　　单位：mm

间隙类型	应用（适用于转子材料为钢或球墨铸铁，机体材料为铸铁）			
	中小直径的压缩机	大直径的压缩机	吸入端	排出端
阳转子齿顶与阴转子齿谷之间的间隙	0.08～0.20	0.20～0.50		
阳转子与阴转子两齿侧面的间隙	0.06～0.15	0.15～0.40		
转子齿顶与机体内圆的间隙	0.15～0.25	0.25～0.44		
转子与机体的端面间隙			0.8～1.2	0.03～0.10

习题4-2

1. 单选题

（1）通常螺杆式制冷压缩机阴转和阳转的齿数比为（　　）。

A. 4∶6　　B. 5∶5　　C. 6∶4　　D. 5∶6

(2) 在圆周速度达到最佳数值以后，(　　) 间隙是进一步提高螺杆式压缩机经济性的有效措施。

A. 减小　　B. 增大　　C. A 或 B　　D. A 和 B

(3) 螺杆式压缩机的间隙是通过 (　　) 确定的。

A. 理论计算　　B. 经验数据　　C. 实际运转效果　　D. B 和 C

(4) 对无油螺杆式压缩机，(　　) 是影响级的压力比的决定性因素。

A. 温升　　B. 温降　　C. 流量　　D. 压力

(5) 螺杆式压缩机转子的相对长度的范围通常是 (　　)。

A. 1.0～2.0　　B. 2.0～3.0　　C. 3.0～4.0　　D. 3.5～4.0

(6) 在确定间隙时应综合考虑下列哪些因素：(　　)。

A. 转子和机体受气体加热而引起的热膨胀

B. 转子受到气体压差作用而引起的弯曲变形

C. 轴承、同步齿轮（或增速齿轮）等零部件正常工作所必需的间隙

D. ABC

(7) 在排气量不变时，降低相对长度 λ，则螺杆式压缩机的吸、排气口面积 (　　)。

A. 需减小　　B. 需增加　　C. 不变

(8) 喷油螺杆式压缩机一般采用 (　　) 压缩。

A. 一级　　B. 两级　　C. 一级或两级　　D. 三级

(9) 中小直径的螺杆式压缩机，阳转子齿顶与阴转子齿谷的间隙一般为 (　　)。

A. 0.08～0.20　　B. 0.20～0.50　　C. 0.06～0.15　　D. 0.15～0.40

(10) 螺杆式压缩机由于 (　　) 等因素的影响，要求转子与转子之间、转子与机体之间都必须留有适当的间隙。

A. 制造、安装误差　　B. 弯曲变形　　C. 热膨胀　　D. ABC

2. 判断题

(1) 在圆周速度达到最佳数值以后，增大间隙是进一步提高螺杆式压缩机经济性的有效措施。(　　)

(2) 螺杆式压缩机间隙过小，往往会发生转子咬住的现象。(　　)

(3) 螺杆式压缩机多级压缩的级与级之间均没有必要设置中间冷却器。(　　)

(4) 螺杆式压缩机转子的相对长度是指螺杆的轴向长度 L 与螺杆的直径 D 之比。(　　)

(5) 螺杆式压缩机的间隙是指转子之间、转子与机体的间隙。(　　)

(6) 在确定间隙时应综合热膨胀、弯曲变形以及加工及安装所产生的误差。(　　)

(7) 级数和压力比的选择对螺杆式压缩机机组的尺寸、布置及性能影响不大。(　　)

(8) 螺杆式压缩机的间隙一般是根据已有机器的实际运转效果和积累的经验数据确定的。(　　)

(9) 在螺杆式压缩机高压差的级中应采用较大的相对长度。(　　)

(10) 螺杆式压缩机在圆周速度较高时，动力损失对效率起主要影响作用。(　　)

3. 简答题

(1) 螺杆式压缩机转子的相对长度对螺杆式压缩机性能有何影响？

(2) 如何确定螺杆式压缩机的间隙？

(3) 螺杆式压缩机的级数和压力比对螺杆式压缩机性能有何影响？

4.3 螺杆式压缩机的排气量及调节

4.3.1 螺杆式压缩机的排气量

螺杆式压缩机的排气量与转子的齿数有关，而齿数通常又是由排气量、排气压力、吸排气压差以及转子刚度等因素确定的。一般来说，减少螺杆式压缩机转子的齿数，可以增加转子有效面积的利用，但由于相应转子的抗弯模量下降，使转子的刚度下降；反之，转子的齿数增加，转子的刚度提高，转子有效面积的利用率降低，所以低压螺杆式压缩机可以采用较少的齿数，且齿数 $m_1:m_2=3:3$（m_1 为阳转子的齿数，m_2 为阴转子的齿数）时有效面积的利用率最高，使机器单位排气量的重量和尺寸指标为最小。转子齿数比为 $m_1:m_2=4:6$ 的螺杆式压缩机具有良好的刚度，并能使主动转子和从动转子的刚度接近相等，所以现代螺杆式压缩机多采用 $m_1:m_2=4:6$ 的齿数配置。当排出压力较高或吸、排气压差较大时，为了保证转子具有足够的刚度，应采用较多的齿数。由理论研究和实践得知两转子的齿数比为 $m_1:m_2=6:8$ 时，转子的刚度进一步提高，适用于高压力的螺杆式压缩机。实际应用的螺杆式压缩机常见的转子齿数配置见表 4-5。

表 4-5 常见的转子齿数配置

齿数比 $m_1:m_2$	2∶4	3∶3	3∶4	4∶4	4∶5	4∶6	5∶7	6∶8

4.3.1.1 理论排气量的计算

螺杆式压缩机的理论排气量 V_T 是指单位时间内螺杆转过的齿间容积之和，按公式(4-3)进行计算。

$$V_T=m_1n_1W_{01}+m_2n_2W_{02} \tag{4-3}$$

式中 W_{01}，W_{02}——阳转子与阴转子的齿间容积，m^3；

m_1，m_2——阳转子与阴转子的齿数；

n_1，n_2——阳转子与阴转子的转速，r/min。

由于 $m_1n_1=m_2n_2=mn$，则公式（4-3）可用公式（4-4）来表示，即

$$V_T=mn(W_{01}+W_{02}) \tag{4-4}$$

如果阳、阴转子的端面齿间面积分别为 A_{01}、A_{02}（单位：m^2），当转子轴向长度为 L 时，公式（4-4）可以写成公式（4-5）的形式。

$$V_T=mnL(A_{01}+A_{02}) \tag{4-5}$$

假定转子螺齿的扭转角很小，则螺齿在整个转子长度上完全脱离啮合，在这种情况下，阳转子齿槽所输送的最大容量为 $A_{01}L$，阴转子所输送的最大容量为 $A_{02}L$，然而实际扭转角是很大的，使得螺齿不会在整个转子长度上完全脱离啮合，所以齿槽的容积总是小于齿间容积的最大值 $V_{max}=(A_{01}+A_{02})L$。如果令 $C_n=\frac{m_1(A_{01}+A_{02})}{D_1^2}$，代入公式（4-5），则螺杆式压缩机的理论排气量可按公式（4-6）计算。

$$V_T=C_nn_1LD_1^2 \tag{4-6}$$

式中 D_1——阳转子的外径，m；

n_1——阳转子的转速，r/min；

C_n——转子的面积利用系数。

很显然，型线不同、齿数不同时，面积利用系数也不同，面积利用系数 C_n 取决于转子型线参数。表 4-6 中列出了一些常用型线的面积利用系数，可供参考使用。

表 4-6 常用螺杆式压缩机的型线面积利用系数

转子型线	对称圆弧型线	国际标准型线	SRM-A 型线	SRM-D 型线	GHH 型线	Hitachi 型线
面积利用系数 C_n	0.4889	0.4696	0.5009	0.4979	0.4495	0.4013

把相对长度 $\lambda=\dfrac{L}{D}$ 代入公式（4-6），可得螺杆式压缩机的理论排气量公式（4-7）。

$$V_T=C_n n_1 \lambda D_1^3 \tag{4-7}$$

以上各公式中阳、阴转子的端面齿间面积 A_{01}、A_{02} 可根据转子型线方程或转子型线坐标点，用解析法或数值积分法求出。

4.3.1.2 实际排气量的计算

螺杆式压缩机的实际排气量是指考虑了容积效率 η_V 的影响后的实际排气量，可按公式（4-8）进行计算。

$$V=\eta_V V_T \tag{4-8}$$

式中 V，V_T——折算到吸入状态下螺杆压缩机的实际排气量和理论排气量。

螺杆式压缩机的容积效率 η_V 考虑了气体的加热损失、进气阻力损失以及泄漏等因素的综合影响。螺杆式压缩机的转速相当高，没有进气阀，因此吸入压力损失和加热损失的影响都比较小，而泄漏是影响容积效率的主要因素。国产螺杆式压缩机的容积效率一般为 $\eta_V=0.8\sim0.9$，一般小排量、大压力比的压缩机取下限，大排气量、小压力比的压缩机取上限，采用不对称转子型线和喷油，均有利于容积效率的提高。螺杆式压缩机的容积效率取决于压力比、齿顶与壳体的间隙、啮合部分的间隙、齿顶的圆周速度以及是否向工作腔喷油等。

（1）泄漏的影响　气体通过螺杆式压缩机间隙的泄漏分为外泄漏和内泄漏两种，外泄漏是指高压气体通过间隙向吸气管道及吸气基元容积中的泄漏，内泄漏是指具有较高压力的气体，通过间隙向较低压力（但高于吸入压力）的基元容积的泄漏，显然只有外泄漏才影响压缩机的容积效率，因为漏进吸气腔的高压气体要膨胀，占去了本该由新鲜气体充满的那部分容积。

（2）吸入压力损失的影响　气体经过吸入管道和吸气口的气体动力损失使吸入压力降低，造成气体膨胀、密度降低，减少了压缩机吸入的气体量。

（3）加热损失的影响　螺杆式压缩机的转子和机体受到压缩气体的加热，具有比吸入气体高得多的温度，在吸气过程中气体受热膨胀，减少了压缩机吸入的气体量。

4.3.1.3 功率的计算

螺杆式压缩机功率的计算与活塞式压缩机计算的方法相同，但由于高压齿间容积向低压齿间容积泄漏的影响，压缩过程指数可能大于绝热指数，即 $m>k$，对于一般无油螺杆式压缩机。当压力比 $\varepsilon=3\sim3.5$ 时，绝热效率 $\eta_{ad}=0.82\sim0.83$；当 $\varepsilon=3.5\sim5.2$ 时，绝热效率 $\eta_{ad}=0.72\sim0.80$；大型螺杆式压缩机可达到 $\eta_{ad}=0.84$。对于喷油螺杆式压缩机，由于油能起阻塞气体的作用，齿顶圆周速度可以较低，容积效率较高，可达 $\eta_V=0.80\sim0.95$，并且由于油可起内冷却作用，故单级压力比可达 $\varepsilon=7$，而且排气温度也不会超过许用值。

4.3.2 螺杆式压缩机的特性曲线

4.3.2.1 ε-V-n 之间的关系曲线

图 4-4 所示为螺杆式压缩机在不同压力比时实际排气量 V 和转速 n 之间的关系曲线。曲线 V_T 是从坐标原点引出的一条直线，表示理论排气量 V_T 和转速 n 之间的关系，它与压力比无关。该直线说明理论排气量 V_T 与转速 n 成正比，直线 V_T 以下的四条曲线表示在不同压力比时实际排气量 V 和转速 n 之间的关系曲线。

在某一转速下理论排气量 V_T 和实际排气量 V 之间的垂直距离 ΔV 表示由于气体泄漏和吸入压力损失所造成的排气量的降低，转速较低时相对泄漏量（单位排气量的泄漏量）增大，使实际排气量曲线 V 急剧下降，转速增加时相对泄漏量减少，实际排气量曲线 V 和理论排气量曲线 V_T 逐渐接近，进一步增加转速，由于吸入压力损失的增加抵消了相对泄漏量的减少，实际排气量 V 与转速 n 几乎呈线性关系并和理论排气量 V_T 相平行。

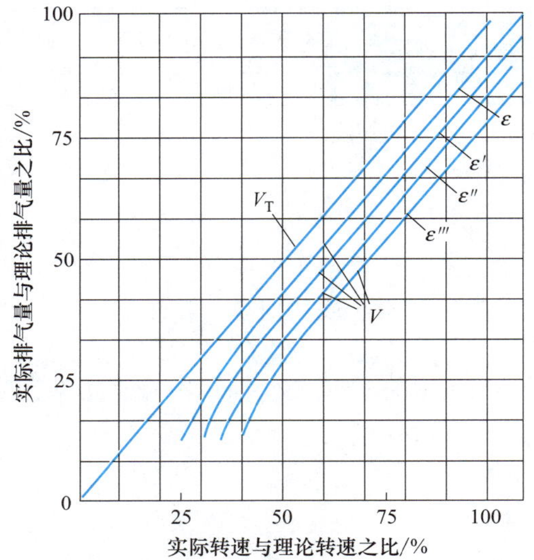

图 4-4 不同压力比时，排气量 V 与转速 n 的关系（$\varepsilon<\varepsilon'<\varepsilon''<\varepsilon'''$）

4.3.2.2 η_V、η_{ad}、ε 之间的关系曲线

图 4-5（a）所示为原西德 GHH 公司生产的 SK25 型无油螺杆式压缩机在转速 $n=5500$r/min 时容积效率 η_V、绝热效率 η_{ad} 与压力比 ε 之间的关系曲线。可以看出，随着压力比 ε 的增加，泄漏量增大，容积效率 η_V 略有下降，在某一压力比时绝热效率 η_{ad} 取得最大值。

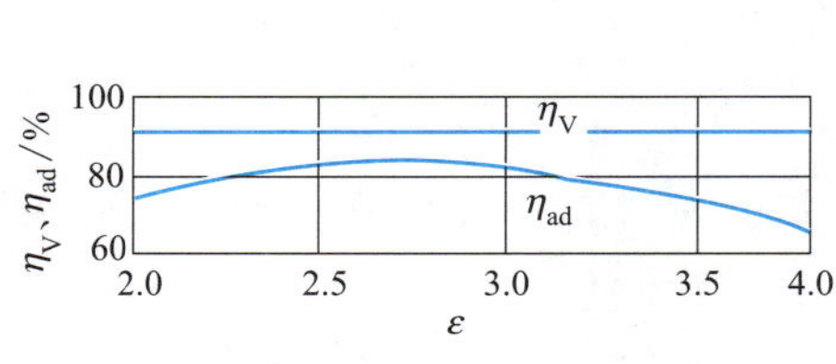

(a) η_V、η_{ad}与ε的关系

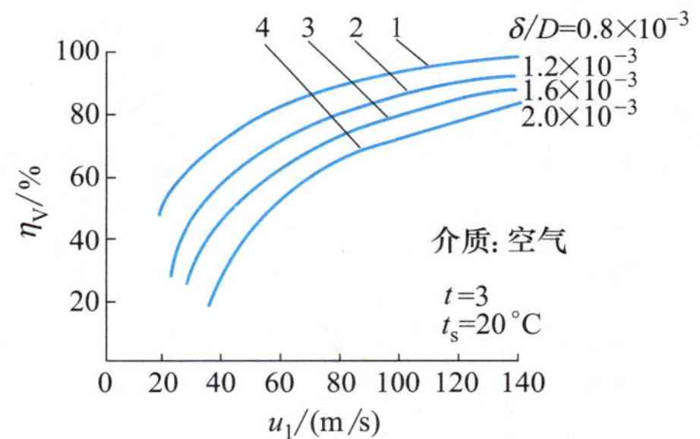

(b) η_V与螺杆齿顶圆周速度u_1和相对间隙$\frac{\delta}{D}$的关系

图 4-5 无油螺杆式压缩机的特性曲线

在压力比不变时，容积效率 η_V 与螺杆齿顶圆的圆周速度 u_1 和相对间隙$\dfrac{\delta}{D}$之间的关系如图 4-5（b）所示。可以看出，容积效率 η_V 随相对间隙的减小而增大，随圆周速度的增大而增大，而且在较低圆周速度时影响尤为显著。

目前，常用绝热效率 η_{ad} 来评价螺杆式压缩机的经济性能，绝热效率取决于压力比 ε，同时与圆周速度 u_1 关系密切，圆周速度增大，一方面使容积效率增大，另一方面也使气体动力损失和摩擦损失增大，如图 4-6 所示。因此，在某一特定的圆周速度下，会使泄漏和摩擦两种损失之和为最小，从而取得最佳的绝热效率。

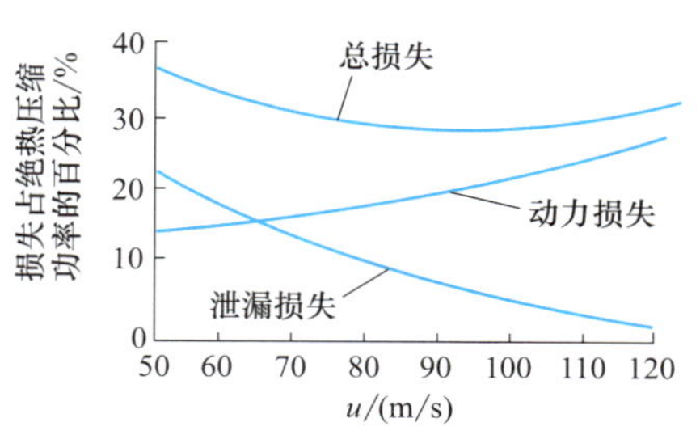

图 4-6 总功率损失中各损失所占的比例

4.3.2.3 η_V、η_{ad}、n 之间的关系曲线

图 4-7 所示为容积效率 η_V、绝热效率 η_{ad} 和转速 n 之间的关系曲线。可以看出，随着转速的增加，泄漏的影响减弱，容积效率增加，绝热效率开始时随转速增加而上升，在某一特定转速下达到最高值以后反而随着转速增加而下降。螺杆式压缩机的这种特性是由于其内部损失（泄漏损失和气体动力损失）与转速之间存在着不同关系所造成的。气体动力损失与转子齿顶线速度 u^2 成正比，即与转速 n^2 成正比，相对泄漏损失随转速的增加而减小。在图 4-7 中，绝热效率和转速曲线的前一段（低转速部分）起主要作用的是泄漏损失，所以转速的增加会使绝热效率上升，但在曲线的后一段（高转速部分）起主要作用的是气体动力损失，故转速的增加反而使绝热效率下降。

4.3.2.4 综合特性曲线

图 4-8 所示为不同转速 n 时实际排气量 V 与压力比 ε 之间的关系以及不同工况时的等效率曲线。由该图可得螺杆式压缩机的两个共同特性。

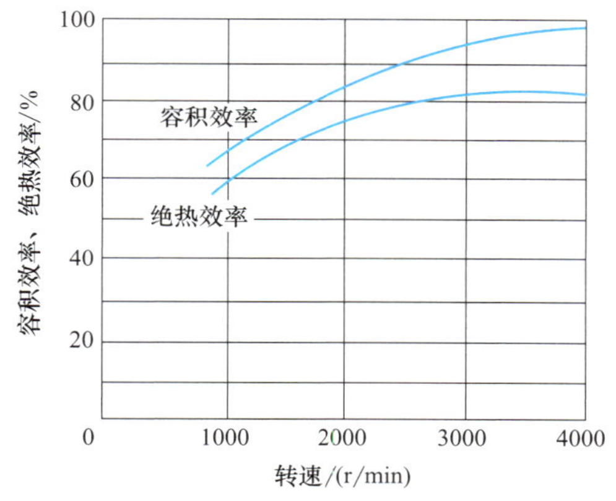

图 4-7 η_V、η_{ad} 与转速 n 之间的关系曲线

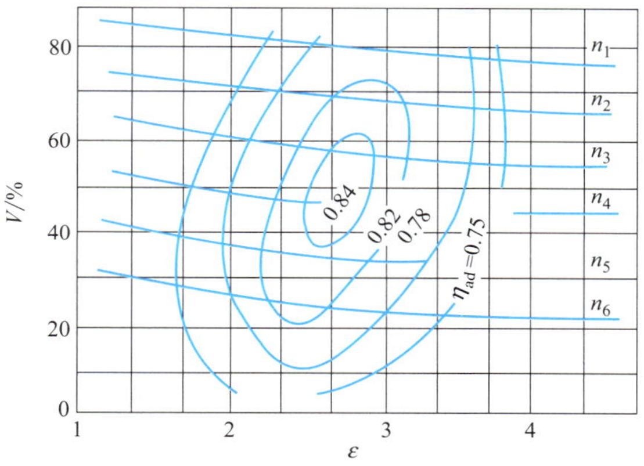

图 4-8 不同转速 n 时，排气量 V 与压力比 ε 之间的关系（$n_1>n_2>n_3>\cdots>n_i$）

（1）在某一转速下压力比增加时，压缩机的实际排气量略有下降，这是因为通过间隙的泄漏量随压力比的增大而增加，而且这种影响在低转速时更加明显。

（2）在最高效率值附近存在一个相当广泛的转速和压力比范围，此范围内压缩机效率的降低并不显著。

4.3.3 螺杆式压缩机排气量的调节

通常螺杆式压缩机的用户总是根据最大的实际耗气量来选定压缩机的容量，但是在使用过程中总会因为各种原因要求改变压缩机的排气量，以适应实际耗气量的变化。此外，从作用原理可知螺杆式压缩机属于容积式压缩机，其排气量不因背压的提高而自行降低，因此，如果不作相应的有效调节，不但增加了功耗，而且在某些场合还有可能发生事故。所以，必须设置调节控制机构对排气量进行调节，其目的是使压缩机的排气量和实际耗气量达到平衡。

螺杆式压缩机在稳定工况下单位时间的排气量实际上与压缩终了压力无关，调节系统的目的在于不管用气量多少，都要维持压缩终了压力基本不变，一般允许的压力波动约为终了压力的5%～10%。螺杆式压缩机排气量的调节方式主要包括旁路调节、运行-停机调节、变转速调节、吸气节流调节和滑阀调节等。

4.3.3.1 旁路调节

旁路调节是在恒定的终压下调节排气量的一种最简单的方法，从结构上看只需要在排出管道上并联安装一个节流阀，调节流量时把多余的压缩气量通过节流阀膨胀后再输送到吸入管道中去。这种调节方法从功耗的角度考虑是不经济的，但简便易行，故偶尔在部分载荷下工作的压缩机可用这种方法。

4.3.3.2 运行-停机调节

运行-停机调节与旁通调节一样简单，它需要在装置的压力管路中设置一个大的储气罐，如果储气罐中的压力下降到某一限值，则开关接通，压缩机开始工作，直到储气罐的压力上升达到某一最大值，机器切断电源停机。运行-停机调节方式主要用于电力驱动的压缩机，而且电源接通次数不能太多，对于经常在部分载荷下工作的压缩机，这种调节方式最为适用，因为压缩机要么停机，要么在最佳运行点以满负荷能力工作。

4.3.3.3 变转速调节

由公式 $V_T = C_n n_1 \lambda D_1^3$ 可以看出，螺杆式压缩机的理论排气量是与阳转子的转速 n_1 成正比的，当转速改变时排气量也随之改变，排气量减小，机器的功耗也下降。当然，每一螺杆式压缩机均有一最佳的圆周速度，在这个速度下机器的比功率为最小，当转速改变时自然离开这个最佳工况点，所以在调节范围内的部分载荷效率比最佳效率要低。变转速调节主要用于内燃机驱动的压缩机，对于采用柴油机驱动的压缩机，其最小转速为其公称转速的50%。

4.3.3.4 吸气节流调节

吸气节流调节是指在吸气开始至压缩之前的吸气过程中，使基元容积的压力降低，其结果是吸入的气体质量减少，从而达到调节的目的。这种调节方法的实质是通过降低容积效率来达到减少吸气量的目的。吸气节流调节可单独使用，也可以和运行-停机调节联合使用，对于柴油机驱动的压缩机，吸气节流调节常与变转速调节联合使用。

4.3.3.5 滑阀调节

滑阀调节与往复式压缩机部分行程顶开吸气阀调节的原理基本相同。它是使基元容积在啮合线从吸入端向排出端移动的前一段时间内与吸气孔相通，其实质是通过减少螺杆式压缩机的有效长度达到减少排气量的目的。这种调节方法是在螺杆式压缩机的机体上装一个滑动调节阀（即滑阀），它位于排气一侧机体两内圆的交点处，能在与气缸轴线平行的方向上来回移动。滑阀是靠与它连成一体的油压活塞推动的，滑阀的背部在非调节工况时与机体固定部分紧贴，在调节工况时与固定部分脱离，离开的距离取决于预调节排气量的大小。在调整工况时基元容积缩小的前一段吸入的气体并不开始压缩，而是通过滑阀与固定部分之间的空隙回流到吸气口，直到阳转子与阴转子的啮合点移过滑阀与固定部分的空间以后基元容积内的气体才开始压缩。滑阀调节具有以下几个方面的特点。

（1）调节范围宽　滑阀调节可在10%～100%的排气量范围内实现有级或无级调节，而且调节的经济性好。在50%～100%范围内调节，原动机的功率消耗随着压缩机排气量的减小而成比例下降，但调节量超过50%以后功耗降低不显著。

（2）调节方便　滑阀调节适用于工况变动频繁的场合，特别适用于制冷、空调等螺杆式压缩机。

(3) 可实现卸载启动，特别是在闭式系统中 滑阀调节的不足之处是使螺杆式压缩机的结构变得复杂，而且使系统的调整也变得相当复杂，造价提高，维护检修任务重，发生事故的机会增加。

习题4-3

1. 单选题

(1) 在某一转速下，压力比增加时，螺杆式压缩机的实际排气量（　　）。

A. 略有升高　　B. 略有下降　　C. 不变

(2) 随着转速的增加，泄漏的影响减弱，螺杆式压缩机的容积效率相应（　　）。

A. 降低　　B. 增加　　C. 不变　　D. 与转速无关

(3) 只有在某一特定转速时，螺杆式压缩机才能得到最佳绝热效率，主要原因是泄漏损失与空气动力损失之和达到（　　）值。

A. 最小　　B. 最大　　C. 是零　　D. 不能确定

(4) 螺杆式压缩机的理论排气量与（　　）无关。

A. 转速　　B. 压力比　　C. 齿数　　D. 温度

(5) 滑阀调节可在（　　）的排气量范围内实现有级或无级调节。

A. 小于 10%　　B. 10%～100%　　C. 大于 100%　　D. 50%～100%

(6) 空气动力损失与转子齿顶转速的（　　）成正比。

A. n　　B. n^2　　C. n^3　　D. $\sqrt{n}$

(7) 螺杆式压缩机的内部损失是指（　　）。

A. 泄漏损失　　B. 空气流动损失

C. 泄漏损失和空气流动损失　　D. 阻力损失

(8) 下列不属于螺杆式压缩机排气量调节方式的是（　　）。

A. 旁路调节　　B. 变转速调节　　C. 滑阀调节　　D. 出口节流调节

(9) 螺杆式压缩机的绝热效率随着转速增加而（　　），在某一特定转速下达到最高值以后，反而随着转速增加而下降。

A. 上升　　B. 下降　　C. 不变

(10) 在螺杆式压缩机绝热效率和转速曲线中，在低转速部分起主要作用的是（　　）。

A. 泄漏损失　　B. 动力损失　　C. 流量损失　　D. 机械损失

(11) 螺杆式压缩机油温过高的原因是（　　）。

A. 压缩比大　　B. 油冷却器冷却不够

C. 吸入气体过热或喷液量不足　　D. ABC

2. 判断题

(1) 螺杆式压缩机的排气量与转子的齿数无关。（　　）

(2) 螺杆式压缩机属于容积式压缩机。（　　）

(3) 只有外泄漏才影响螺杆式压缩机的容积效率。（　　）

(4) 螺杆式压缩机的容积效率受吸入压力损失的影响和加热损失的影响都比较小。（　　）

(5) 螺杆式压缩机在稳定工况下单位时间的排气量实际上与压缩终了压力无关。（　　）

(6) 旁路调节是在恒定的终压下，调节螺杆式压缩机排气量的一种最简单的方法。（　　）

(7) 运行-停机调节方式主要用于电力驱动的螺杆式压缩机。（　　）

(8) 螺杆式压缩机的理论排气量是与阳转子的转速成反比。 ( )

(9) 吸气节流调节的实质是通过提高容积效率来达到减少吸气量的目的。 ( )

(10) 滑阀调节适用于工况变动频繁的场合，特别适合制冷、空调等螺杆式压缩机。 ( )

(11) 螺杆式压缩机吸入气体过热会导致油温过高。 ( )

3. 简答题

(1) 说明螺杆式压缩机 ε-V-n 之间的关系曲线的变化规律。

(2) 说明螺杆式压缩机排气量的调节方式有哪些。

(3) 说明螺杆式压缩机的容积效率的影响因素。

4.4 喷油螺杆式压缩机简介

4.4.1 喷油螺杆式压缩机

在无油螺杆式压缩机中，压缩气体不与冷却介质（油、水等）直接接触，冷却作用是依靠气缸夹层中通入冷却水、转子中心通入冷却剂（油或其他液体）来实现的，即借助机体及转子壁面的传热而达到。但实际气体在螺杆式压缩机中的流动速度很高，也就是说，气体流经压缩机的时间非常短暂，一般小于 0.02s，因此气体与冷却介质之间来不及进行充分的热量交换，可近似地认为气体压缩过程是绝热的。这种无油螺杆式压缩机由于受排气温度的限制，一级压缩达到的压力比一般不超过 5。为了改善压缩过程中热量的交换，降低气体的排出温度，提高单级压力比，在螺杆式压缩机的工作腔内喷入具有一定压力的液体，使喷入液体与压缩气体直接接触，并吸收压缩过程中所产生的热量，使压缩过程接近等温压缩，这种通过向工作腔喷入液体冷却的机器称为喷液螺杆式压缩机或喷油螺杆式压缩机。

4.4.2 喷油螺杆式压缩机的冷却方式

4.4.2.1 冷却方式

喷油螺杆式压缩机气体的冷却方式称为内冷却或直接冷却，而无油螺杆式压缩机气体的冷却方式称为外冷却或间接冷却。喷油式和无油式是螺杆式压缩机并列发展的两个分支，它们用于不同的场合。

4.4.2.2 冷却介质的选择

喷液螺杆式压缩机喷入的液体通常是油（也可以是水或其他液体），故称为喷油螺杆式压缩机。喷水或其他液体时要考虑螺杆、机体及管道系统的防腐、防锈等问题，目前向工作腔喷油的螺杆式压缩机应用广泛，特别是在移动式空气压缩装置及制冷装置中应用更为广泛。喷油螺杆式压缩机一级压缩压力比可达到 10。向工作腔喷油有以下三个作用。

(1) 冷却　喷油螺杆式压缩机喷的油与被压缩的气体均匀混合，吸收了压缩过程中气体的热量，大大降低了气体的排出温度。例如，从大气吸入、排气压力为 0.7MPa 的单级喷油螺杆式压缩机，其排气温度低于 120℃。

(2) 润滑　喷油螺杆式压缩机在结构上省掉了一对同步齿轮，由阳转子直接带动阴转子，其润滑是靠喷入的油来实现的。

(3) 密封　喷油螺杆式压缩机喷入的油在螺杆及气缸壁面形成了一层薄的油膜，使阴、阳转子之间、螺杆与气缸之间的实际间隙减小，从而减少了气体通过间隙的泄漏，这种螺杆式压缩机的原动机通过联轴器和一对增速比不大的增速齿轮带动阳转子旋转，阳转子直接与阴转子啮合，带动阴转子旋转，不需要精密复杂的密封，靠油封就能有效防止气体沿螺杆轴线方向的泄漏，同时采用滚动轴承，效率高，运转可靠，维修较方便。

喷入工作腔内的油随着压缩气体流出压缩机的主机，并经过特别的油、气分离设备将油分离出去，再经过冷却、过滤后，由油泵再泵入螺杆式压缩机的工作腔进行循环使用。

4.4.3 喷油螺杆式压缩机系统简介

图 4-9 为喷油螺杆式压缩机系统图。气体经过滤清器及容量调节阀进入螺杆式压缩机，并与压力油混合压缩，压缩后的油、气混合物经逆止阀进入储气器（也称一次油分离器）、油分离器（也称二次油分离器），已被分离干净的压缩气体通过压力保压阀和逆止阀供给用户使用，一次油分离器和二次油分离器在同一壳体内，壳体的下部兼作储油箱，可储存分离出来的油，上部空间作储气罐使用。

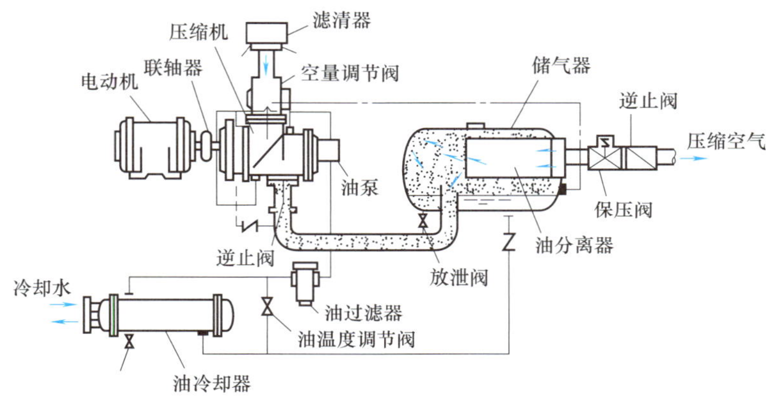

图 4-9 喷油螺杆式压缩机系统图

二次油分离器下部储油箱中的油经过油冷却器和油过滤器后进入油泵，油泵泵出的压力油分为四路，最主要的一路喷入工作腔，一路通向增速齿轮处润滑，一路润滑轴承，一路通向螺杆端面转子轴颈处起轴向密封作用，可以看出压缩过程中被油吸取的热量只通过一个体积很小的油冷却器被冷却水或冷风带走。在油冷却器前后管路上还设有一个油温度调节阀（也称旁通阀），机组正常运转时油温度调节阀处在半开启状态，当油温过高时调节阀关闭，防止油温过高而导致油发生氧化，全部油量都经过油冷却器以适当降低油温。压缩机在启动或在严寒冬季运转时，油温低、黏度大、喷入工作腔里的油不易雾化，这时油温度调节阀全部打开，使油不经过冷却器，来自压缩机出口的油、气混合物进入油分离器的筒体空间，使大部分油滴在重力作用下落入油箱，含有少量油的压缩气体经二次油分离器再次分离。二次油分离器是由一层层羊毛绒叠在一起组成的，当油、气混合物通过时，油被附着在羊毛纤维上，从而达到良好的分离效果，厚厚的羊毛绒层不仅起着油、气分离的作用，还能很好地吸收气流中的噪声，因此二次油分离器实际上也起着排气、消声器的作用。两次分离回收了绝大部分的油，被气体带出去的油已经非常少了，可以做到每压缩 $1m^3$ 的气体油的消耗量仅为 50～100mg。

喷入工作腔里的油量要适当，油量过少会降低冷却、密封与润滑效果，影响压缩机的效率，而油量过多不仅会使油扰动消耗的功增加，而且加重了油分离设备的负担，影响油的回收。喷入的油与气体的体积比以 0.24%～1.1%为宜，如以质量表示相当于油、气质量比为 1.5～10。在转速较高时，螺杆式压缩机的相对泄漏损失小，但扰动油的损失功较大，故上述数值中，小的数值适用于较高转速，大的数值适用于较低转速。

图 4-10 所示为螺杆式压缩机喷油小孔的排布方式。压力油从机体上的一条总油管分别经过喷油小孔喷入压缩腔内，喷油小孔可排成一行或两行，数目可为 5～12 个，孔径为 3～5mm，它由特制钻头并借助钻模由内腔向外与机体上的总油孔钻通。有的机器也可以只用 1～2 个直径为 10mm 以上的大孔向压缩腔内喷油，但其喷入油的雾化程度不及多孔好。喷油小孔的位置应该在气体压缩的一面，在基元容积已与吸入口脱离，气体刚刚开始压缩的地方。如果油孔开在基元容积处于吸气的地方，喷入的油既要加热吸入气体，又要占据吸入空间，使容积效率降低。

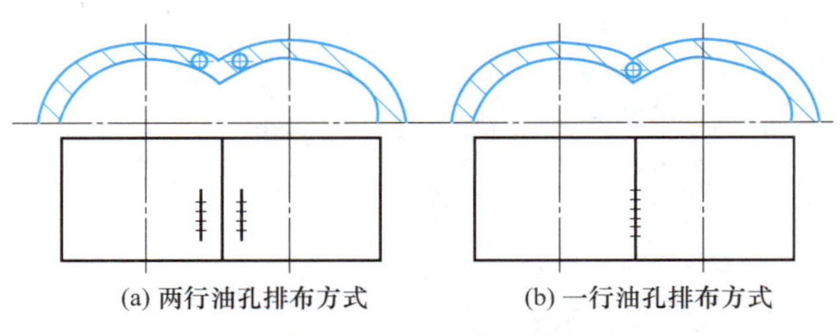

图 4-10 喷油小孔的排布方式

4.4.4 喷油螺杆式压缩机的特点

4.4.4.1 喷油螺杆式压缩机的优点

（1）螺杆齿顶圆周速度低　由于油膜的密封作用减少了气体通过间隙的泄漏，因此喷油螺杆式压缩机的最佳圆周速度比无油螺杆式压缩机低得多，一般仅为无油螺杆式压缩机的 1/3 左右，其数值低于 50m/s。喷油螺杆式压缩机有可能与原动机直接连接或通过不大的增速比就能达到压缩机所需的转速，由于圆周速度较低，所以在排气量很小时机器的尺寸也不至于太小，适用于小排气量的情况，例如喷油螺杆式压缩机在 3～40m^3/min 范围内获得广泛运用。

（2）单级压力比高　由于喷油螺杆式压缩机的冷却采用喷油内冷方式，因而大大降低了排出温度，亦即在允许的温度范围内，喷油螺杆式压缩机单级达到的压力比高于无油螺杆式压缩机。无油螺杆式压缩机单级最大压力比为 3～5，喷油螺杆式压缩机可达 8～10。

（3）压缩过程接近等温压缩，提高了容积效率和绝热效率　喷油螺杆式压缩机通过喷入大量的冷却油到压缩腔（油与气的质量比约为 5∶1 至 10∶1），压缩气体所产生的热量被油液带走，由于采用直接冷却方式，使螺杆式压缩机的压缩过程不会有显著的温度升高，压缩过程接近等温，从而减少了压缩功耗，因此单级压力比可达到 1∶15，而压缩温度不超过 100℃。另外，较低的圆周速度使气体的空气动力损失大大降低。油膜减少了气体通过间隙的泄漏，冷却完善，使吸气管、转子与机体温度低，减少了气体在吸入过程中被加热的程度，因此喷油螺杆式压缩机的绝热效率和容积效率都得到了提高。

（4）噪声低　喷油螺杆式压缩机基于较小的圆周速度和喷油的缓冲作用，在同样排气量时转速低于无油螺杆式压缩机，油膜层的吸声作用及油分离器的消声作用使其噪声比无油螺杆式压缩机低得多。

（5）主机结构简化　喷油螺杆式压缩机取消了同步齿轮，改由主动转子直接带动从动转子，以滚动轴承代替滑动轴承，省去了大多数干式螺杆式压缩机常用的滑动轴承所需复杂的润滑系统，用油密封代替迷宫式或石墨环式密封，机体不需要夹层的冷却水套，转子中心不需要冷却油孔，从而使机体与转子的结构非常简单，更加便于制造。

4.4.4.2 喷油螺杆式压缩机的缺点

(1) 机器的重量和尺寸都较大 由于喷油螺杆式压缩机的转速一般比干式螺杆式压缩机低，所以机器的重量和尺寸较大。

(2) 喷入的油和被输送介质的分离较为困难 喷油螺杆式压缩机把喷入的油从被输送的介质中分离出来比较困难，目前经粗分和细分装置虽能使气体含油量达到 5～10mg/m^3 以下，但对于大型机器而言耗油量也相当可观。

(3) 喷油系统油路复杂，设备投资费用增加 由于喷油螺杆式压缩机多了一套油路及油分离设备，因此整个机组结构复杂，设备投资费用增加。

(4) 应用受到限制 喷油螺杆式压缩机失去了干式螺杆式压缩机无油的优点，不能用来压缩易燃、易爆或与油接触不稳定的介质，也不适宜要求压缩气体洁净的场合。由于喷油螺杆式压缩机气体带油，因而食品工业不能应用。由于气体密封和转子刚度等方面的限制，螺杆式压缩机还不能达到较高的终了压力，目前只能用于中压 4.5MPa 以下的场合。

习题4-4

1. 单选题

(1) 喷油螺杆式压缩机气体的冷却方式是（　　）。

A. 直接冷却　B. 蓄热式冷却　C. 间壁式冷却　D. 夹套冷却

(2) 喷油螺杆式压缩机把喷入的油从被输送的介质中分离出来比较（　　）。

A. 容易　B. 困难

(3) 喷油螺杆式压缩机的压缩过程接近（　　）。

A. 等温压缩　B. 绝热压缩　C. 多变压缩　D. 混合压缩

(4) 喷油螺杆式压缩机的单级压力比可达（　　）。

A. 无法确定　B. 小于 10　C. 8～10　D. 大于 10

(5) 喷油工作腔的油量要适当，油量过少会（　　）。

A. 降低冷却效果　B. 影响效率

C. 降低密封与润滑效果　D. ABC

(6) 喷油螺杆式压缩机喷油形成的油膜层具有（　　）作用。

A. 吸声和消声　B. 吸声　C. 消声

(7) 喷油螺杆式压缩机喷入的油与气体的体积比以（　　）为宜。

A. 0.24%　B. 0.24%～1.1%　C. 1.1%　D. 大于 1.1%

(8) 喷油螺杆式压缩机喷油孔的位置应该在气体（　　）的一面。

A. 被压缩气体的相反方向　B. 冷却

C. 压缩

(9) 喷油螺杆式压缩机的压缩温度一般（　　）。

A. 小于或等于 100℃　B. 大于 100℃

C. 大于或等于 100℃

(10) 喷油螺杆式压缩机必须设置油气（　　）设备。

A. 搅拌　B. 分离　C. 混合　D. 加热

(11)（　　）、油冷却器冷却不良、吸入气体过热、喷油量不足等会引起螺杆式压缩机油温过高。

A. 压缩比过小　B. 油压不高　C. 过载　D. 压缩比过大

2. 判断题

（1）螺杆式压缩机的润滑油系统主要是由油箱、油泵、油冷却器、油过滤器组成的。（　　）

（2）进口压力过高将引起螺杆式压缩机异常响声。（　　）

（3）喷油螺杆式压缩机的冷却方式是直接接触换热方式。（　　）

（4）在同样排气量时，喷油螺杆式压缩机的转速低于无油螺杆式压缩机。（　　）

（5）喷油螺杆式压缩机把喷入的油从被输送的介质中分离出来比较容易。（　　）

（6）喷油螺杆式压缩机的油膜层具有吸声作用及油分离的消声作用。（　　）

（7）喷油螺杆式压缩机螺杆的齿顶圆周速度较高。（　　）

（8）喷油螺杆式压缩机的冷却油可以循环使用。（　　）

（9）喷液螺杆式压缩机喷入的其他液体要考虑螺杆、机体及管道系统的防腐、防锈等问题。（　　）

（10）喷油螺杆式压缩机喷入的油具有一定的密封作用。（　　）

3. 简答题

（1）喷油螺杆式压缩机工作时，向工作腔喷油的作用是什么？

（2）喷油螺杆式压缩机有哪些特点？

（3）喷油螺杆式压缩机的冷却和润滑方式是什么？

4.5 螺杆式压缩机常见故障及排除方法

螺杆式压缩机常见故障和排除方法见表 4-7。

表 4-7 螺杆式压缩机常见故障和排除方法

故障现象	产生原因	排除方法
1. 容量不足	①入口管线堵塞 ②入口过滤网有异物 ③间隙过大 ④安全阀设定值不正确 ⑤旁路阀泄漏 ⑥速度达不到转速要求 ⑦出口管线止回阀开度不够 ⑧入口节流阀故障	①清洗入口管线 ②清洗过滤网 ③调整转子与转子和转子与壳体的间隙 ④检查给定压力，修正 ⑤检查旁路阀 ⑥检查主驱动机 ⑦检查止回阀 ⑧重新调试节流阀
2. 气体出口压力过大	①压缩机排出压力过高 ②冷却不足 ③阀门操作不正确	①重新设置安全阀压力 ②检查并清洗过滤器 ③检查截止阀的位置，如错了，纠正
3. 气体出口压力过低	①进口过滤器堵塞 ②阀门操作不正确 ③转速不够	①清洗或更换进口过滤器 ②检查进口阀门位置 ③检查主驱动机
4. 气体出口温度高	①间隙过大 ②排出气体压力过大 ③中间冷却不足 ④压缩机夹套冷却不够 ⑤压缩机有故障 ⑥冷却水流量不足 ⑦中间冷却器故障	①更换磨损件或调整转子与转子和转子与壳体的间隙 ②见“故障 2” ③清洗冷却器和冷却水系统 ④清洗压缩机夹套 ⑤检查压缩机是否有摩擦，必要时调试 ⑥检查调节冷却水供应量 ⑦检查中间冷却器

续表

故障现象	产生原因	排除方法
5. 气体进口温度高	①冷却水温度高 ②去气体冷却器的冷却水流量低 ③气体冷却器结垢或有脏物 ④工艺上有故障	①检查冷却水装置 ②检查冷却器的温升。如果温升太大，增加冷却水量 ③清洗冷却器 ④检查压缩机上游工艺
6. 润滑油温度过高	①油过滤器结垢或堵塞 ②冷却水流量低 ③润滑油里含水 ④压缩机轴承磨损	①检查清洗油过滤器 ②增加冷却水供给量 ③调整密封气压力 ④检查或更换轴承
7. 润滑油压力过低	①油过滤器堵塞 ②储油槽油位过低 ③油位安全阀设定值不符或阀座损坏 ④油泵有故障	①清洗或更换油过滤器 ②增加润滑油油位 ③检查设定值，更换阀座 ④拆卸油泵，检查更换磨损件
8. 润滑油含水	①油冷却器管道泄漏 ②密封气压力过低 ③雨水进入油管线	①更换密封垫，必要时进行管束泄漏试验 ②调整密封气压力 ③检查通向大气的放空管，放空管必须在端部用向下的弯头进行保护，防止雨水或异物进入管道
9. 输送气体含水量过高	①中间冷却器泄漏，使水进入气体 ②压缩机密封间隙过大 ③压缩机喷淋液注入量大	①检查更换中间冷却器 ②更换压缩机密封组件 ③控制喷淋液注入量
10. 轴承温度过高	①润滑油不合格 ②润滑油流量不足 ③润滑油温度过高 ④润滑油压力过高或过低 ⑤轴承有故障 ⑥压缩机出口压力过大	①更换润滑油 ②提高润滑油油压 ③见“故障 6” ④重新调节润滑油工作压力 ⑤拆卸、更换轴承 ⑥见“故障 2”
11. 转子接触有卡涩	①有外来杂质进入壳体 ②转子表面有结垢 ③出口压力低于进口压力 ④出口温度高 ⑤出口压力过大，转子弯曲 ⑥不正确的阀门操作，产生反压力 ⑦转子冷却效果不好 ⑧同步齿轮定位不正确 ⑨轴承和同步齿轮磨损 ⑩推力轴承磨损严重，推力间隙大	①清洗或取出杂质 ②清洗转子表面污垢 ③调整工作压力 ④见“故障 4” ⑤见“故障 2” ⑥旁路阀避免快速操作 ⑦机组停车，应保证连续向外壳和油冷却器提供冷却水 ⑧重新调整同步齿轮啮合间隙 ⑨检查更换磨损件 ⑩更换推力轴承
12. 振动大	①联轴器对中不好 ②转子结垢或有工艺物质，造成不平衡 ③轴弯曲 ④轴承磨损 ⑤间隙过小，引起转子磨损 ⑥同步齿轮间隙大 ⑦共振 ⑧底脚紧固螺栓松动	①重新热找正 ②通过注入溶剂或水，清除沉淀物 ③校直轴 ④检查轴承间隙，必要时更换 ⑤调整间隙，更换磨损件 ⑥检查或更换同步齿轮 ⑦上紧螺栓 ⑧重新灌浆
13. 噪声大	①消声器故障 ②转子接触有卡涩 ③紧固螺栓松动 ④轴承故障	①检查消声器隔音材质，必要时更换 ②见“故障 11” ③上紧紧固螺栓 ④检查或更换轴承

续表

故障现象	产生原因	排除方法
14. 机械密封漏油	①密封面被灰尘等损坏 ②O 形环损坏 ③润滑油温度低 ④润滑油压力高 ⑤润滑油有脏物	①更换机械密封 ②更换 O 形环 ③打开油冷器旁路阀调节油温 ④通过压力调节阀调节油压 ⑤检查润滑油清洁度
15. 中间冷却器压力过大	①压缩机排出压力过高 ②进口气体温度高 ③冷却不足 ④压缩机径向间隙过大 ⑤压力表有故障	①调节压缩机出口压力 ②见“故障 5” ③检查清洗冷却器，更换冷却水 ④更换磨损件或重新调整间隙 ⑤更换压力表
16. 中间冷却器压力低于正常值	①压缩机排出压力太低 ②冷却严重 ③入口过滤网有脏物 ④压力表有故障	①调整压缩机出口压力 ②调节冷却水供应量 ③清洗过滤网 ④更换压力表
17. 启动负荷大或不能启动	①排气压力高 ②滑阀未调至零位 ③机体内充满润滑油或液体 ④部分机零部件磨损烧坏	①打开吸气止回阀，使高压气回至低压系统，提高冷凝器冷凝能力 ②把滑阀调至零位 ③手动盘车，将液体排出机体 ④拆卸检修
18. 制冷能力不足	①喷油量不足 ②滑阀不在正确位置 ③吸气阻力过大 ④转子磨损，间隙大 ⑤制冷量调节装置故障	①检查油系统，提高油量 ②调整滑阀位置 ③清洗吸气过滤器 ④调整或更换零件 ⑤检修调节装置
19. 制冷量调节机构不灵活或不动作	①四通阀电磁阀故障 ②油路或接头不通 ③油活塞间隙过大 ④滑阀或油活塞卡死 ⑤指示器故障 ⑥油压不够	①检修四通阀或电磁阀 ②检修、吹扫管线 ③检修或更换 ④拆卸检修 ⑤检修指示器 ⑥调整油压

小结

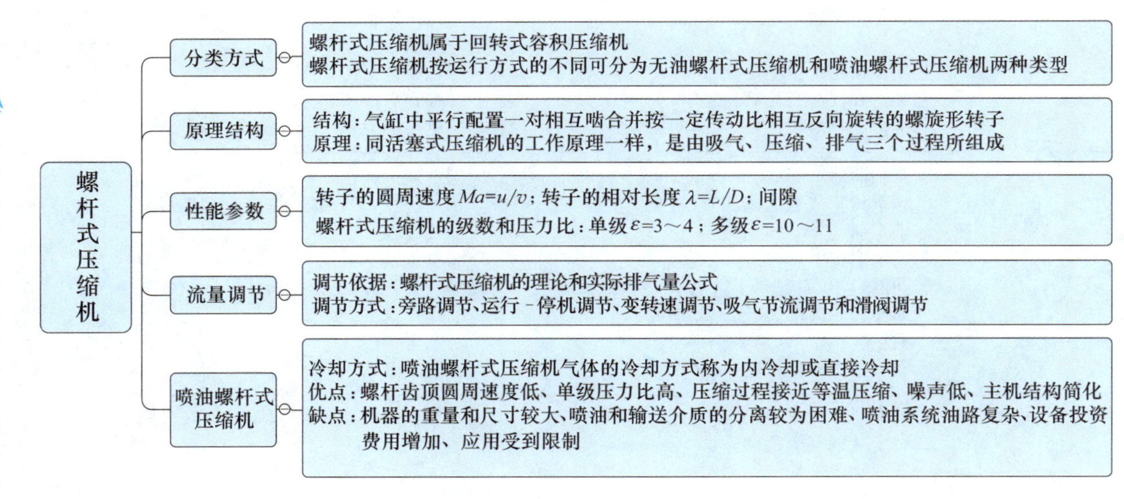

模块5

离心式压缩机

知识目标

- 了解离心式压缩机的总体结构、工作原理、分类、用途。
- 掌握离心式压缩机的主要性能参数、能量损失及效率的计算。
- 掌握离心式压缩机的性能曲线、影响因素及流量调节。
- 掌握离心式压缩机主要零部件的结构、工作原理。

能力目标

- 具有对离心式压缩机进行安装、调试、维护与检修、故障处理和现场管理的能力。
- 具备典型离心式压缩机选型、设计、改造及编制制造工艺的能力。

素养目标

- 乐于进取、追求卓越，具有自我管理能力、职业生涯规划意识。
- 具备一定的环保意识、安全意识、信息素养、工匠精神和国际视野。

离心式压缩机是速度式压缩机的一种。早期离心式压缩机主要用来压缩空气，并且只适用于低、中压力和气量很大的场合，随着各种生产工艺过程的需求和制造工艺及设计技术的提高，离心式压缩机已应用到高压领域，尤其近二十年来，在其设计和制造方面不断采用新材料、新结构和新工艺。例如，采用三元叶轮使压缩机的效率得以提高，采用干气密封较好地解决了高压下的轴端密封，磁悬浮轴承的应用使压缩机结构更加紧凑等。目前世界上许多厂家已经能生产出排气压力达 28～34MPa 甚至更高压力的离心式压缩机，同时进气流量的范围也达到 80～6000m^3/min。离心式压缩机广泛应用于天然气输送、处理和石油化工等领域。本章主要介绍离心式压缩机的结构组成、基本原理和特性，为进行离心式压缩机的选型、维护和操作运行提供基础。

5.1 离心式压缩机认知

5.1.1 离心式压缩机的总体结构

离心式压缩机是由转子、定子、轴承等组成，转子是由主轴、叶轮、平衡盘、推力盘和联轴器等组成；定子是由机壳、扩压器、弯道、回流器、出口蜗壳等组成，又称为固定元件。除了这些组件外，为了减小内泄漏和外泄漏，还有轴端密封装置和级间密封装置，图5-1为离心式压缩机的结构剖面图，图5-2为离心式压缩机的结构实物图。

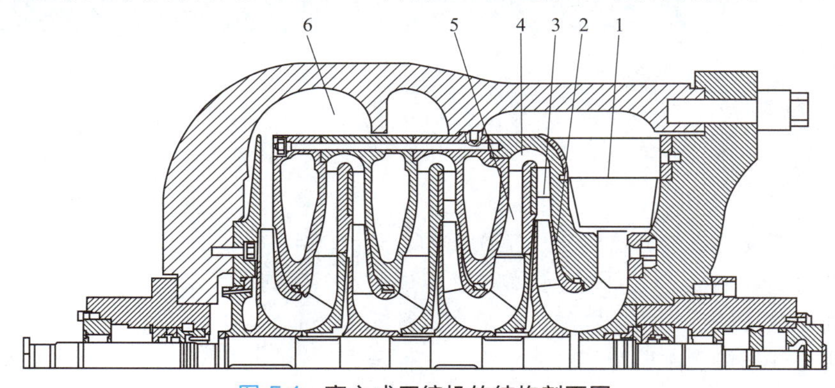

图 5-1 离心式压缩机的结构剖面图

1—吸气室；2—叶轮；3—扩压器；4—弯道；5—回流器；6—排出室

(1) 吸气室　吸气室的主要作用是将需要压缩的气体，由进气管或中间冷却器的出口均匀地导入叶轮中进行增压，离心式压缩机的首级进口处都设有吸气室。

(2) 叶轮　叶轮是离心式压缩机中唯一对气体做功的部件，气体进入叶轮以后在叶轮叶片的推动作用下随叶轮高速旋转，通过叶片对气体做功，增加了气体的能量，使气体在流出叶轮时的压力和速度均得到明显提高。

(3) 扩压器　扩压器是离心式压缩机中能量转换的部件，由于气体从叶轮流出时具有很高的速度，为了利用这部分动能，通常在叶轮出口处设置一个流通截面积逐渐扩大的扩压器，目的是将动能转变为静压能，提高气体的压力。一般常用的扩压器是一个环形通道，其中装有叶片的称为叶片扩压器，不装叶片的称为无叶片扩压器。

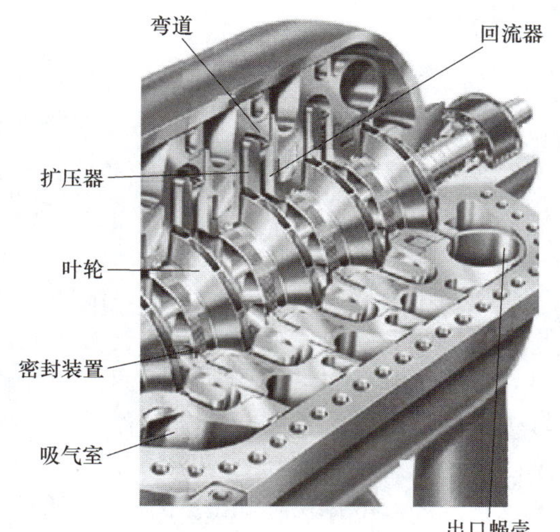

图 5-2 离心式压缩机的结构实物图

(4) 弯道　为了使气流以一定的方向均匀地流入下一级叶轮继续进行压缩，在扩压器后设置了使气流流动方向由离心方向转变为向心方向的弯道，但气体在弯道内没有降速增压的作用。

(5) 回流器　回流器的作用是将由弯道输送来的气体以一定的方向均匀地引入下一

级叶轮的入口。回流器通常没有降速增压的任务，也就是保持回流器出口的气流速度与进口的气流速度大小相等。在回流器中一般装有导向叶片。

（6）出口蜗壳　出口蜗壳也称排出室，其主要作用是将扩压器或叶轮排出的气流汇集起来并引出机外，由于出口蜗壳的曲率半径逐渐增大、流通截面也逐渐增大，所以在汇集气流的过程中还起到一定的降速增压作用。

5.1.2　离心式压缩机工作原理

5.1.2.1　离心式压缩机的基本术语

（1）级　离心式压缩机的“级”是由一个叶轮及与其相配合的固定元件所构成，是离心式压缩机实现气体压力升高的基本单元。从级的类型来看，一般可分为中间级和末级两种类型，如图 5-3（b）、（c）所示。在离心式压缩机中除了每一段的最后一级为末级以外，其余的级均为中间级。“中间级”是由叶轮、扩压器、回流器等组成，如图 5-3（b）所示。“首级”还增加了进气室（进口蜗壳），如图 5-3（a）所示。“末级”没有弯道、回流器，代之以排出室（即出口蜗壳），如图 5-3（c）所示。

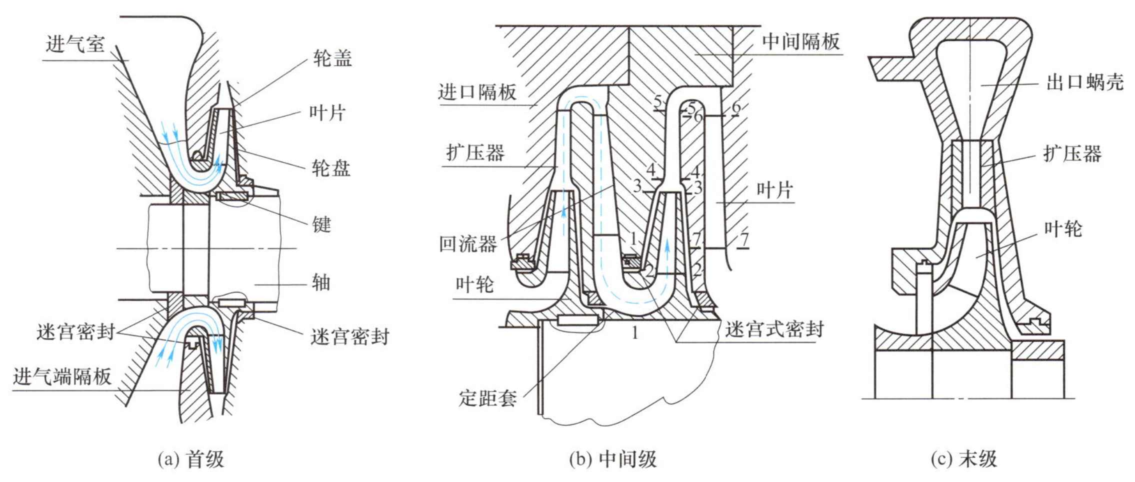

图 5-3　离心式压缩机的中间级、首级与末级

1—叶轮进口截面；2—叶片叶道进口截面；3—叶轮出口截面；4—扩压器进口截面；5—扩压器出口截面；6—回流器进口截面；7—回流器出口截面（即级的出口截面）

（2）缸　离心式压缩机的一个机壳称为一个“缸”，多机壳的压缩机称为多缸压缩机（在叶轮数较多时采用）。离心式压缩机分成多缸的原因主要包括两个方面。一是当设计一台压缩机时，有时由于所要求的压力比较高，需用叶轮数目较多，如果安装在同一根轴上会使轴的临界转速变得很低，这是不允许的，所以需要分缸。二是为了使机器设计更加合理，各级采用一种或一种以上不同转速时需要分缸，一般每个缸可以装有 1～10 个叶轮。

（3）列　“列”是指离心式压缩机缸的排列方式，一列可以由一至几个缸组成。

（4）段　“段”以进气口为标志。离心式压缩机如果只有一个进气口和一个排气口就称为一段压缩。当要求增加的压力比较高时，如果不对气体进行中间冷却，不仅多耗功而且排气温度太高，对轴承和气缸都不利，尤其是当压缩易燃、易爆气体时更应冷却，因此在压缩过程中必须进行缸外冷却，把压缩机分为若干段，以中间冷却器作为分段标志，每一个段可以包含一个或几个级。图 5-4 为三段两次中间冷却压缩示意图。

5.1.2.2 离心式压缩机的工作原理

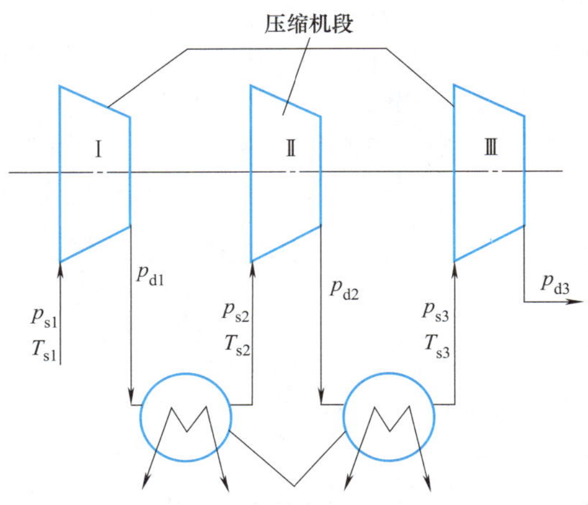

图 5-4 离心式压缩机三段两次中间冷却压缩示意图

由于离心式压缩机的主要功能是输送气体和提高气体的压力，而提高气体压力的主要目标就是增加单位容积内气体分子的数量(即缩短气体分子与分子间的距离)。达到这个目标可以采用两种方法：一种是通过挤压元件来挤压气体容积的压缩方法（如活塞式）；另一种是用气体动力学的方法，即利用机器的做功元件（如高速回转的叶轮）对气体做功，使气体压力在离心力场中得以提高，离心式压缩机就属于这种类型，如图 5-1 所示。气体由吸气室进入叶轮，经过叶轮旋转对气体做功，使气体的压力、速度、温度得以提高，随后在扩压器的流道中流动时将气体的部分动能又转变成静压能，气体的压力进一步提高。当通过一级叶轮对气体做功、扩压后不能满足输送要求时，就必须把气体再引入下一级继续进行压缩，为此在扩压器后设置了弯道和回流器，使气体先由离心方向变为向心方向，然后再按一定方向均匀地进入下一级叶轮继续进行压缩，最后经过排出室和排出管排出。在离心压缩机中气体是沿着与压缩机轴线垂直的半径方向流动的。由于逐级压缩使气体的温度升高，功耗增大，所以为了减少功耗，气体一般每经过三级压缩就设置中间冷却器（第一段），随后由排出室排出，经中间冷却器降温后重新引入第二段的第四级叶轮继续进行压缩，这就是离心式压缩机的工作原理。

离心压缩机的工作原理

5.1.3 离心式压缩机的特点

由于离心式压缩机具有处理量大、体积小、结构简单、运转平稳、维修方便以及气体不受污染等特点，所以在许多场合可以取代往复活塞式压缩机。

（1）优点

① 排气量大　气体流经离心式压缩机是连续的，其流通截面积较大，而且叶轮转速很高，故气流速度很大，流量很大，如年产 30 万吨合成氨厂中的合成气压缩机，排气量达 $(12\sim17)\times10^4\,m^3/h$。

② 结构紧凑、体积小　无论机组占地面积还是重量，离心式压缩机都比同一排气量的活塞式压缩机小得多。

③ 运转平稳可靠　离心式压缩机机组连续运转 1～3 年不需要停机检修，运转平稳，操作可靠，而且易损件少，维护费用省，操作人员少。

④ 气缸内无润滑　离心式压缩机的气缸内无润滑，气体介质不会受到润滑油的污染，能够满足石油化工工艺的要求。

⑤ 转速较高　适宜用工业蒸汽轮机或燃气轮机直接拖动。一般在大型化工生产过程中往往有副产蒸汽，因此可以用蒸汽轮机来拖动离心式压缩机，能充分利用热能，降低能耗，合理利用能源。

（2）缺点

① 离心式压缩机的效率比活塞式压缩机低，因为离心式压缩机气流速度较高，能量损

失较大。

② 离心式压缩机只有在设计工况下才能获得最高效率，当流量减小到一定程度时会产生“喘振”现象。

③ 离心式压缩机单级压力比不高，不适用于小流量和压力比较高的场合。

④ 离心式压缩机稳定工况区较窄，尽管气量调节方便，但经济性较差。

5.1.4 离心式压缩机的类型和型号表示

（1）离心式压缩机的类型　离心式压缩机种类繁多，根据结构和传动方式可分为水平剖分型、垂直剖分型和等温型；按用途和输送介质的性质可分为空气压缩机、二氧化碳压缩机、合成气压缩机、裂解气压缩机、氨冷冻机、乙烯和丙烯压缩机等。

（2）离心式压缩机的型号表示　型号能反映出离心式压缩机的主要结构特点和性能参数。

① 国产离心式压缩机的型号及意义：

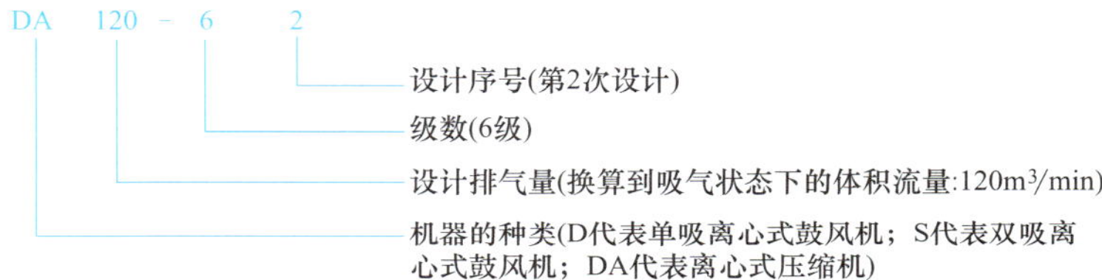

② 用被压缩气体的名称来表示压缩机的型号：

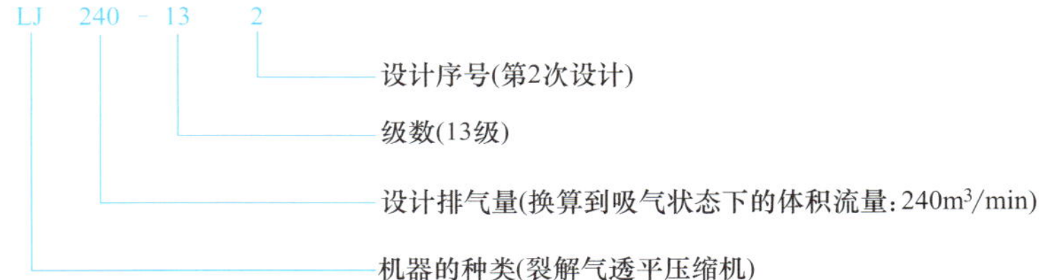

③ 制冷机常用如下的型号编制：

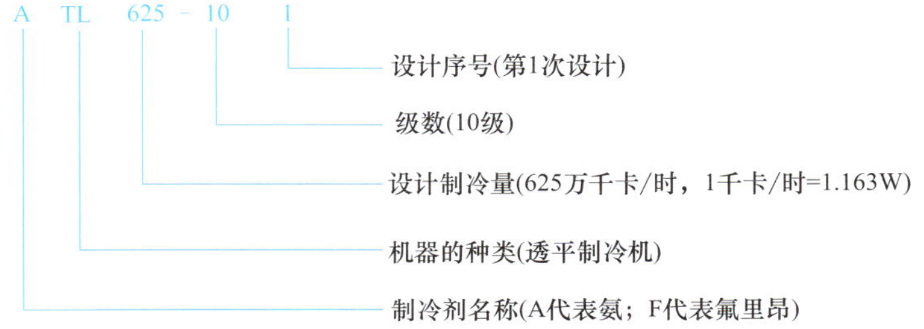

5.1.5 离心式压缩机的主要性能参数

离心式压缩机的性能参数主要包括排气量、排气压力、转速、功率、压力比和效率等。下面详细介绍这些性能参数，为后续分析离心式压缩机的热力学过程及能量损失打下基础。

（1）排气量　离心式压缩机的排气量既可以用容积流量（也称体积流量，用 Q 来表示）表示，也可以用质量流量（用 G 来表示）来表示。容积流量是单位时间内通过压缩机流道的气体体积流量，常用单位为 m^3/min。容积流量有两种表示方法，一种是进口容积流量，另一种是标准容积流量。进口容积流量是指压缩机进口法兰截面上的压力、温度、气体可压缩性、气体组分和湿度条件下的容积流量。标准容积流量是指在标准状态下的容积流量，单位是 m^3/h。有关标准状态的定义各有不同，应注意区分。我国天然气行业规定的标准状态为压力和温度分别为 1.01325×10^5Pa 和 293.15K（20℃）的气体状态，而在化工工艺计算中采用的标准状态则是压力和温度分别为 1.01325×10^5Pa 和 273.15K（0℃）的气体状态。

（2）排气压力　排气压力是指气体在压缩机出口处的绝对压力，也称终压，常用单位为 kPa 或 MPa。

（3）转速　离心式压缩机转子在单位时间的旋转次数，单位为 r/min。

（4）功率　压缩机运转时需要供给的轴功率，单位为 kW。离心式压缩机所需的轴功率常用作选择驱动机功率的依据。

（5）压力比、多变能头　在压缩机中常用压力比来表示气体的能头增加，压力比（简称压比）定义为压缩机排气压力与进气压力的比值。由于气体具有可压缩性，因此其能头不仅与进口状态有关，还与压缩过程有关，通常采用多变能头和排气压力来反映压缩机能头的大小。

（6）效率　效率是衡量压缩机性能好坏的重要指标。压缩机耗费了外界驱动机供给的机械能，使气体能量增加，但在能量转换过程中不是输入的全部机械能都可转换成气体增加的能量，而是有部分能量损失，损失的能量越少，气体获得的能量就越多。实际上效率就是反映能量转化程度的指标，可用下式表示

$$离心式压缩机的效率=\frac{气体净获得的能量}{输入压缩机的能量}$$

该参数与离心泵中的效率有所不同，由于气体在压缩过程中热力状态的变化，不但存在压力的变化，还同时存在比体积和温度的变化，当压缩机将气体从某一初态压缩到给定的终态压力时，存在多种可逆压缩过程，即多变压缩过程、等熵压缩过程以及等温压缩过程，因此在离心式压缩机中存在多变效率、等熵效率以及等温效率。

习题5-1

1. 单选题

（1）离心式压缩机的级间密封一般采用（　　）。

A. 充气密封　　B. 浮环密封　　C. 迷宫密封　　D. 机械密封

（2）离心式压缩机中一般采用（　　）叶轮。

A. 前弯式　　B. 径向式　　C. 后弯式　　D. 直叶式

（3）离心式压缩机一般为多级，所谓压缩机的级是指（　　）。

A. 压缩机压力高低　　B. 排气量的多少　　C. 进出口温差　　D. 叶轮数目

（4）离心式压缩的密封装置不宜用（　　）。

A. 机械密封　　B. 填料密封　　C. 迷宫密封　　D. 浮环密封

（5）下列哪种不是离心式压缩机叶轮叶片的类型：（　　）。

A. 直叶片　　B. 前弯叶片　　C. 后弯叶片　　D. 开式

（6）离心式压缩机的基本单元是（　　）。

A. 缸　　B. 级　　C. 段　　D. 列

（7）从特点上看，离心式压缩机比活塞式压缩机的（　　）。

A. 生产能力小　　B. 体积小　　C. 操作人员多　　D. 转速低

（8）离心式压缩机的效率比活塞压缩机低的原因是（　　）。

A. 气流速度高，能量损失小　　B. 气流速度高，能量损失大
C. 气流速度低，能量损失大　　D. 气流速度低，能量损失小
(9) DA120-62 型号的离心式压缩机设计排气量为（　　）。
A. 120m^3/min　　B. 62m^3/min　　C. 6m^3/min　　D. 2m^3/min
(10) 扩压器的主要作用是（　　）。
A. 降速　　B. 收集气体　　C. 引导流体　　D. 提速
(11) 离心式压缩机不适合使用的场合是（　　）。
A. 压缩空气　　B. 中压力及气量很大的场合
C. 流量较小（小于 100m^3/min）和超高压（大于 750MPa）的气体输送
D. 低压力及气量很大的场合
(12) 离心式压缩机中唯一对气体做功的部件是（　　）。
A. 叶轮　　B. 扩压器　　C. 回流器　　D. 蜗壳
(13)（　　）的离心式压缩机机壳一般采用水平剖分式结构。
A. 流量小　　B. 压力高　　C. 压力不高　　D. 气体分子量小
(14) 离心式压缩机的构造和工作原理与（　　）很相似。
A. 往复式压缩机　　B. 离心泵　　C. 螺杆式压缩机　　D. 蒸汽往复泵

2. 判断题

(1) 离心式压缩机上应用最为广泛的是填料密封。（　　）
(2) 转速特高的离心式压缩机通常采用汽轮机驱动。（　　）
(3) 离心式压缩机与活塞式压缩机一样，每级后都要冷却。（　　）
(4) 与活塞式压缩机相比，离心式压缩机转速高，生产能力大，体积小。（　　）
(5) 离心式压缩机中的扩压器的作用是把静压能转换成动能。（　　）
(6) 离心式压缩机用于满足排气量小、排气压力高的需要。（　　）
(7) 离心式压缩机属于速度式压缩机。（　　）
(8) 在离心式压缩机中，气体压力的提高是利用速度来达到的。（　　）
(9) 离心式压缩机中，隔板将机壳分为若干空间以容纳不同级的叶轮，并且还能组成扩压器、弯道和回流器。（　　）
(10) 离心式压缩机吸入室的作用是将扩压器后的气体均匀地引导至叶轮的进口。（　　）
(11) 离心式压缩机级间多采用迷宫密封。（　　）
(12) 离心式压缩机级间能量损失主要包括：流道损失、轮阻损失和漏气损失。（　　）
(13) 采用多级压缩节省功的主要原因是进行了等压力比分配。（　　）
(14) 离心式压缩机的扩压是因为流通截面变小，动能下降，压力升高。（　　）
(15) 离心式压缩机蜗壳的作用是把扩压器流出的气流汇集起来。（　　）
(16) 离心式压缩机气体通过叶轮和扩压器时压力和速度的变化与离心泵相同。（　　）
(17) 气体在弯道和回流器中的流动可以认为压力和速度不变，仅改变气体的流动方向。（　　）

3. 简答题

(1) 说明离心式压缩机的结构组成。
(2) 简述离心式压缩机的特点。
(3) 简述离心式压缩机的工作原理。

5.2 离心式压缩机的能量损失及效率

气体从压缩机的吸入口经叶轮、扩压器、弯道和回流器进入下一级的过程中必然存在各种能量损失，导致压缩机无用功率增加，效率下降。应当指出，离心式压缩机流道内气体流动是很复杂的，目前有关流动损失的机理研究及计算还很不完善，为了便于定性分析，常将离心式压缩机的能量损失大致分为流道损失、轮阻损失和漏气损失三部分，如图 5-5 所示。

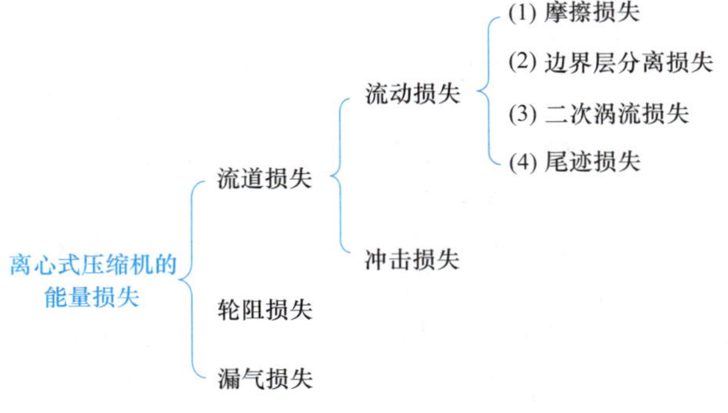

图 5-5 离心式压缩机的能量损失

5.2.1 流道损失

流道损失是指气体在吸气室、叶轮、扩压器、弯道、回流器等元件中流动时所产生的损失，这些损失主要包括流动损失和冲击损失。

5.2.1.1 流动损失

（1）摩擦损失　由流体力学的知识可知，当黏性流体沿固体壁面流动时，紧挨壁面很薄的一层为边界层，在边界层中沿厚度 δ 方向流体速度急剧变化，严重影响能量损失的大小。因为气体具有黏性，所以气体在管道内流动时就会产生摩擦，会造成流动摩擦损失。图 5-6 描述了气体接近物体壁面时气流速度分布，在管道壁面处气流速度最小，离开壁面的气体主流速度最大，在主流和壁面间的气流速度不相同，如果把这部分气流分成许多层，则层与层之间、气流层与壁面之间就会产生摩擦，使气体把一部分能量转变成无用的热能，这就是摩擦损失。

（2）边界层分离损失　当气体在叶轮和扩压管道内流动时，如果没有外界能量的加入，气体在扩压流动时速度下降，压力升高，因此主流的动能沿流动方向是下降的，主流将动能传递给边界层中气流的能力大为减弱，同时沿流动方向气流压力增加，阻碍了整个气流的前进趋势，因此边界层中气流的减速比主流层快。这不但使边界层沿流动方向增厚，而且在流动方向流过一段距离后，边界层中与壁面紧挨着的那层气体就会停滞不前，再沿扩压道流动下去，随着气体压力的不断增大，边界层中将发生局部倒流的现象，如图 5-7 所示。此时，必定在壁面处产生旋涡区，造成很大的能量损失。这种现象称为边界层分离，由此产生的能量损失称为边界层分离损失。

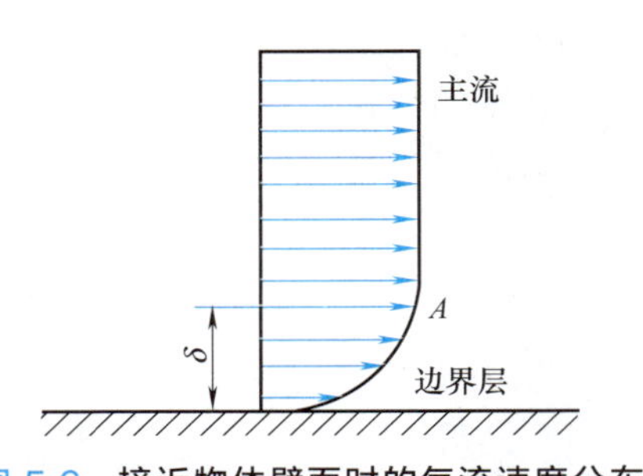

图 5-6 接近物体壁面时的气流速度分布

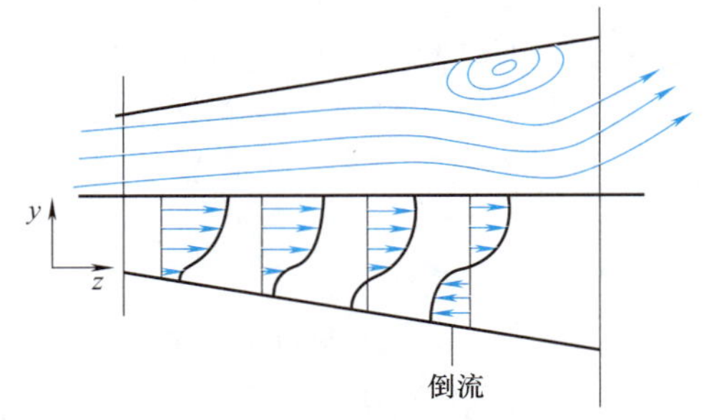

图 5-7 在扩压通道中旋涡区的产生

从以上分析可知，黏性流体在加速降压区内流动时不会出现边界层分离，而在减速扩压区内流动时才有可能出现分离形成旋涡，而且扩压程度越大，分离点越提前出现，也就越容易发生分离。在离心式压缩机中有很多减速扩压的流道，都可能出现边界层分离，产生旋涡，引起分离损失，同时因边界层增厚及分离使气体主流的实际通流截面减小，达不到原设计的扩压作用，影响了级中气体的流动。为了减少分离损失，对扩压形通道常常限制其扩张角的大小。

（3）二次涡流损失　二次涡流发生在速度方向急剧变化处，如叶轮叶道、吸气室和弯道等处。气体流经叶轮叶道时，由于叶道是曲线型并存在轴向涡流，因此叶道中气体的流速和压力分布是不均匀的，对后弯式叶片，叶片工作面一侧速度低、压力高，而叶片非工作面一侧速度高、压力低，于是两侧壁边界层中气体受到压差的作用就会产生由工作面向非工作面的流动，这种流动方向与气体主流方向大致相互垂直，所以称为二次涡流，如图 5-8 所示。二次涡流的存在干扰了气体主流的流动，造成了能量损失，这就是二次涡流损失，同时由于二次涡流的存在，工作面一侧因补充了新的具有较大动能的气流而使其边界层减薄，而非工作面一侧则相反，边界层的增厚加速了边界层的分离。

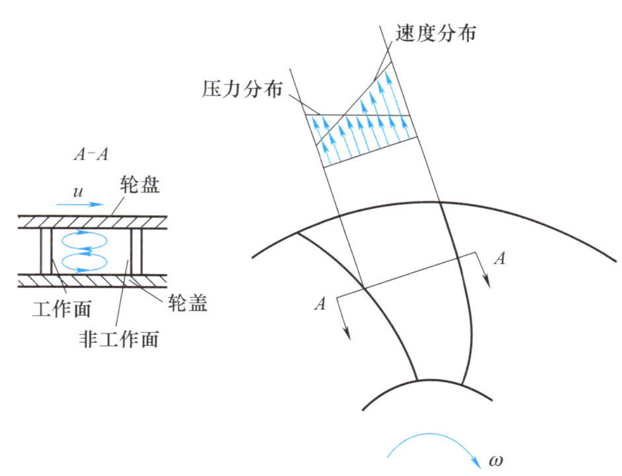

图 5-8　叶轮流动通道中二次涡流的产生

（4）尾迹损失　尾迹损失的产生是由于叶片具有一定的厚度，当气流从叶道中流出叶轮时通流截面积突然扩大，使叶片两侧的气流边界层发生分离，另外，叶片两侧的边界层在尾缘汇合，在叶片尾部形成了充满旋涡的气流，由此产生的能量损失称为尾迹损失，如图 5-9 所示。显然，尾迹损失与叶道出口处气速、叶片尾部厚度及边界层流态有关。

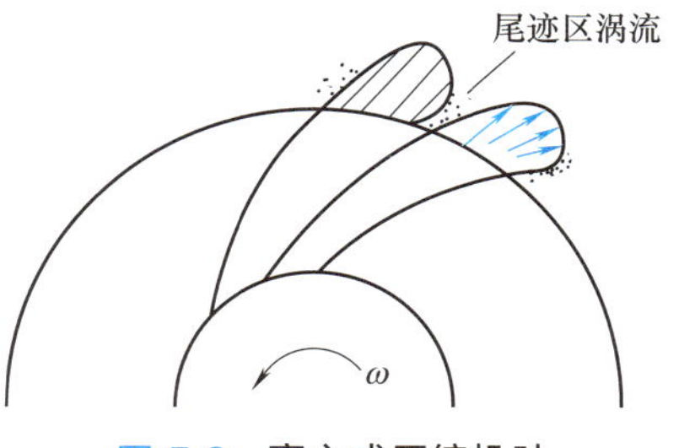

图 5-9　离心式压缩机叶道出口处的尾迹损失

5.2.1.2　冲击损失

冲击损失是指当气体进入叶轮或叶片扩压器的叶道时，由于气流方向和叶道进口处叶片安装角方向不一致而产生的气流对叶片的冲击作用所造成的能量损失。离心式压缩机的叶轮和叶片扩压器叶道进口处的叶片安装角一般是按设计流量下气流进入叶道时的方向确定的，所以在设计流量下气流的进入方向与叶片安装角的方向一致，基本上无冲击损失，但当进气量大于或小于设计流量时，因气流进入叶轮和叶片扩压器时与叶片安装角的方向不一致，气流与叶轮和叶片扩压器发生冲击引起边界层分离，造成强烈的旋涡并产生很大的损失。

压缩机叶片进口安装角 β_{1A} 与气流角 β_1 之间的夹角称为冲角，用 δ_i（或 i）表示，冲角越大，损失越大，如图 5-10 所示。当流量偏离设计工况点时，叶轮和叶片扩压器的进气冲角 $i=\beta_{1A}-\beta_1\neq0$，气流对叶片产生冲击造成冲击损失，尤为严重的是在叶片附近还产生较大的扩张角，造成分离损失，导致能量损失显著增加。

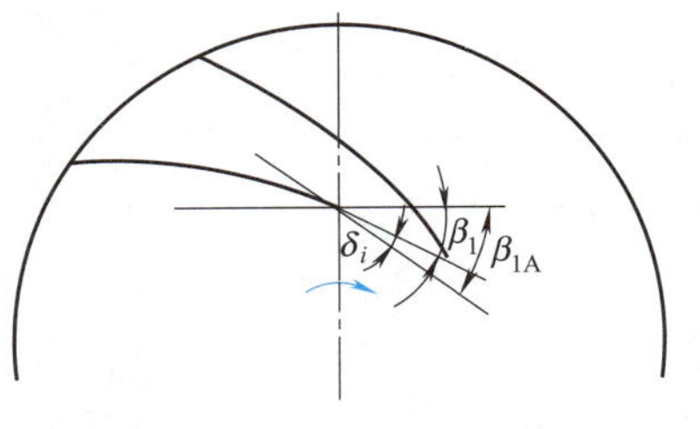

图 5-10 叶轮进口冲角

对比图 5-11（a）所示情况，当实际流量小于设计流量时，$i>0$，如图 5-11（b）所示，在叶片非工作面前缘发生旋涡分离，并向叶轮出口逐渐扩大，造成很大的分离损失；当实际流量大于设计流量时，$i<0$，如图 5-11（c）所示，在叶片工作面前缘发生分离，但它不明显扩散。此外，在任何流量下，由于边界层逐渐增厚和轴向旋涡造成的滑移影响，叶片出口非工作面附近总有某些分离区。

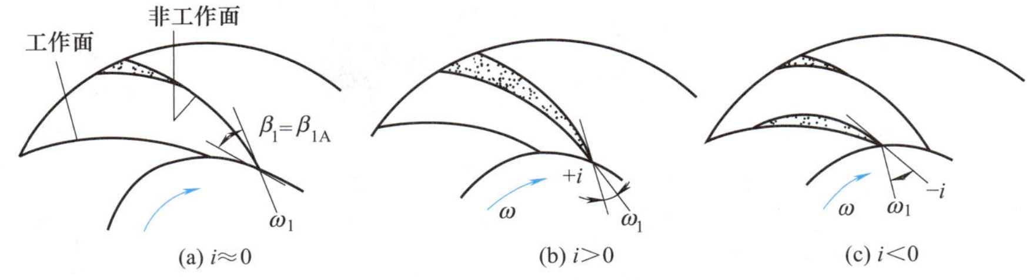

图 5-11 不同冲角下的冲击损失

5.2.2 轮阻损失

离心式压缩机与离心泵一样，由于叶轮是在机壳内的气体中做高速旋转运动，所以叶轮的轮盘、轮盖的外侧和轮缘都要与周围的气体发生摩擦，从而引起能量损失，这部分无用功的损耗称为轮阻损失，如图 5-12 所示。

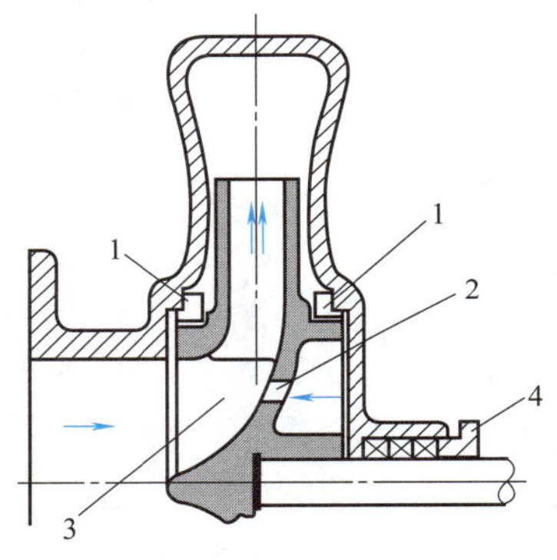

图 5-12 轮阻损失和漏气损失

1—迷宫密封；2—平衡孔；3—叶轮入口；4—轴端密封压盖

5.2.3 漏气损失

由于叶轮出口处气体的压力大于进口处气体的压力，所以叶轮出口的气体总有一部分从密封间隙泄漏出来回流到叶轮的进口（称为内漏），同时在转轴和固定部件之间虽然有密封，但由于气体的压差也会有一部分高压气体从高压侧泄漏到低压侧（称为外漏），这种由于内部或外部漏气所造成的能量损失称为漏气损失，如图 5-12 所示。

5.2.4 离心式压缩机的总功耗

分析离心式压缩机各项能量损失的目的是考虑这些损失所消耗的功率。离心式压缩机叶轮工作时每级所消耗的功主要用于三个方面：一是叶轮通过叶片对叶道内的气体做功，称为叶片功，是气体获得的理论能头；二是克服轮阻损失所消耗的功；三是气体泄漏损失所消耗的功。如图 5-13 所示。

从图 5-13 可知，叶轮对每千克有效气体所做的总功为叶片功、轮阻损失消耗功与漏气

总功耗 h_{tot}
- ①叶片功 h_{th}
  - ①用于提高气体静压能所消耗的功 h_{pol}
  - ②用于提高气体动能所消耗的功 h_m
  - ③用于克服气体在级中流动阻力所消耗的功 h_ζ
- ②轮阻损失所消耗的功 h_{df}
- ③气体泄漏所消耗的功 h_l

图 5-13　离心式压缩机每级所消耗的总功

损失消耗功三者之和，即对于 1kg 气体而言，气体经过每级压缩从叶轮中获得的总能头 h_{tot} 用公式（5-1）计算。

$$h_{tot}=h_{th}+h_l+h_{df}=h_{pol}+h_\zeta+h_m+h_l+h_{df} \tag{5-1}$$

式中　h_{tot}——离心压缩机的实际功，J/kg；

h_{th}——叶片功，J/kg；

h_{pol}——多变压缩功，J/kg；

h_m——气体进出口动能增加消耗功，J/kg；

h_ζ——流道阻力消耗功，J/kg；

h_l——漏气损失消耗功，J/kg；

h_{df}——轮阻损失消耗功，J/kg。

将公式（5-1）用图解的形式表示，如图 5-14 所示。在离心式压缩机中叶轮是唯一对气体做功的元件，因此气体在级中获得的总能头 h_{tot} 是以两种方式得到的：一种是叶片直接对气体做功，以机械能的形式传给气体的理论能头 h_{th}；另一种是由于轮阻损失及漏气损失消耗的功，以热量的形式传给气体的能头 $h_{df}+h_l$。在不考虑气体对外传热的条件下，根据能量平衡 $w=h$，故以后均以符号 h 来表示功或能头。

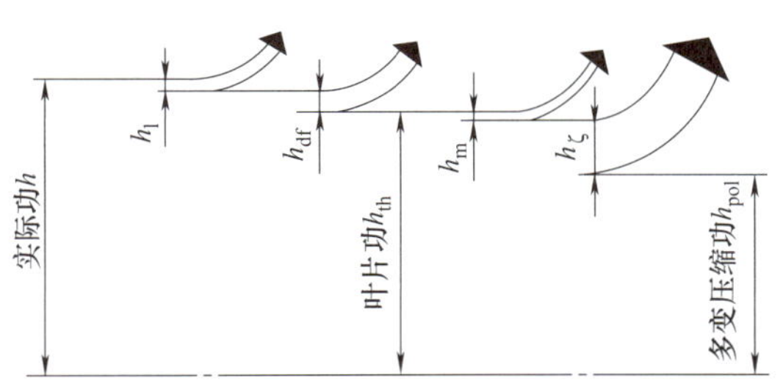

图 5-14　离心式压缩机的耗功分配图

5.2.4.1　离心式压缩机的叶片功

叶片功 h_{th} 是在理想状态下叶轮传递给气体的能量，但实际上这部分能量并未全部有效利用，有无用消耗，主要表现在以下三个方面。

（1）用于提高气体的静压能所消耗的功 h_{pol}　假设气体从级的进口到级的出口是按多变过程进行（多变过程指数为 m'）的，对于 1kg 气体，当压力由 p_1（进口压力）升高到 p_2（出口压力）时，这部分静压能的提高要消耗一部分压缩功，这是叶轮传递给气体的多变压缩功，用公式（5-2）表示。

$$h_{pol}=\frac{m'}{m'-1}p_1 v_1\left[\left(\frac{p_2}{p_1}\right)^{\frac{m'-1}{m'}}-1\right] \tag{5-2}$$

式中　h_{pol}——叶轮传递给气体的多变压缩功，J/kg；

p_1——气体进入级时的压力，Pa；

p_2——气体在级的出口处的压力，Pa；

v_1——气体进口时的比容，m^3/kg；

m'——多变过程指数。

（2）用于提高气体的动能所消耗的功 h_m　设气体某一级的进口速度为 c_1（m/s），该级

出口速度为 c_2（m/s），由于速度的增加，气体的动能增加要消耗掉一部分叶片功，这是叶轮传递给气体的功，用公式（5-3）来计算。

$$h_m=\frac{1}{2}(c_2^2-c_1^2) \tag{5-3}$$

式中 h_m——用以提高气体动能所消耗的功，J/kg；

c_1——级进口气体速度，m/s；

c_2——级出口的气体速度，m/s。

一般来说，c_1 和 c_2 相差不大，所以这部分功耗常常忽略不计。

（3）用于克服气体在级中流动阻力所耗的功 h_ζ　用于克服气体在级中流动阻力所耗的功用 h_ζ 表示，这部分损失占无用功的主要部分，所以在设计时要尽量减少这一项。

5.2.4.2　轮阻损失

叶轮轮盘和轮盖外表面及叶轮外缘等与周围气体间的相对运动所产生的摩擦而消耗的功称为轮阻损失功 w_{df}，如图 5-15 所示。轮阻损失功转变成热量而被气体吸收，从而转化为气体的能头 h_{df}（$w_{df}=h_{df}$）。

5.2.4.3　漏气损失

由于叶轮轮盖等处存在着泄漏，有质量流量为 G_l 的气体从叶轮出口返回到叶轮入口所消耗的功称为漏气损失功 w_l，如图 5-15 所示。漏气损失功也转变成热量被气体吸收，进而转化为气体的能量头 h_l（$w_l=h_l$）。

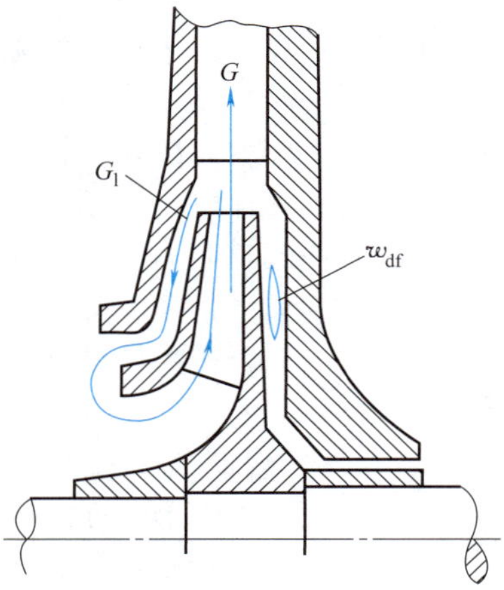

图 5-15　叶轮漏气损失及轮阻损失

5.2.5　离心式压缩机的功率

5.2.5.1　离心式压缩机单级所消耗的总功率

如果轮阻损失功率为 N_{df}，压缩机的叶片功为 h_{th}，压缩机每一级出口气体的输气量为 G（kg/s），每一级的漏气量为 G_l（kg/s），则通过叶轮的实际气体量为 $G+G_l$（kg/s），压缩机每一级实际所消耗的总功率 N_{tot} 可以用公式（5-4）计算。

$$N_{tot}=(G+G_l)h_{th}+N_{df}=Gh_{th}+G_lh_{th}+N_{df} \tag{5-4}$$

为了求出泄漏损失所消耗的功率 $N_l=G_lh_{th}$ 和轮阻损失所消耗的功率 N_{df}，常应用漏气损失系数 β_l 和轮阻损失系数 β_{df} 来进行计算，见公式（5-5）和公式（5-6）。

$$\beta_l=\frac{G_l}{G} \tag{5-5}$$

漏气损失系数表示泄漏情况的好坏，一般 $\beta_l=0.005\sim0.05$。

$$\beta_{df}=\frac{N_{df}}{Gh_{th}} \tag{5-6}$$

轮阻损失系数表示轮阻损失所消耗的功率 N_{df} 的相对值，一般 $\beta_{df}=0.02\sim0.13$，β_l、β_{df} 的选取可查阅有关参考资料。

如果将漏气损失系数 β_l 和轮阻损失系数 β_{df} 代入公式（5-4），可计算压缩机实际总的功率消耗，见公式（5-7）。

$N_{tot}=(G+G_l)h_{th}+N_{df}=Gh_{th}+G_lh_{th}+N_{df}=Gh_{th}+\beta_lGh_{th}+\beta_{df}Gh_{th}$，即

$$N_{tot}=(1+\beta_l+\beta_{df})Gh_{th} \tag{5-7}$$

5.2.5.2 离心式压缩机多级压缩所消耗的总功率 N_{tot}

离心式压缩机的多级压缩所消耗的总功率是所有单级压缩所消耗功率之和，用公式（5-8）进行计算。

$$\sum_{i=1}^{n} N_{toti}（i\ 为压缩机的级数） \tag{5-8}$$

5.2.5.3 离心式压缩机轴功率

$$N=\sum_{i=1}^{n} N_{toti}+N_{m} \tag{5-9}$$

式中 N——压缩机的轴功率；

N_{toti}——压缩机的单级压缩所消耗的功率；

N_{m}——机械损失所消耗的功率。

5.2.6 离心式压缩机的效率

离心式压缩机在提高气体压力的过程中由于能量损失，机械能不可能全部转化成使气体压力升高的有效能量或有效功，所以常用效率来衡量传递给气体的机械能的有用程度，主要包括多变效率、水力效率和机械效率。

5.2.6.1 多变效率 η_{pol}

多变压缩功 h_{pol} 是有用功，表示气体压力的升高，只占总耗功的一部分。常以多变压缩功 h_{pol} 与实际总耗功 h_{tot} 之比来表示实际总耗功的有效利用程度，反映离心式压缩机总的内部性能，称为内效率或多变效率 η_{pol}，用公式（5-10）来计算。多变效率通常根据实验确定。

$$\eta_{pol}=\frac{h_{pol}}{h_{tot}} \tag{5-10}$$

5.2.6.2 水力效率 η_{h}

水力效率 η_{h} 是级中多变压缩功 h_{pol} 与叶片功 h_{th} 之比，是用来评价压缩机气体流道损失的主要指标，用公式（5-11）计算。

$$\eta_{h}=\frac{h_{pol}}{h_{th}} \tag{5-11}$$

5.2.6.3 机械效率 η_{m}

机械效率 η_{m} 是内功率 $\sum_{i=1}^{n} N_{toti}$ 与轴功率 N 的比值，用公式（5-12）进行计算。

$$\eta_{m}=\frac{\sum_{i=1}^{n} N_{toti}}{N} \tag{5-12}$$

例题 5-1 某离心式压缩机的漏气损失系数 $\beta_{l}=0.013$，轮阻损失系数 $\beta_{df}=0.03$，叶轮的理论叶片功 $h_{th}=45895\text{J/kg}$，压缩机的质量流量 $G=6.95\text{kg/s}$，试计算：

①叶轮的总耗功 h_{tot}；②轮阻损失功率 N_{df}；③叶轮的总耗功率 N_{tot}。

解：

（1）叶轮的总耗功

$$h_{tot}=(1+\beta_{l}+\beta_{df})h_{th}=(1+0.013+0.03)\times 45895=47868\ (\text{J/kg})$$

（2）轮阻损失功率

$$N_{df}=G\beta_{df}h_{th}=6.95\times 0.03\times 45895=9569\ (\text{W})$$

（3）叶轮的总耗功率

$$N_{tot}=(1+\beta_l+\beta_{df})Gh_{th}=(1+0.013+0.03)\times 6.95\times 45895=332.7\ (kW)$$

例题 5-2 求 DA350-61 第一级的多变压缩功和级的各项损失效率。已知叶片功 h_{th} = 45864J/kg；多变效率为 $\eta_{pol}=81\%$；进口流速 $c_1=31.4$m/s；出口流速 $c_2=69$m/s；轮阻损失系数 $\beta_{df}=0.03$；漏气损失系数 $\beta_l=0.012$。

解：

（1）级的总功耗

$$h_{tot}=(1+\beta_l+\beta_{df})h_{th}=(1+0.012+0.03)\times 45864=47790\ (J/kg)$$

（2）多变压缩功

$$h_{pol}=\eta_{pol}h_{th}=0.81\times 47790=38710\ (J/kg)$$

（3）气体由级的进口到级的出口动能增加为

$$h_m=\frac{1}{2}(c_2^2-c_1^2)=\frac{1}{2}(69^2-31.4^2)=1888\ (J/kg)$$

（4）级的流道损失功耗

$$h_\xi=h_{th}-(h_{pol}+h_m)=45864-(38710+1888)=5266\ (J/kg)$$

（5）轮阻损失功耗

$$h_{df}=\beta_{df}h_{th}=0.03\times 45864=1376\ (J/kg)$$

（6）漏气损失功耗

$$h_l=\beta_l h_{th}=0.012\times 45864=550\ (J/kg)$$

将各计算结果及各功耗所占的比例综合绘制于表 5-1。

表 5-1 DA350-61 第一级的多变压缩功和级的各项损失效率

项目	多变压缩功 h_{pol}	动能增加功耗 h_m	流道损失功耗 h_ξ	轮阻损失功耗 h_{df}	漏气损失功耗 h_l	总功耗 h_{tot}
功耗/(J/s)	38710	1887	5266	1376	550	47790
百分比/%	81.00	3.94	11.02	2.89	1.15	100

习题5-2

1. 单选题

（1）离心式压缩机的冲击损失主要是由于其实际流量（　　）设计流量引起的。

A. 等于　　B. 大于　　C. 小于　　D. 大于或小于

（2）流道损失主要包括流动损失和（　　）。

A. 漏气损失　　B. 冲击损失　　C. 轮阻损失　　D. 摩擦损失

（3）冲击损失主要是指进气冲角 i（　　）0°时造成的分离损失。

A. $>$　　B. $<$　　C. $=$　　D. $\leqslant$

（4）边界层分离损失是由于靠近容器壁面的流速（　　）造成的。

A. 过大　　B. 过小　　C. 不变　　D. 等于 0

（5）对于后弯式叶轮，叶片工作面一侧的气速（　　），压力高。

A. 不变　　B. 总是变化　　C. 高　　D. 低

（6）二次涡流流动的方向与主气流流动的方向（　　）。

A. 水平　　B. 垂直　　C. 大于 90°　　D. 小于 90°

（7）漏气损失系数一般（　　）。

A. 小于 0.05　　B. 0.005～0.05　　C. 大于 0.05　　D. 没有要求

(8) 离心式压缩机每级所消耗的功主要包括（　　）。

A. 叶片功　　B. 轮阻损失功　　C. 泄漏损失功　　D. ABC

(9) 引起离心式压缩机出口压力升高、质量流量增高的原因是（　　）。

A. 气体密度增大　　B. 气体进口温度降低

C. 气体进口压力增高　　D. 气体进口密度降低

(10) 离心式压缩机常用（　　）来衡量传递给气体机械能的有用程度。

A. 功率　　B. 功耗　　C. 效率　　D. 多变压缩功

(11) 在离心式压缩机的各种功耗中，（　　）占的比例最大。

A. 多变压缩功　　B. 动能损失功耗　　C. 流道功耗　　D. 漏气功耗

2. 判断题

(1) 流道损失就是流动损失。（　　）

(2) 离心式压缩机回流道光滑，可以减少气流损失。（　　）

(3) 离心式压缩机在高压缩比时，流动损失增大，效率较低，因此在高压力的生产中不宜选用。（　　）

(4) 离心式压缩机的轮阻损失是由于气体与叶轮的轮盘、轮盖的外侧和轮缘周围发生摩擦而引起的能量损失。（　　）

(5) 离心式压缩机分段越多，冷却次数越多，节省的功越多。（　　）

(6) 离心式压缩机的多级压缩所消耗的总功率是所有单级压缩所消耗功率之和。（　　）

(7) 离心式压缩机的叶片功全部用来提高气体的能量。（　　）

(8) 漏气损失是指由于外部泄漏所造成的能量损失。（　　）

(9) 冲击损失主要是指冲角小于 0°时所造成的分离损失。（　　）

(10) 离心式压缩机中尾迹的产生是由于叶片的厚度形成的。（　　）

3. 简答题

(1) 简述离心式压缩机的能量损失。

(2) 离心式压缩机级的总功耗如何计算？

(3) 什么是轮阻损失系数和漏气损失系数？如何计算？

5.3 离心式压缩机性能曲线与调节

5.3.1 离心式压缩机的性能曲线

5.3.1.1 性能曲线

离心式压缩机是由级组成的，离心式压缩机的性能曲线决定于级的性能曲线，反映离心式压缩机性能最主要的参数为压力比、效率、功率及流量等，为了便于将离心式压缩机级的性能清晰地表示出来，常把压缩机在某个转速及进口状态下不同流量时级的压力比 ε、多变效率 η_{pol}、轴功率 N 与进口流量 Q_j 之间的关系用 ε-Q_j、η_{pol}-Q_j、N-Q_j 的形式表示出来，这些曲线就是离心式压缩机级的性能曲线，也称离心式压缩机的性能曲线。离心式压缩机级的性能曲线也是通过实验测定的，它反映了各参数之间的变化规律。

5.3.1.2 性能曲线的测定

(1) 实验装置　离心式压缩机的性能曲线基本还是依靠实验测得的（有的可用相似换算得到），测试装置如图 5-16 所示。该装置所用调节阀和流量计均安装在排气管路上，当然也

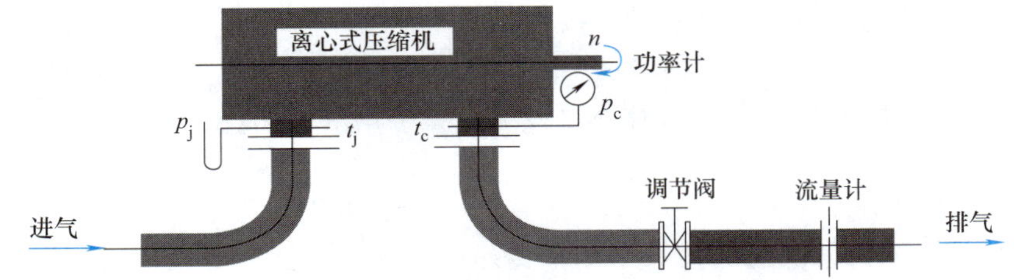

图 5-16 离心压缩机性能曲线测试装置

可以安装在进气管路上。

(2) 实验过程 实验时先把压缩机稳定在某一转速下运行，用调节阀调节流量，开始时阀门全开，这时的流量即为压缩机的最大流量。记下各测点的数据，逐渐关小阀门，记录各数据，减小流量，直到压缩机出现不正常的工作情况，即所谓的喘振工况时停止，这时的流量为最小流量，以实验测得的各数据为依据作出各性能曲线。图 5-17 为某压缩机在叶轮圆周速度 $u=270\text{m/s}$、设计点多变效率 $\eta_{pol}=0.81$、压力比 $\varepsilon=1.54$、设计点的气体流量 $Q_{j设计}=67.6\text{m}^3/\text{min}$ 时所得到的级的性能曲线 ε-Q_j 及 η_{pol}-Q_j。

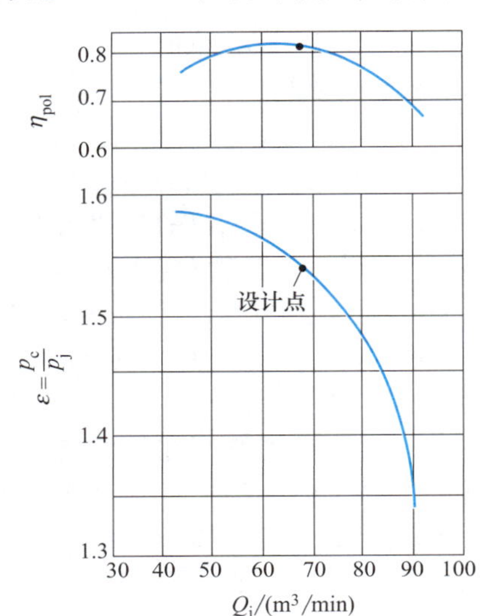

图 5-17 实验得到的级的性能曲线

5.3.1.3 性能曲线的特点

(1) 工况、最佳工况点 离心式压缩机性能曲线上的某一点是压缩机运行时的某一工作状态，简称工况。通常将离心式压缩机性能曲线上效率最高的点称为最佳工况点，该点一般是机器的设计点。

(2) 效率、压力比的变化规律 在图 5-17 中，效率曲线有最高效率点，离开该点的效率下降较快，在最高效率点左右两边的各工况点效率均有所降低。随着流量的减小，压缩机能提供的压力比将增大，在最小流量时，压力比达到最大值，效率曲线一般随 Q_j 的增大而增大，但增大到一定限度后随 Q_j 的增大而减小。

5.3.2 离心式压缩机的喘振工况

离心式压缩机级的性能曲线除了反映级的压力比与流量、效率与流量的关系外，也反映级的稳定工作范围。当流量小于设计流量到一定程度时，离心式压缩机就会出现不稳定的工作状态，这种状态称为离心式压缩机的喘振或飞动。

5.3.2.1 喘振原理

离心式压缩机级的特性曲线不能达到 $Q_j=0$ 的点，当流量偏离设计流量时，气流在叶片进口处会产生冲击损失，当流量大于设计流量时冲角为负值，如图 5-11 (c) 所示，这时在叶片工作面上产生边界层分离，出现旋涡区。但大量实验表明，叶片工作面上气流分离区不会发展下去，因此对压缩机的工作稳定性影响不大。当流量小于设计流量时冲角为正值，如图 5-11 (b) 所示，气流边界层分离发生在叶片非工作面，在此区域内分离一旦产生就有继续发展下去的趋势，使叶道进口和出口出现剧烈的气流脉动，但由于各叶片制造与安装不尽相同，进入压缩机的气流在各个叶片流道中的分配并不是均匀的，导致气流分离区往往首先产生在一个或几个叶道内。

假设首先发生在图 5-18 所示的 B 叶道中，则气体分离区占据了该流道的一部分空间，造成 B 叶道的有效流通面积大为减少，从而使原先要流过 B 叶道的气体挤向 A 叶道和 C 叶道，由 B 叶道挤向 A 叶道的气流冲击 A 叶道非工作面，改善了 A 叶道的气体流动状况，而由 B 叶道挤向 C 叶道的气流则冲击 C 叶道的工作面，进而加剧了该流道非工作面的边界层分离。依此类推，造成脱离区以与叶轮旋转方向相反的 ω' 转动，由实验可知 $\omega'=(0.2\sim0.6)\omega$，故从绝对坐标系观察，脱离区与叶轮同向旋转，这种现象称为旋转失速。若流量再进一步减小，几个叶道的边界层分离区可能连成一片，甚至使整个流道都出现分离现象，以致压缩机不能正常工作，这时级的出口压力下降，当流量减小到某一数值时压缩机就不能稳定工作，气流出现脉动，振动加剧，伴随着啸叫声，这种不稳定工况称为喘振工况。这一极限流量 Q_{jmin} 称为喘振流量，离心式压缩机特性曲线的左端只能到喘振流量 Q_{jmin}，不能再减小了。

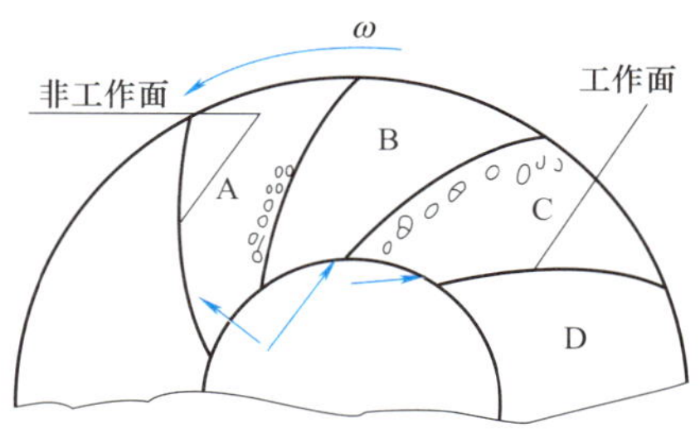

图 5-18　旋转失速现象示意图

离心式压缩机的喘振发生在流道中。发生喘振现象时，由于工况的改变，流量明显减小，出现更为严重的气流脱离，流动情况会大大恶化，这时工作叶轮虽然仍在旋转，但对气体所做的功大部分转变为能量损失而不能提高气体压力，于是压缩机出口压力显著下降。由于压缩机是和管网一起工作，如果管网容量较大则反应不敏感，这时管网压力并不马上降低，于是管网压力有可能大于压缩机出口压力，因而会产生气体倒流的现象，一直到管网压力小于压缩机出口压力为止，这时压缩机又开始供气，经过压缩机的流量又增大，但当管网压力恢复至原来水平时，压缩机正常排气又受到阻碍，流量又开始下降，系统中出现气体倒流，整个系统发生周期性轴向低频大幅度气流振荡现象。

离心式压缩机绝对不允许在喘振工况下操作，因此压缩机级的特性曲线左端只能到喘振时的极限流量 Q_{jmin}，旋转失速是喘振现象的前奏和内因，喘振现象是旋转失速在流量进一步减少后的结果，旋转失速时气流脉动沿压缩机圆周方向，且流过压缩机各横断面上气体的流量不变化，压缩机转速稳定，喘振时气流沿压缩机轴向脉动，流过压缩机每个横断面的气体的流量随时间变化，功率和转速是脉动的。此外，喘振时脉动频率和振幅主要取决于压缩机和管路的容积大小，一般频率较低，振幅较大，而旋转失速时，脉动频率较高，振幅较低。

图 5-19 是压缩机在不同转速下测得的一组 ε-Q_j 曲线。每条曲线都有自身的稳定工况区域，如果将每条曲线的左部端点连接起来，可得出一条喘振边界线，边界线右侧的部分表示该机器的稳定工况范围。

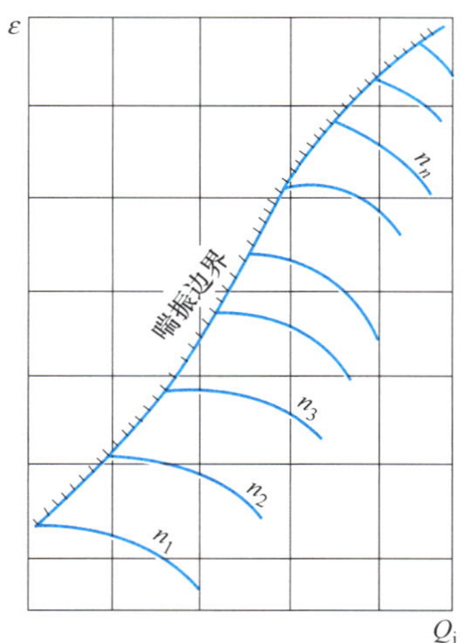

图 5-19　离心压缩机不同转速下 ε-Q_j 曲线

5.3.2.2　喘振的危害

（1）喘振使压缩机的性能恶化，压力和效率显著降低。

（2）发生喘振时压缩机出现异常的噪声、啸叫和爆音，机器出现强烈的振动，轴承、密封遭到损坏。

（3）发生喘振时会出现转子和固定部件的碰撞，造成严重破坏。

5.3.2.3　预防喘振的措施

（1）操作者应具备标注压缩机喘振线的能力，可在比喘振线流量大 5%～10%的地方加注一条防喘振线，提醒操作者注意。

(2) 降低运行转速可使流量减少而不致进入喘振状态，但出口压力随之降低。

(3) 在首级或各级设置导叶转动机构调节导叶角度，使流量减少时进气冲角不致太大，从而避免发生喘振。

(4) 在压缩机出口设置旁通管道，如图 5-20 所示，如生产中必须减少压缩机的输送流量时，让多余的气体放空，以防进入喘振状态，也可在气体出口设置与压缩机进口连接的旁通管路，利用旁路上的防喘振阀控制旁路流量的大小，保证通过压缩机的流量大于最小流量 Q_{jmin}。

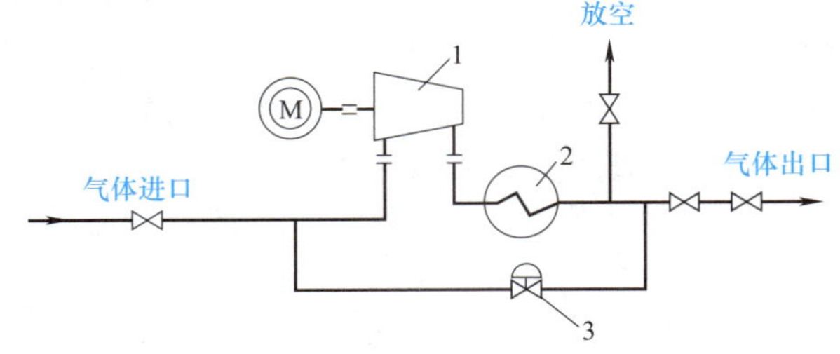

图 5-20 防喘振系统简图

1—压缩机；2—气体冷却器；3—防喘振控制阀

(5) 在压缩机进口安装温度、流量监视仪表，出口安装压力监视仪表，一旦出现异常或喘振及时报警，最好还能与防喘振控制操作联动或与紧急停车联动。

(6) 运行操作人员应了解离心式压缩机的工作原理，随时注意机器所在工况的位置，熟悉各种监测系统和调节控制系统的操作，尽量使机器不进入喘振状态，一旦进入喘振状态应立即加大流量退出喘振或立即停机。

(7) 只要备有防喘振措施，特别是操作人员认真负责，严格监视，就能防止喘振的发生，确保机器的安全运行。

5. 3. 3 离心式压缩机的堵塞工况

在转速不变时，当离心式压缩机级中的实际流量大于设计流量并达到某一最大流量时，压缩机的性能急剧恶化，不能再继续增加流量或提高排气压力，这种工况称为堵塞工况（或滞止工况）。发生堵塞工况时可能出现两种情况：一是在叶片扩压器最小流通截面处的气流速度将达到声速，已不可能再加大流量；二是随着流量的加大，叶片工作面发生严重分离，冲击损失和摩擦损失都很大，叶轮对气体所做的功全部消耗在克服流动损失上，使离心式压缩机级中气体的压力得不到提高，即 $\varepsilon=1$。

5. 3. 4 离心式压缩机整机的性能曲线

离心式压缩机整机的性能曲线与级的性能曲线相类似，也是将整机的压力比、效率及功率与进口气体流量之间的关系用性能曲线表示在坐标图上，而且这些性能参数也是由实验得出的。图 5-21 所示为 DA350-61 型离心式压缩机的性能曲线。不论是多级还是具有中间冷却器的压缩机，性能曲线都与单级性能曲线大致相同，都具有流量增加而 ε 下降的特性，功率随流量的增加而增加，当流量增加到某一程度后，出口压力或压力比下降很快，这时的功率也随之下降。

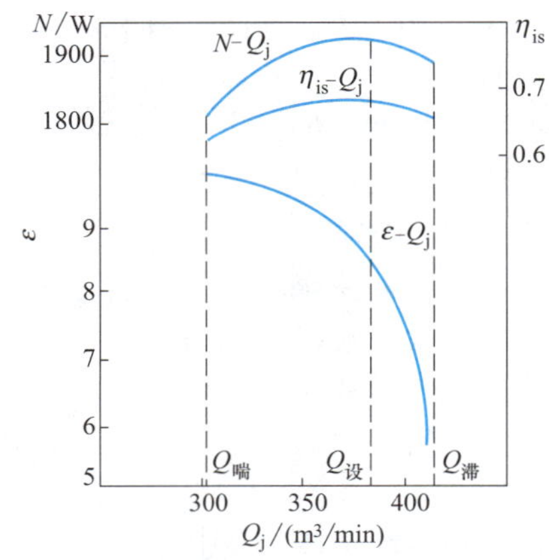

图 5-21 DA350-61 型离心式压缩机整机的性能曲线

离心式压缩机整机的性能曲线的左端受到喘振工况的限制，右端受到滞止工况的限制，在这两个工况之间的区域称为离心式压缩机的稳定工况范围，如图

5-21 所示。离心式压缩机性能的好坏不仅要求在设计流量下效率最高，而且要求压缩机稳定工况范围越宽越好。

5.3.5 离心式压缩机性能曲线的影响因素

由制造厂商提供的性能曲线图一般都注明该压缩机的设计条件，如气体介质的名称、密度（或分子量）、进气压力、进气温度等，如果气体介质、进气条件与设计条件发生了变化，压缩机运转时性能就和所提供的性能曲线有所不同。下面具体介绍性能曲线的影响因素。

5.3.5.1 转速对性能曲线的影响

离心式压缩机工作转速改变时，性能曲线 ε-Q_j 和 η_{pol}-Q_j 随转速的减小向左下方移动。由图 5-22 可知，随着转速的减小，喘振工况点向坐标左侧小流量方向移动，即转速变小，稳定工况范围变宽。

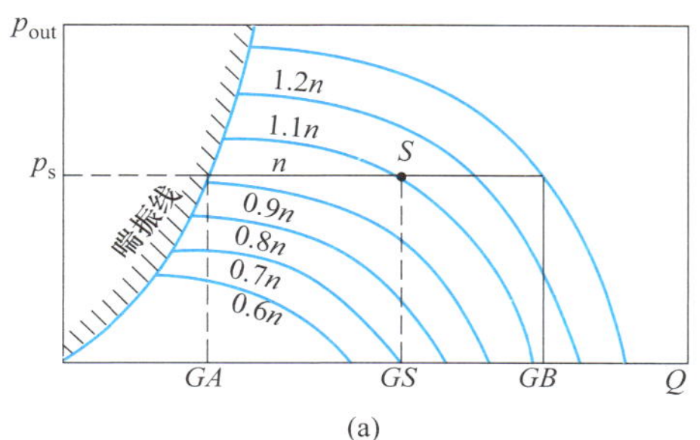

(a)

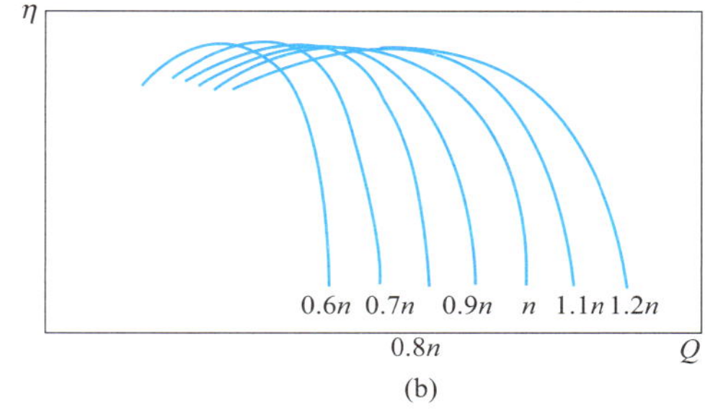

(b)

图 5-22 不同转速时的性能曲线

5.3.5.2 气体分子量对性能曲线的影响

离心式压缩机的性能曲线随着气体分子量 M 的改变而发生变化。例如当操作气体的成分发生改变时，气体的分子量发生变化，工作点将随着分子量 M 的改变而改变，如图 5-23 所示。当气体分子量 M 减小时，性能曲线 ε-Q_j 和 η_{pol}-Q_j 向左下方移动，如果出口压力不变而分子量由 25 变为 20 时，工作点由 A 移动到 A'，A'点已进入喘振区域，所以在离心式压缩机的运转过程中，对气体分子量变动的范围要加以限制。

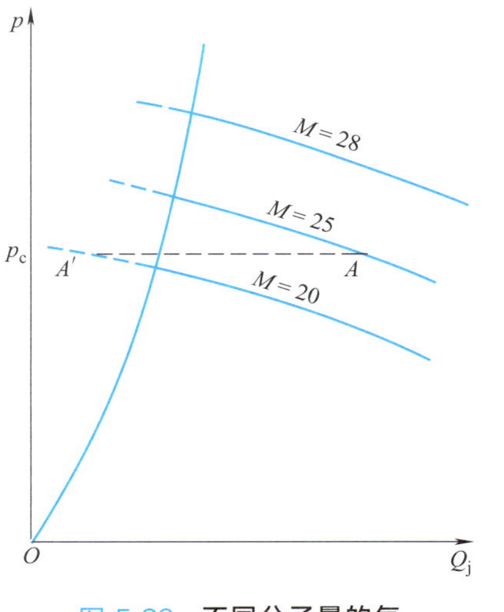

图 5-23 不同分子量的气体对性能曲线的影响

5.3.5.3 温度对性能曲线的影响

离心式压缩机吸气温度的升高或吸入压力的降低都将引起喘振，如图 5-24 所示。吸入气体的温度升高，性能曲线 ε-Q_j 和 η_{pol}-Q_j 向左下方移动，在吸入温度升高、操作压力不变的情况下，压缩机很容易进入喘振区域。

5.3.6 管路特性曲线

离心式压缩机与离心泵一样，工作时的工作点与相互装配起来的管路的特性有密切关系。管路一般是指与压缩机相连的进气管路、排气管路以及这些管路上的附件及设备的总称，如果管路装在压缩机之前，则压缩机称为抽气机或吸气机，但对于离心式压缩机来说，管路是指压缩机后面的管路及全部装置。压缩机究竟稳定在哪一工况点工作，不单独取决于压缩机本身，而是由压缩机及与压缩机连在一起的管路系统共同决定的，当管路特性改变时，压缩机的工况也将随之改变。

5.3.6.1 管路特性曲线

管路特性曲线也称为管路阻力曲线，是指通过管路的气体流量 Q_j 与保证该流量通过管路所需要的压力 p_e 之间的关系曲线，即 $p_e=f(Q_j)$ 曲线，该曲线取决于管路本身的结构和用户的需求，每种管路都有自身的特性曲线。

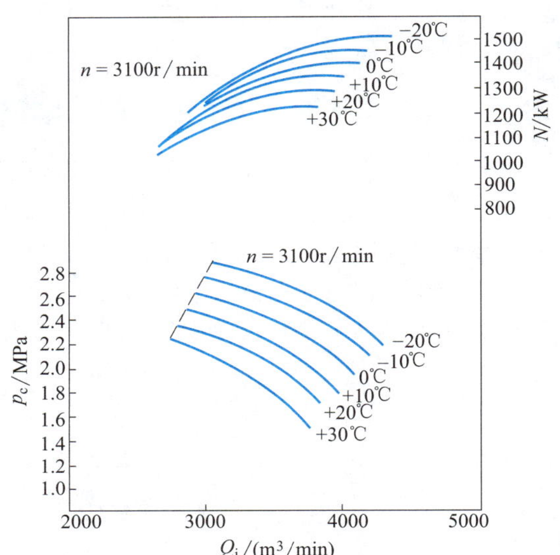

图 5-24 温度对性能曲线的影响

5.3.6.2 管路特性曲线的形式

离心式压缩机的管路特性曲线有下列三种形式，如图 5-25 所示。

(1) 提高气体压力为主的管路 提高气体压力为主的管路如图 5-25 (a) 所示。例如，如果用压缩机为管路中某压力容器输送压力为 p_r 的气体，压缩机与容器之间的管路很短，管路的流动损失可以忽略不计，局部阻力为定值，这时的管路特性曲线可以表示为 $p_e=p_r$，该曲线是一条与气量无关、压力为定值 p_r 的水平直线，如果管端压力 p_r 发生变化，则特性曲线的高低发生变化。

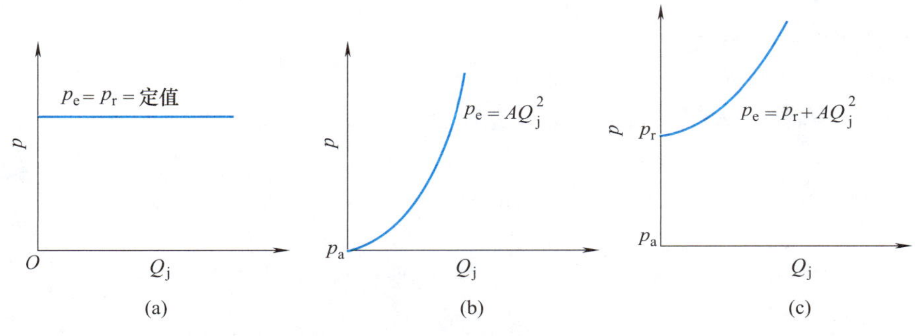

图 5-25 三种管路特性曲线

(2) 用以克服某处局部阻力为主的管路 用以克服某处局部阻力为主的管路，如图 5-25 (b) 所示，压缩机提供的能量主要用于克服管路某处的局部阻力，管路特性曲线为一条二次曲线，用 $p_e=AQ_j^2$ 来表示。如果将管路中的局部阻力（例如阀门）加以改变，则管路特性曲线的斜率发生变化，阀门越小，阻力越大，管路特性曲线就越陡。

(3) 用以提高气体压力和克服某处局部阻力的管路 用以提高气体压力和克服某处局部阻力的管路，如图 5-25 (c) 所示，这时的管路为上述两种形式的混合，其管路特性曲线可表示为 $p_e=p_r+AQ_j^2$。如改变管路中的阀门开度，管路的阻力系数将随之改变，管路特性曲线的倾斜度（斜率）将发生变化，如管端压力 p_r 发生改变，则特性曲线的位置也将发生改变。

5.3.7 离心式压缩机的工作点

5.3.7.1 平衡工况点

串联在管路中的压缩机正常工作时，流过压缩机的气体流量 Q_j 等于通过该管路的气体流量，而且压缩机的增压 Δp 等于该管路的压力降 Δp_{tub}，即 $\Delta p=\Delta p_{tub}$。如果将压缩机的性能曲线 p_k-Q_j 同管路特性曲线 p_c-Q_j 画在同一坐标轴上，横坐标以 Q_j 表示，纵坐标以压力 p 表示，则两曲线的交点 M 为压缩机的平衡工况点，如图 5-26 所示，该工作点和离心泵的工作点具有相同的特性。

5.3.7.2　稳定工作点和不稳定工作点

离心式压缩机在管路中工作时，如果压缩机的工作点 M 处于压缩机性能曲线 ε-Q_j 最高点 S 的左侧，这个工作点就是不稳定工作点，如果该交点在压缩机性能曲线 ε-Q_j 最高点 S 的右侧，这个工作点便是稳定工作点。如图 5-27 所示，如两曲线交于点 M'时，点 M'即为不稳定的工作点，如果管路出口阀门关小，压缩机的工作点就要向小流量方向移动，阀门继续关小到一定程度后，则管路的特性曲线将移到图中曲线Ⅱ的位置。

例如，机器的工作点移到点 A 时，由图 5-27 可知，此时压缩机的出口压力小于管路所需的压力，从能量平衡的角度来说压缩机的流量就要进一步下降，导致工作点继续向左移动直至流量为零，这时由于压缩机出口压力较管路压力小，因此气流要从管路倒流回到压缩机，一直到管路中压力下降到低于压缩机出口压力时为止，压缩机才能再向管路中送气，这时流量又逐渐增加，工作点又开始向点 A 移动，管路压力又恢复到点 A，但还是不能稳定下来，这样流量又开始下降，管路中一定量的气体又开始向压缩机倒流，如此反复周期性的工作点跳动，使压缩机及管路中的气体流量和压力周期性地变化，因此压缩机和管路产生了周期性的气流脉动，亦即“喘振”。管路的容量愈大，则喘振的振幅也就愈大，频率愈低；反之，管路的容量愈小，则喘振的振幅也愈小，频率就愈高。

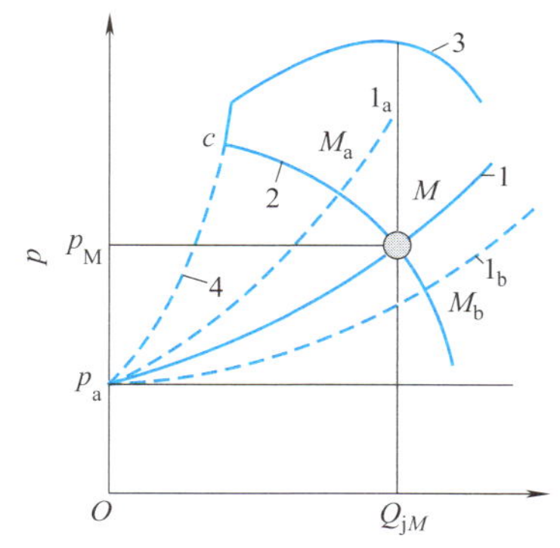

图 5-26　压缩机与管网联合工作

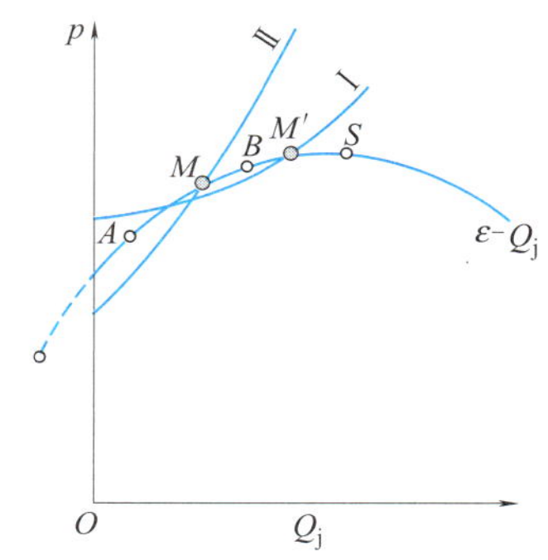

图 5-27　不稳定工况

5.3.8　离心式压缩机的串联与并联

离心式压缩机可以在串联或并联情况下工作，如果一台压缩机工作时压力不能达到所需要求，就可以考虑将两台压缩机串联，如图 5-28（a）所示。如果一台压缩机工作时流量不能满足工艺要求，也可以将两台或多台压缩机并联，如图 5-28（b）所示。

5.3.8.1　串联特性

图 5-29 是两台离心式压缩机串联工作时的特性曲线。其中曲线Ⅰ和Ⅱ分别为第Ⅰ台和第Ⅱ台压缩机单独工作时的性能曲线，按照串联时质量流量相等和压力比等于两台压缩机各自压力比乘积的原则，得到两台压缩机串联后的性能曲线Ⅰ+Ⅱ，该曲线与管道特性曲线的交点 S 即为两台压缩机串联时的工作点，此时的流量为 Q_S，S_1、S_2 分别为串联后第Ⅰ台

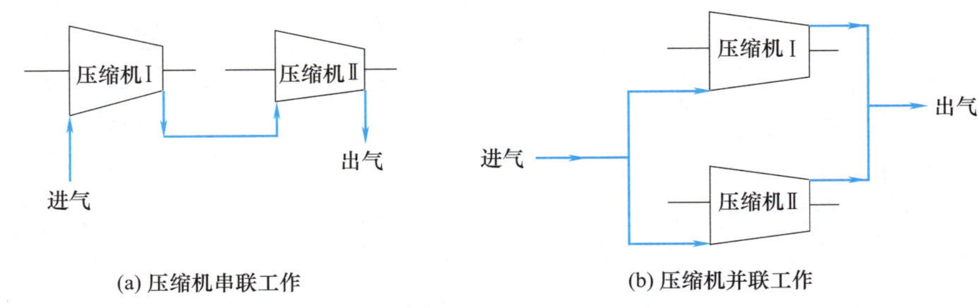

图 5-28 **压缩机的串联和并联工作**

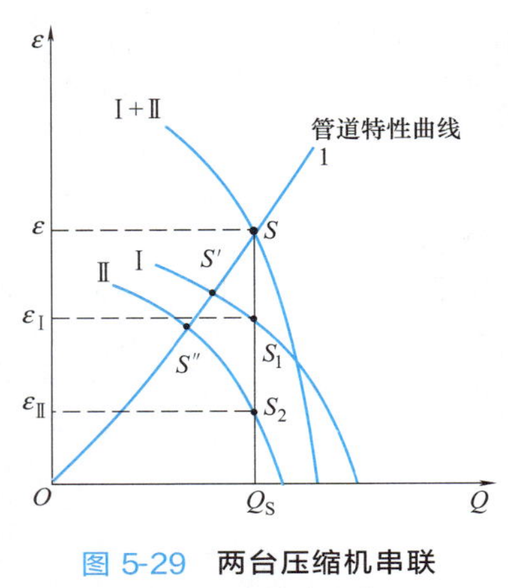

图 5-29 **两台压缩机串联工作时的特性曲线**

和第Ⅱ台压缩机的工作点，显然不同于单独工作时与管道特性曲线的交点 S' 和 S''。串联后总的压力比为 $\varepsilon=\varepsilon_{\mathrm{I}}\varepsilon_{\mathrm{II}}$，能满足生产需要。因此当单级压力比不能满足生产需要时，可以采用串联这种方法。另外，串联工作时，由于第Ⅱ台压缩机的进口压力比第Ⅰ台的进口压力高，其进口体积流量小于第Ⅰ台，因此更容易进入喘振区；而当流量大到一定程度时，第Ⅰ台压缩机的压力比接近1，而出口温度升高，此时第Ⅱ台压缩机的进口体积流量大于第Ⅰ台，因此第Ⅱ台压缩机比第Ⅰ台压缩机更早达到堵塞工作流量，也就是说压缩机串联后的喘振流量变大，堵塞流量变小，稳定工作范围变窄，且主要受到第Ⅱ台压缩机的限制。因此为了使压缩机串联工作时有较宽的稳定工作范围，第Ⅱ台压缩机应有较大的工作范围。

5.3.8.2 并联特性

离心式压缩机的并联常用于以下情况：一是必须增加输气量而又不需要对现有的压缩机做重新改造；二是气体用量很大，用一台压缩机可能尺寸过大或制造上有困难，这时应考虑两台小的压缩机并联供气；三是用户的用气量经常变动，当所需的输气量较大时两台压缩机同时运行，当输气量较少时只开一台压缩机。

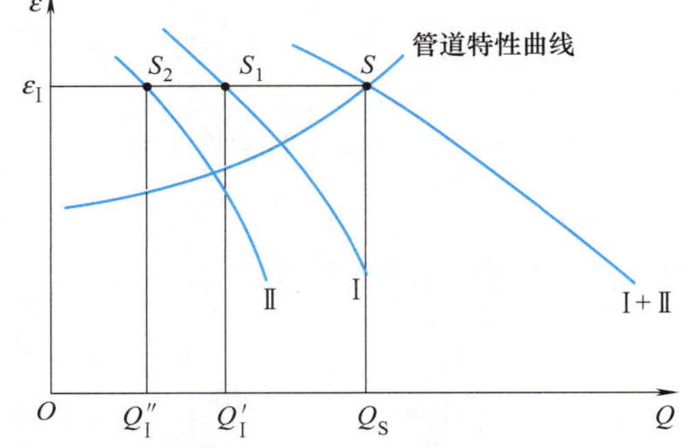

图 5-30 **两台压缩机并联工作时的特性曲线**

图 5-30 是两台压缩机并联工作的特性曲线。其中曲线Ⅰ和Ⅱ分别为第Ⅰ台和第Ⅱ台压缩机单独工作时的性能曲线，按照并联时压力比相等和流量相加的原则得到两台压缩机并联后的性能曲线Ⅰ+Ⅱ，该曲线与管道特性曲线的交点 S 即为两台压缩机并联时的工作点，此时的流量为 Q_S，S_1、S_2 分别为并联后第Ⅰ台和第Ⅱ台压缩机的工作点，显然不同于单独工作时与管道特性曲线的交点，并联工作时每台机器本身的流量小于每台机器单独工作时的流量，并联工作时的总流量小于每台机器单独工作时各自流量之和（$Q_{总}<Q_{\mathrm{I}}+Q_{\mathrm{II}}$）。

并联工作时如果管路阻力系数增大，管路特性曲线将移动变陡，这时机器Ⅱ有可能达到最小流量 Q_{jbmin}，机器Ⅱ开始喘振，这时最好使机器Ⅱ停机，只使用机器Ⅰ单独工作。

习题5-3

1. 单选题

(1) 运转中的离心式压缩机，其流量（　　）流量时，就会产生喘振。

A. 不断增加达到最大　　B. 不断减少达到最小
C. 不断减少达到零　　D. 不断减少达到某一定值

(2) 以下不能消除离心式压缩机喘振措施的是（　　）。

A. 将一部分气体经防喘振阀放空　　B. 将部分气体由旁路送往吸气管
C. 让压缩机与供气系统脱开　　D. 提高压缩机的进气压力

(3) 下列方法中不是离心式压缩机流量调节方法的是（　　）。

A. 调节吸入阀　　B. 调节电动机转速　　C. 切割叶轮　　D. 调节吸入导叶开度

(4) 离心式压缩机当流量小于设计流量时，气流的边界层分离发生在叶片的（　　）。

A. 工作面　　B. 非工作面　　C. 叶道　　D. 尾部

(5) 离心式压缩机在堵塞工况时，压力比 ε（　　）。

A. 等于 1　　B. 大于 1　　C. 小于 1　　D. 无穷大

(6) 离心式压缩机的串联是为了提高压力，并联是为了提高（　　）。

A. 流量　　B. 压力　　C. 压力比　　D. 流速

(7) 离心式压缩机的堵塞工况是由于流量（　　）设计流量并达到某一最大流量时发生的。

A. 等于　　B. 大于　　C. 小于

(8) 如果压缩机的工作点处于压缩机性能曲线 ε-Q_j 最高点的左侧，这个工作点就是（　　）。

A. 稳定工作点　　B. 不稳定工作点　　C. 喘振点　　D. 堵塞工况点

(9) 堵塞工况时，在压缩机内流道中叶片扩压器的最小流通截面处的气流速度将达到（　　）。

A. 声速　　B. 光速　　C. 超声速

(10) 当流量偏离设计流量时，气流在叶片进口处产生（　　）。

A. 摩擦损失　　B. 漏气损失　　C. 轮阻损失　　D. 冲击损失

(11) 当气体压缩比大于 8 时，一般需要压缩机（　　）。

A. 单级压缩，但提高功率　　B. 单级压缩，增加气缸容积
C. 采用两台串联　　D. 采用多级压缩

(12) 离心式压缩机发生喘振最终是因为（　　）。

A. 排气温度低于系统温度　　B. 排气温度高于系统温度
C. 排气压力低于系统压力　　D. 排气压力高于系统压力

(13) 离心式压缩机中，造成排气压力低于系统压力而出现喘振的可能因素有（　　）。

A. 进气温度升高　　B. 进气压力降低
C. 气流旋转脱离和进气组分变化　　D. ABC

2. 判断题

(1) 流道损失就是流动损失。（　　）

(2) 离心式压缩机回流道光滑，可以减少气流损失。（　　）

(3) 离心式压缩机流量越小，越容易发生喘振。（　　）

(4) 离心式压缩机的喘振现象是由于通过的气体流量过小造成的。（　　）

(5) 喘振是容积式压缩机在高压头、低流量、高温低速情况下经常遇到的一种现象。 ( )

(6) 离心式压缩机工作转速和临界转速相等时就会发生喘振。 ( )

(7) 离心式压缩机在吸入温度升高、操作压力不变的情况下，很容易进入喘振区。 ( )

(8) 离心式压缩机的转速变小，则离心式压缩机的稳定工况范围变窄。 ( )

(9) 离心式压缩机性能的稳定工况范围越宽越好。 ( )

(10) 离心式压缩机发生喘振现象时，气流会发生倒流。 ( )

(11) 离心式压缩机进气组分的分子量升高将可能会造成喘振。 ( )

3. 简答题

(1) 说明离心式压缩机性能曲线的影响因素。

(2) 离心式压缩机的喘振工况和堵塞工况对离心式压缩机的性能有何影响?

(3) 说明离心式压缩机串联、并联的目的。

5.4 离心式压缩机的性能调节

离心式压缩机同管路联合工作时一般要求工作点就是压缩机的设计工况点，此时压缩机的效率最高，但在实际运行中为满足用户对输送气体流量或压力的需求，需要对流量和压力进行调整，这就要设法改变压缩机的运行工况点，而压缩机的工况点就是压缩机的性能曲线与管路特性曲线的交点。所以，调节的实质就是设法改变离心式压缩机的性能曲线和管路特性曲线的位置。

5.4.1 改变离心式压缩机性能曲线的调节

5.4.1.1 进口节流调节

进口节流调节就是把调节阀门安装在压缩机前的进气管路上，通过调节阀门的开度改变压缩机的进气状态，进而改变离心式压缩机性能曲线的位置，达到调节的目的。如图 5-31 所示，p_a 为阀门前的固定压力，p_r 为容器压力，p_j 为压缩机进口压力，p_c 为压缩机出口压力。当调节阀全开时，阀后的气体压力 p_j 等于阀前的气体压力 p_a，即 $p_j=p_a$，此时压缩机的性能曲线为Ⅰ。当阀门开度关小时压缩机的进气压力降低为 p_j，而且 $p_j<p_a$，如图 5-31 中曲线Ⅱ所示，进气压力的降低直接影响到压缩机的排气压力，使压缩机的性能曲线由Ⅰ下移至Ⅲ的位置，如果继续关小调节阀，进气压力与进气流量的关系由曲线Ⅱ变至Ⅳ，此时压缩机的性能曲线由Ⅲ变为Ⅴ。

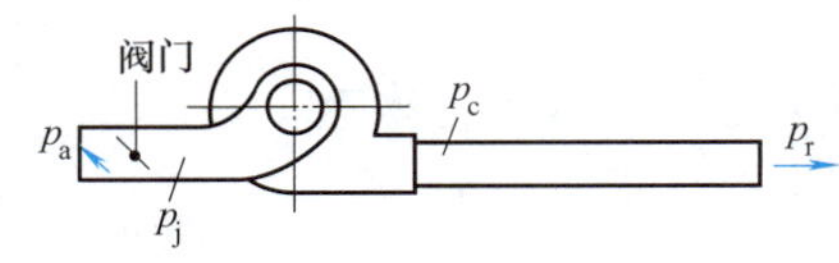

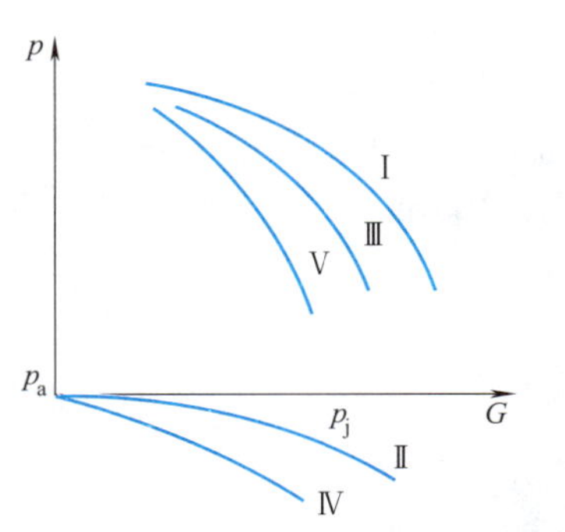

图 5-31 进口节流对性能的影响

进气节流调节分为等压调节和等流量调节。如果压缩机的出口和压力容器相连，容器的压力为 p_r，在设计工况下阀门全开时压缩机的性能曲线为Ⅰ，工作点为 M，流量为 G_M，如图 5-32 所示，如果容器的压力 p_r 不变，但要求流量减小到 G'_M，这时可关小进口节流阀，使压缩机的性能曲线从Ⅰ移动到Ⅱ的位置，

这时的工作点为 M'，流量为 G'_{M}，压力 p_{r} 保持不变。

如果要求减小压缩机的排气压力而且希望流量保持不变，也可以用进口节流调节关小进口阀门，使压缩机的性能曲线由Ⅰ移动到Ⅱ的位置，如图 5-33 所示，此时的工作点从 M 移到 M'，容器的压力由 p_{r} 减小到 p'_{r}，流量仍然保持不变，即 $p_{\mathrm{r}}>p'_{\mathrm{r}}$，$G_{\mathrm{M}}=G'_{\mathrm{M}}$。

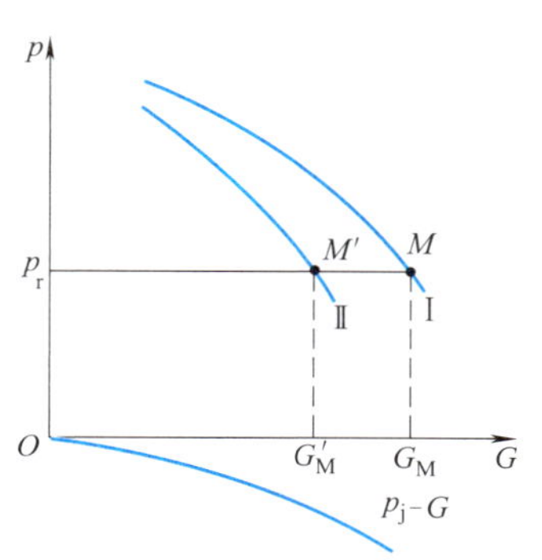

图 5-32 进口节流调节流量

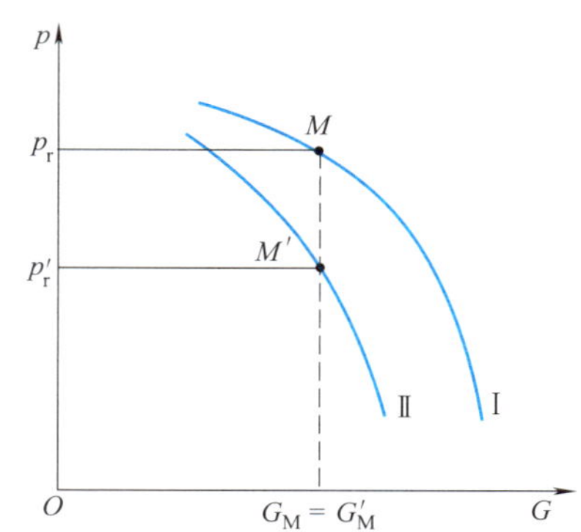

图 5-33 进口节流调节压力

进口节流调节的优点是节省功率，压缩机的性能曲线愈陡，节省的功率愈多，进口节流调节使压缩机的性能曲线向小流量方向移动，因而能在更小流量下稳定工作而不致发生喘振。进口节流调节的缺点是进口节流阻力带来一定的压力损失，并使排气压力降低。为了使压缩机阀门后的气流保持均匀流动，阀门与压缩机进口之间要设置足够长的平直管道。

5.4.1.2 改变转速调节

当转速改变时离心式压缩机的性能曲线也随之发生变化，如图 5-34 所示，所以可以利用调节转速来改变压缩机的性能曲线，进而改变离心式压缩机的工况点来满足其生产需求。

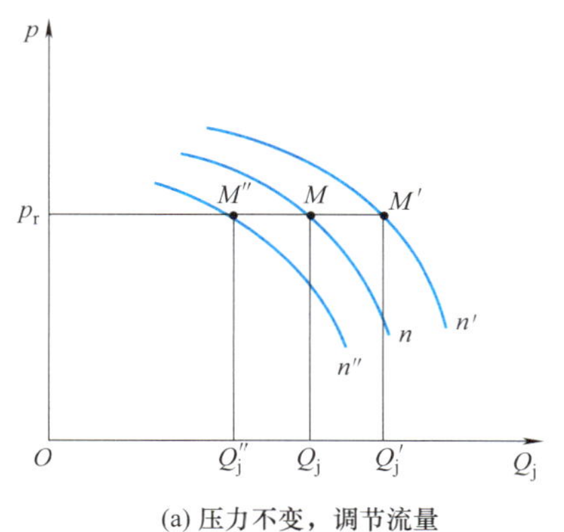

(a) 压力不变，调节流量

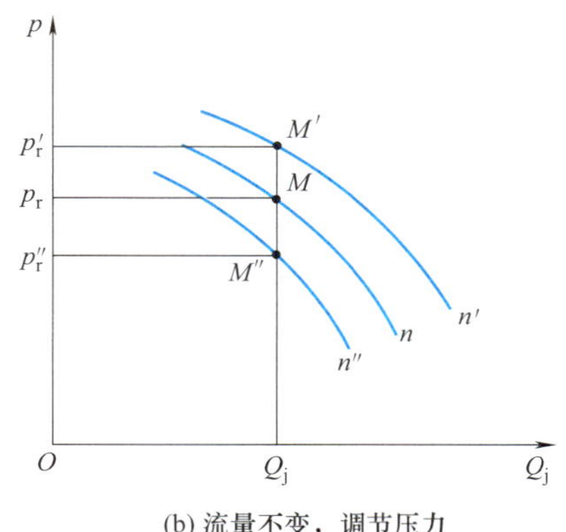

(b) 流量不变，调节压力

图 5-34 改变转速调节

当压缩机与某压力容器联合工作时，容器内的压力为 p_{r}，设计流量为 Q_{j}，在设计工况时转速为 n，系统的工作点为 M，如图 5-34（a）所示，如果要求压力不变，流量由 Q_{j} 增大为 Q'_{j}或减小为 Q''_{j}时，只要将压缩机的转速由 n 增大为 n'或减小为 n''，这样压缩机的性能曲线便向上或向下移动，得到新的工作点 M'或 M''，流量得到调节。如果要求流量不变而容器中的压力由 p_{r} 增大为 p'_{r}或降低为 p''_{r}时，也可以用调整转速的方法达到，如图 5-34（b）所示，只要把转速由 n 降低为 n''或增大为 n'，工作点便由 M 移至 M''或 M'，这时的流量 Q_{j} 不变，而压力由 p_{r} 降至 p''_{r}或升高为 p'_{r}，满足了生产要求。

变转速调节的优点是调节范围大，不产生其他调节方法所带来的附加损失，是一种最经济的调节方法，特别适合由汽轮机、燃气轮机以及变频电动机等驱动的压缩机，目前是大型压缩机经常采用的调节方法。变转速调节的缺点是采用变速调节时必须改变驱动机的转速，这样会使设备复杂化，价格也昂贵。

5.4.1.3 转动进口导叶调节

在压缩机叶轮入口前设置可转动的进口导向叶片（导叶），并由专门机构使各导向叶片能绕自身轴旋转，进而改变导向叶片的安装角，使进入叶轮的气流产生预旋转，从而改变压缩机的性能曲线，实现压缩机的工况调节。

进口导叶转动后，如果叶轮进口气流得到一个与叶轮旋向一致的旋绕则称为正旋绕，如果产生与叶轮旋转方向相反的旋绕则称为负旋绕，因此又将这种方法称为进气预旋调节。正旋绕时离心式压缩机的性能曲线向下移动，负旋绕时离心式压缩机的性能曲线向上移动。图5-35为不同正旋绕时的曲线，可以看出预旋角越大，性能曲线越陡，喘振流量则越小。

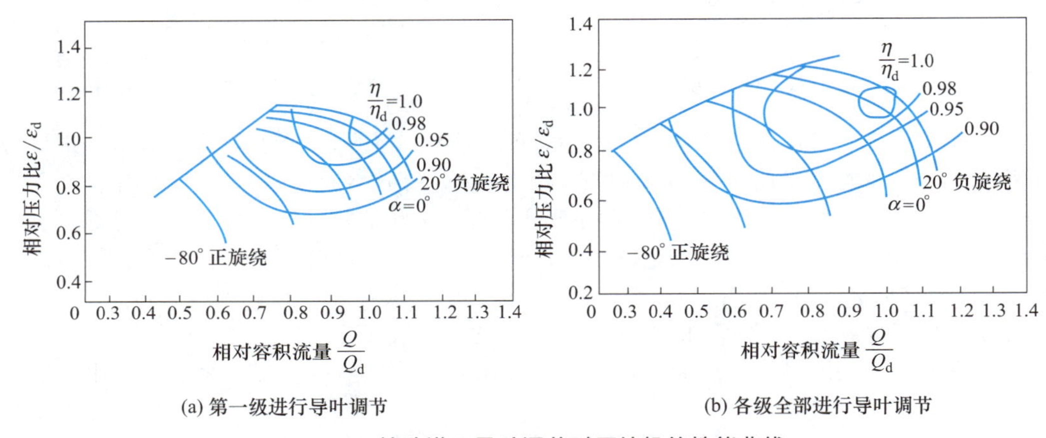

图 5-35 转动进口导叶调节时压缩机的性能曲线

图5-36为进口节流调节、转动进口导叶调节和改变转速三种调节方法的经济性对比，其中 ΔN 是以进口节流为比较基础所节省的功率，曲线1表示转动进口导叶比进口节流所节省的功率曲线，曲线2表示改变转速比进口节流所节省的功率曲线，显然改变转速的调节经济性最佳。

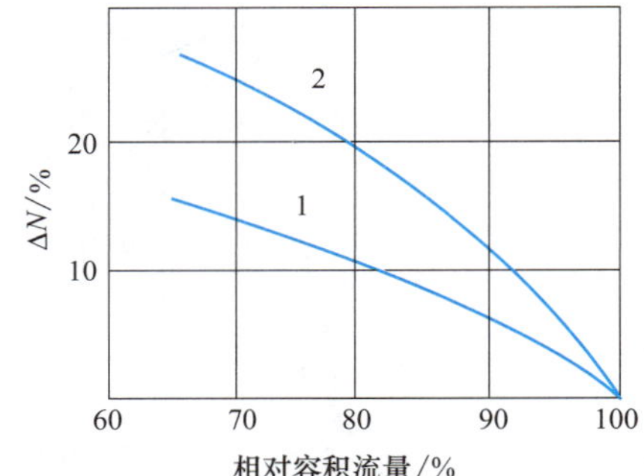

图 5-36 各种调节经济性比较

1—转动进口导叶与进口节流比较；

2—改变转速与进口节流的比较

5.4.1.4 采用可转动的扩压器叶片调节

具有叶片扩压器的离心式压缩机，当叶片扩压器进口叶片的几何角改变时就可以改变叶片扩压器的进口冲角，使压缩机的性能曲线左右移动。图5-37表明减小扩压器进口处叶片的几何角 α_{3A} 可使压缩机的性能曲线向小流量区域大幅度平移，喘振流量大为减小，同时压力和效率变化很小。这种调节机构相当复杂，很少采用。

5.4.2 改变管路特性曲线的性能调节

在机器出口安装调节阀（图5-38），改变阀门的大小可改变管路特性曲线的斜率，进而改变管路特性曲线的位置，达到调节流量的目的。

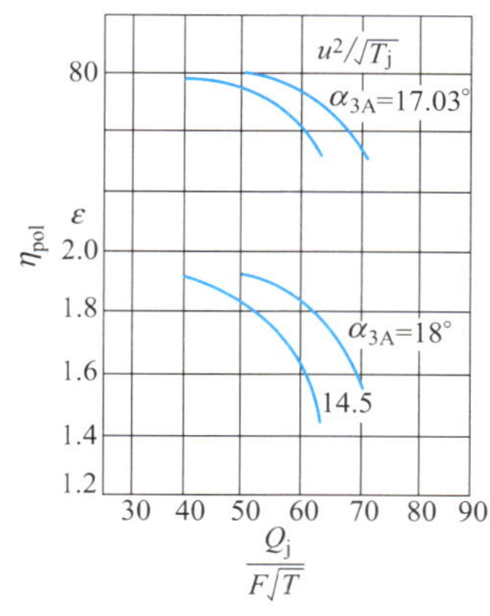

图 5-37 改变扩压器叶片角度时的级性能曲线

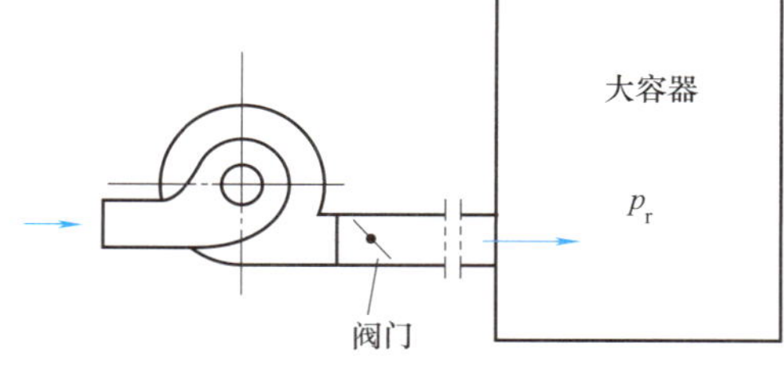

图 5-38 改变管路特性曲线的调节装置

5.4.2.1 改变管路阻力调节

调节压缩机出口管路中调节阀的开度，改变管路的局部阻力系数，可使管路特性曲线的斜率发生改变（管路特性曲线随阀门的关小而变陡），以适应流量或压力变化的要求。如图 5-39（a）所示，当阀门全开时管路特性曲线为Ⅰ，工作点为 M，流量为 Q_{jM}，管路中的压力为 p_M，当需要减小流量时关小出口阀门，增加管路中的阻力损失，管路特性曲线变陡，移动到曲线Ⅱ的位置，工作点从 M 移到 M'，流量从 Q_{jM} 减小到 Q'_{jM}，管路中的压力 $p'_M > p_M$，压力损失 $\Delta p = p'_M - p_M$ 消耗在关小阀门时所引起的节流损失上。

该调节方式的特点是比较简单，但由于压力比增大，功率消耗增加，很不经济。

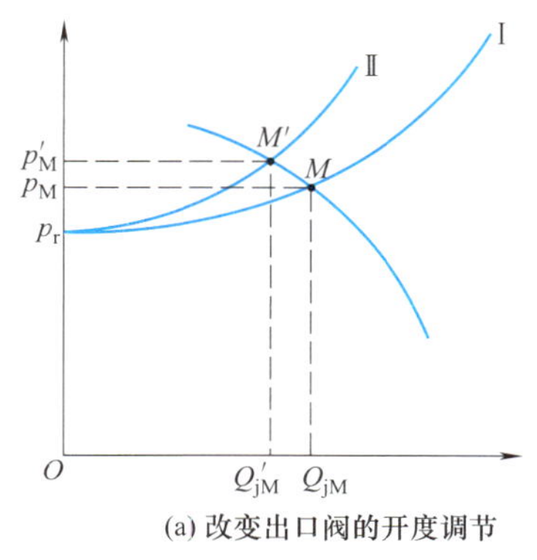

(a) 改变出口阀的开度调节

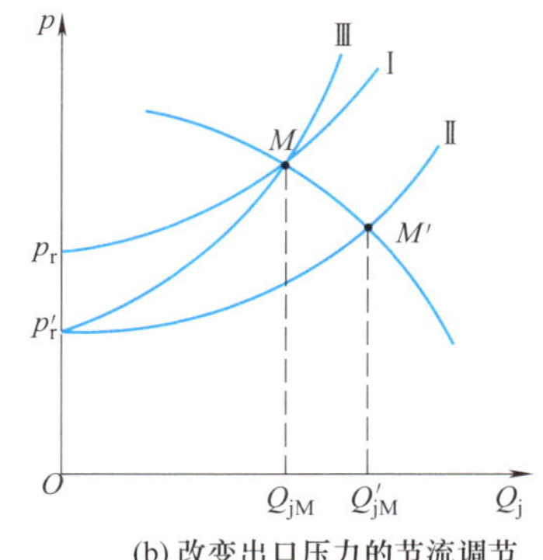

(b) 改变出口压力的节流调节

图 5-39 出口节流调节

5.4.2.2 改变出口压力调节

当管路中要求压力变化而流量不变时，可采用出口节流的方法，假如原来管路的出口压力为 p_r，工作点为 M，当管路出口压力降低到 p'_r，工作点从 M 移动到 M' 点，这时压缩机的流量从 Q_{jM} 增加到 Q'_{jM}，为了确保 Q_{jM} 保持不变，可以关小出口阀门，使管路特性曲线Ⅱ移动到Ⅲ的位置，使压缩机的性能曲线与管路特性曲线Ⅲ仍交于 M 点，这时的流量仍保持在原来的流量 Q_{jM}，如图 5-39（b）所示，出口节流阀关得越小，阻力损失越大，特别是当压缩机的性能曲线变陡、调节流量又较大时缺点更加突出。目前除在风机及小型鼓风机上使用这种方法外，其他压缩机很少采用这种调节方法。

习题5-4

1. 单选题

(1) 离心式压缩机的冲击损失主要是由其实际流量（　　）设计流量引起的。

A. 等于　　B. 大于　　C. 小于　　D. 大于或小于

(2) 离心式压缩机的管路特性曲线随阀门的关小而变（　　）。

A. 平坦　　B. 陡　　C. 直线　　D. 不变

(3) 进口节流调节的压缩机，性能曲线愈陡，节省的功率愈（　　）。

A. 多　　B. 少　　C. 不变

(4) 在机器出口安装调节阀，实际是改变（　　）的斜率。

A. 压缩机特性曲线　　B. 管路特性曲线　　C. A 和 B

(5) 目前定转速电动机驱动的离心式压缩机，流量多采用（　　）。

A. 出口节流调节　　B. 进口节流调节　　C. 变速调节　　D. 转动进口导叶调节

(6) 离心式压缩机性能调节方法中，经济性能最佳的是（　　）。

A. 出口节流调节　　B. 进口节流调节　　C. 变速调节　　D. 转动进口导叶调节

(7) 离心式压缩机的调节一般有两种，一种是等压调节，另一种是（　　）调节。

A. 等压　　B. 等流量　　C. 变速　　D. 出口节流

(8) 离心式压缩机调节的实质是改变压缩机的（　　）。

A. 工况点　　B. 最高效率点　　C. 喘振点　　D. 堵塞工况点

(9) 改变转速调节，实际是改变（　　）的性能曲线。

A. 离心式压缩机　　B. 管网　　C. A 和 B

(10) 出口节流调节是改变（　　）的性能曲线。

A. 离心式压缩机　　B. 管网　　C. A 和 B

2. 判断题

(1) 出口节流调节是离心式压缩机最经济的调节方法。（　　）

(2) 离心式压缩机改变转速的调节方法经济性最佳。（　　）

(3) 离心式压缩机性能调节的实质是调节压缩机的性能曲线和管路特性曲线。（　　）

(4) 变速调节使设备简单、价格便宜。（　　）

(5) 进口节流调节使压缩机的性能曲线向小流量方向移动。（　　）

(6) 出口节流阀关得越小，阻力损失越小。（　　）

(7) 减小扩压器进口处叶片的几何角，可使性能曲线向小流量区大幅度平移。（　　）

(8) 出口节流调节的压差，完全消耗在阀门的节流损失上。（　　）

(9) 离心式压缩机的变速调节，可以得到相当大的调节范围。（　　）

(10) 转动进口导叶调节与进口节流调节相比，能量损失小。（　　）

(11) 在离心式压缩机进气管上装设节流阀，改变阀门的开度，就改变了压缩机的进气状态，压缩机的特性曲线也就跟着改变。（　　）

3. 简答题

(1) 说明改变离心式压缩机性能曲线的调节方法。

(2) 说明改变管道性能曲线的调节方法。

(3) 比较各种调节方法的优缺点。

5.5 离心式压缩机的主要零部件

离心式压缩机是由许多零部件组成的。通常把工作时转动的零部件称为转子，主要包括主轴、叶轮、平衡盘、推力盘等；把静止的零部件称为定子，主要包括吸入室、机壳、隔板、密封和轴承等。实际上，扩压器、弯道、回流器和蜗壳是机壳与隔板或隔板与隔板之间不同形状的气体通流空间，在这些零部件中，有些与离心泵相同，本节不再重述，下面仅对扩压器等离心式压缩机特有的零部件给予说明。

5.5.1 转动元件

在离心式压缩机中，把由主轴、叶轮、平衡盘、推力盘、联轴器、轴套以及紧圈和固定环等转动零部件组成的旋转体称为转子。图 5-40 为离心式压缩机转子示意图。

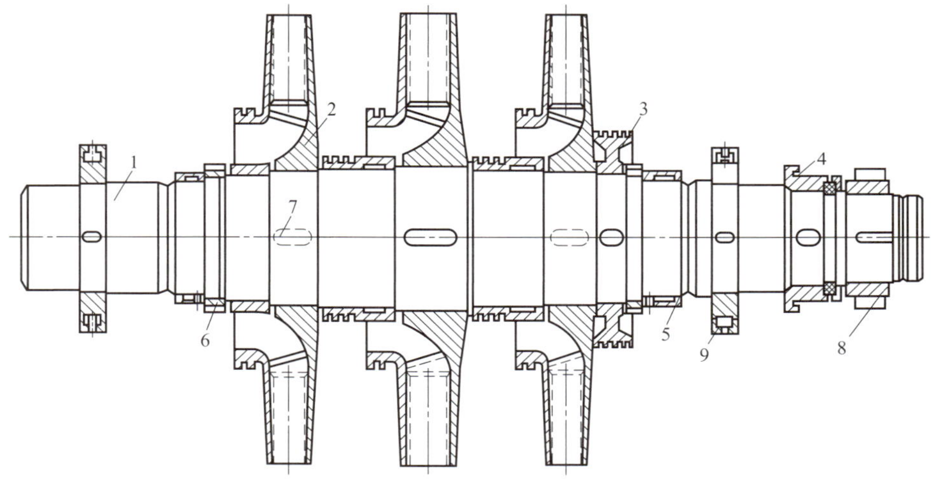

图 5-40 离心式压缩机转子示意图

1—主轴；2—叶轮；3—平衡盘；4—推力盘；5—轴套；6—螺母；7—键；8—联轴器；9—固定环

5.5.1.1 主轴

主轴是离心式压缩机的主要零部件之一，其作用是传递功率、支承转子、固定零件的位置，以保证机器的正常工作。主轴按结构一般可分为节鞭轴、阶梯轴和光轴三种类型。

(1) 节鞭轴　图 5-41 所示为节鞭轴，轴上挖有环状凹形的流道，级与级之间无轴套，叶轮由轴肩和销钉定位。这种形式的主轴既能满足气流流道的需要，又具有足够的刚度。

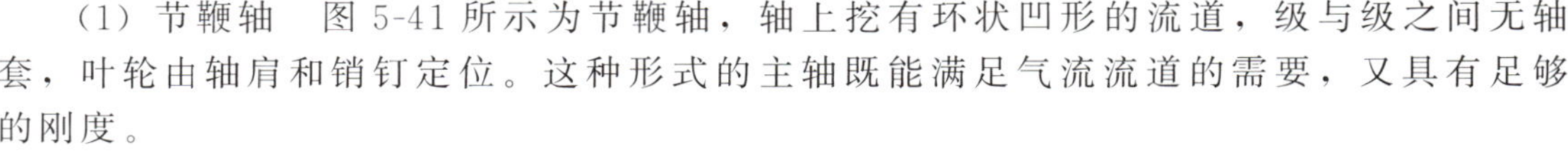

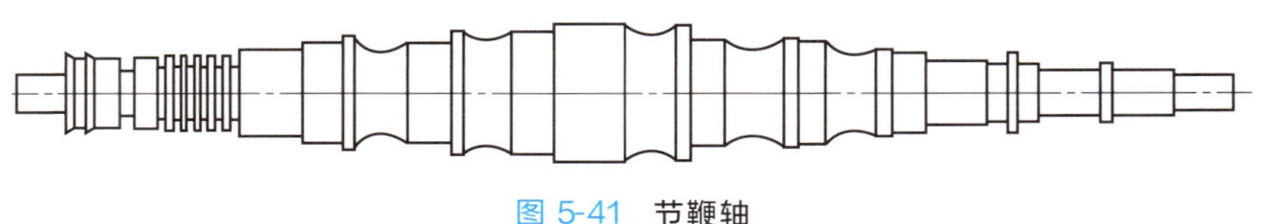

图 5-41 节鞭轴

(2) 阶梯轴　阶梯轴的直径大小是从中间向两端递减，该形式的轴便于安装叶轮、平衡盘、推力盘及轴套等转动零件，叶轮也可由轴肩和键定位，而且刚度合理。

(3) 光轴　光轴的外形简单，安装叶轮部分的轴颈是相等的，无轴肩，转子组装时需要有轴向定位用的工艺卡环，叶轮由轴套和键定位。

主轴上零部件的安装一般采用热装法，即将叶轮、平衡盘等零部件的孔径加热，使其比轴径大 0.30～0.50mm，然后迅速套在主轴上指定的位置，待冷却后就能因孔径的收缩而紧固在轴上。主轴上的零部件除了热套之外，有时为了防止由于温度变化、振动或其他原因使零件与轴的配合产生松动，也可采用螺钉或键连接。用键连接时各级叶轮的键应相互错开 180°，这样对于轴的强度以及转子的平衡比较有利。

5.5.1.2 紧圈与固定环

叶轮及主轴上的其他零件与主轴的配合一般采用过盈配合，但转子转速较高，在离心惯性力的作用下，将会使叶轮的轮盘内孔与轴的配合处发生松动，导致叶轮产生位移。为了防止叶轮发生移动，有些过盈配合还再采用埋头螺钉加以固定，但有些结构本身不允许采用螺钉固定，因而采用两个半固定环及紧圈加以固定，其结构如图 5-42 所示。固定环由两个半圈组成，加工时按尺寸加工成一个圆环，然后锯成两半，其间隙不大于 3mm，装配时先把两个半圈的固定环装在轴槽内，随后将紧圈加热到大于固定环外径并热套在固定环上，冷却后即可牢固地固定在轴上。

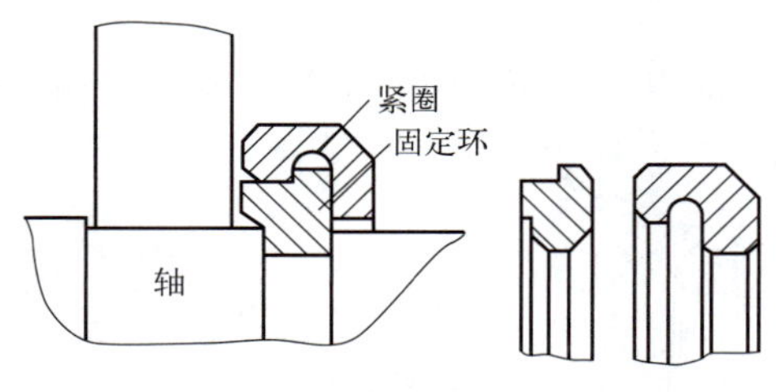

图 5-42　半固定环与紧圈

5.5.1.3 推力盘

平衡盘可以平衡大部分的轴向力，但还有一小部分的轴向力未被平衡掉，剩余部分的轴向力由止推轴承来平衡。推力盘是将轴向力传递给止推轴承的装置，如图 5-43 所示。

5.5.1.4 轴套

轴套的作用是使轴上的叶轮与叶轮之间保持一定的间距，防止叶轮在主轴上产生窜动。轴套安装在主轴上，如图 5-44 所示。轴套一端开有凹槽，主要起密封作用，另一端加工有圆弧形凹面，该圆弧形凹面在主轴上的位置恰好与主轴上叶轮的入口处相连，这样可以减少因气流进入叶轮所产生的涡流损失和摩擦损失。

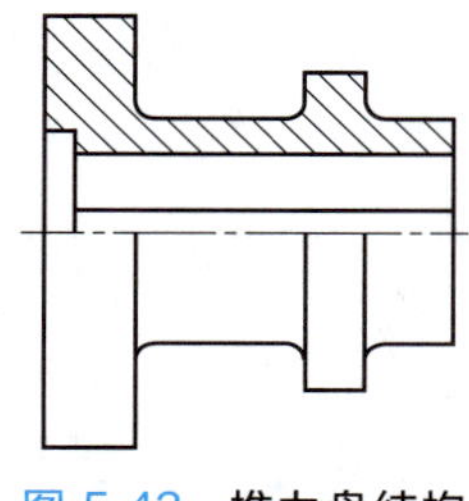
图 5-43　推力盘结构

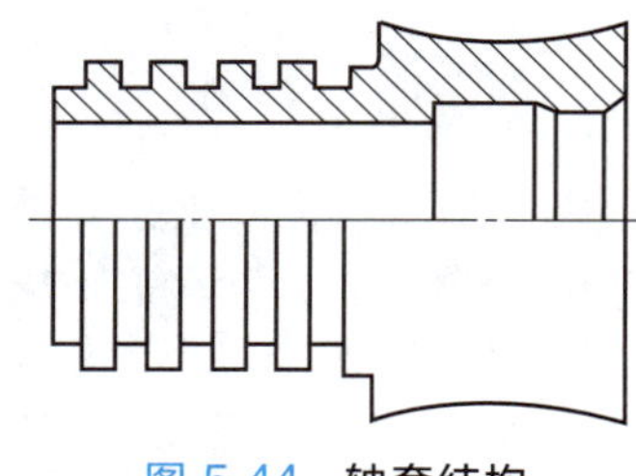
图 5-44　轴套结构

5.5.2 固定元件

离心式压缩机除了上述转动元件以外，一般还有吸气室、扩压器、弯道、回流器及蜗壳等不随主轴回转的固定元件。

5.5.2.1 吸气室

吸气室的作用是把气体从进气管道或中间冷却器顺利地引入叶轮，使气流从级的吸气室法兰到叶轮的吸气孔产生较小的流动损失，有均匀流速的作用，而且气体经过吸气室以后不产生切向的旋绕而影响叶轮的能量头。吸气室有四种结构型式，如图 5-45 所示。

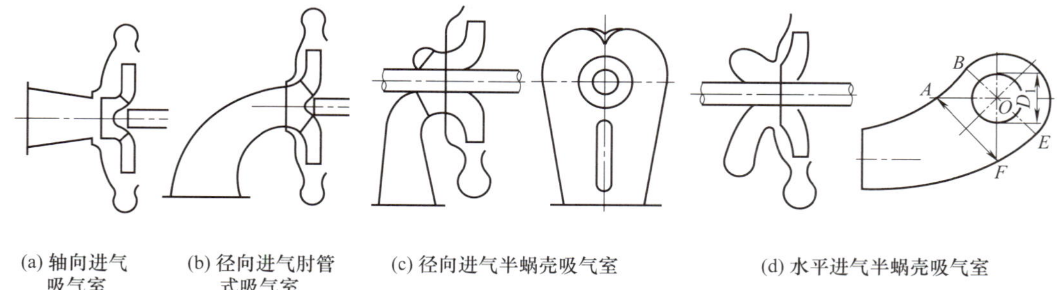

图 5-45 吸气室的结构型式

(1) 轴向进气吸气室 图 5-45 (a) 所示为轴向进气吸气室，这种结构型式最为简单，多用于单级悬臂式鼓风机或压缩机，为了使进入叶轮的气流均匀，其吸气管可以做成收敛型。

(2) 径向进气肘管式吸气室 图 5-45 (b) 所示为径向进气肘管式吸气室，这种型式的吸气室进气时气流在转弯处容易产生速度不均匀的现象，所以常把转弯半径加大并在转弯的同时使气流略有加速。

(3) 径向进气半蜗壳吸气室 图 5-45 (c) 所示为径向进气半蜗壳吸气室，常用于具有双支承轴承的压缩机，当第一级叶轮有贯穿的轴时，均采用这种型式的吸气室。

(4) 水平进气半蜗壳吸气室 图 5-45 (d) 所示为水平进气半蜗壳吸气室，该吸气室多用于具有双支承的多级离心式鼓风机或压缩机，其特点是进气通道不与轴对称，而是偏在一边，与水平部分的机壳上半部不相连，所以检修很方便。

5.5.2.2 扩压器

离心式压缩机中叶轮出口气流的绝对速度一般很大，可达 200～300m/s，对于高能头的叶轮绝对速度高达 500m/s 以上，这样高速度的气流具有很大的动能，对于后弯式叶轮，这部分能量约占叶片功的 25%～40%，径向叶轮可达 50%，因此必须很好地利用这部分能量，使其有效地转换成所需要的静压能。扩压器就是把动能转换为静压能的组件，对于离心式压缩机来说提高静压能是主要目的，对于速度只要能保证在一定流通面积的输气管中维持所需的气量即可。扩压器一般有无叶扩压器、叶片扩压器和直壁扩压器三种结构型式。

(1) 无叶扩压器 无叶片扩压器的结构如图 5-46 所示，是由两个平行壁构成的一个环形通道，流道之后可与弯道相连，截面 2-2 为叶道的出口截面，截面 3-3 为进口截面，截面 4-4 为出口截面，截面 2-2 比截面 3-3 略宽，主要是为了避免叶轮外缘与固定流道壁相摩擦。

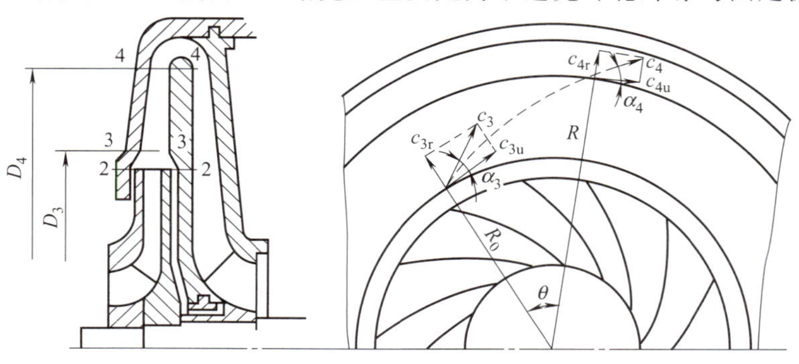

图 5-46 无叶扩压器

无叶扩压器主要是依靠直径 D 的增大来进行减速扩压的，因为随着内直径由 D_3 增大至 D_4，流道截面渐渐增大，气体从叶轮出口出来经过该环形通道时速度就逐渐降低，压力逐渐增高，叶轮出口处气流速度越大，就越需要较大的扩压器。无叶扩压器结构简单、制造方便、工况变化范围宽，因为工况变化时虽然叶轮出口气流速度的大小和方向都要发生变化，但在扩压器中不会发生冲击损失，所以稳定工况范围宽。无叶扩压器通用性好，可用于不同型式的叶轮，另外，当进入扩压器的气流速度达到超声速时，在扩压器内也不会形成激波。但在同样减速比的条件下，无叶扩压器的尺寸较大，由于无叶扩压器的流动轨迹较长，摩擦损失较大，故设计工况下效率低于叶片扩压器。

(2) 叶片扩压器　如果在无叶扩压器的环形通道内均匀安装叶片则称为叶片扩压器，如图 5-47 所示。在叶片扩压器内的气流同样属于没有能量加入而有流动损失的扩压流动，但由于在环形通道内安装了叶片，叶道内的气流受到叶片的引导，迫使气流沿着叶片方向运动，叶片对气流的作用力使经过扩压器气流的动量矩发生变化，气体在叶道中的运动轨迹基本上与叶片形状一致，即 $\alpha=\alpha_A$。由于扩压器叶片安装角 α_A 是由进口向出口逐渐增大的，即 $\alpha_{3A}<\alpha_A<\alpha_{4A}$，因此气流在叶片扩压器中流动时，气流方向角也不断增加，即 $\alpha_3<\alpha<\alpha_4$，所以叶片扩压器内速度变化比无叶扩压器的速度变化大，扩压程度更大。

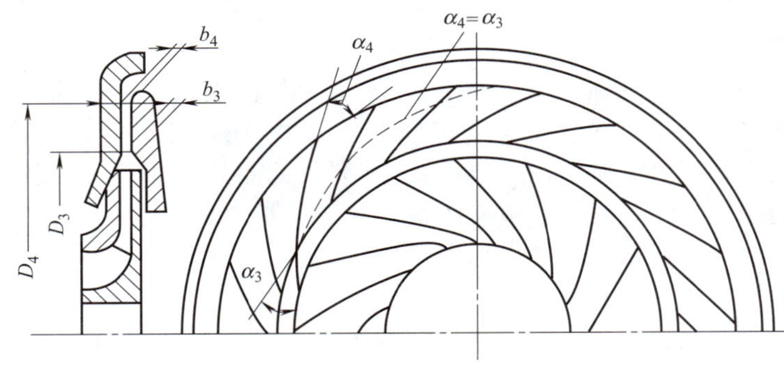

图 5-47　叶片扩压器

叶片扩压器除了具有扩压程度大而尺寸小的优点以外，气流损失也比无叶扩压器小。因为叶片扩压器中气流流动的方向角 α 是不断增加的，由于受到叶片的引导，使流道更短，流动损失小，效率高。在设计工况下，叶片扩压器的效率一般比无叶片扩压器高 3%～5%。但是叶片扩压器在偏离设计工况时会产生冲击损失，使级的效率下降较多，当冲角增大到一定值后会因发生强烈的分离现象而导致压缩机喘振，因此安装叶片扩压器后的压缩机特性曲线较陡，稳定工况区较窄。图 5-48 为无叶扩压器与叶片扩压器性能比较示意图。

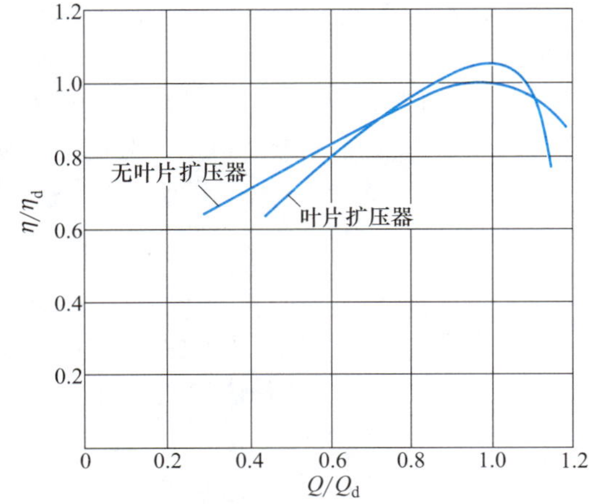

图 5-48　无叶扩压器与叶片扩压器性能比较图

(3) 直壁扩压器　图 5-49 为直壁扩压器结构示意图。实际上直壁扩压器是叶片扩压器的一种，由于其导叶间的通道有一段是由直线或接近于直线的段所组成，故称为直壁扩压器。又因为直壁扩压器叶片的形状与叶片扩压器中的叶片不同，是由所需通道的形式确定出通道两侧的壁，因此该扩压器往往被看作是由一个个单独的通道所组成，故又称为通道形扩压器。这种扩压器通道数不多，只有 4～12 个，所以有时把这种扩压器也称为少通道扩压器。直壁扩压器的通道基本上是直线形的，通道中的气流速度、压力分布要比一般弯曲形通道的叶片扩压器均匀得多，有较高的效率，特别适用于气速大的高能头的级。但这种形式的扩压器结构复杂，加工困难，所配用的弯道和回流器有较大的曲率半径，径向尺寸过大。

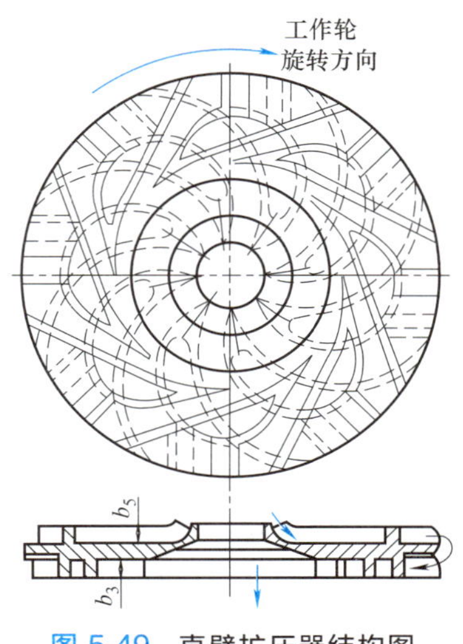

图 5-49　直壁扩压器结构图

5.5.2.3　弯道和回流器

为了把扩压器后面的气体引导到下一级继续进行增压，在扩压器后设置了弯道和回流器，如图 5-50 所示，截面 4-4 至截面 5-5 为弯道，截面 5-5 至截面 6-6 为回流器。

（1）弯道　弯道是连接扩压器与回流器的一个圆弧形通道，通道内一般不安装叶片，气体从扩压器出来以后在弯道中转向 180°，由离心方向转变为向心方向进入回流器，经回流器进入下一级叶轮，气体在弯道中的流动如同在无叶扩压器中的流动一样，也遵循质量守恒和动量矩不变的原理。

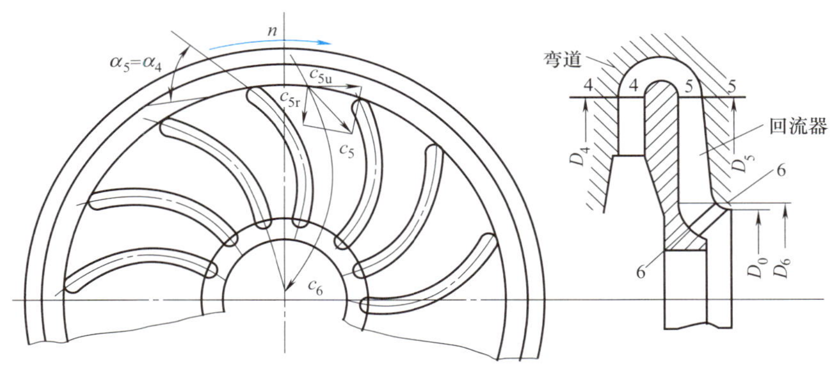

图 5-50　弯道和回流器

（2）回流器　回流器的作用除引导气流从前一级进入下一级外，更重要的是控制进入下一级叶轮时气流的预旋度，为此回流器中安装有反向导叶来引导气流，使气流速度平缓变化，顺利进入下一级叶轮。由于气体进入回流器仍具有绕叶轮轴线的旋转运动，为了保证下一级叶轮入口处的轴向进气，回流器内必须装叶片，叶片数一般为 12～18 片。为了避免在出口处叶片过密，可减少出口处的叶片数。回流器叶片可以采用等厚度的，并在进口处削薄，也可采用机翼形叶片。实验证明回流器的流动损失不容忽视，有些回流器损失可达整个级能量的 6%～8%，与扩压器中的损失大小接近，所以除了考虑叶片的形状以外，必须降低回流器流道的粗糙度以减小流动损失。

5.5.2.4　排气室（蜗壳）

排气室也称蜗壳，排气室的作用是把从扩压器或者叶轮（无扩压器时）出来的气体汇集起来引到机外输气管道或储气罐中，并把气流速度降低至排气室出口的气流速度，使气体压力进一步提高。排气室有不同的型式，最典型的是一种形似蜗牛壳的排气蜗壳，根据蜗壳的横截面的变化规律，有等截面和变截面两种型式，如图 5-51 所示。

（1）等截面排气室　等截面排气室沿圆周各流通截面积均相等，气流沿圆周进入排气室汇总后由出气管引出，如图 5-51（a）所示。由于气流在排气室到排气管前一段截面处气量最大，排气管后的截面处气量最小，所以等截面排气室不能很好地适应这种流量。实验证明，采用等截面排气室效率不如采用截面随气量变化的蜗壳形排气室，但等截面排气室结构简单，制造方便，容易进行表面机械加工，故目前仍有采用。

（2）变截面排气室　变截面排气室的结构如图 5-51（b）所示，是流通截面沿叶轮转向（即进入气流的旋转方向）逐渐增大的一种蜗壳，该蜗壳克服了等截面排气室的缺点。根据蜗壳的相对位置，蜗壳可以布置在扩压器之后，如图 5-51（c）所示；也可以直接布置在叶轮后面，如图 5-51（d）所示，这种蜗壳中气流速度较大，一般在蜗壳后再设置扩压管，由于叶轮后直接是蜗壳，所以蜗壳的好坏对叶轮的工作有很大的影响。相对于叶轮来说，图 5-51（a）和图 5-51（c）为对称结构；图 5-51（e）为不对称蜗壳，这种蜗壳布置在叶轮的一侧，并且外径保持不变，通道面积的改变由减小内径来达到，当然也可以有内径不变，外径变化或者内径、外径同时变化的不对称蜗壳。

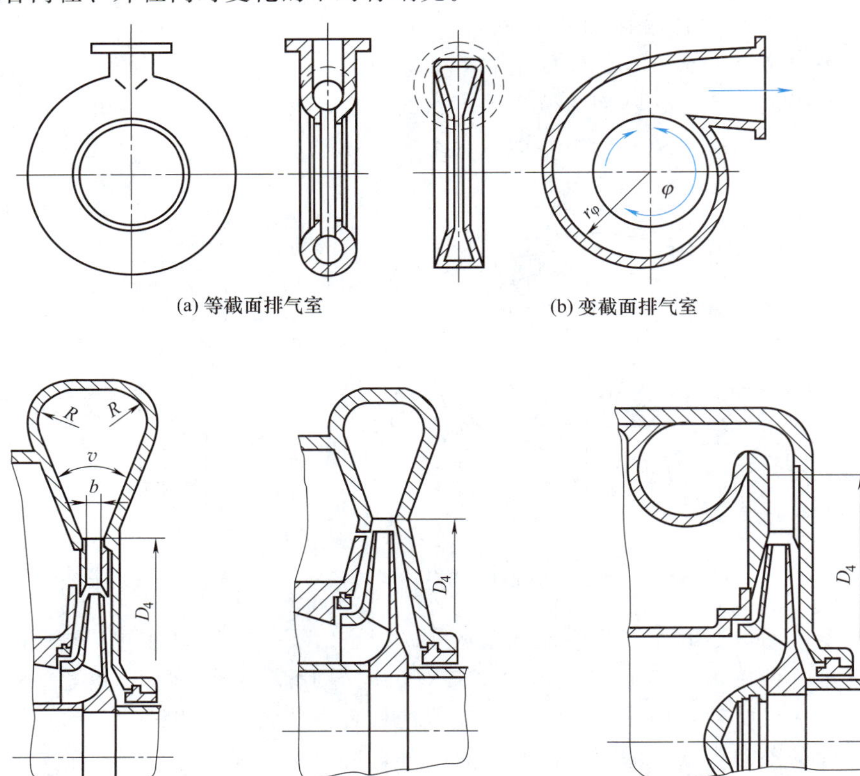

图 5-51　排气室与蜗壳

习题5-5

1. 单选题

（1）确定转子轴向位置时要求每级叶轮出口与（　　）对中。

A. 弯道入口　　B. 回流器入口　　C. 扩压器入口　　D. 蜗壳

（2）在离心式压缩机中，一般在（　　）叶轮上最先发生旋转失速现象。

A. 第一个　　B. 中间的　　C. 最后一个

（3）转子组件全是过盈热装配，轴套、叶轮和轴肩处应留有转子工作时的热胀间隙，此间隙为（　　）mm。

A. 1　　B. 0.5　　C. 0.3～0.5　　D. 0.02～0.01

（4）固定离心式压缩机一般不采用（　　）的叶轮。

A. 前弯叶片　　B. 后弯叶片　　C. 径向叶片　　D. 闭式叶轮

（5）引起离心式压缩机轴向力增大的原因之一是（　　）。

A. 平衡盘密封太严　　B. 叶轮和轮盖密封间隙

C. 机器发生喘振　　D. 流量增大

（6）离心式压缩机的后弯式叶片是指（　　）。

A. 叶片的出口角大于 90°　　B. 叶片的进口安装角小于 90°

C. 叶片的进口安装角大于 90°　　D. 叶片的出口角小于 90°

（7）回流器内必须装有叶片，叶片数一般为（　　）片。

A. 10　　B. 8　　C. 12～18　　D. 20

（8）下面不是扩压器类型的是（　　）。

A. 无叶扩压器　　B. 叶片扩压器　　C. 直壁扩压器　　D. 直壁叶片扩压器

（9）设计工况下，无叶扩压器的效率（　　）叶片扩压器。

A. 低于　　B. 高于　　C. 等于

（10）弯道的作用是把气流流动方向由离心方向改变为（　　）方向。

A. 轴向　　B. 向心　　C. 离心　　D. 任意

（11）在离心式压缩机中不能平衡或承受转子轴向力的是（　　）。

A. 平衡盘　　B. 推力盘　　C. 轴套　　D. 止推轴承

（12）引起离心式压缩机轴向推力增大的原因有（　　）。

A. 平衡盘密封漏气增大　　B. 机器发生共振　　C. 密封环间隙增大　　D. 气体温度变化

2. 判断题

（1）离心式压缩机的转子止推盘的正常与否，直接关系着转子的旋转精度。（　　）

（2）离心式压缩机主轴经检测出现裂纹，必须立即打磨和修补。（　　）

（3）离心式压缩机的各级叶轮都要经过静平衡试验，转子上全部零件装好后还要进行动平衡试验，以保证平衡运转。（　　）

（4）离心式压缩机的平衡盘可设置在压缩机高压端，也可设置在压缩机两段之间。（　　）

（5）离心式压缩机多采用叶片扩压器。（　　）

（6）离心式压缩机的蜗壳可以布置在扩压器之后，也可以直接布置在叶轮之后。（　　）

（7）排气室具有降速增压的功能。（　　）

（8）弯道没有降速增压的功能，只是把气流流向由离心改为向心方向。（　　）

（9）扩压器就是使气流的动能转换为静压能的组件。（　　）

（10）推力盘是将轴向力传递给止推轴承的装置。（　　）

（11）离心式压缩机超声速气流被压缩时，一般会产生激波。（　　）

3. 简答题

（1）简述扩压器的类型和作用。

（2）简述排气室的结构和工作原理。

（3）说明弯道和回流器的作用。

5.6 离心式压缩机的密封结构

为了防止离心式压缩机的转子与固定元件相碰，转子与固定元件之间必须留有一定的间隙，为了减少通过间隙的泄漏量，防止离心式压缩机内的气体泄漏到机外以及级间、轮盖、平衡盘等处，必须设置密封装置。离心式压缩机的密封结构从作用上可以分为内部密封和外部密封：内部密封是指防止机器内部通流部分各空腔之间气体泄漏的密封；外部密封是防止或减少由机器向外界泄漏或由外界向机器内部泄漏（在机器内部气体压力低于外界大气压时）的密封，又称轴端密封。

离心式压缩机级与级之间一般采用迷宫密封，轴端密封主要有迷宫密封、浮环密封、机械接触式密封和干气密封四大类。迷宫密封通过梳齿间隙对气体产生节流效应而起密封作用，适用于对泄漏要求不高且压力较低的场合。机械接触式密封通过端面接触达到密封的目的，但其极限速度较低，阻封气体消耗量大。浮环密封在我国自行设计制造的离心式压缩机轴封上应用较普遍，其主要缺点是阻封气体消耗量大，而且油系统复杂，运行维护费用高。干气密封为非接触式密封，其极限速度高，密封特性好，寿命长，不需要密封油系统，功率消耗少，运行维护费用低，是目前常用的密封形式。干气密封的概念是 20 世纪 60 年代末在气体润滑轴承的基础上发展起来的，其中以螺旋槽密封最为典型。

5.6.1 迷宫密封

在离心式压缩机中应用最普遍的密封形式是迷宫密封，也称梳齿型密封，是一种非接触型密封，主要用于离心式压缩机级内轮盖密封、级间密封和平衡盘密封，如图 5-52 所示。

5.6.1.1 迷宫密封结构型式

迷宫密封是由一系列的节流齿隙和膨胀空腔所构成，主要有曲折形、平滑形、阶梯形、径向排列形和蜂窝形等。

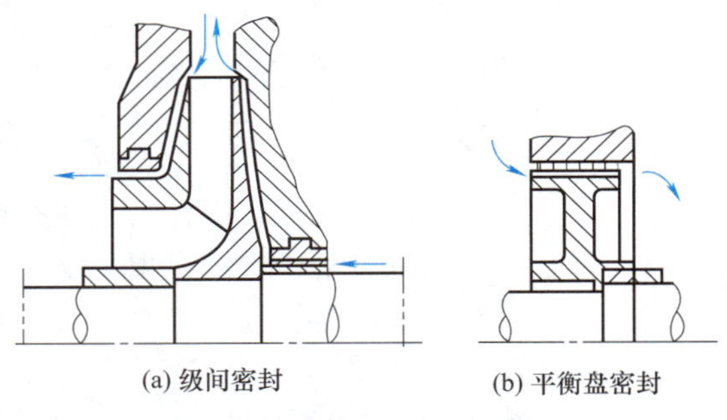

图 5-52 级间和平衡盘的密封

(1) 曲折形　图 5-53 为几种常用的曲折形迷宫密封结构示意图。图 5-53 (a) 为整体曲折形迷宫密封，当密封处的径向尺寸较小时可做成这种型式，但加工困难，这种密封相邻两齿的间距比较大，一般为 5～6mm，因而使这种型式的迷宫密封所需要轴向尺寸比较长。

图 5-53 (b)～(d) 所示为镶嵌式曲折形迷宫密封，其中图 5-53 (d) 密封效果最好，但因加工及装配要求较高，应用不普遍。在离心式压缩机中广泛采用的是图 5-53 (b) 及图 5-53 (c) 型式的镶嵌密封，这两种型式的密封效果比较好，其中图 5-53 (c) 比图 5-53 (b) 所占轴向尺寸较小。

(2) 平滑形　平滑形密封结构如图 5-54 (a) 所示，为制造方便，密封段的轴颈也可做成光轴，密封体上车有梳齿或者镶嵌有齿片。这种密封结构很简单，但密封效果比曲折形差。

(3) 阶梯形　阶梯形迷宫密封的结构如图 5-54 (b) 所示，这种型式的密封效果优于平滑形，常用于叶轮轮盖处的密封，一般有 3～5 个密封齿。

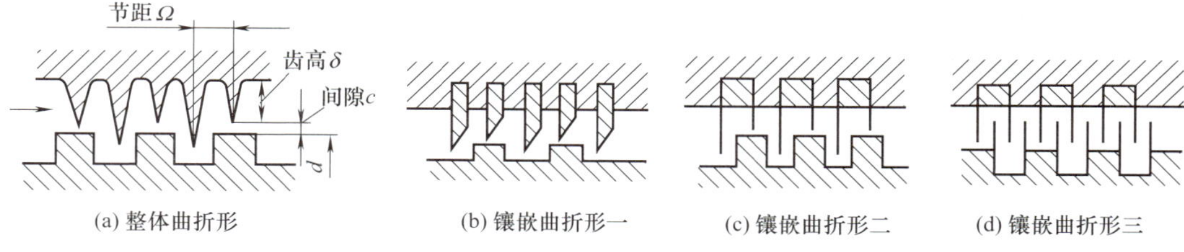

图 5-53 曲折形迷宫密封

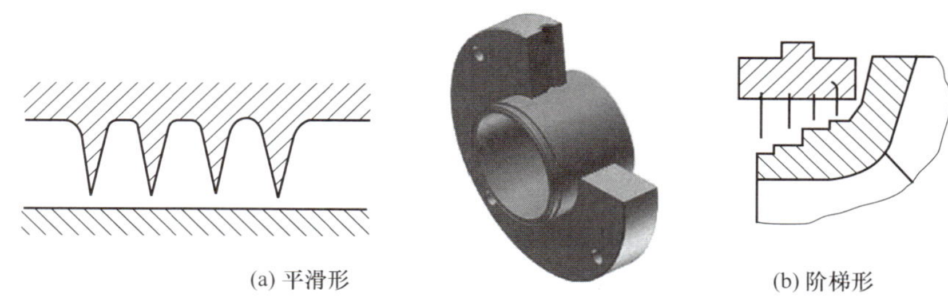

图 5-54 平滑形和阶梯形迷宫密封

(4) 径向排列形 为了节省迷宫密封的轴向尺寸，可采用密封片径向排列的形式，如图5-55 (a) 所示，其密封效果很好。

(5) 蜂窝形 蜂窝形迷宫密封的结构如图5-55 (b) 所示，它是用0.2mm厚不锈钢片焊成一个外表面像蜂窝状的圆筒形密封环，密封环固定在密封体内圆上，并与轴有一定间隙，常用于平衡盘外缘与机壳之间的密封。这种密封结构可密封较大压差的气体，但加工工艺稍复杂。

5.6.1.2 迷宫密封的工作原理

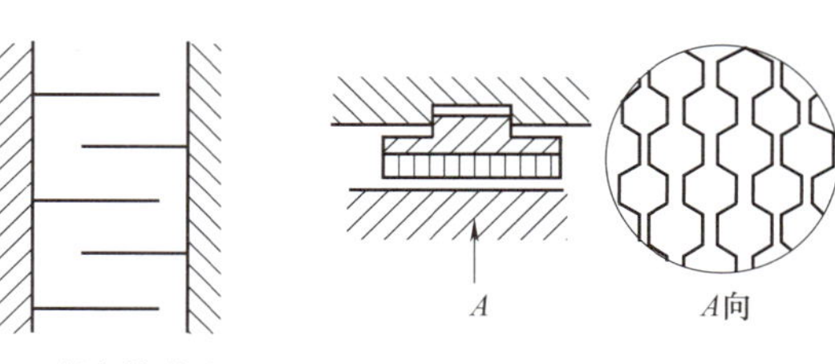

图 5-55 径向排列形和蜂窝形迷宫密封

迷宫密封的工作原理如图5-56所示。当气体流过密封梳齿和轴表面构成的间隙时气流受到一次节流作用，气流的压力和温度下降，流速增加，气流经过节流间隙之后是两密封齿形成的较大空腔，气体在空腔内容积突然增大形成很强的旋涡，在容积比间隙容积大得多的空腔中气流速度几乎等于零，动能由于旋涡全部转变为热量加热气体本身，因此气体在这一空腔内温度又回到了节流之前，但压力却回升很少，可以认为保持经过缝隙时的压力。气体每经过一次间隙和随后较大的空腔，气流就受到一次节流和扩容作用，由于旋涡损失了能量，气体的压力不断下降，气流经过密封梳齿以后压力由 p_1 降至 p_2，随着压力的逐步降低，气体的泄漏量减少。

由此可见，迷宫密封是在密封处形成流动阻力极大的一段流道，当有少量气流流过时即产生一定的压力降，为了使少量的气流经过一系列的空腔后气流的压力降（即各相邻空腔压力差之和）与密封装置前后的压力差相等，需要设置一定数目的密封梳齿，实际上迷宫密封的密封过程是将气体的压力首先转变为速度（在密封齿间进行），然后再将速度降低（在齿间空腔进行），使气流流过一定数目的空腔后内、外压力趋于平衡，从而减少气体由高压端向低压端的泄漏。

迷宫密封属于流阻型非接触密封，而且密封间隙越小，密封齿数越多，密封效果就

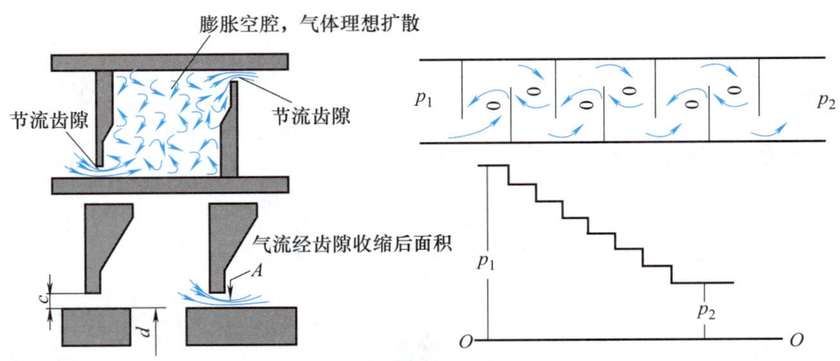

图 5-56 迷宫密封的工作原理

越好。

5.6.1.3 迷宫密封的特点

（1）迷宫密封是非接触型密封，无固相摩擦，不需要润滑，并允许有热膨胀，适用于高温、高压、高速及大尺寸密封条件。

（2）迷宫密封工作可靠、功耗少、维护简便、寿命长。

（3）迷宫密封泄漏量较大，如增加迷宫级数或采取抽气辅助密封手段，可减小泄漏量，但要做到完全不漏是困难的。

5.6.1.4 提高迷宫密封的措施

（1）减小齿缝面积　即要求齿缝间隙小，密封周边短，使小的漏气量经过齿缝时能有较大的动能头（由静能头转变而来）。

（2）梳齿顶应削薄并制成尖角　这样既可以减弱转轴与密封片可能相碰时发生的危害，又可降低漏气量（圆角的漏气量较大），如图 5-57 所示。

（3）梳齿密封应与转子同心，偏心将增大漏气量。

（4）增大空腔内局部阻力　使气流进入空腔时动能尽量转变为热能而不是转变为压力能。

（5）增加密封片数　以减少每个密封片前后的压力差。

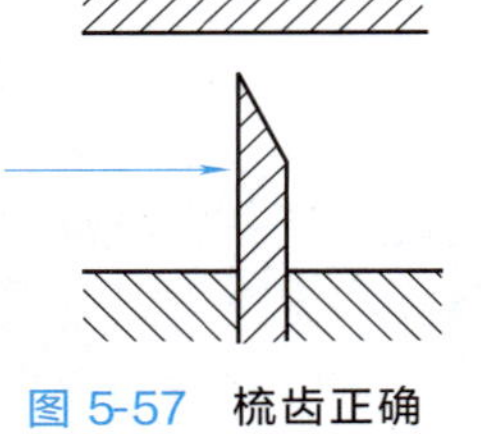
图 5-57 梳齿正确安装方向

5.6.2 浮环密封

浮环密封主要用在离心式压缩机的轴封上。浮环密封由浮动环与轴之间的狭小环形间隙所构成，环形间隙内充满液体，相对运动的环与轴不直接接触，适用于高速、高压和各种贵重气体密封的场合，如果装置运转良好可以做到“绝对密封”，所以特别适用于易燃、易爆或有毒气体（如氨气、甲烷、丙烷、石油气等）的密封。

5.6.2.1 浮环油膜密封的密封过程

浮环油膜密封的密封过程如图 5-58 所示。密封液体从进油孔 12 进入以后通过浮环和轴的间隙，沿轴向左右两端移动，密封液体的压力应严格控制在比被密封气相介质高 0.05MPa 左右，浮环 1 在轴上转动时被油膜浮起。为了防止浮环随轴转动，环中装有销钉 3，流经高压端的密封液体通过高压侧浮环 5、挡油环 6 及甩油环 7，由回油孔 11 排至油气分离器，因密封液体与高压气体间的压差很小，因此向高压端的流油量很少，这部分液体和内泄漏的液体一起排出，必须经过液气分离处理后才能继续使用。大部分的密封液体都通过三个低压侧浮环流出密封体经回油管排至回油箱，这部分液体没有与压缩气体接触，因此是干净的，可以直接继续使用。

浮环一般装在 L 型固定环中，为了使浮环与固定环贴紧，用弹簧 4 将浮环压向固定环。轴上一般装有轴套，轴套与浮环的径向间隙很小，高压侧较小，$\frac{\delta_1}{D}=\frac{0.5}{1000}\sim\frac{1}{1000}$，低压侧较大，$\frac{\delta_2}{D}=\frac{1}{1000}\sim\frac{1.5}{1000}$。

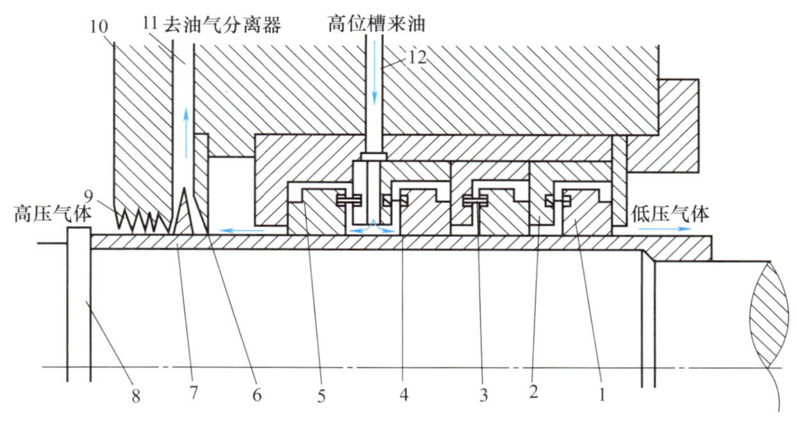

图 5-58 浮环油膜密封结构简图

1—低压侧浮环；2—固定环；3—销钉；4—弹簧；5—高压侧浮环；6—挡油环；7—甩油环；8—轴；9—迷宫密封；10—密封；11—回油孔；12—进油孔

5.6.2.2 浮环密封的结构型式

浮环密封按结构可分为剖分型及整体型两大类。剖分型浮环密封类似于径向滑动轴承，浮动环及密封腔壳体均为剖分式，安装维修方便，广泛应用于氢冷汽轮发电机的轴端密封，压力一般在 0.2MPa 以下。整体型浮环密封的浮动环为一个整体，可用于高压密封装置，石油化工厂通常采用整体型浮环密封。整体型浮环密封的典型结构形式有以下几种。

（1）L 形浮环密封　图 5-59 所示为 KA 型催化气压缩机用浮环密封，内、外浮环均为 L 形（属于宽环），中间有隔环定位并将封油导向浮环。

（2）端面减荷浮动密封　图 5-60 所示为端面减荷浮环密封。浮环 2、3 为台阶轴减荷结构，能有效地减小每个环的端面比压，在高压场合可用个数不多的浮环承受较大的压降。例如，离心式压缩机用 2～3 环便可承受 28MPa 压降。

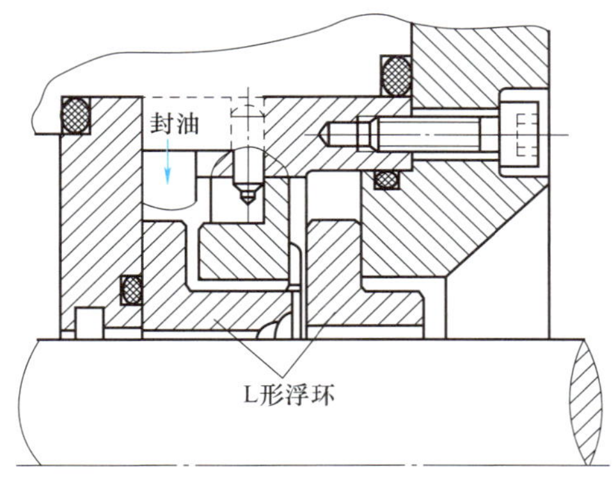

图 5-59 KA 型催化气压缩机用浮环密封

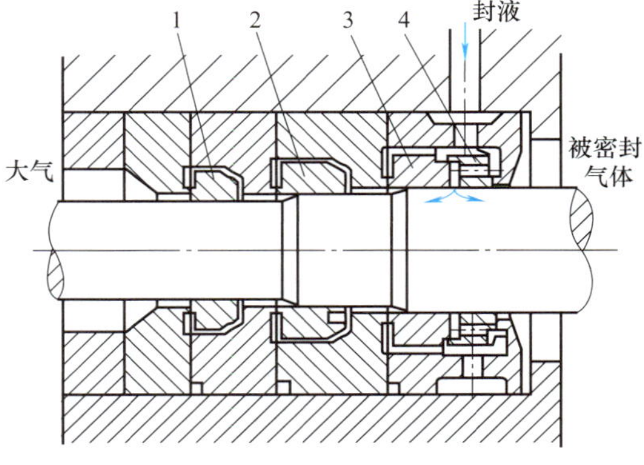

图 5-60 端面减荷浮环密封

1～3—低压侧浮环；4—高压侧浮环

(3) 带冷却孔的浮环密封　图 5-61 所示是带冷却孔的浮环密封。高压侧的浮环间隙小，泄漏封液带走的热量也少，这样就造成高压侧浮环温度较高。为了改善高压侧浮环的工作条件，在高压侧浮环上沿圆周布满冷却孔，使进入密封腔的封液首先通过高压侧浮环，然后分两路分别进入高压侧及低压侧环隙，这种结构对高压侧浮环可起到有效的冷却作用。

(4) 带锥形轴套的浮环密封　图 5-62 所示是带锥形轴套的浮环密封。浮环密封部位的轴套为锥形，与此相应的浮环内孔也是锥形的，这种浮环密封的特点是高压侧密封间隙比一般圆筒形内侧环间隙大，封液通过锥形缝隙通道时由于锥形轴套的旋转带动封液产生离心力，阻止封液向内侧泄漏，起到叶轮抽吸的作用。

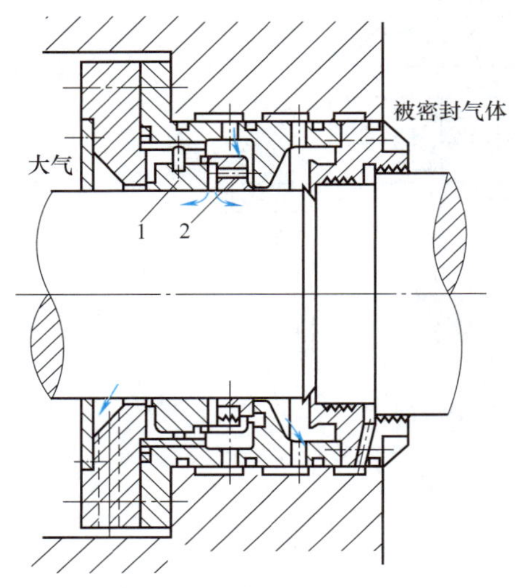

图 5-61　带冷却孔的浮环密封

1—低压侧浮环；2—高压侧浮环

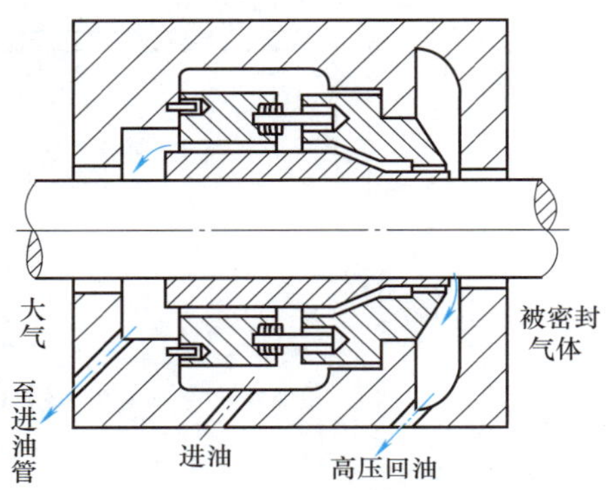

图 5-62　具有锥形轴套的浮环密封

(5) 螺旋槽面浮环　图 5-63 所示是在浮环内孔开有螺旋槽的浮环密封，其实质是螺旋密封与光滑浮环密封的组合，采用螺旋槽面浮环，在同样的宽度和压差下，泄漏量要比光滑浮环密封小，特别是在高速下可以有效地实现密封。

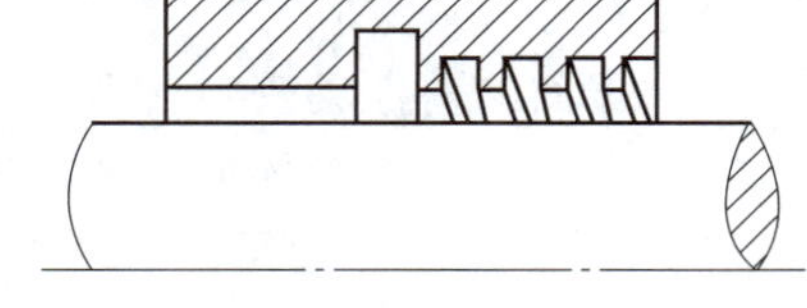

图 5-63　螺旋槽面浮环密封

5.6.2.3　浮环密封的特点

(1) 浮环具有宽广的密封工作参数范围，在离心式压缩机中应用工作线速度约为 40～90m/s，工作压力可达 32MPa，在超高压往复泵中应用，工作压力可达 980MPa，工作温度为−100～200℃。

(2) 浮环密封在各种动密封中是最典型的高参数密封，具有很高的工况 pv 值，可高达 2500～2800MPa・m/s。

(3) 浮环密封利用自身的密封系统将气相条件转换为液相条件，特别适用于气相介质。

(4) 浮环密封对大气环境为“零泄漏”密封，依靠密封液的隔离作用，确保气相介质不向大气环境泄漏，各种易燃、易爆、有毒、贵重介质采用浮环密封是适宜的。

(5) 浮环密封性能稳定、工作可靠，寿命达一年以上。

(6) 浮环密封的非接触工况泄漏量大，内漏量（左右两端）约为 200L/天，外漏量约为 15～200L/min。当然，浮环的泄漏量本质上应视为循环量，它与机械密封的泄漏量有区别。

(7) 浮环密封需要复杂的辅助密封系统，因而增加了它的技术复杂性和设备成本。

(8) 浮环密封是价格昂贵的密封，它的成本要占整台离心式压缩机成本的 1/4～1/3 左右。

5.6.3 干气密封

与传统的机械接触式密封和浮环密封相比，干气密封可以省去密封油系统并排除一些相关的常见问题，具有泄漏少、磨损小、使用寿命长、能耗低和操作简单、可靠等优点，现已广泛应用于大型离心式压缩机中。

5.6.3.1 干气密封的结构

干气密封结构如图 5-64 所示。干气密封结构主要由动环和静环两部分组成，静止部分包括带 O 形密封环的静环（主环）、加载弹簧以及固定静环的不锈钢夹持套（固定在压缩机机壳内），动环（又称配对环）组件利用一夹紧套和一锁定螺母（保持轴向定位）等部件固定在旋转轴上随轴高速旋转。动环一般选用硬度高、刚性好且耐磨的钨、硅硬质合金制造。

干气密封的特别之处是在动环表面开有不同形状的沟槽，沟槽深度一般为 0.025～0.01mm，在静止条件下，由静环上的弹簧力使动环与静环保持相互接触。

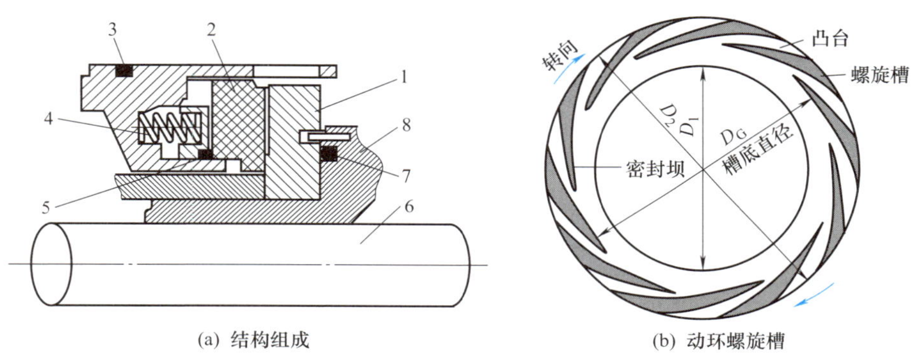

图 5-64 干气密封结构示意图

1—动环；2—静环；3,5,7—O 形密封环；4—弹簧；6—旋转轴；8—组装套

5.6.3.2 工作原理

干气密封的工作原理是流体静力和动力的平衡。密封气体注入密封装置后使动环、静环受到流体静压力作用，不论配对环是否转动，静压力总是存在的，而流体动力只有在转动时才能形成，而且动环螺旋槽是产生流体动压力的关键，如图 5-65 所示，当动环随轴旋转时，气体从外缘被泵入螺旋槽并向中心流动，产生动压力，气体在向中心流动时遇到密封堰的阻挡使气体流动受阻，流动速度降低、压力升高，这一升高的压力将挠性安装的静环与动环分开，当气体压力与弹簧恢复力平衡后维持一最小间隙，形成气膜，进而密封工艺气体。

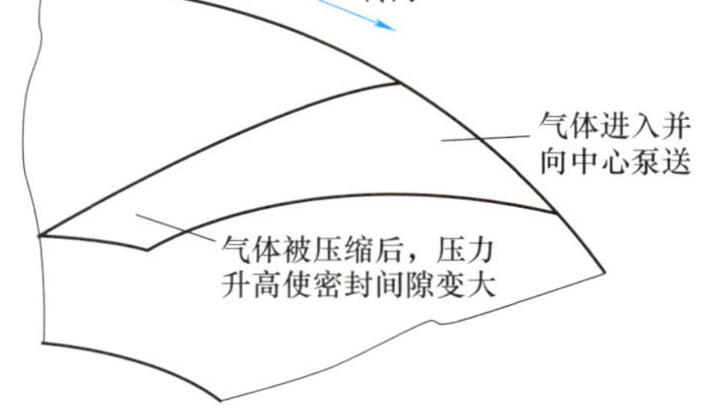

图 5-65 螺旋槽内气体的流动

图 5-66 所示为干气密封受力示意图。当作用在动环左侧的气体压力和弹簧力产生的闭合压力 F_c 与气膜的开启压力 F_0 相等时便建立了稳定的平衡间隙，平衡间隙所形成的稳定气膜使轴在旋转过程中动环和静环间的端面保持分离、不接触，因而密封面不易磨损，从而延长了使用寿命。

5.6.3.3 干气密封的辅助系统

与浮环密封和机械接触式密封比较，干气密封辅助系统相对简单。图 5-67 为长输管道

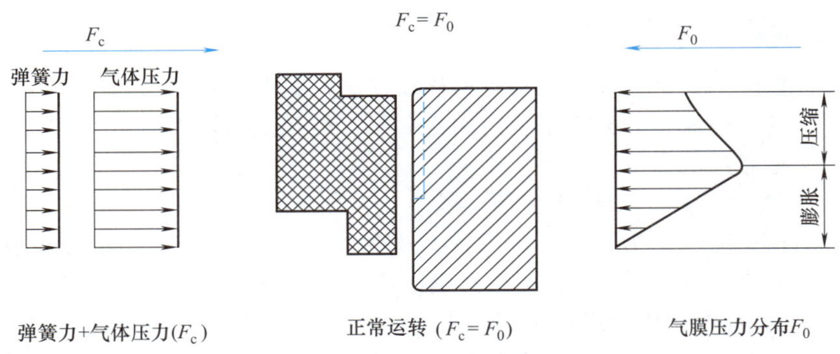

图 5-66 干气密封受力示意图

压缩机常用的端部串联式干气密封结构简图，左侧为轴承端，右侧为压缩机内部。当工艺气体为有毒或可燃性气体时常采用这种密封。

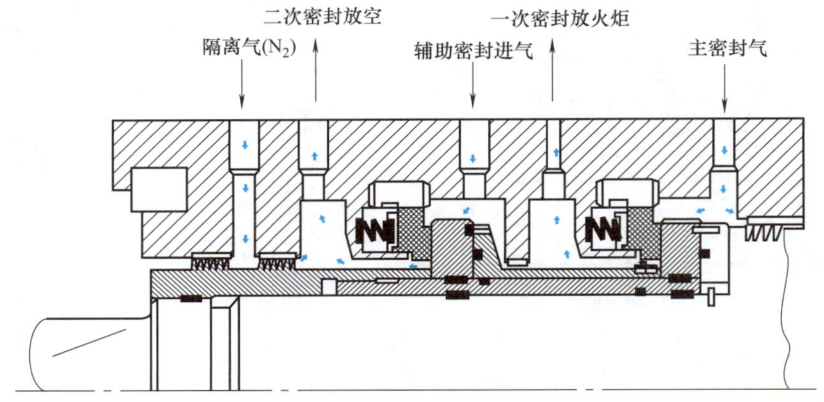

图 5-67 压缩机轴端串联式干气密封结构示意图

靠近工艺气体侧的密封称为主密封，靠近大气侧的密封称为隔离密封，隔离密封的作用是防止气体向大气或轴承箱泄漏，有时也称为缓冲密封。隔离密封气通常采用空气或氮气，在主密封失效时隔离密封起到备用密封的作用，由于工艺气体的洁净度达不到要求，因此在压缩机的不同运行阶段，需要不同的密封气对其进行密封。

在压缩机进口和出口工艺气的压差形成之前，需要从密封气入口注入辅助密封气对轴端进行密封，以防止不清洁的工艺气体进入密封环。当压缩机正常运行后则关掉辅助密封气而打开主密封气入口，主密封气以高于压缩机内工艺气体的压力由主密封气入口注入，用以阻止压缩机工艺气体的渗漏。离心式压缩机常以取自压缩机出口的气体或外设的氮气作为主密封气和辅助密封气，在压缩机启动和停车时为了保护洁净的密封环而采用辅助密封气，主密封气注入密封装置后大部分进入压缩机高压侧与工艺气体混合，小部分通过主密封面泄漏的工艺气体和隔离气的混合气经过压力开关、限流孔板和流量计后，排放到主放空口去火炬系统，另有极少量的工艺气体通过辅助密封面后与来自隔离盘的少量空气混合后一起排到大气。

压缩机油泵运行之前必须将隔离气体引入干气密封装置，以防止密封部件和油接触，压缩机使用前一般先注入洁净的氮气启动和保护密封面，在压缩机投入正常运行前置换来自压缩机出口的工艺气。工艺气必须经过过滤器过滤。

5.6.3.4 干气密封的特点

(1) 气源与支持系统工程简单。

(2) 操作时无磨损，密封寿命可达数年。

(3) 工艺气体漏损率低，而且工艺介质不会被污染。

(4) 对转子轴向或径向移动不敏感。

(5) 对密封的气体性能相对来说不敏感。

(6) 动力消耗低，约为机械接触式密封的 1/20。

5.6.4 其他类型的密封

5.6.4.1 充气密封

当要求压缩机中易燃、易爆、剧毒气体绝对不允许外泄，且又允许混入少量其他气体时，则可利用充气密封防止有害气体的外漏，如图 5-68 所示。密封气可为空气、氮气及其他合适的气体，密封气的压力要高于机器的吸入压力，出口端通过一道梳齿形密封进入 A 室，A 室有平衡管与吸入端 B 室相连，以降低密封压力。这样一部分密封气体便混入被压缩气体中，而另一部分密封气体则从梳齿形密封漏至机外，以此来防止有害气体的漏出。

5.6.4.2 抽气密封

为了防止易燃、易爆、剧毒气体向外泄漏，还可以采用抽气密封，如图 5-69 所示。抽气密封装置需要一个蒸气源或一个空气源，将蒸气通过一个引射器以造成低于一个大气压的抽气装置，这样密封腔 A、B 室的压力将低于大气压力，机内气体和大气通过管道而被引射到室外，为了减少有害气体的泄漏，将机器的高压端与低压吸入端用平衡管相连，从而降低密封压力差，减少漏损。

除上述几种密封以外，还有碳环密封、动力密封等，因应用较少，故不再详述。

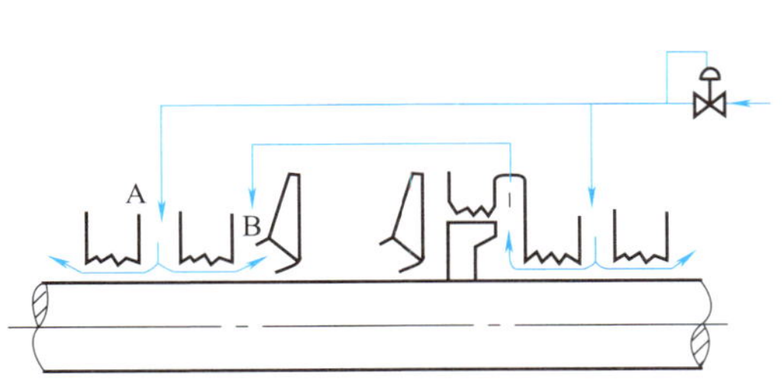

图 5-68 充气密封示意图

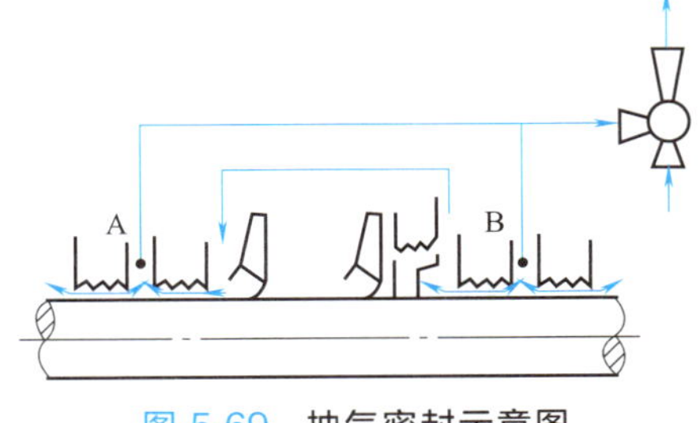

图 5-69 抽气密封示意图

5.6.5 离心式压缩机的选型

5.6.5.1 离心式压缩机选型时考虑的因素

离心式压缩机种类繁多，各厂家产品的规格型号无统一标准。按照用户要求，在离心式压缩机选型时，要全面考虑各种因素，以保证所选产品既能满足用户要求，还具有运转可靠、便于维护、稳定工作区范围大以及性价比高等优势。

离心式压缩机选型需考虑的因素有：气体流量、压力、气体介质的特点以及离心式压缩机的结构型式等。

(1) 气体流量与压力　各种类型压缩机的流量和压力适用范围如图 3-12 所示。通常容积式压缩机（活塞式和回转式）适用于小流量，其中，活塞式压缩机还适用于很高的排气压力；而透平压缩机（离心式和轴流式等）适用于大流量，其中，离心式还适用于较高的排气压力，因此，在选用离心式压缩机时，首先应考虑进气流量和排气压力选择正确的类型，如选择离心式压缩机，则其流量和压力必须在其合适的范围之内。

随着科学技术的进步以及新产品的不断开发和应用，各种类型的压缩机在其适用边界处都存在扩展和交叉，故图 3-12 只是一个初步选型的参考。

（2）流量对选型的影响　较小流量（这里所指流量的大小，不完全是数量的概念，还与机器类型和结构的相对几何尺寸有关），选用窄叶轮的离心式压缩机。如果要求流量接近于图 3-12 所示离心式压缩机适用范围的左边界，应选用较窄的叶轮，即 $b_2/D_2 \leqslant 0.025$；若流量小、压力比高，则其级数较多，末级叶轮将更窄，有的 $b_2/D_2 \leqslant 0.005$，叶轮出口的叶片宽度仅为 1～2mm。这样的叶轮，一方面加工制造需采用特殊的工艺（如电火花加工），另一方面级的效率将会很低，η_{pol} 仅为 60%，此时，可考虑选用容积式的压缩机。

流量在 50～5000m^3/min 范围之内时，选用离心式压缩机较为合适，其叶轮的相对宽度范围为 $0.025 \leqslant b_2/D_2 \leqslant 0.065$，这种机器的性能良好，效率较高。

较大流量的压缩机或级，可以选用双面进气叶轮，不仅满足较大流量需求，而且作用在叶轮上的轴向推力也可以自行平衡。叶轮的相对宽度 $b_2/D_2 \geqslant 0.06$ 时，可选用具有空间扭曲型叶片的三元叶轮，以改善宽叶轮的性能，效率较高，三元叶轮级的效率 η_{pol} 可达 80%～86%。流量在 1～20000m^3/min 范围、排气压力在 1MPa 以下或压力比约在 10 以下时，可选用轴流式压缩机。

（3）压力对选型的影响　按排气压力的大小选型，相对于进口为一个大气压（即进口压力约为 0.1MPa）的空气而言，一般选用压缩机时的排气压力在 0.34MPa 以上，鼓风机的排气压力在 0.15～0.34MPa 范围之内，而通风机的排气压力一般在 0.15MPa 以下（表压在 1950mmH_2O 以下）。

需要说明的是，鼓风机、通风机大多为离心式，少部分为轴流式，其工作原理、结构型式等与离心式压缩机类似，但压升不大，机器简单。用户选用时，可查阅厂家产品目录。

5.6.5.2 工作介质种类对选型的影响

（1）被压缩气体密度的影响　由于压缩功与气体常数 R 成正比，因此，压缩比相同时，气体密度越小，有效压缩功越大，选用的压缩机级数就越多，甚至需要选用多缸串联的压缩机机组。为了使机器结构紧凑，应尽可能选用优质材料，以提高叶轮的出口线速度 u_2，并选用叶片出口角较大且叶片数较多的叶轮，以尽可能提高单级的压力比，从而减少级数。

气体密度越大，所需的压缩功就越小，此时选用的级数越少，甚至选用单级离心式压缩机，但 u_2 的数值不能太大，否则将受马赫数影响较大，使效率下降，工况范围缩小。

（2）工作介质的性质及排气压力的影响　如工作介质有毒、易燃、易爆、贵重或者排气压力很高，则选用的机器前后轴封的密封效果要满足对介质泄漏量的要求。另外，为了工作的稳定与安全，在气体被压缩、压力不断提高的同时，对温度的升高有一定的限制，这就需要选用带有中间冷却装置的压缩机。其压缩机如何分段，需按照对温度升高的限制程度和节省能耗的多少来进行综合考虑。

对于气体中含有固体颗粒或液滴的两相介质，用户应提供气体中所含颗粒或液滴的浓度、大小等参数，要求机器的设计制造单位按两相流理论进行设计，而通流部件特别是叶轮、叶片应选用耐磨损、耐锈蚀的材料或表面喷涂硬质合金等进行特殊的表面处理。

5.6.5.3 考虑不同机器结构型式的适应性

（1）单级结构　单级离心式压缩机适合工作介质分子量大或要求压力比不高的情况。为了提高单级离心式压缩机的压力比，可选用半开式径向型叶片的叶轮，其特点是强度高，允许的圆周速度大，u_2 可达 550m/s，进入导风轮和叶片扩压器的来流速度甚至可达超声速，其压缩空气的压力比可达 6.5。这种离心式压缩机已在小功率燃气轮机和离心增压器中被广泛采用。

(2) 多级多轴结构 由于多级离心式压缩机逐级容积流量不断减小，一个转子或直线式串联的多个转子上叶轮转速都相同，则前级和后级叶轮的 b_2/D_2 很难满足性能好、效率高的要求，如被压缩气体在各级间容积流量变化较大，可采用多轴结构，使各轴的转速不同来满足各级 b_2/D_2 的要求。

(3) 多缸串联机组 对于要求高压力比（如尿素装置的 CO_2 压缩机压力比可达 150）或输送轻气体，因气体常数 R 很大，即使压力比不大，但功耗却很大的情况（如氢气压缩机），适宜选用两缸或多缸压缩机串联的机组。

(4) 气缸结构的选择

① 上下中分型气缸 一般多级离心式压缩机多选用上、下中分型的气缸，并将进气管和排气管与下半缸相连，这样拆装方便，结构如图 5-1 所示。

② 竖直剖分型气缸 这种型式的气缸多用于叶轮安装于轴端的单级离心式压缩机，也有多级离心式压缩机采用这种结构型式，或者既采用上、下中分型，又采用竖直剖分型的结构。

③ 高压筒型气缸 这种型式的外气缸由锻造厚壁圆筒与端盖构成，因装配需要，还有两气缸，不分段无中间冷却器，轴端有严防漏气的特殊密封。这种高压压缩机往往还与低、中压压缩机串联成机组使用。

(5) 叶轮结构与排列 离心式压缩机一般采用性能好、效率高的闭式、叶片后弯式叶轮，其中，一般后弯型叶轮的 $\beta_{2A}=30°\sim60°$，适用于前几级和中间级，强后弯型叶轮的 $\beta_{2A}\leqslant30°$，适用于后几级。

为了提高单级压力比，使结构简单紧凑，可选用半开式径向直叶片的叶轮，其前面加上一个沿径向叶片扭曲的导风轮，以适应气流进入叶轮时沿径向不同的圆周速度 u_1。

为了适应较大的流量，当前几级 $b_2/D_2\geqslant0.06$ 时，可选用具有叶片扭曲的三元叶轮，以改善性能，提高效率。

为了提高叶轮的做功能力，而又减少叶片进口区的叶片堵塞，有的叶轮可选用长、短叶片相间排列的结构，以增加叶片数。

多级离心式压缩机的叶轮，可以顺向排列，也可对向排列。选用对向排列结构，可以消除转子上的轴向推力，而不必另加平衡盘，但增加了进气管和排气管，而这正符合选用分段中间冷却的要求。

(6) 扩压器结构 一般多级离心式压缩机，多选用无叶扩压器，其结构简单，变工况的适应性好，但在最佳工况点上的效率略低。

有的单级或个别多级离心式压缩机，选用有叶扩压器，这种扩压器的外径小，结构紧凑，最佳工况点的效率高，但工况范围小，效率低，如若再选用扩压器叶片角度可调装置，则变工况的范围也可很宽，效率仍比较高。

5.6.5.4 选型步骤

(1) 列出原始数据 原始数据包括输送气体的种类、温度、流量和进出口压力，以及用户要求的效率、变工况适用范围等，上述条件有些用户直接给定，有些需首先确定相关工艺条件，再计算确定。

(2) 确定选型需要的流量及压力比 流量一般作为给定工艺条件或用户给定。压力比是指气体在压缩机出口法兰处的压力与进口法兰处的压力之比。如过程装置中，在远离压缩机的进出口管道上或是某设备上安装压力表测量压力作为压力比，应进行进出口两段管网的阻力压降计算，确认压缩机的进出口压力，显然，压缩机的进出口压力比要大于由远离压缩机管道上两压力表读出的压力比。

由于离心式压缩机性能曲线通常是在标准状况下得到的，因此选型时，如实际使用条件与标准状态不一致，则首先要将流量和进出口压力换算到标准状态下对应的流量和压力。

考虑到压缩机使用时的最佳工况点与设计制造的最佳工况点可能有偏差，或者偏离设计工况运行时，压力比和流量达不到性能参数所规定的要求时，需要适当加上一个余量。

（3）进行计算　结合选型需考虑的各种因素，进行初步的方案计算，选择合适的机器类型、结构型式和级数等。

（4）选择型号　上述条件确定后，查找、比较生产厂家产品目录，选择具体型号。

（5）满足用户要求　在确定所选压缩机厂家和型号后，要求所选定的产品效率和变工况稳定工作范围满足用户要求。

习题5-6

1. 单选题

（1）离心式压缩机常使用迷宫式密封，对于迷宫密封的修配，一般刮出密封圈的坡口，坡口的尖端朝向应该在（　　）。

A. 压力高的一侧　　B. 压力低的一侧　　C. 中间

（2）离心式压缩机采用浮环密封时，气体侧浮环一般用（　　）个。

A. 1　　B. 2　　C. 3　　D. 4

（3）下面措施不能提高迷宫密封性能的是（　　）。

A. 增大齿隙间隙　　B. 增大空腔内局部阻力

C. 增加密封齿数　　D. 增加齿节距

（4）对于迷宫式密封的组装，主要是（　　）的调整。

A. 径向间隙　　B. 轴向间隙　　C. 径向间隙和轴向间隙

（5）一套浮动密封一般有四个密封环，密封油一般从高压侧靠近（　　）后输入。

A. 第一个环　　B. 第二个环　　C. 第三个环　　D. 第四个环

（6）适宜作压差较大的离心式压缩机的平衡盘密封的形式是（　　）。

A. 整体式迷宫密封　　B. 密封片式迷宫密封

C. 密封环式迷宫密封　　D. 蜂窝式密封

（7）下列几种密封中，属于接触式动密封的是（　　）。

A. 浮环密封　　B. 迷宫密封　　C. 螺旋密封　　D. 离心密封

（8）在下面密封结构中，不能实现“零泄漏”的是（　　）。

A. 干气密封　　B. 密封环　　C. 离心密封　　D. 螺旋密封

（9）下列密封形式哪种不宜用在大型离心机组转子部件上？（　　）

A. 填料密封　　B. 迷宫密封　　C. 机械密封　　D. 浮环密封

（10）下列密封中属于静密封的是（　　）。

A. 离心泵的密封环与叶轮外缘之间　　B. 活塞压缩机的活塞环与气缸镜面之间

C. 离心式压缩机的机壳两端的浮环密封　　D. 高压容器的密封

2. 判断题

（1）浮环密封的节流长度越长和油的黏度越大，泄漏量就越大。（　　）

（2）在迷宫密封中，一般齿数为7～12个。（　　）

（3）浮升性使浮环具有自动对中作用，避免轴与环之间出现互相摩擦，还可使轴与环的间隙变小，以增强节流产生的阻力，改善密封性能。（　　）

（4）浮环长期使用，正常磨损间隙增大，应进行检修，一般是修磨浮环。（　　）

(5) 迷宫密封常用于轴端密封。 ( )
(6) 浮环密封可实现"零泄漏",故可用于易燃易爆介质的场合。 ( )
(7) 迷宫密封封片可以用厚 0.15～0.2mm 黄铜或镍带制成。 ( )
(8) 浮环密封具有很高的工况 pv 值,可高达 2500～2800MPa·m/s。 ( )
(9) 其他条件相同时,浮环密封中油的黏度越大,泄漏量越大。 ( )
(10) 工作可靠、功耗少、维护简便、寿命长是迷宫密封的特点之一。 ( )
(11) 迷宫密封是液相介质的主要密封类型。 ( )

3. 简答题

(1) 简述迷宫密封的工作原理。
(2) 简述浮环密封的工作原理。
(3) 说明干气密封的结构和密封原理。

小结

离心式压缩机

- 基本概念:离心式压缩机是速度式压缩机的一种类型,主要用来输送气体和提高气体的压力;适用于低、中压力和气量很大的场合
- 原理结构:
  - 结构:活塞式压缩机由转子(主轴、叶轮、平衡盘、推力盘和联轴器)、定子(机壳、扩压器、弯道、回流器、蜗壳)等组成
  - 原理:利用机器的做功元件(叶轮)对气体做功,使气体在离心力场中压力得以提高
- 分类方式:
  - 根据结构和传动方式可分为:水平剖分型、垂直剖分型和等温型
  - 按用途和输送介质的性质分类:空气压缩机、二氧化碳压缩机、合成气压缩机、裂解气压缩机等
- 性能参数:
  - 排气量(单位时间内通过压缩机流道的气体体积流量)、转速、功率、压力比、多变能头效率
  - 排气压力(排气压力是指气体在压缩机出口处的绝对压力)
- 能量损失:
  - 流道损失(流动损失和冲击损失)、轮阻损失、漏气损失三种类型
  - 流动损失主要包括:摩擦损失、边界层分离损失、二次涡流损失、尾迹损失
- 总功耗:有三种类型:一是叶轮通过叶片对叶道内的气体做功,称为叶片功,是气体获得的理论能头;二是克服轮阻损失所消耗的功;三是气体泄漏损失所消耗的功
- 喘振工况:
  - 喘振的概念:部分气体放空、部分气体回流、压缩机脱离供气系统
  - 喘振的危害:压缩机性能恶化,压力和效率显著降低;出现异常噪声、吼叫和爆音;机器出现强烈的振动,轴承、密封遭到损坏;转子和固定部件的碰撞
  - 预防措施:加强喘振发生原理的学习、加强操作者的操作能力
- 堵塞工况:
  - 堵塞的概念:在转速不变时,当离心式压缩机级中的实际流量大于设计流量并达到某一最大流量时,流量或提高排气压力不能再继续提高的现象
  - 危害:一是叶片扩压器最小流通截面处气流速度达到声速,流量再增加;二是叶片工作面发生严重分离,叶轮对气体所做的功全部都消耗在克服流动损失上,气体的压力不再提高
  - 平衡:外部法(通过加大基础的办法减少振动)和内部法(通过在曲柄销相反方向设置平衡重)
- 流量调节:
  - 改变离心式压缩机曲线:进口节流调节、转速调节、转动进口导叶调节、可转动扩压器叶片调节
  - 改变管路特性曲线的性能调节:改变管路阻力调节、改变出口压力调节
- 密封结构:
  - 内部密封:防止机器内部通流部分各空腔之间气体泄漏的密封,如迷宫密封
  - 外部密封:防止或减少由机器向外界泄漏或由外界向机器内部泄漏的密封,如浮环密封、干气密封
- 机器选型:考虑因素:气体流量与压力、工作介质种类对选型的影响、不同机器结构型式的适应性

模块6

风机

知识目标

- 掌握风机的总体结构、工作原理、分类、用途。
- 掌握风机的主要性能参数、相关计算、性能曲线、影响因素及流量调节。

能力目标

- 具有对各种风机进行安装、调试、维护与检修、故障处理和现场管理的能力。
- 具备典型风机选型、设计、改造及编制制造工艺的能力。

素养目标

- 拥有健康的心理和健全的人格，养成良好的行为习惯。
- 具备与本专业职业发展相适应的劳动素养、职业技能。

6.1　离心风机的结构和性能

6.1.1　风机的概念和分类

6.1.1.1　风机的概念

从能量的观点来看，风机是把原动机的机械能转化为气体能量的一种机械。风机是一种压缩和输送气体的机器。

6.1.1.2　风机的分类

由于风机的用途广泛，种类繁多，因而分类方法也很多，但目前多采用按工作原理和按产生压力大小两种方法进行分类。

（1）按工作原理分类

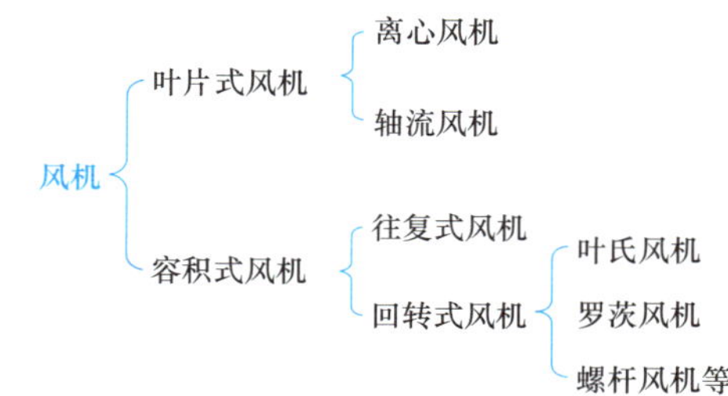

（2）按产生压力大小分类

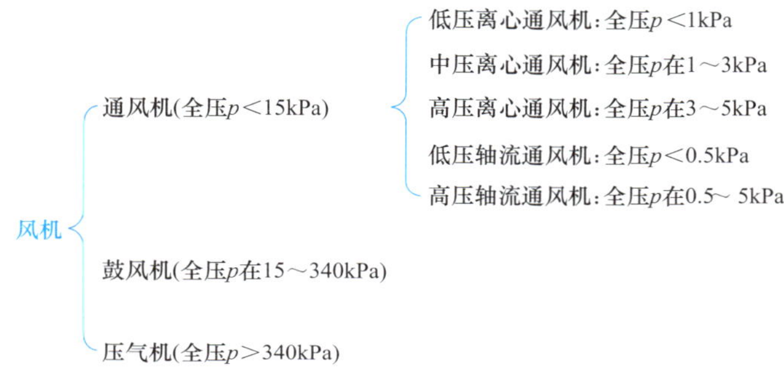

6.1.2 风机的工作原理

（1）离心风机的工作原理　离心风机的工作原理是利用旋转的叶轮产生离心力，借助离心力的作用输送气体，并提高气体压力。

由于离心风机性能范围广、效率高、体积小、重量轻，能与高速原动机直连，所以应用最广泛。

（2）轴流风机的工作原理　轴流风机的工作原理是利用旋转的叶轮、叶片对气体作用的升力来输送气体，并提高气体的压力。轴流风机与离心风机相比，其流量大、压力小，故一般用于大流量的场合。

（3）往复式风机的工作原理　往复式风机的工作原理是利用工作容积的周期性变化来输送气体，并提高气体压力的机器。往复式风机的特点是产生的压力较高，但流量小而不均匀，不利于与高速原动机直连，调节也比较复杂，适用于压力高、流量小的场合。

（4）回转式风机的工作原理　回转式风机的工作原理是利用一对或几个特殊形状的回转体，如齿轮、螺杆或其他形式的转子，在壳体内做旋转运动来输送气体并提高其压力的机器。

6.1.3 离心风机的型号

6.1.3.1 离心风机的型号

离心风机的型号是由基本型号和补充型号组成，可表明风机的名称、型号、机号、传动方式、旋转方向和出风口位置等。由于其编制方法尚未完全统一，所以在风机样本及使用说明书中，一般应对风机型号的组成和含义进行说明，如图 6-1 所示。

6.1.3.2 参数说明

（1）名称　名称是指风机的用途，以用途字样的汉语拼音的首字母来表示，对一般用途的通风机则省略不写，例如字母“Y”代表电站锅炉引风机。常用风机用途代号见表 6-1。

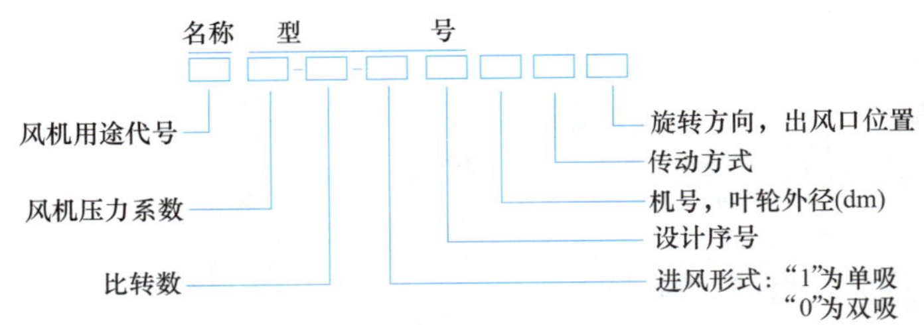

图 6-1 离心风机的型号组成

表 6-1 常用风机用途代号

风机用途	风机代号	风机用途	风机代号
排尘除灰	C	耐高温	W
输送煤粉	M	防爆炸	B
防腐蚀	F	矿井通风	K
工业炉吹风	L	电站锅炉引风	Y
冷却塔通风	L	电站锅炉通风	G
一般通风换气	T	特殊用途	T

(2) 型号　型号是由基本型号和补充型号组成，共分三组，中间用横短线隔开。基本型号为数字，占两组，用风机的压力系数乘以 10 后化成的整数和比转数（取两位整数）表示。补充型号占一组，用来表示风机的进气形式和设计序号。

(3) 机号　机号是指风机的叶轮直径，单位为分米（dm），尾数四舍五入，数字前冠以符号"No"。

(4) 传动方式　风机的传动方式有六种，用汉语拼音字母作代号，分别以大写字母 A、B、C、D、E、F 表示，见表 6-2、表 6-3。

表 6-2 传动方式代号

传动方式	无轴承电机直连传动	悬臂支承带轮在轴承中间	悬臂支承带轮在轴承外侧	悬臂支承联轴器传动	双支承带轮在外侧	双支承联轴器传动	齿轮传动
代号	A	B	C	D	E	F	G

表 6-3 传动方式代号图解

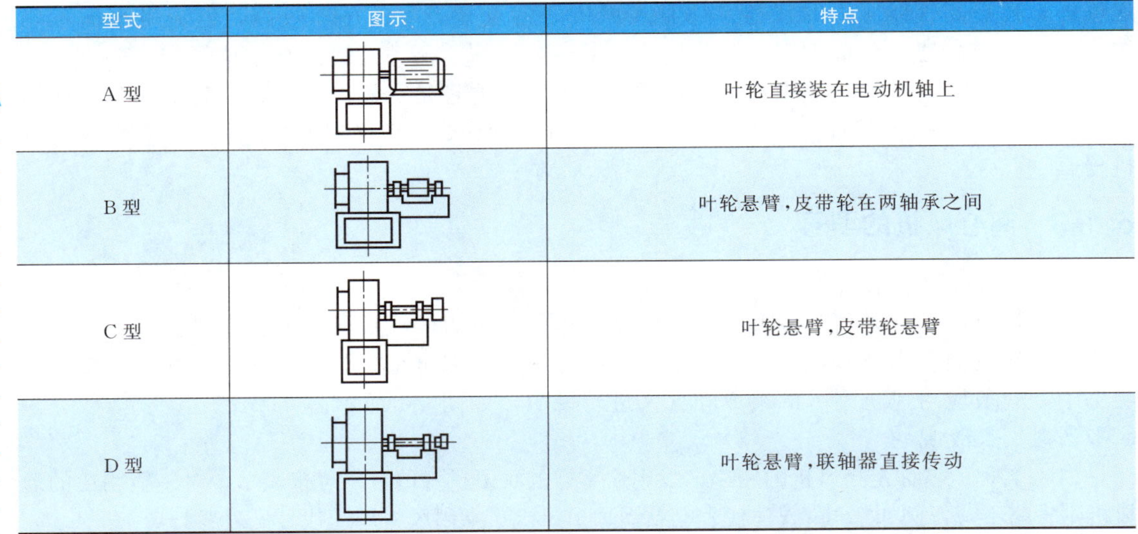

型式	图示	特点
A 型		叶轮直接装在电动机轴上
B 型		叶轮悬臂，皮带轮在两轴承之间
C 型		叶轮悬臂，皮带轮悬臂
D 型		叶轮悬臂，联轴器直接传动

续表

型式	图示	特点
E 型		皮带轮悬臂传动,叶轮在两轴承之间
F 型		联轴器直接传动,叶轮在两轴承中间

(5) 旋转方向　离心风机根据旋转方向不同，可分为左旋、右旋两种。图 6-2 中的“右”字表示从原动机一端看，叶轮旋转为顺时针方向，习惯上称为右旋。叶轮旋转为逆时针方向的，称为左旋。

(6) 出风口位置　根据使用要求，离心风机蜗壳的出风口方向规定了 8 个基本出风口位置，如图 6-2 所示。示例中的“90°”表示出风口位置在 90°处。有时为了方便，也常用压力系数和比转数作简略型号，如 4-73 型通风机。

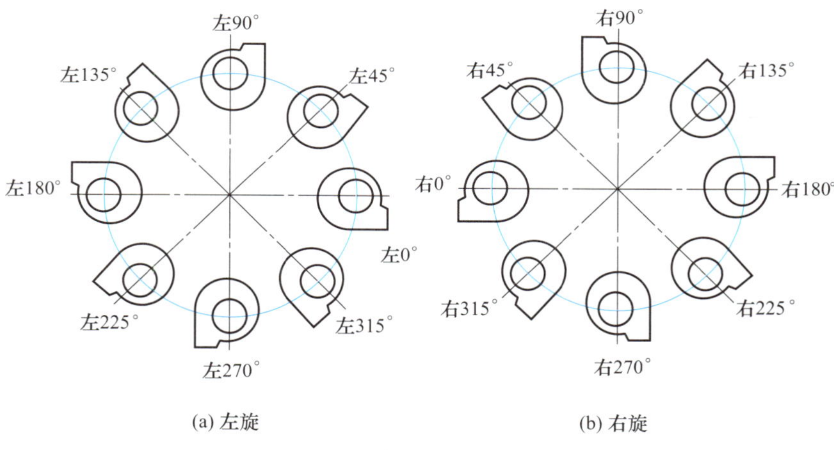

图 6-2　出风口角度示意图

6.1.3.3　应用举例

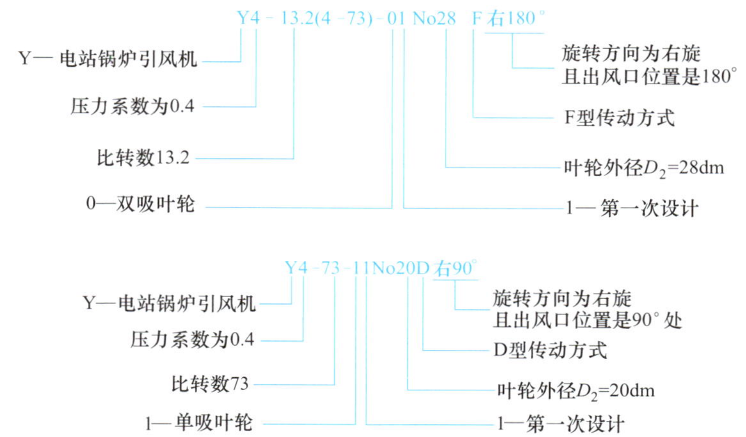

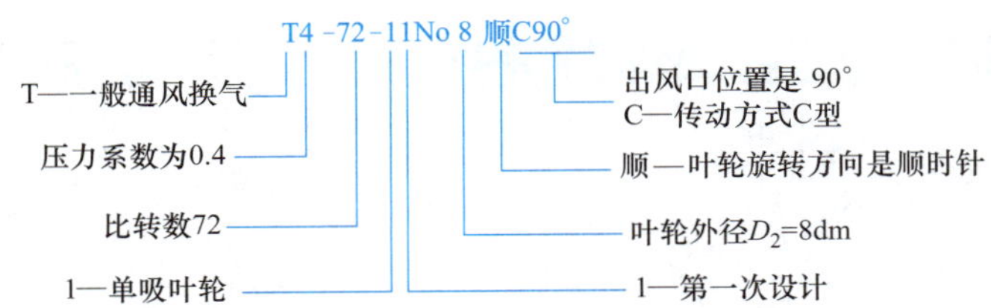

6.1.4 离心风机工作原理

离心风机的工作原理与离心泵的工作原理完全相同，只是所输送的介质不同。离心风机所输送的介质为气态。离心风机的工作原理是利用旋转的叶轮产生离心力，借助离心力的作用输送气体并提高气体压力。

（1）压出过程　当电动机等原动机带动叶轮转动时，迫使叶轮叶片之间的气体跟着旋转，因而产生了离心力，处在叶片间通道内的气体在离心力的作用下，从中心向叶轮边缘流去，以较高的速度离开叶轮，进入机壳，然后沿流道流出风口，向外排出，这个过程称为压出过程。

（2）吸气过程　由于叶轮中心的气体向边缘流动，因而在叶轮中心形成了低压区，在吸入口外的气体，在压差的作用下进入叶轮，这个过程称为吸气过程。

由于叶轮不停地旋转，气体便不断地排出、吸入，从而达到连续输送气体的目的。

6.1.5 离心风机的特点

离心风机是一种用量大、应用面广的机械设备，具有效率高、流量大、输出流量均匀、结构简单、操作方便、噪声小等优点。由于应用场合、性能参数、输送介质和使用要求的不同，离心风机的品种及规格繁多，结构型式多种多样。但由于离心风机输送的是气体，而且风机的动、静间隙较大，因此，离心风机不宜采用多级叶轮。

6.1.6 鼓风机的型号标识

鼓风机的型号是由吸气方式、排气量、级数、设计序号组成，如图 6-3、图 6-4 所示。

吸气方式　排气量 - 级数　设计序号

图 6-3　鼓风机的型号标识

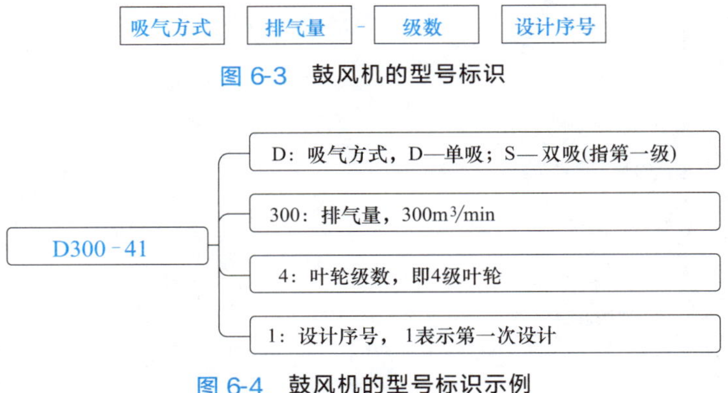

图 6-4　鼓风机的型号标识示例

习题6-1

1. 填空题

（1）离心风机的工作原理是利用旋转的叶轮产生（　　），借助离心力的作用，输送

（　　）并提高气体（　　）。

（2）离心风机的工作过程是指气体由进气箱引入，通过（　　）调节进风量，然后经过（　　）引入叶轮吸入口。流出叶轮的气体由机壳汇集起来，经（　　）升压后引出。

2. 单选题

（1）从能量的观点来看，风机是把原动机的（　　）转化为气体能量的一种机械。

A. 动能　B. 静压能　C. 机械能　D. 热能

（2）叶片式风机分为离心风机和轴流风机两种类型，这是按风机（　　）进行分类的。

A. 结构　B. 工作原理　C. 工作压力　D. 工作性质

（3）回转式风机的特点是，在壳体内有做（　　）的回转体来输送气体并提高其压力。

A. 往复运动　B. 旋转运动　C. 离心运动　D. 直线运动

（4）离心风机的进风形式，“1”为（　　），“0”为（　　）。

A. 单吸，双吸　B. 双吸，单吸　C. 单吸，单吸　D. 双吸，双吸

（5）风机的名称以用途字样的（　　）的首字母来表示。

A. 英语拼音　B. 汉语拼音　C. 用途字符　D. 专用字符

（6）风机的型号：Y4-73-11No20D 右 90°中，压力系数为（　　），比转速为（　　）。

A. 4，73　B. 0.4，73　C. 0.4，7.3　D. 0.4，0.73

（7）风机的型号：Y4-73-11No20D 右 90°中，叶轮直径为（　　）。

A. 20m　B. 20dm　C. 20cm　D. 20mm

（8）根据使用要求，离心风机蜗壳的出风口方向规定了（　　）个基本出风口位置。

A. 4　B. 6　C. 8　D. 10

3. 多选题

（1）风机按工作原理分类，可分为（　　）。

A. 叶片式风机　B. 离心风机　C. 容积式风机　D. 轴流风机

（2）下列通风机的全压 $p<15\text{kPa}$ 的是（　　）。

A. 中压离心通风机　B. 低压离心通风机

C. 高压离心通风机　D. 低压轴流通风机

（3）由于离心风机性能（　　）、能与高速原动机直连，所以应用最广泛。

A. 范围广　B. 效率高　C. 体积小　D. 重量轻

（4）轴流风机与离心风机相比，其（　　），故一般用于大流量的场合。

A. 流量大　B. 流量小　C. 压力小　D. 压力大

（5）往复式风机的特点是（　　）。

A. 产生的压力较高，但流量小而不均匀　B. 不利于与高速原动机直连

C. 调节比较复杂　D. 适用于压力高、流量小的场合

（6）离心风机的型号是由（　　）组成，可表明风机的名称、型号、机号、传动方式、旋转方向和出风口位置等。

A. 基本型号　B. 补充型号　C. 传统型号　D. 扩展型号

（7）风机的型号：Y4-73-11No20D 右 90°中，传动方式为（　　），旋转方向为（　　）。

A. 悬臂支承联轴器传动　B. 右旋

C. 顺时针方向　D. 逆时针方向

（8）离心风机的特点是（　　）。

A. 离心风机是一种用量大、应用面广的机械设备

B. 效率高、流量大、输出流量均匀

C. 结构简单、操作方便、噪声小
D. 离心风机宜采用多级叶轮
(9) 鼓风机的型号是由（　　）组成。
A. 吸气方式　　B. 排气量　　C. 级数　　D. 设计序号
(10) 鼓风机 D300-41 中，D 代表（　　）。
A. 吸气方式　　B. 双吸　　C. 排气方式　　D. 单吸
(11) 风机的传动方式有（　　）种，用汉语拼音字母作代号，分别以大写字母（　　）表示。
A. 6　　B. A、B、C、D、E、F
C. 7　　D. A、B、C、D、E、F、G
(12) 风机 Y4-73-11No20D 右 90°中的“右”标识的含义是（　　）。
A. “右”字表示从原动机一端看，叶轮旋转为顺时针方向，习惯上称为右旋
B. “右”字表示从原动机一端看，叶轮旋转为逆时针方向，习惯上称为右旋
C. “左”字表示从原动机一端看，叶轮旋转为逆时针方向的，称为左旋
D. “左”字表示从原动机一端看，叶轮旋转为顺时针方向的，称为左旋
(13) 风机 Y4-73-11No20D 右 90°中的 4 代表的含义是（　　）。
A. 风机的压力系数　　B. 用风机的压力系数乘以 10 后化成的整数
C. 风机的压力系数是 0.4　　D. 风机的压力系数是 4
(14) 风机 Y4-73-11No20D 右 90°中，第一个 1 代表（　　）。
A. 进风形式　　B. “1”为单吸　　C. 排风形式　　D. “1”为双吸

4. 判断题

(1) 轴流风机是利用旋转的叶轮、叶片对气体作用的升力来输送气体，并提高气体的压力的机器。（　　）

(2) 离心风机的工作原理就是利用旋转的叶轮产生离心力，借助离心力的作用，输送液体，并提高液体压力。（　　）

(3) 离心风机的型号编制方法尚未完全统一。（　　）

(4) 离心风机的工作原理与离心泵的工作原理完全相同，只是所输送的介质不同，离心风机所输送的介质为气态。（　　）

6.2 离心风机的结构

6.2.1 离心风机的结构

离心风机的结构和离心泵相似，包括转子和静子两部分，如图 6-5 所示。转子部分由叶轮、轴和联轴器等组成，静子部分由进气箱、导流器、集流器、蜗壳、扩压器等组成。

气体由进气箱引入，通过导流器调节进风量，然后经过集流器引入叶轮吸入口。流出叶轮的气体由机壳汇集起来，经扩压器升压后引出。由于离心风机输送的是气体，而且风机的动静间隙比较大，因此，离心风机不宜采用多级叶轮。

6.2.2 离心风机的主要部件

离心风机的主要部件有叶轮、机壳、导流器、集流器、进气箱以及扩压器等，它们的功

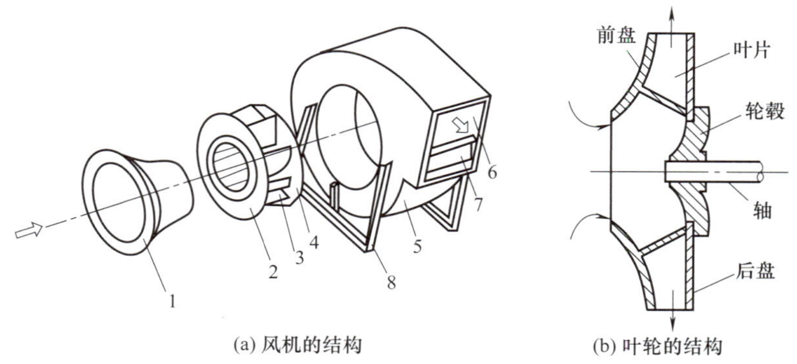

(a) 风机的结构　　(b) 叶轮的结构

图 6-5　离心风机的结构示意图

1—集流器；2—前盘；3—叶片；4—后盘；5—机壳；6—出口；7—截流板；8—支架

能与离心泵类似。下面就风机本身的特点进行分析。

6.2.2.1　叶轮

（1）叶轮的作用　叶轮是离心风机传递能量的主要部件，其功能是将机械能传递给气体，使气体在叶轮通道中增加静压能和动能。叶轮的尺寸大小及过流部分的形状，对风机的性能和效率有重大影响，因此叶轮是风机最重要的部件。

（2）叶轮的结构组成　叶轮是由前盘、后盘（双吸式风机称为中盘）、叶片及轮毂等部件组成，如图 6-6 所示。轮毂通常由铁或钢铸造加工而成，套装在优质低碳钢制成的轴上。轮毂可采用铆钉与后盘固定，在强度允许的情况下，轮毂与后盘可采用焊接的方式固定。

（3）叶轮前盘的型式　叶轮前盘的型式有平直前盘、锥形前盘及弧形前盘三种，如图 6-7 所示。平直前盘制造工艺最简单，但气流进入后分离损失较大，导致风机的效率较低。弧形前盘制造工艺最复杂，但气流进入后分离损失很小，效率较高。锥形前盘介于两者之间。高效离心风机的前盘多采用弧形前盘。

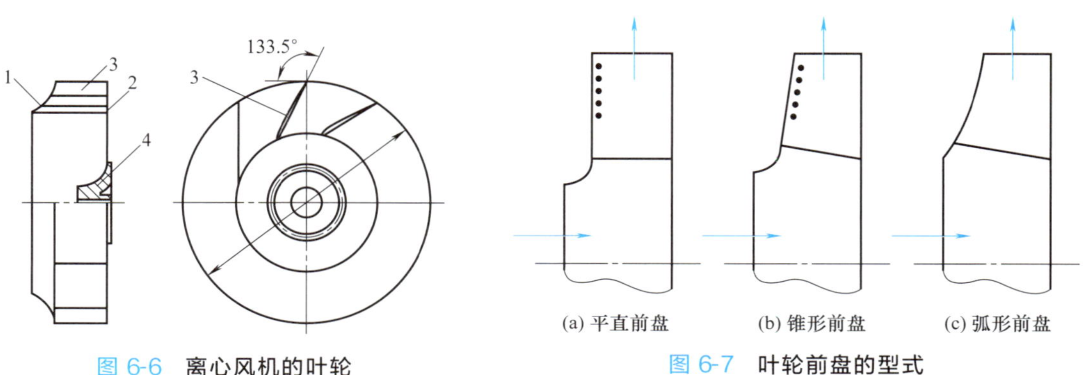

图 6-6　离心风机的叶轮

1—前盘；2—后盘；3—叶片；4—轮毂

(a) 平直前盘　(b) 锥形前盘　(c) 弧形前盘

图 6-7　叶轮前盘的型式

（4）叶轮叶片的结构型式　离心风机的叶片安装在叶轮的前、后盘之间。叶片的型式，根据叶片出口角度的不同分为前向式、径向式和后向式三种。对效率要求较高的离心风机，一般采用后向式叶片。后向式叶片形状可分为机翼型、直板型和弯板型三种，如图 6-8 所示。

机翼型叶片的形状更适应气体流动的要求，可使风机的效率高达 90%。此外，机翼型

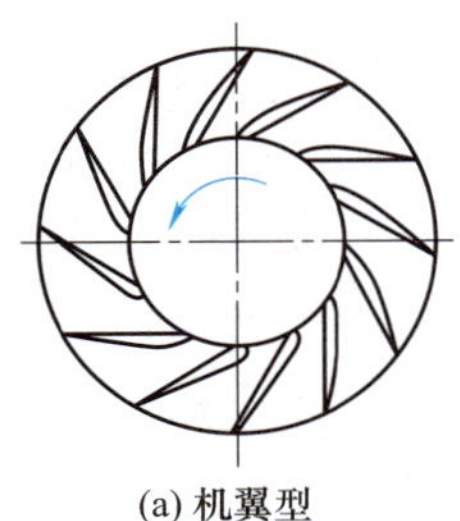
(a) 机翼型

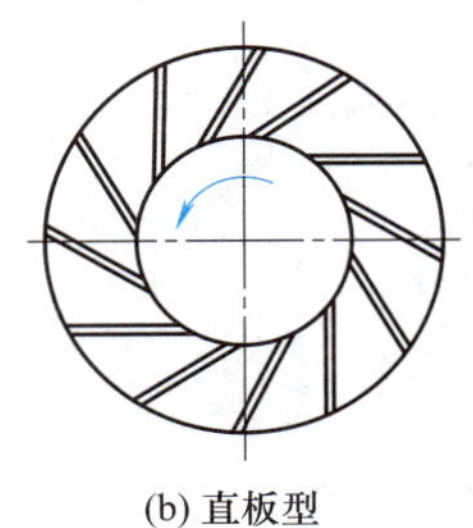
(b) 直板型

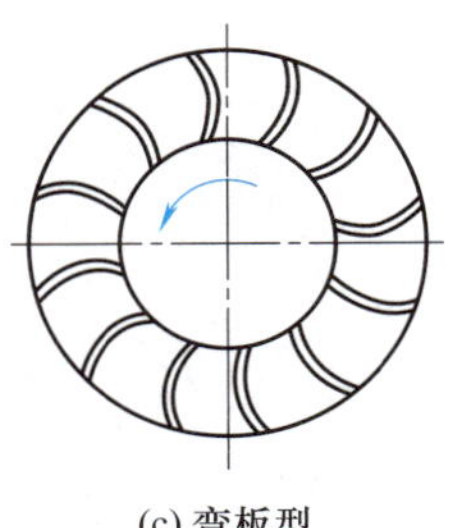
(c) 弯板型

图 6-8 后向式叶片的形状

叶片强度高，可以在比较高的转速下运转。其缺点是制造工艺复杂，并且当输送的气体中含有固体颗粒时，空心的机翼型叶片容易磨损。叶片一旦被磨穿，杂质进入叶片内部，会使叶轮失去平衡而引起风机的振动，甚至无法工作。

直板型叶片制造方便，但效率低。

弯板型叶片如进行空气动力性能优化设计，其效率会接近机翼型叶片。

6.2.2.2 集流器

集流器又称为吸入口，它安装在叶轮的前面，使气流能均匀地充满叶轮的进口断面，应使气流通过集流器时的阻力损失达到最小。集流器的位置如图 6-5 所示。集流器的结构型式有圆筒形、圆锥形、弧形、锥筒形和锥弧形五种，如图 6-9 所示。

圆筒形集流器叶轮进口处会形成涡流区，直接从大气吸取气体时效果更差；圆锥形集流器好于圆筒形，但它太短，效果不佳；弧形集流器好于前两者；锥弧形集流器最佳，高效风机基本上都采用这种集流器。

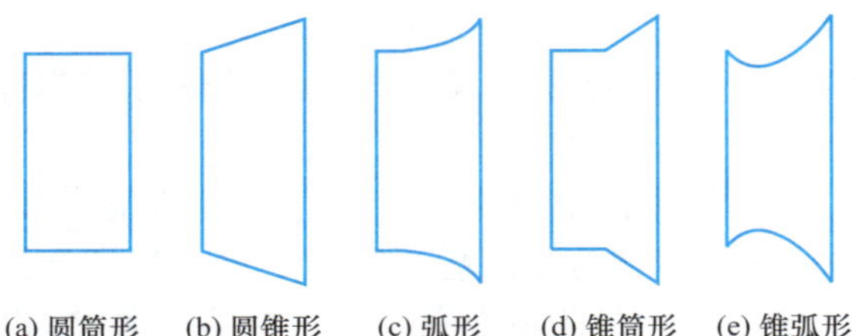
(a) 圆筒形 (b) 圆锥形 (c) 弧形 (d) 锥筒形 (e) 锥弧形

图 6-9 集流器的结构型式

6.2.2.3 导流器

在离心风机的集流器之前，一般安装有导流器，用来调节风机的流量，因此又称为风量调节器。常见的导流器有轴向导流器、径向导流器和斜叶式导流器。运行时，使导流器的导叶绕自身的转轴运动，通过改变导叶的安装角来改变风机的工作点，减小或增大风机的风量。

6.2.2.4 进气箱

（1）气流进入集流器的方式　气流进入集流器的方式有两种：一种是直接从周围空气中吸取气体，这种方式称为自由进气；另一种是从进气箱吸取气体。在大型或双吸离心风机上，一般采用进气箱。离心风机设置进气箱有两个方面的作用：一方面，当进气需要转弯时，安装进气箱能改善进气口的流动状况，减少因气流不均匀进入叶轮而产生的流动损失；另一方面，安装进气箱可以使轴承安装在风机的机壳外面，便于安装和维修。火力发电厂中，锅炉送风机、引风机及排粉机均装有进气箱。

（2）进气箱的形状及几何尺寸　进气箱的形状及几何尺寸，对气流进入风机后的流动状态的影响极为明显，如图 6-10 所示。如果进气箱结构不合理，造成的阻力损失可达风机全压的 15%～20%。因此，对进气箱的形状和尺寸一般有以下的要求。

① 进气箱入口端面的长宽比取 2～3 为宜。

② 进气箱的横断面积与叶轮的进口面积之比取 1.75～2.0 为宜。

③ 进气箱的形状对阻力影响很大。图 6-10 给出了几种不同形状的进气箱，它们的长宽

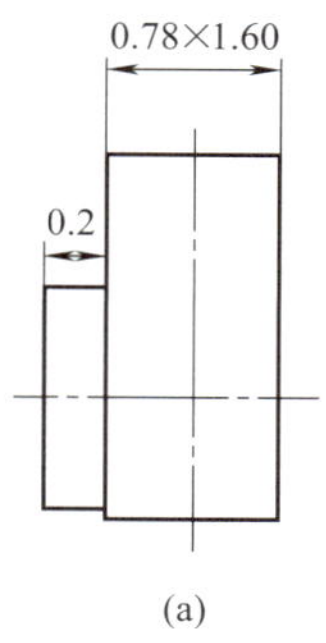

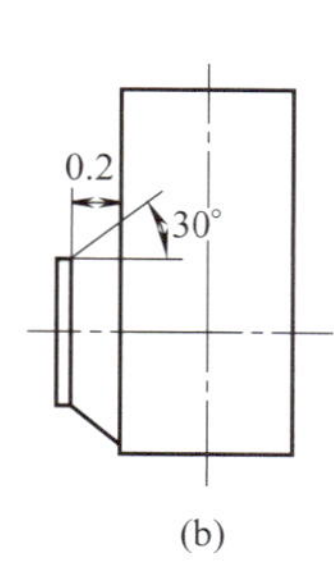

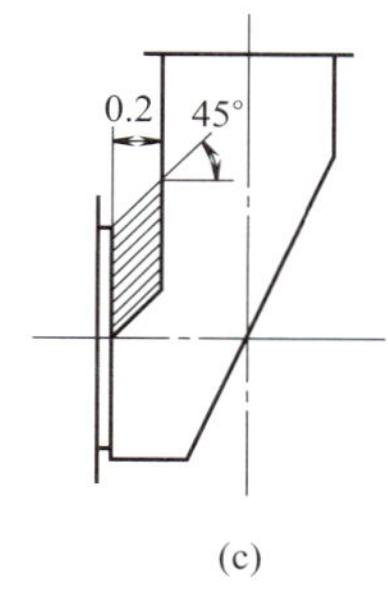

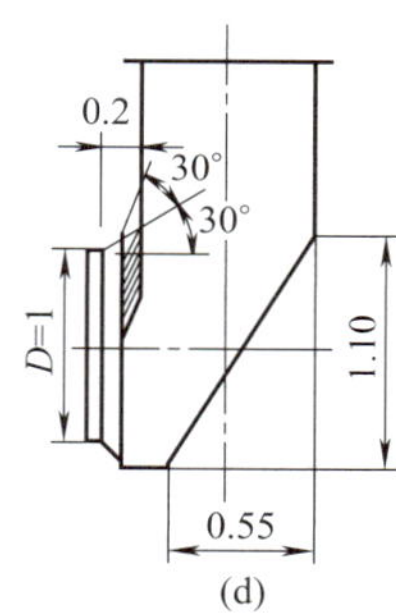

图 6-10　进气箱的形状

比都为 2.05，进气箱横断面积与叶轮的进口面积比都为 1.55。试验表明，其局部阻力损失系数分别为 $\delta_a>1.0$，$\delta_b=1.0$，$\delta_c=0.5$，$\delta_d=0.3$。

6.2.2.5　机壳

离心风机的机壳与泵壳相似，也称为蜗壳。如图 6-11 所示，其作用是汇集叶轮出来的气体，并引向离心风机的出口，与此同时，将气流的一部分动能转变成压力能。为了提高风机的效率，机壳的外形一般采用阿基米德螺旋线或对数螺旋线，但为了加工方便，也常做成近似阿基米德螺旋线。机壳的截面形状为矩形，且宽度不变，如图 6-11 所示。

在蜗壳出口附近有“舌状”结构，称为蜗舌。其作用是防止部分气流在蜗壳内循环流动。蜗舌有平舌、浅舌和深舌三种型式。蜗舌附近流动相当复杂，其形状以及和叶轮圆周的最小间距，对风机性能，尤其是效率和噪声影响很大。

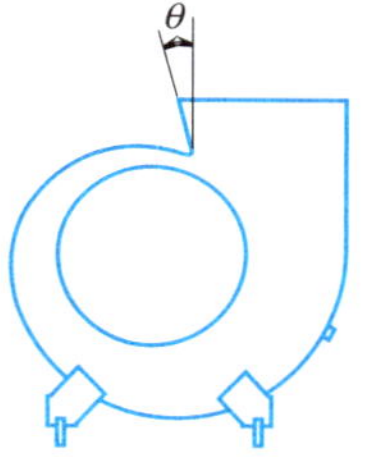

图 6-11　机壳

6.2.2.6　扩压器

蜗壳出口断面的气流速度仍然很大，为了将这部分动能转化为压力能，在蜗壳出口装有扩压器。因为气流从蜗壳流出时向叶轮旋转方向偏斜，所以扩压器一般做成向叶轮一边扩大，其扩散角 θ 通常取为 6°～8°，如图 6-11 所示。根据出口管形状要求，扩压器可做成圆形截面或矩形截面。

习题6-2

1. 单选题

（1）离心风机叶轮的三种结构型式，即平直前盘、弧形前盘、锥形前盘，其中，效率最高的是（　　）。

A. 平直前盘　　B. 弧形前盘　　C. 锥形前盘

（2）离心风机后向式叶片形状可分为机翼型、直板型和弯板型，其中效率最高的是（　　）。

A.　机翼型　　B. 直板型　　C. 弯板型

（3）离心风机集流器结构型式有圆筒形、圆锥形、弧形、锥筒形和锥弧形五种，其中效果最高的是（　　）。

A. 圆筒形　　B. 圆锥形　　C. 弧形　　D. 锥弧形

（4）离心风机的蜗壳出口断面的气流速度仍然很大，为了将这部分动能转化为压力能，在蜗壳出口装有（　　）。

A. 增速器　　B. 集流器　　C. 扩压器　　D. 蜗舌

2. 多选题

(1) 离心风机不宜采用多级叶轮，主要原因是（　　）。

A. 离心风机输送的是气体　　B. 风机的动、静间隙较小

C. 离心风机输送的是液体　　D. 风机的动、静间隙较大

(2) 叶轮是离心风机传递能量的主要部件，其功能是（　　）。

A. 将机械能传递给气体

B. 将静压能传递给气体

C. 使气体在叶轮通道中增加静压能和动能

D. 使气体在叶轮通道中减少静压能和动能

(3) 叶轮是由（　　）等部件组成。

A. 前盘　　B. 后盘　　C. 叶片　　D. 轮毂

(4) 离心风机叶轮的前盘的型式有（　　）。

A. 平直前盘　　B. 锥形前盘　　C. 弧形前盘　　D. 圆形前盘

(5) 根据离心风机叶片出口角度的不同，叶轮可分为（　　）三种。

A. 前向式　　B. 径向式　　C. 后向式　　D. 机翼型

(6) 离心风机集流器安装在叶轮的前面，（　　）。

A. 使气流能均匀地充满叶轮的进口断面

B. 使气流能均匀地充满叶轮的气流通道

C. 应使气流通过集流器时的阻力损失达到最小

D. 应使气流通过集流器时的阻力损失达到最大

(7) 离心风机集流器结构型式有（　　）、锥筒形和锥弧形五种。

A. 圆筒形　　B. 圆锥形　　C. 弧形　　D. 圆滑形

(8) 离心风机设置进气箱的作用是（　　）。

A. 当进风需要转弯时，减少因气流不均匀进入叶轮而产生的流动损失

B. 当进风需要转弯时，增加气流流动损失

C. 使轴承安装在风机的机壳外面，便于安装和维修

D. 使轴承安装在风机的机壳内部，防止腐蚀和损坏

3. 判断题

(1) 对效率要求较高的离心风机，一般采用后向式叶片。（　　）

(2) 在离心风机的集流器之前，一般安装有导流器，用来调节风机的流量，又称为风量调节器、调节挡板、进口导叶等。（　　）

(3) 离心风机气流进入集流器的方式有两种：一种是自由进气，另一种是被动进气。（　　）

(4) 离心风机机壳的作用是汇集叶轮出来的气体，将气流一部分机械能转变成压力能。（　　）

(5) 离心风机的蜗壳出口附近有蜗舌，其作用是防止部分气流在蜗壳内循环流动。（　　）

6.3 离心风机的性能参数

离心风机的基本性能，通常用标准进口状态下的流量、全压、功率、效率、转速等参数

来表示。

6.3.1 离心风机标准进口状态

离心风机的标准进口状态是指其进口处空气的压力为 101.3kPa、温度为 20℃、相对湿度为 50%，其密度 $\rho=1.2\text{kg/m}^3$。

6.3.2 离心风机的性能参数

6.3.2.1 流量 q_V

单位时间内风机所输送的气体体积称为该风机的流量，又称为风量，用符号 q_V 表示。必须指出的是，风机的体积流量特指风机进口处的体积流量，单位为 m^3/s、m^3/min 或 m^3/h。在风机样本和铭牌上常用 m^3/h，在设计计算和性能计算时用 m^3/s。

6.3.2.2 风机全压 p

全压是指单位体积的气体通过风机之后所获得的能量增加值，也就是风机出口截面上的总压与进口截面上的总压之差，见公式（6-1），风机的全压包括静压和动压两部分。

$$p=\left(p_2+\frac{\rho_2 v_2^2}{2}\right)-\left(p_1+\frac{\rho_1 v_1^2}{2}\right)(\text{Pa}) \tag{6-1}$$

式中 p_1，p_2——风机进、出口气体的静压，Pa；

v_1，v_2——风机进、出口气体的流速，m/s。

（1）风机静压 p_{st}　风机的静压等于风机出口气体的静压与风机进口气体全压之差，见公式（6-2）。

$$p_{st}=p_2-\left(p_1+\frac{\rho_1 v_1^2}{2}\right)(\text{Pa}) \tag{6-2}$$

式中 p_1，p_2——风机进、出口气体的静压，Pa；

v_1——风机进口气体的流速，m/s。

（2）风机动压 p_d　风机的动压等于风机出口截面上气体的动压，见公式（6-3）。

$$p_d=\frac{\rho_2 v_2^2}{2}(\text{Pa}) \tag{6-3}$$

式中 p_2——风机出口气体的静压，Pa；

v_2——风机出口气体的流速，m/s。

6.3.2.3 风机的功率

（1）有效功率 P_e　有效功率是指单位时间内气体从风机中所得到的实际能量。有效功率可由风机的输出流量及全压求得，见公式（6-4）。

$$P_e=\frac{q_V p}{1000}\ (\text{kW}) \tag{6-4}$$

式中 q_V——风机流量，m^3/s；

p——风机全压，Pa。

当公式（6-4）中的全压 p 用风机静压 p_{st} 表示时，则成为风机静压有效功率 P_{st}，见公式（6-5）。

$$P_{st}=\frac{q_V p_{st}}{1000}\ (\text{kW}) \tag{6-5}$$

（2）轴功率 P　轴功率是指风机的输入功率，即由原动机传递到风机轴上的功率。通常所说的功率就是指轴功率。轴功率通常由电测法确定，即用功率表测出原动机的输入功率，见公式（6-6）。

$$P=P_g\eta_d=P'_g\eta_g\eta_d(\mathrm{kW}) \tag{6-6}$$

式中 P_g——原动机的输出功率；

P'_g——原动机的输入功率；

η_g——原动机的效率；

η_d——传动效率，见表 6-4。

表 6-4 传动方式与传动效率

传动方式	传动效率	传动方式	传动效率
电动机直连传动	1.00	V 带传动(滚动轴承)	0.95
联轴器直连传动	0.98		

（3）内功率 P_i 气体通过风机时产生能量损失，如流动损失、内泄漏损失等，势必会多消耗功。实际用于气体的功率为有效功率与风机内部损失功率 ΔP_i 之和，称为内功率，见公式（6-7）。

$$P_i=P_e+\Delta P_i(\mathrm{kW}) \tag{6-7}$$

内功率 P_i 反映了叶轮的耗功，而轴功率则反映了整台风机的耗功。

（4）配用功率 P_T 为了使原动机能安全地运转，防止意外超载而烧毁，在给风机配备原动机时，要增加一点安全裕量，即最后原动机的配用功率 P_T，见公式（6-8）。

$$P_T=K\frac{P}{\eta_g\eta_d}(\mathrm{kW}) \tag{6-8}$$

式中 K——原动机的容量安全系数（原动机为电动机时，K 值见表 6-5）。

表 6-5 电动机的容量安全系数 K 值

电动机功率/kW	离心风机		
	一般用途	灰尘	高温
<0.5	1.5	1.2	1.3
0.5～1.0	1.4		
1.0～2.0	1.3		
2.0～5.0	1.2		
>5.0	1.15		
>50	1.08		

注：电厂中风机所选用的电动机功率均远大于 5kW，为保险起见，其 K 值可选用 1.15。

6.3.2.4 效率

（1）全压效率 η 为了表示输入的轴功率 P 被气体利用的程度，用有效功率 P_e 与轴功率 P 之比来表示风机的全压效率，简称效率，见公式（6-9）。

$$\eta=\frac{P_e}{P} \tag{6-9}$$

风机在工作时，内部存在各种能量损失，按其性质可分为机械损失、容积损失和流动损失三种。全压效率 η 是评价风机性能好坏的一项重要指标。η 越大，说明风机的能量利用率越高，效率也越高。η 值通常由实验确定。一般前向叶轮的 η 为 0.7，后向叶轮的 η 为 0.9 以上。

（2）静压效率 η_{st} 风机的动压在全压中所占的比例比较大，如果不能很好地利用风机出口的动压，则势必会造成较大的能量损失。因此在衡量风机的性能时，既要分析它的全压效率，还要看它的有用能如何。所以往往需要对静压的作用进行评价，故要用到静压效率 η_{st}，见公式（6-10）。

$$\eta_{st}=\frac{P_{st}}{P} \tag{6-10}$$

（3）内效率 η_i 内效率是风机的有效功率与内功率之比，用符号 η_i 表示，见公式（6-11）。

$$\eta_i=\frac{P_e}{P_i} \tag{6-11}$$

风机静压内效率 η_{sti} 为风机静压有效功率 P_{st} 与风机内功率 P_i 之比，见公式（6-12）。

$$\eta_{sti}=\frac{P_{st}}{P_i} \tag{6-12}$$

6.3.2.5 转速

转速是指风机叶轮每分钟旋转的次数，常用的单位是 r/min。风机的转速一般为 1000～3000r/min，具体可参阅各风机铭牌上所标示的转速值。

例题 6-1 某台离心风机运行时，由其入口 U 形管测压计读得 $h_v=54.5\text{mmH}_2\text{O}$，出口 U 形管测压计读得 $h_g=78\text{mmH}_2\text{O}$。

已知：风机入口直径 $d_1=600\text{mm}$，出口直径 $d_2=500\text{mm}$，输送的流量 $q_V=12000\text{m}^3/\text{h}$，试求该风机的全压 p。设入、出口空气的密度相同，$\rho=1.2\text{kg/m}^3$；取水的密度 $\rho_m=1000\text{kg/m}^3$。

解：

$$v_1=\frac{q_V}{\pi d_1^2}=\frac{12000}{6\times60}\times\frac{1}{\pi\times0.6^2}=2.95\ (\text{m/s})$$

$$v_2=\frac{q_V}{\pi d_2^2}=\frac{12000}{60\times60}\times\frac{1}{\pi\times0.5^2}=4.24\ (\text{m/s})$$

$$p=p_{2g}+p_{1v}+\frac{\rho v_2^2}{2}-\frac{\rho v_1^2}{2}\approx\rho_m gh_g+\rho_m gh_v+\frac{\rho v_2^2}{2}-\frac{\rho v_1^2}{2}$$

$$=1000\times9.8\times0.078+1000\times9.8\times0.0545+\frac{1.2\times2.95^2}{2}-\frac{1.2\times4.24^2}{2}$$

$$=13.15\ (\text{kPa})$$

习题6-3

1. 多选题

（1）离心风机的全压包括（　　）两部分。

A. 静压　　B. 动压　　C. 位压　　D. 高压

（2）离心风机在工作时，内部存在各种能量损失，按其性质可分为（　　）三种。

A. 机械损失　　B. 容积损失　　C. 流动损失　　D. 泄漏损失

2. 判断题

（1）离心风机的全压是指单位体积的气体通过风机之后所获得的能量增加值。（　　）

（2）离心风机的轴功率是指风机的输入功率，即由原动机传递到风机轴上的功率。通常所说的功率就是指轴功率。（　　）

（3）全压效率 η 是评价风机性能好坏的一项重要指标。η 越大，说明风机的能量利用率越低，效率也越高。（　　）

（4）风机的转速是指风机叶轮每分钟旋转的次数，常用的单位是 r/min。（　　）

(5) 离心风机的流量（风量）是指单位时间内风机所输送的气体体积，风机的体积流量特指风机进口处的体积流量。 (　　)

6.4 离心风机的性能曲线

6.4.1 离心风机的性能曲线

6.4.1.1 性能曲线的定义

风机的性能曲线是指在一定的进口条件和转速时，风机供给的全压、所需轴功率、具有的效率与流量之间的关系曲线。如图 6-12 所示，性能曲线的类型主要包括：全压与流量的关系曲线 p-q_V；轴功率与流量的关系曲线 P-q_V；全压效率与流量的关系曲线 η-q_V；静压与流量的关系曲线 p_{st}-q_V；静压效率与流量的关系曲线 η_{st}-q_V。

其中，曲线 p-q_V 和 p_{st}-q_V 曲线是最主要的性能曲线，它反映了风机能否满足生产过程的需要；P-q_V 曲线、η-q_V 曲线和 η_{st}-q_V 曲线反映了风机的工作效率和经济性。

6.4.1.2 风机的性能曲线

风机的理论性能曲线与离心泵的理论性能曲线具有相同的特征，但是，由于风机内部流动复杂，无法准确计算各项损失，因此，风机的实际性能曲线与理论性能曲线必然不同。但我们可以根据各项损失的定性分析，在理论性能曲线的基础上，估计出实际性能曲线的大致形状。为了使用方便，可将上述 5 条性能曲线画在同一坐标系中，如图 6-12 所示。

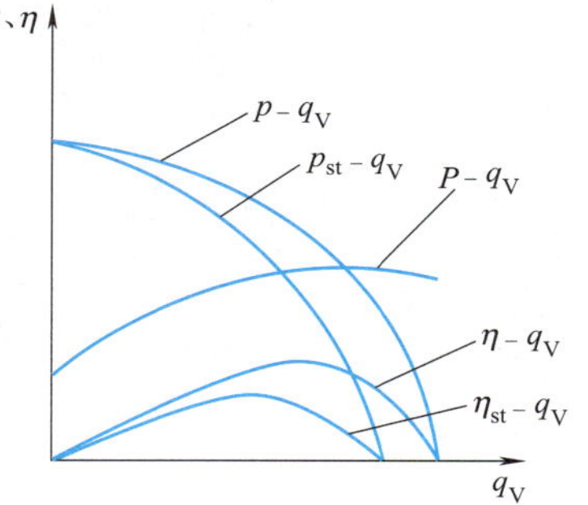

图 6-12 风机的性能曲线

风机的实际性能曲线需要通过实验的方法进行测定，通常由制造厂家提供，供用户使用。

6.4.2 离心风机性能曲线分析

6.4.2.1 最佳工况点

如图 6-12 所示，在性能曲线上，每一流量均有一组与之相对应的全压、功率及效率等，这一组参数称为工况点。可以看出，风机的工况点有无数组，其中，最高效率对应的工况点称为最佳工况点，它是风机运行最经济的工况点。

6.4.2.2 经济工作区（高效工况区）

在最佳工况点左右的区域，一般不低于最高效率的 85%～90%，称为经济工作区或高效工况区。高效工况区越宽，风机变工况运行的经济性能就越高。一般认为，最佳工况点与设计工况点相重合。最佳工况点所对应的一组参数值，即为风机铭牌上所标出的数据。

6.4.2.3 空载工况

如图 6-12 所示，当阀门全部关闭时，$q_V=0$、$p=p_0$、$P=P_0$，该工况称为空载工况，此时的空载功率 P_0 主要消耗在机械损失上。

6.4.2.4 空载条件下启动

离心风机在空载工况时，所需轴功率（空载功率）最小，一般为设计轴功率的 30%左右，在这种状态下启动，可避免启动电流过大，原动机超载。所以，离心风机要在阀门全关的状态下启动，待运转正常后，再打开出口管路上的调节阀门。

6.4.3 后向式叶轮 p-q_V 曲线的三种形式

对后向式叶轮，p-q_V 曲线总的趋势一般是随着流量的增加，全压逐渐降低，不会出现∽形。但是，由于结构参数不同，使得后向式叶轮的性能曲线也有差异，常见的有陡降型 a、平坦型 b 和驼峰型 c 三种基本类型，如图 6-13 所示，性能曲线的形状是用斜度来划分的。

(1) 陡降型　如图 6-13 所示的 a 曲线，它的斜度为 25%～30%，当流量变化很小时，能头变化很大，因而适宜流量变化不大而能头变化较大的场合。

(2) 平坦型　如图 6-13 所示的 b 曲线，它的斜度为 8%～12%，当流量变化较大时，能头变化很小，因此，适用于流量变化大而要求能头变化小的场合。

(3) 驼峰型　如图 6-13 所示的 c 曲线，它不能用斜度来表示。其特点是能头随流量的变化先增大后减小。曲线上 k 点左侧为不稳定工作区，在该区域风机运行稳定性不好，所以在设计时应尽量避免这种情况，或尽量减小不稳定区。

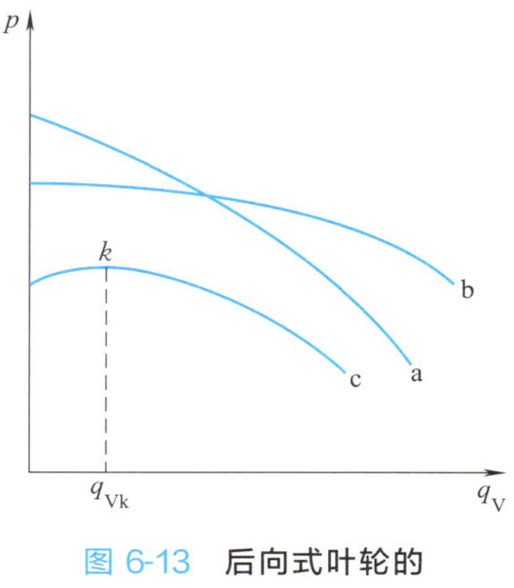

图 6-13　后向式叶轮的 p—q_V 曲线

6.4.4 离心风机性能曲线的应用

6.4.4.1 性能曲线应用的条件

离心风机的性能曲线，是在标准状态下（离心风机的进口标准状况，是指其进口处空气的压力为 101.3kPa，温度为 20℃，相对湿度为 50%，空气密度 $\rho=1.2\text{kg/m}^3$）做出的，因此，在选用风机时，必须把不同吸入状态下的参数换算为标准状态下的数值，方可使用性能曲线图。

6.4.4.2 密度不同时各状态之间的换算

如果由于输送气体的状态不同，气体的密度有改变时，查性能表后，应进行如下换算

$$q=q_0,\ p=\frac{\rho}{1.2}p_0,\ P=\frac{\rho}{1.2}P_0$$

式中　q_0，p_0，P_0——标准状态下的风量、全压和功率；

q，p，P——气体的密度为 ρ 时的风量、全压和功率。

6.4.5 离心风机的管路特性曲线方程

6.4.5.1 管路的概念

离心风机在使用过程中常常与通风管道、管道的组合部件（即管路）连接在一起工作，而管路的结构又与通风机的性能有密切关系。因此，首先要了解管路的性能。管路就是风机所工作的系统，包括通风管道及其附件，如过滤器、换热器、调节阀等的总称。

根据使用需要，离心风机的管路通常有三种形式：吸入方式，只有吸气管道而无排气管道；压出方式，只有排气管道而无吸气管道；既有吸气管道又有排气管道。

6.4.5.2 管路阻力

管路阻力是指管路在一定的气体流量下所消耗的压力，它与管路的结构、尺寸、气流速度有关。例如，吸气管、排气管、阀门、弯道等的阻力损失与流量（或气流速度）的平方成正比，过滤器、换热器等的阻力损失与流量的 n 次方成正比，不过 n 稍小于 2。由于这部分

损失只占整个管路损失的很小一部分，故可认为整个管路的阻力损失均与流量的平方成正比。常用阻力见公式（6-13）。

$$p_c = Kq_V^2 \tag{6-13}$$

式中 p_c——管路的阻力；

K——管路的总阻力系数，对于一定的管路，K 值也是一定的；

q_V——管路的流量。

6.4.5.3 管路特性曲线

管路总阻力与通过管路的气体流量之间的关系称为管路的性能曲线或管路特性曲线。管路的 p_c-q_V 关系有三种情况：

（1）通过坐标原点的二次抛物线，如图 6-14（a）所示。

（2）管路中的阻力与流量无关，保持一定，$p=\text{const}$，如图 6-14（b）所示。

（3）不通过坐标原点的抛物线，即第一种和第二种的组合，如图 6-14（c）所示。

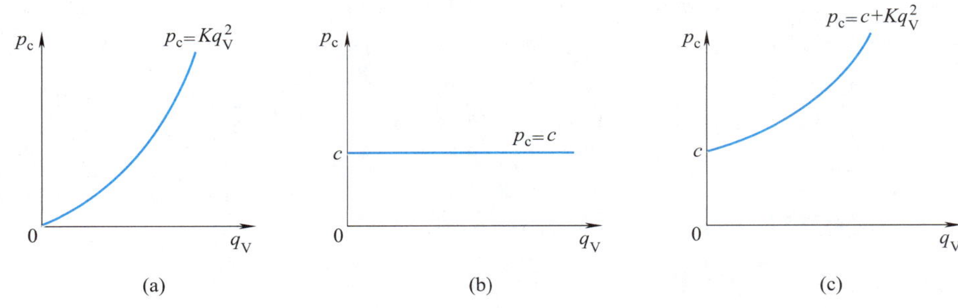

图 6-14 风机管路特性曲线

6.4.5.4 离心风机管路特性曲线的调节

改变离心风机管路特性曲线就是在通风机的吸气管道和排气管道上设置节流阀或风门，来增减管路阻力，从而达到改变管路性能曲线的位置，使工况点沿着压力曲线从 A 移动至 A' 或者从 A 移动到 A''，从而达到调节离心风机流量或全压的目的，如图 6-15 所示。

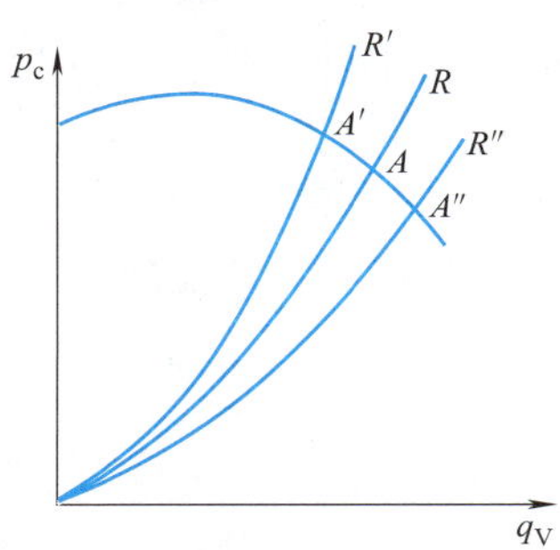

图 6-15 风机管路特性曲线的调节

习题6-4

1. 单选题

（1）风机的工况点有无数组，其中，（　　）对应的工况点称为最佳工况点，它是风机运行最经济的一个工况点。

A. 最高效率　　B. 最大流量　　C. 最高功率　　D. 最小流量

（2）离心风机性能曲线，在最佳工况点左右的区域，一般不低于最高效率的（　　），称为经济工况区或高效工况区。

A. 65%～70%　　B. 75%～80%　　C. 85%～90%　　D. 95%～100%

（3）离心风机的空载工况是指当阀门全部关闭时，空载功率主要消耗在（　　）上。

A. 流道损失　　B. 泄漏损失　　C. 机械损失　　D. 流量损失

（4）离心风机在空载工况时，所需轴功率最小，一般为设计轴功率的（　　）左右。

A. 10%　　B. 20%　　C. 30%　　D. 40%

（5）对于离心风机后向式叶轮，其 p-q_V 曲线的形状是用斜度来划分的，其中，陡降型的斜度为（　　）。

A. 8%～12%　　B. 15%～20%　　C. 25%～30%　　D. 30%～40%

（6）离心风机管路阻力是指管路在一定的气体（　　）下所消耗的压力。

A. 流量　　B. 压力　　C. 功率　　D. 效率

（7）离心风机整个管路的阻力损失均与流量的（　　）成正比。

A. 一次方　　B. 二次方　　C. 三次方　　D. 五次方

2. 多选题

离心风机后向式叶轮 p-q_V 曲线有（　　）三种形式，其性能曲线的形状是用斜度来划分。

A. 陡降型　　B. 平坦型　　C. 驼峰型　　D. ∽形

3. 判断题

（1）离心风机的管路是指通风机所工作的系统，包括通风管道及其附件，如过滤器、换热器、调节阀等的总称。（　　）

（2）风机的性能曲线是指在一定的进口条件和转速时，风机供给的全压、轴功率、效率与流量之间的关系曲线。（　　）

（3）风机的实际性能曲线，需要通过实验的方法进行测定，通常由制造厂家提供，供用户使用。（　　）

（4）离心风机在空载工况时，所需轴功率最小，在这种状态下启动，可避免启动电流过大、原动机超载。（　　）

（5）离心风机的启动要在阀门全关的状态下进行，待运转正常后，再打开出口管路上的调节阀门。（　　）

（6）在选用风机时，必须把不同吸入状态下的参数，换算成标准状态下的数值，方可使用性能曲线图。（　　）

（7）离心风机的高效工况区越窄，风机变工况运行的经济性能就越高。（　　）

6.5 离心风机的运行工况及调节

6.5.1 离心风机运行工况点的确定

与确定离心泵工况点的方法相似，根据能量供求关系，将风机输送工作管路的特性曲线按同一比例绘于风机工作转速的性能曲线图上，则管路特性曲线 E 与风机性能曲线 p-q_V 的交点 M 即为总工作点。如图 6-16 所示。

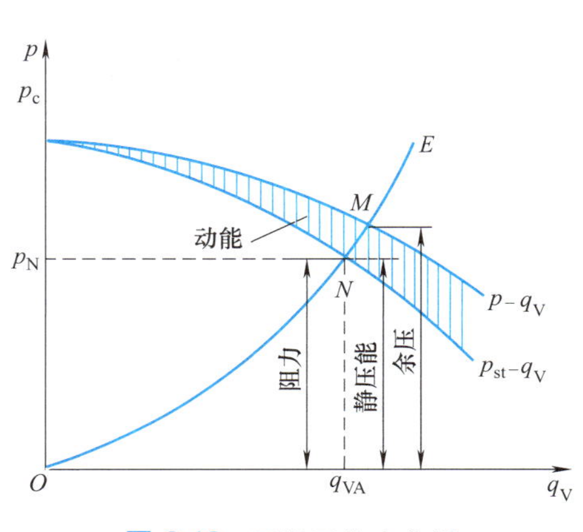

图 6-16 风机工作点分析

虽然全压能用来反映风机的总能量，但全压中动能所占的比例比较大，而真正克服管路阻力的是全压中的静压能部分。所以，当管路阻力较大时，用全压来确定工作点难以满足系统的要求。因而有时用曲线 p_{st}-q_V 与管路特性曲线 E 的交点 N 来表示风机的工作点，如图 6-16 所示。

6.5.2 离心风机运行工况点的调节

离心风机运行工况点调节的实质就是改变工作点的位置。由于风机的工作点为 p-q_V 曲线与管路特性曲线的交点，所以，调节的途径就是通过改变风机自身的性能或管路特性曲线，使工作点发生移动，从而达到调节运行工况的目的。其调节方式主要包括改变管路特性曲线、改变风机性能曲线以及同时改变管路特性曲线和风机性能曲线三种。

6.5.2.1 改变管路特性曲线的调节方式

改变管路特性曲线的调节方式是出口端节流调节。出口端节流调节是指通过改变管路系统中阀门或挡板的开度，使管路特性曲线变化来改变工作点的调节方式。

如图 6-17 所示，曲线Ⅰ为调节阀全开时管路系统的特性曲线，此时的工作点为 M。若需将流量减小为 q_{VA}，则应关小调节阀开度，阀门局部阻力系数增大，使管路特性曲线上扬为Ⅱ，工作点移到 A 点。此时风机的流量为 q_{VA}，全压为 p_A，运行效率为 η_A，风机所需要的轴功率为 $P_A=\frac{q_{VA}p_A}{1000\eta_A}$。

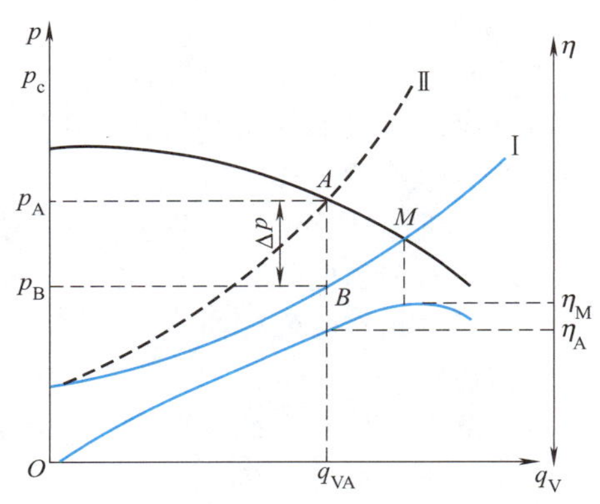

图 6-17 风机出口端节流调节

由图 6-17 可知，当管路系统在调节阀全开时，通过流量 q_{VA} 所需要的能量为 p_B，当调节阀关小后，在管路中通过相同的流量所需要提供的全压为 p_A，且 $p_A>p_B$，则风机多提供的能量 $\Delta p=p_A-p_B$ 消耗在调节阀的节流损失上。因此，节流调节的实际效率 η'_A 小于其运行效率 η_A，见公式（6-14）。所以，节流调节运行经济性较差，但其调节设备简单，操作方法可靠。

$$\eta'_A=\frac{p_A-\Delta p}{p_A}\eta_A=\frac{p_B}{p_A}\eta_A \tag{6-14}$$

6.5.2.2 改变风机性能曲线的调节方式

改变风机性能曲线的调节方式主要包括改变风机的转速、在叶轮进口前设置导流器、改变风机叶片的宽度。

（1）改变风机的转速　改变风机的转速时，风机的性能曲线如图 6-18 所示。当风机的转速由 n_1 改变至 n_2 时，风机的流量、压力和功率值分别按公式（6-15）变化。

$$\frac{n_1}{n_2}=\frac{q_{V1}}{q_{V2}}=\sqrt{\frac{p_1}{p_2}}=\sqrt[3]{\frac{P_1}{P_2}} \tag{6-15}$$

可见，除效率外，通风机的流量、压力、功率均随转速的改变而不同程度地变化。改变转速时，要特别注意叶轮的强度和电动机的负荷。

变速调节的方法很多，火力发电厂的锅炉送、引风机，可以采用汽轮机驱动进行变速调节。如果锅炉送、引风机由电动机驱动，则可以采用液力偶合器或变频调速进行变速调节，还可采用双速电动机加装轴向导流器调节。归结起来，如图 6-19 所示。

（2）在叶轮进口前设置导流器　入口导流器调节是离心风机普遍采用的一种调节方法，它是通过改变风机入口导流器导叶的安装角来改变气流进入叶轮的方向，使风机的性能发生

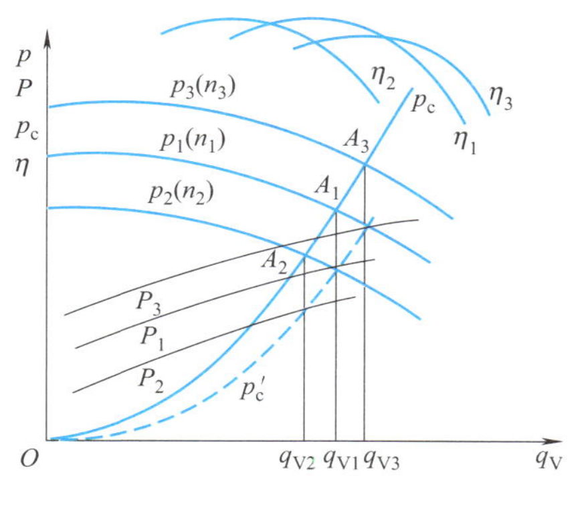

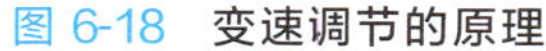
图 6-18 变速调节的原理

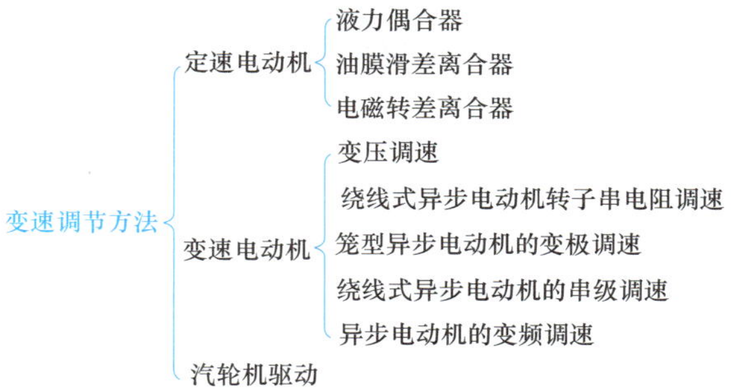

变速调节方法
- 定速电动机
  - 液力偶合器
  - 油膜滑差离合器
  - 电磁转差离合器
- 变速电动机
  - 变压调速
  - 绕线式异步电动机转子串电阻调速
  - 笼型异步电动机的变极调速
  - 绕线式异步电动机的串级调速
  - 异步电动机的变频调速
- 汽轮机驱动

图 6-19 变速调节的方法

变化，从而改变输出流量的调节方法，如图 6-20 所示。

当导流器全开时，气流径向进入叶轮，风机的全压和流量最大，其性能曲线见图 6-20 中的 α_1 曲线；若转动导流器导叶的安装角，使进入叶轮的气流的角度依次减小，则相应的性能曲线变为 α_1'、α_1''、α_1'''，风机的工作点则由 A 点依次变更为 B、C、D 等各点，从而使流量得到调节。

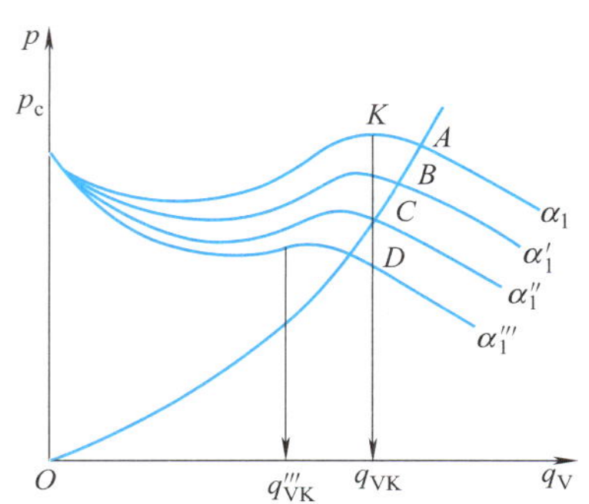

图 6-20 入口导流器对风机性能曲线的影响

入口导流器有轴向导流器和径向导流器两种，一般前者的调节效率高于后者。轴向导流器一般用于风机进口没有进气箱的情况，径向导流器一般用于风机进口设置进气箱的情况。

在叶轮进口前设置导流器调节的优点是：结构简单，成本低；操作灵活方便，且调节后驼峰性能有所改善；稳定工况区扩大，提高了运行的可靠性；在调节量不大时（70%～100%），调节的附加阻力较小，调节效率较高。

缺点是随着调节量的加大，调节效率将不断降低。因此，调节范围大的离心风机常采用导流器加双速电动机联合调节的方式，以提高其调节效率。

目前电厂中、大型机组的离心式送、引风机普遍采用这种联合调节方式。

（3）改变风机叶片的宽度　在离心风机的设计中，把一个活动后盘套在叶片上，装于叶轮前、后盘之间，在运行时，调节其叶片的宽度，从而可以改变离心风机的性能曲线，进而改变离心风机的工作点。

6.5.2.3 同时改变管路特性和风机性能曲线的调节方式

入口端节流调节是指通过改变入口挡板，使风机的性能和管路系统特性曲线同时发生变化来改变工作点的调节方式。如图 6-21 所示，当关小风机入口挡板的开度，使流量为 q_{VB} 时，工作点为 B。而采用出口端节流调节时，工作点为 C。可以看出，节流损失 $\Delta p_1 < \Delta p_2$，即入口端节流调节的经济性高于出口端节流调节。各种调节方法的比较见表 6-6。

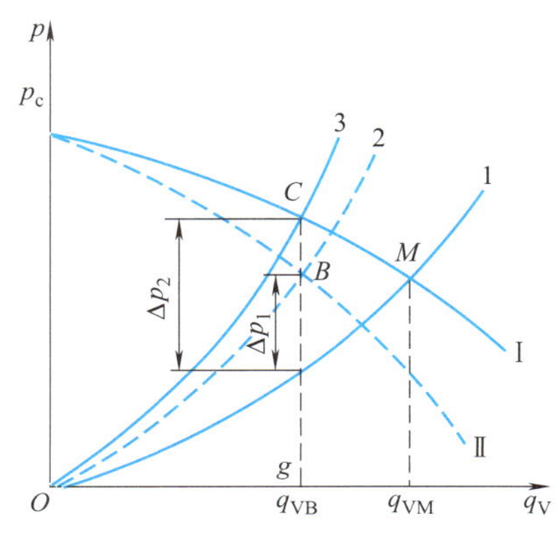

图 6-21 风机入口端节流调节

表 6-6 各种调节方法比较

调节方法	吸入气体的影响	设备费用	调节效率	调节时性能稳定性	流量变化	轴功率变化	维修保养
改变管路阻力	与气体直接接触，有影响，但因结构简单，一般问题不大	便宜	最差	管路阻力愈偏离设计条件，性能愈差	与阀的角度不成比例，在全开附近灵敏，从全开至半开流量几乎不变	沿全开时的功率曲线移动	极容易
改变转速	与吸入气体无关	高	流量在70%～100%范围内比改变进口导流器叶片安装角稍低，80%以下很好	调节时对效率影响最小	与转速成正比例变化	与转速的三次方成正比变化	麻烦
改变进口导流器叶片安装角	直接接触气体，且结构复杂，只适用于清洁的常温气体	比改变管路阻力的费用高，比其他两种方法低	流量在70%～100%范围内最高，80%以下也很好	在非设计工况时，效率较高	—	沿着比全开时功率更低的曲线移动	稍微麻烦
改变风机叶片宽度	与无调节一样	高	最佳	调节性能好	变化范围广	最省功	麻烦

6.5.3 离心风机的串联和并联运行

当采用一台离心风机不能满足风量或压力要求时，往往要用两台或两台以上的离心风机联合工作。离心风机的联合工作可以分为串联和并联，如图 6-22、图 6-23 所示。

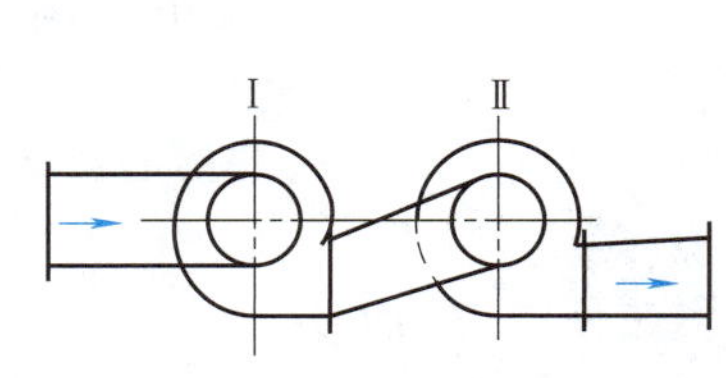

图 6-22 离心风机串联

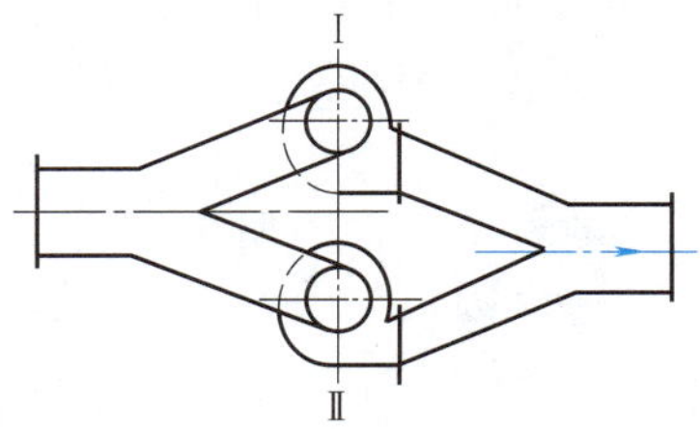

图 6-23 离心风机并联

6.5.3.1 离心风机串联运行

两台或两台以上的离心风机首尾相连，向同一条管道输送气体的运行方式，称为离心风机的串联，如图 6-22 所示。离心风机串联运行的主要目的是增加输送流体的全压。工程实际中，通常在以下情况采用串联方式：设计或制造一台高全压风机困难时，可以考虑串联；在改建或扩建工程中，原有风机的全压不足时，可以考虑串联；工作中需要分段升压时，可以考虑串联。

（1）两台同型号的离心风机串联　如果两台风机相同，串联运行的整体性能特点是整个系统的输出流量等于单台风机的流量，输出全压为每台风机的全压之和。所以，其运行曲线可在风机特性曲线图中按等流量下全压叠加而获得，如图 6-24 所示。由图可知，两台风机串联运行时，系统中的全压提高了，这样每台风机就有充裕的能力把更多的气体送入管道，造成每台风机的流量 q_{VC} 大于单独运行一台风机时的流量，而全压正好相反。

从提高全压的角度考虑，离心风机的串联最好应用在阻力较大的管路中，因为管路阻力越大，管路系统特性曲线就越陡，其增压效果就越好；否则得不到好的增压效果。

（2）两台不同型号的离心风机串联　如果是大小不同的两台离心风机串联运行，如图 6-25 所示，图中曲线 1、2 分别为大、小离心风机的特性曲线，曲线 3 为串联后的特性曲线。

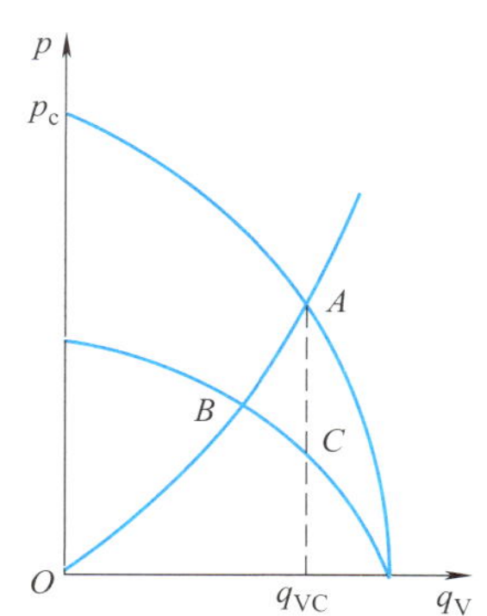

图 6-24　两台相同离心风机串联特性曲线

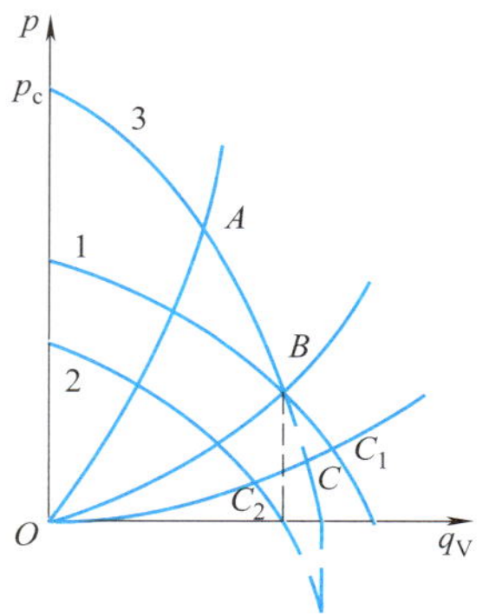

图 6-25　大小不同的两台离心风机串联特性曲线

如果串联后的工况点在 A 点，则串联效果较好，流量、全压均有所增加。如果串联后的工况点在 B 点，则风机 2 即使运行也不起作用，因为风机 2 的流量和全压都为零。如果串联后的工况点在 C 点，此时两台风机 1、2 单独工作时的工况点分别为 C_1 和 C_2，显然 C_2 起到了反作用，即大风机 1 产生的流量、全压通过小风机 2 时漏出去一部分，最后使两风机串联运行在 C 点。实际上，小风机 2 在这里已成为阻力。

另外，大、小离心风机串联时，必须是大风机向小风机输气；如果反过来安装，大风机的吸入口将出现气流不足、气压过低，最终导致串联的风机不能正常工作。

6.5.3.2　离心风机并联运行

两台或两台以上离心风机从同一进气管道或进气室吸气，并同时向同一管道送气的运行方式，称为离心风机的并联运行，如图 6-23 所示。并联运行的主要目的是增加输送气体的流量。工程实际中，需要采用并联运行的情况是：设计制造大流量离心风机困难较大时，可以考虑并联；运行中，系统需要的流量变动较大，采用一台大型的风机运行经济性差时，可以考虑并联；分期建设工程中，要求保证第一期工程所用的风机经济运行，又要在扩建后满足流量增长需要时，可以考虑并联。

（1）两台同型号的离心风机并联　与离心泵并联特性曲线获得方法相同，按并联后全压不变、两风机流量叠加的原则，通过图解法求得风机并联后的特性曲线，如图 6-26 所示。其中，“1”“2”为两台单独运行的离心风机的特性曲线，“1+2”为两台离心风机并联运行时的特性曲线。

如果在图 6-26 中绘制出风机管路系统特性曲线 3，即可得出并联时的工况点 A，此时系统总全压为 p_A、总流量为 q_{VA}；而并联时各单机的工况点为 C，其全压 $p_C=p_A$、流量 $q_{VC}=q_{VA}/2$。如果只运行 1 台风机，则工况点为 B，相应的全压为 p_B、流量为 q_{VB}。

由图 6-26 可知，$q_{VA}>q_{VB}$，$p_A>p_B$，即并联后系统中的流量和全压均增加了。但是，$q_{VB}>q_{VC}$，$p_B<p_C$，即并联时每台风机的流量小于单独开 1 台风机时的流量，而并联时每台风机的全压却大于单独开 1 台时的全压。可见，两台同型号的离心风机并联后，其总流量并非单台风机独立运行时流量的 2 倍，而是小于 2 倍；也就是说，并联后流量并没有达到多

出 1 台风机的流量的程度。

离心风机并联后流量增加程度的大小，与风机管路系统特性曲线的陡峭程度有关。管路系统特性曲线越陡（阻力越大），并联后增加的流量就越小；反之，增加的流量就越大。所以，如果是为了增加流量而采用并联，最好是用在管路阻力较小的系统中，否则，可能使得并联显得不合算。

（2）两台不同型号的离心风机并联　曲线 3 为一大一小两台离心风机并联运行时的特性曲线，如图 6-27 所示。如果管路系统的特性曲线为 4，则并联后的工况点为 B，这时小风机 1 虽然也在运转，但根本不能输送气体，实际上不起作用（$q_{VB}=0$；$p_B=0$），其中的气体只是在风机内部往复旋转而发热，只有大风机 2 在系统中输送气体。

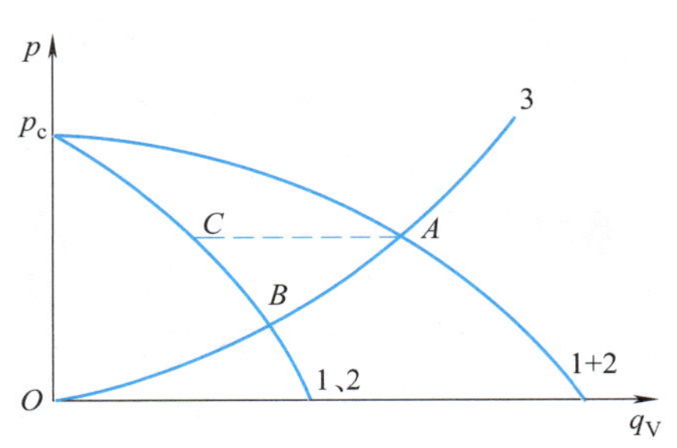

图 6-26　两台同型号离心风机并联特性曲线

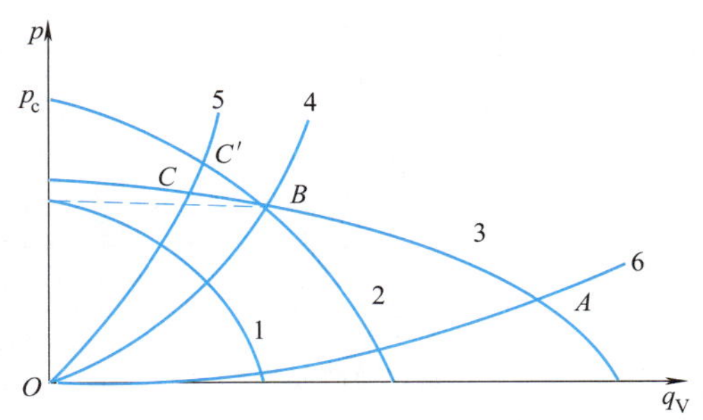

图 6-27　两台不同型号离心风机的并联

如果管路系统特性曲线为 5，则工况点在 C 点，虽然大、小两台风机都在运转，但是系统中的实际全压 p_C（此处 p_C 不是管路阻力 p_c）小于单独一台大风机 2 工作的全压 p'_C，流量 $q_C<q'_C$。此时小风机 1 实际上是工作在反转状态，其叶轮反转导致出气倒流，流量为负值。这种情况在离心风机并联送风系统中一定要避免。

如果管路系统特性曲线为 6，则并联工况点为 A，其流量、全压都比单独开 1 台风机时要大，这时并联才收到实效。

6.5.3.3　离心风机串联与并联运行的比较

同一管路系统中，与风机独立运行比较，串联运行时，全压增大的同时，流量也增加了；并联运行时，流量增加的同时，全压也增加了。

在实际应用中，离心风机采用并联还是串联，关键在于管路系统特性的陡峭程度。如图 6-28 所示，B 为并联与串联的分界点。

如果管路系统特性曲线位于 B 点左侧（曲线 2），即水力损失大的管道，串联的流量 q_C 大于并联的流量 q_A，即 $q_C>q_A$。

如果管路系统特性曲线位于 B 点右侧（曲线 3），即水力损失小的管道，并联的流量 q_D 大于串联的流量 q_E，即 $q_D>q_E$。

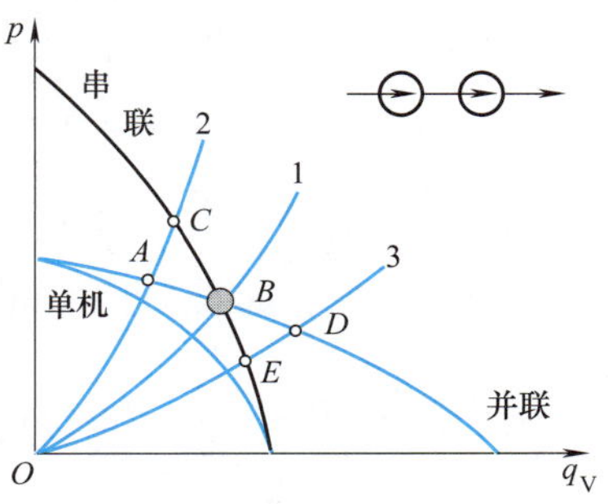

图 6-28　离心风机串联和并联比较

因此，工程实际中，选择风机联合工作方式时，尤其是选择性能相同的风机联合工作方式时，应结合具体的管路系统具体分析，并在此指导下，对风机的运行作出适当的调节，使并联或串联获得最大的效果。

一般而言，管路流动阻力大，串联效果好；反之，并联效果好。

6.5.4 离心风机运行中出现的几个问题

6.5.4.1 离心风机的喘振现象

（1）喘振现象及喘振原理 具有驼峰型 p-q_V 性能曲线的离心风机，在大容量管路系统中工作时，可能产生更为复杂的不稳定运行工况。风机的流量可能出现周期性大幅度时正时负的波动，从而引起整个系统装置周期性的剧烈振动，并伴随着强烈的噪声，这种不稳定的运行工况通常称为喘振。

图 6-29 是具有驼峰型 p-q_V 性能曲线的某一风机，当风机在大容量的管路系统中工作时，如果其工作点位于 p-q_V 性能曲线的下降段时，见图 6-29 中的 C 点，此时，风机的风压变化能适应管路负荷的变化，工作是稳定的。当外界需要的流量增加至 q_{VB}时，工作点从 C 点移至 B 点，只要阀门开大，阻力减小些，此时的工作仍然是稳定的。

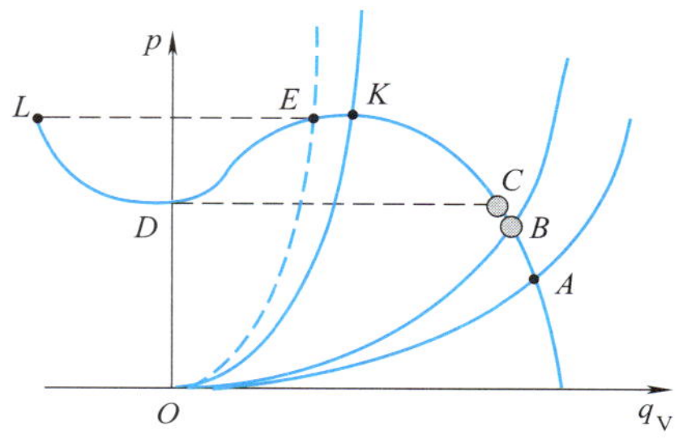

图 6-29 离心风机的喘振现象

当外界所需要的流量减少至 q_{VK} 时，此时阀门关小，阻力增大，对应的工作点为 K 点（驼峰曲线的最高点）。K 点为稳定工作的临界工况点，K 点左方即为不稳定工作区。如果此时进行节流调节，流量继续减小到 $q_V < q_{VK}$，这时风机所产生的最大能头将小于管路中的阻力。然而，由于管路容量较大，在这一瞬间，管路中的压力并不是马上降低。因此，出现管路中的压力大于风机所产生的能头。在此瞬间，管路中的气体就向风机倒流，风机的工作受到抑制，迫使风机流量从 K 点窜向 L 点。由于管路中的气体一方面向风机倒流，同时还向外供气，所以管路中的气流压力下降很快。气流流向低压，工作点很快由 L 点右移至 D 点，此时风机输出流量为零。

由于风机还在继续运行，管路中的压力已降低到 D 点压力，从而使风机又重新开始输出流量，对应该压力下的流量可以输出达 q_{VC}，即工作点由 D 点又跳到 C 点。只要外界所需的流量保持小于 q_{VK}，上述过程就会重复出现。如此周而复始，在整个系统中发生了周期性的、轴向、低频、大振幅的气流振荡现象，这种现象称为风机的喘振。

（2）喘振的危害及预防措施 离心风机的喘振所造成的后果常常是十分严重的，主要表现在以下三个方面：气流出现脉动，产生强烈的噪声；引起风机装置和管路系统的强烈振动，导致密封及轴承的损坏；使运动组件和静止组件发生碰撞，造成严重事故。

造成风机容易发生喘振的内因是其本身的性能缺陷，即 p-q_V 曲线具有驼峰性质；造成风机容易发生喘振的外因是用户使用不当，即风机在不稳定工况区的小流量下运行。因此，预防风机出现喘振的措施主要包括以下几种：

① 大容量管路系统中，尽量避免采用驼峰型 p-q_V 性能曲线，而应采用 p-q_V 性能曲线平直向下倾斜的风机。

② 使流量在任何条件下都不小于 q_{VK}。如果装置系统中所需要的流量小于 q_{VK} 时，可设置再循环管，使部分流出量返回吸入口，或自动开启放空阀向空气排放，使风机的出口流量始终大于 q_{VK}。

③ 采用适当的调节方式，缩小风机性能曲线上的不稳定段。

6.5.4.2 风机的旋转脱流

（1）脱流现象 如图 6-30（a）所示，流体绕流机翼型叶片，在零冲角（叶片安装角与流体入口角之差称为冲角）下，即流体完全贴着叶片呈流线型流动，此时流体只受叶片表面摩擦阻力的影响，离开叶片时基本不产生旋涡。随着冲角 i 的增大，开始在叶片后缘附近产生旋涡，此时流体在叶片表面 A 点分离，如图 6-30（b）所示。

随着冲角 i 的继续增大，分离点 A 逐渐向前移动，尾部旋涡范围逐渐增大，阻力增加，升力减小。当冲角 i 增加到某一个临界值时，在叶片凸面的流动遭到破坏，边界层严重分离，如图 6-30（c）所示，此时阻力大大增加，升力急剧减小，这种现象称为脱流或失速。

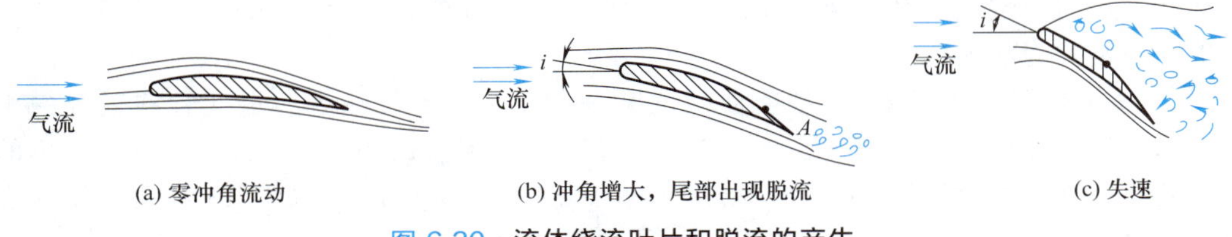

图 6-30　流体绕流叶片和脱流的产生

（2）旋转脱流（旋转失速）　在叶轮叶栅上，流体对每个叶片的绕流情况不可能完全一致，因此，脱流也不可能在每个叶片上同时产生，一旦某一个或某些叶片上首先脱流，就会在整个叶栅上逐个叶片地传播，这种现象称为旋转脱流。如图 6-31 所示，假设叶道 2 首先由于脱流而产生了阻塞，流体只好分流挤入叶道 1 和 3，从而改变了流体原来的流动方向。叶道 1 流体冲角减小，处于正常流动；而叶道 3 流体冲角增大，发生了脱流和阻塞。叶道 3 阻塞后，流体又向叶道 4 和 2 分流，结果又使叶道 4 发生脱流和阻塞，而叶道 2 冲角减小，恢复正常流动。就这样，叶道 2 的脱流向流道 3、4、……传播，这样就形成了旋转脱流。

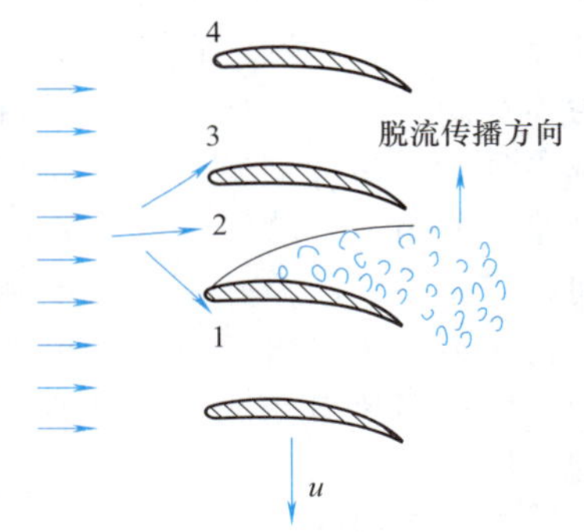

图 6-31　旋转脱流的形成

旋转脱流的传播方向与叶轮旋转的方向相反，而传播的角速度小于叶轮旋转的角速度，是叶轮转速的 30%～80%。

（3）旋转脱流产生的危害　旋转脱流使叶片前后的压力发生了变化，使叶片受到交变力的作用，交变力会使叶片产生疲劳，乃至于损坏。同时，如果作用在叶片上的交变力频率接近或等于叶片的固有频率，将使叶片产生共振，导致叶片的断裂。

6.5.4.3　风机并联工作时的“抢风”现象

（1）“抢风”现象　与两台离心泵并联运行的“抢水”现象一样，当两台风机并联运行时，有时也会出现一台风机流量特别大而另一台风机流量特别小的现象，如果稍加调节，则情况可能刚好相反，原来流量大的反而减小。如此反复下去，使之不能正常并联运行，这种现象称为风机的“抢风”现象。

（2）“抢风”现象分析　从风机的性能曲线分析，具有马鞍型或驼峰型性能曲线的风机并联运行时，可能出现“抢风”现象。如图 6-32 所示，Ⅰ、Ⅱ为两台风机单独工作时的性能曲线，Ⅰ+Ⅱ为两台风机并联工作时的性能曲线，E、E_1 为风机的管路特性曲线。如果两台风机并联工作的工作点在 M 点，则两台风机工况基本相同，工作点均在 A 点，两台风机不会发生“抢风”

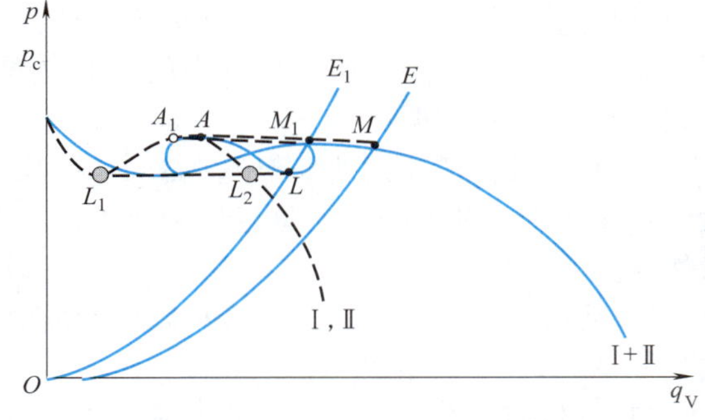

图 6-32　并联风机的“抢风”现象

现象。

如果关小挡板或阀门的开度，工作点可能落在“∞”形区域内，此时风机的工作点可能是 M_1 或者是 L 点。若工作点为 M_1，每台风机所对应的工作点 A_1 相同，不过这是暂时的，因为 A_1 是驼峰型性能曲线的顶点，两台风机处于稳定并联运行的极限情况。

如果两台风机的管路阻力或者系统流量稍有波动，使风机工作点变为 L，此时一台风机的工作点为稳定工况区较大流量的 L_2 点，属于正常工作，而另一台风机的工作点为较小流量的 L_1 点，处于不稳定工作状态。

严重时，一台风机的流量特别大（L_2），而另一台风机却出现了倒流（L_1），而且不时地相互倒换，使风机的并联运行不稳定。

（3）“抢风”现象的预防措施　风机的“抢风”现象，目前所采用的预防措施是尽量避免采用驼峰型 p-q_V 性能曲线的风机，而应采用 p-q_V 性能曲线平直向下倾斜的风机。

习题6-5

1. 单选题

（1）离心风机出口端节流调节是指通过改变管路系统中（　　），使管路特性曲线变化来改变工作点的位置。

A. 阀门和挡板的开度　B. 压力的大小　C. 转速的大小　D. 功率的大小

（2）入口导流器调节是指通过改变风机入口导流器导叶的（　　）来改变气流进入叶轮的方向。

A. 平行角度　B. 安装角　C. 气流速度　D. 强度、刚度

（3）下列哪些方法可以同时改变管路和风机的性能曲线的位置？（　　）

A. 出口端节流调节　B. 改变风机的转速

C. 在叶轮进口前设置导流器　D. 入口端节流调节

（4）离心风机入口端节流调节的经济性（　　）出口端节流调节。

A. 低于　B. 等于　C. 高于

（5）离心风机串联的目的是（　　）。

A. 增加输送流体的静压　B. 增加输送流体的动压

C. 增加输送流体的全压　D. 增加输送流体的流量

（6）两台不同型号的离心风机串联，必须是（　　）。

A. 小风机向大风机输气

B. 大风机向小风机输气

C. 既可以大风机向小风机输气，也可以小风机向大风机输气

（7）离心风机并联的目的是（　　）。

A. 增加输送流体的全压　B. 增加输送流体的流量

C. 增加输送流体的效率　D. 增加输送流体的功率

（8）两台同型号的离心风机并联后，其特点是（　　）。

A. 总流量是单台风机独立运行时流量的 2 倍

B. 总流量并非单台风机独立运行时流量的 2 倍，而是小于 2 倍

C. 总全压是单台风机独立运行时全压的 2 倍

D. 总全压并非单台风机独立运行时全压的 2 倍，而是小于 2 倍

（9）在实际应用中，离心风机采用并联还是串联，关键在于（　　）。

A. 离心风机特性曲线的陡峭程度不同　B. 管路系统特性曲线的陡峭程度不同

C. 离心风机特性曲线具有驼峰性能　　D. 管路系统特性曲线是一平直的直线

(10) 离心风机旋转脱流的传播方向与叶轮旋转的方向（　　）。

A. 相同　　B. 相反　　C. 垂直　　D. 夹角 30°

(11) 离心风机旋转脱流的传播角速度（　　）叶轮旋转的角速度。

A. 大于　　B. 小于　　C. 小于或等于　　D. 大于或等于

(12) 离心风机旋转脱流的传播角速度是叶轮转速的（　　）。

A. 30%～60%　　B. 30%～70%　　C. 30%～80%　　D. 30%～90%

(13) 具有驼峰型 p-q_V 性能曲线的离心风机，如果工作点位于（　　）时，不会发生喘振。

A. 驼峰曲线最高点左侧的下降段　　B. 驼峰曲线最高点右侧的下降段

C. 驼峰曲线的最高点　　D. 驼峰曲线的最低点

(14) 具有驼峰型 p-q_V 性能曲线的离心风机，驼峰曲线的最高点为（　　）。

A. 稳定工作的临界工况点，该点左方即为稳定工作区

B. 稳定工作的临界工况点，该点右方即为不稳定工作区

C. 稳定工作的临界工况点，该点左方即为不稳定工作区

D. 稳定工作的工况点，该点左方即为不稳定工作区

(15) 具有驼峰型 p-q_V 性能曲线的离心风机，驼峰曲线的最高点为临界工况点，（　　）。

A. 该点左方为稳定工作区，该点右方为不稳定工作区

B. 该点左方为稳定工作区，该点右方为稳定工作区

C. 该点左方为不稳定工作区，该点右方为稳定工作区

D. 该点左方为不稳定工作区，该点右方为不稳定工作区

(16) 离心风机的脱流现象一旦在某一个或某些叶片上首先发生，就会在整个叶栅上逐个叶片地传播，这种现象称为（　　）。

A. 脱流　　B. 旋转脱流　　C. 阻塞　　D. 旋转阻塞

(17) 如果两台风机的并联特性曲线与管路特性曲线只有（　　）交点，两台风机不会发生“抢风”现象。

A. 一个　　B. 两个　　C. 三个　　D. 四个

2. 多选题

(1) 离心风机管路特性曲线的调节方法包括（　　）。

A. 在通风机的吸气管道上设置节流阀或风门

B. 在通风机的排气管道上设置节流阀或风门

C. 通过增减管路阻力改变管路性能曲线的位置

D. 通过增加流量

(2) 离心风机的工作点是（　　）。

A. 风机性能 p-q_V 曲线与管路特性曲线的交点

B. 风机性能曲线效率最高的点

C. 管路特性曲线的最低点

D. 静压流量曲线 p_{st}-q_V 与管路特性曲线的交点

(3) 离心风机运行工况点的调节方法是（　　）。

A. 改变风机性能曲线方程

B. 改变管路特性曲线方程

C. 同时改变管路特性和风机性能曲线方程

D. 不能同时改变管路特性和风机性能曲线方程

(4) 下列哪些方法改变了风机性能曲线的位置？(　　)

A. 出口端节流调节　　B. 改变风机的转速

C. 在叶轮进口前设置导流器　　D. 改变风机叶片的宽度

(5) 改变风机转速时，下列说法正确的是 (　　)。

A. 流量与转速的一次方成正比　　B. 全压与转速的二次方成正比

C. 功率与转速的三次方成正比　　D. 以上都不对

(6) 若转动风机导流器导叶的安装角，使进入叶轮气流的角度依次减小，则相应的 (　　)。

A. 性能曲线向左下方移动　　B. 性能曲线向上方移动

C. 工作点逐渐下移　　D. 工作点逐渐上移

(7) 离心风机导流器调节的特点是 (　　)。

A. 结构简单，成本低

B. 操作灵活方便，且调节后驼峰性能有所改善

C. 稳定工况区扩大，提高了运行的可靠性

D. 随着调节量的加大，调节效率不断降低

(8) 离心风机的联合工作可以分为 (　　)。

A. 串联　　B. 并联　　C. 加强　　D. 减弱

(9) 在下列哪些情况下，离心风机可以考虑串联？(　　)

A. 设计或制造一台高全压风机困难时

B. 在改建或扩建工程中，原有风机的全压不足时

C. 工作中需要分段升压时

D. 当需要增加流量时

(10) 两台同型号的离心风机串联，其特点是 (　　)。

A. 整个系统的输出流量等于单台风机的流量

B. 整个系统的输出全压为每台风机的全压之和

C. 整个系统的输出流量等于每台风机的流量之和

D. 整个系统的输出全压等于单台风机的全压

(11) 两台风机串联运行时，(　　)。

A. 每台风机的流量大于单独运行一台风机时的流量

B. 每台风机的全压小于单独运行一台风机时的全压

C. 每台风机的流量小于单独运行一台风机时的流量

D. 每台风机的全压大于单独运行一台风机时的全压

(12) 离心风机并联后，(　　)。

A. 管路系统特性曲线越陡，并联后增加的流量就越小

B. 管路系统特性曲线越陡，并联后增加的流量就越大

C. 管路系统特性曲线越平坦，并联后增加的流量就越小

D. 管路系统特性曲线越平坦，并联后增加的流量就越大

(13) 两台不同型号的离心风机并联，(　　)，这时并联才能收到实效。

A. 其流量比单独开任何一台风机时要大

B. 其全压比单独开任何一台风机时要大

C. 其流量、全压比单独开其中一台风机时要大

D. 其流量、全压比单独开其中一台风机时要小

(14) 工程实际中，选择风机联合工作方式时，(　　)。
A. 应结合具体的管路系统具体分析
B. 应使并联或串联获得最大的效果
C. 一般而言，管路流动阻力越大，串联效果越好
D. 一般而言，管路流动阻力越小，并联效果越好
(15) 离心风机在下列情况时，可能产生喘振。(　　)
A. 具有驼峰型 p-q_V 性能曲线的离心风机
B. 风机的流量可能出现周期性大幅度时正时负的波动
C. 整个系统装置周期性地剧烈振动，并伴随着强烈的噪声
D. 除具有驼峰型 p-q_V 性能曲线的离心风机
(16) 离心风机的喘振造成的危害主要表现在(　　)方面。
A. 气流出现脉动，产生强烈的噪声
B. 引起风机装置和管路系统的强烈振动
C. 导致密封及轴承的损坏
D. 使运动组件和静止组件发生碰撞
(17) 离心风机产生喘振的原因是(　　)。
A. p-q_V 曲线具有驼峰性质，是离心风机产生喘振的外因
B. p-q_V 曲线具有驼峰性质，是离心风机产生喘振的内因
C. 风机在稳定工况区的小流量下运行，是离心风机产生喘振的外因
D. 风机在不稳定工况区的小流量下运行，是离心风机产生喘振的外因
(18) 离心风机预防喘振的措施是(　　)。
A. 尽量避免采用驼峰型 p-q_V 性能曲线
B. 自动开启放空阀向空气排放
C. 缩小风机性能曲线上的不稳定段
D. 使流量在任何条件都不小于驼峰点的流量
(19) 在零冲角下，离心风机气流流动特点正确的是(　　)。
A. 气流完全贴着叶片呈流线型流动
B. 流体只受叶片表面摩擦阻力的影响
C. 气流离开叶片时基本不产生旋涡
D. 气流离开叶片时基本产生旋涡
(20) 离心风机随着进气冲角的逐渐增大，会出现下列现象：(　　)。
A. 开始在叶片后缘附近产生旋涡，流体在叶片表面开始分离
B. 分离点逐渐向前移动，尾部旋涡范围逐渐扩大
C. 当冲角增加到某一临界值时，在叶片凸面的流动遭到破坏，边界层出现严重分离
D. 阻力逐渐增加，升力逐渐减小
(21) 离心风机的旋转脱流产生的危害有(　　)。
A. 旋转脱流使叶片前后的压力发生了变化
B. 叶片受到交变力的作用，交变力会使叶片产生疲劳，乃至于损坏
C. 交变力会使叶片产生共振，导致叶片的断裂
D. 旋转脱流使叶片前后的流量发生了变化
(22) 从风机的性能曲线分析，具有(　　)性能曲线的风机并联运行时，可能出现“抢风”现象。
A. 马鞍型　　B. 驼峰型　　C. 平坦型　　D. 陡降型
(23) 如果两台风机的并联特性曲线与管路特性曲线只有一个交点，两台风机不会发生“抢风”现象，其原因是(　　)。
A. 每台风机的工作点处于稳定工作区

B. 每台风机的工作点处于不稳定工作区
C. 每台风机的工作点处于驼峰型性能曲线的顶点的右侧
D. 每台风机的工作点处于驼峰型性能曲线的顶点的左侧
(24) 如果风机并联特性曲线与每台风机的性能曲线有两个交点，下列正确的是：(　　)。
A. 一台风机的工作点为稳定工况区较大流量的点，属于正常工作
B. 一台风机的工作点为较小流量的点，处于不稳定工作状态
C. 每台风机所对应的工作点有可能相同，这是两台风机处于稳定并联运行的极限情况
D. 每台风机所对应的工作点不可能相同
(25) 对于风机的“抢风”现象，目前采用的预防措施是(　　)。
A. 尽量避免采用驼峰型 p-q_V 性能曲线的风机
B. 采用 p-q_V 性能曲线平坦的风机
C. 采用 p-q_V 性能曲线平直向下倾斜的风机
D. 采用 p-q_V 性能曲线陡降的风机

3. 判断题

(1) 离心风机运行工况点的调节，其实质就是改变工作点的位置。(　　)

(2) 离心风机在运行时，调节其叶片的宽度，可以改变离心风机的性能曲线，进而改变离心风机的工作点。(　　)

(3) 两台或两台以上的离心风机首尾相连，向同一条管道输送气体的运行方式，称为离心风机的并联。(　　)

(4) 从提高全压的角度考虑，离心风机的串联最好应用在阻力较大的管道中。(　　)

(5) 两台或两台以上离心风机，从同一进气管道或进气室吸气，并同时向同一管道送气的运行方式，称为离心风机的并联运行。(　　)

(6) 离心风机并联后流量增加程度的大小与风机管路系统特性曲线的陡峭程度有关。(　　)

(7) 离心风机如果是为了增加流量而采用并联，最好用在管路阻力较大的系统中。(　　)

(8) 两台不同型号的离心风机并联，系统中的实际全压有可能小于单独一台大风机工作的全压。(　　)

(9) 两台不同型号的离心风机并联，小风机有可能工作在反转状态，使排气倒流。(　　)

(10) 离心风机发生喘振时，会产生周期性、轴向、低频、大振幅的气流振荡现象。(　　)

(11) 为了防止离心风机产生喘振现象，可设置再循环管，使部分流出量返回吸入口，使出口流量始终大于驼峰点的流量。(　　)

(12) p-q_V 曲线平直向下倾斜的风机，不会产生喘振现象。(　　)

(13) 离心风机在小容量管路系统中工作时容易产生喘振。(　　)

(14) 叶片安装角与流体入口角之差称为冲角。(　　)

(15) 随着离心风机进气冲角的逐渐增大，气流开始在叶片后缘附近产生旋涡，流体在叶片表面开始分离。(　　)

(16) 随着离心风机进气冲角的逐渐增大，当冲角增加到某一临界值时，在叶片凸面的流动遭到破坏，边界层出现严重分离，此种现象称为脱流或失速。(　　)

(17) 离心风机的脱流可在每个叶片上同时产生。(　　)

(18) 风机的“抢风”现象可在串联和并联两种工作状态下发生。 ( )

(19) 风机的“抢风”现象是指一台风机流量特别大而另一台风机流量特别小的现象。 ( )

(20) 两台风机并联运行时，可能一台风机流量特别大，另一台风机却出现了倒流。 ( )

6.6 离心风机性能曲线的换算

因为在离心风机性能曲线的换算过程中，需要用到很多叶轮的结构参数，所以在讲离心风机性能曲线换算之前，先了解一下离心风机叶轮的结构参数。

6.6.1 风机叶轮的主要结构参数

图 6-33 所示为风机叶轮的主要几何参数。下面逐一讲解各参数的计算和说明。

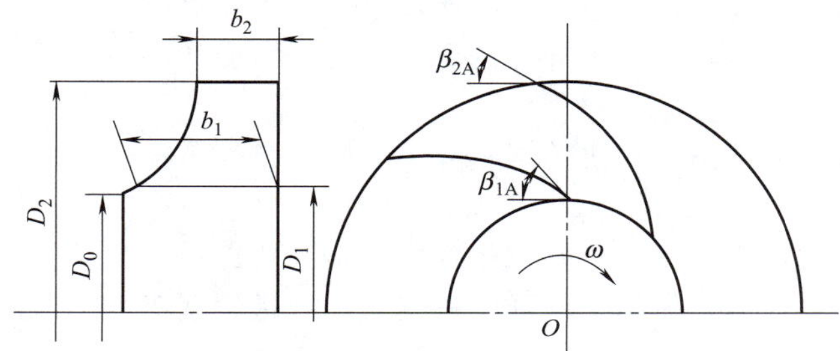

图 6-33 风机叶轮的主要几何参数

(1) 叶轮进口直径 D_0

$$D_0=\sqrt{\frac{4q_V}{\pi c_0}+d^2} \tag{6-16}$$

式中 q_V——流量，m^3/s；

c_0——叶轮进口速度，m/s，查表 6-7；

d——轴径，m [对于悬臂式叶轮，$d=0$，对双支承式叶轮，$d=(0.15\sim0.25)D_2$]。

表 6-7 叶轮进口速度的范围

类 型	c_0/(m/s)	类 型	c_0/(m/s)
低压通风机	10～14	中高压通风机	15～30
低中压通风机	12～19	大型高压通风机	30～50

(2) 叶片进口直径 D_1

对于低比转数的通风机，一般取 $D_1=(1.0\sim1.10)D_0$

对于高比转数的通风机，一般取 $D_1=(1.0\sim1.9)D_0$

(3) 叶轮外直径 D_2

$$D_2=\frac{60u_2}{\pi n} \tag{6-17}$$

式中 n——转速，r/min，用户给定或自选；

u_2——叶轮外缘圆周速度，m/s。

（4）叶片进口安装角

$$\beta_{1A}=\beta_1+i \tag{6-18}$$

$$\beta_1=\arctan\frac{c_{1r}}{u_1}\quad(\alpha_1=90°,\text{径向进气时}) \tag{6-19}$$

式中　c_{1r}——叶片进口处气流绝对速度的径向分速度，对扩散型进气，$c_{1r}=(0.462\sim0.782)c_0$；

i——叶片进口处的气流冲角，常选 $i=0°\sim5°$。

（5）叶片出口安装角　叶片出口安装角 β_{2A} 对通风机性能影响甚大，是设计者的选择值，表 6-8 供参考。

表 6-8　叶片型式与出口安装角范围

叶片型式	出口安装角 β_{2A}/(°)	叶片型式	出口安装角 β_{2A}/(°)
强后向叶片(水泵型)	20～30	径向出口叶片	90
后向圆弧叶片	30～60	径向直叶片	90
后向直叶片	40～60	前向叶片	110～150
后向机翼型叶片	40～60	强前向叶片(多翼叶轮)	150～175

（6）叶片进口宽度 b_1

$$b_1=\frac{q_V}{\pi D_1 c_{1r}\tau_1} \tag{6-20}$$

$$\tau_1=\frac{\dfrac{\pi D_1}{Z}-\dfrac{\delta_1}{\sin\beta_{1A}}}{\dfrac{\pi D_1}{Z}} \tag{6-21}$$

式中　τ_1——进口叶片阻塞系数；

Z——叶片数；

δ_1——叶片进口处厚度，m。

（7）叶片出口宽度 b_2

$$b_2=\frac{q_V}{\pi D_2 c_{2r}\tau_2} \tag{6-22}$$

$$\tau_2=\frac{\dfrac{\pi D_2}{Z}-\dfrac{\delta_2}{\sin\beta_{2A}}}{\dfrac{\pi D_2}{Z}} \tag{6-23}$$

式中　τ_2——出口叶片阻塞系数；

δ_2——叶片出口处厚度，m；

c_{2r}——叶片出口处气流绝对速度的径向分速度，$c_{2r}\approx(0.82\sim1.28)c_{1r}$。

6.6.2　风机相似的概念和条件

6.6.2.1　相似的概念

风机相似是指两台风机之间或风机与模型之间的相似。只要两台风机相似，它们之间的参数就可以进行换算。

6.6.2.2　相似条件

风机相似的条件是指两台风机之间或风机与模型之间几何相似、运动相似、动力相似。

（1）几何相似　几何相似是指风机与风机，或实物与模型各对应点的几何尺寸成比例。两台风机相似，则两叶轮各自的四个尺寸 D_1、D_2、b_1、b_2 应满足公式（6-24）～公式（6-27）。

$$\frac{D_2}{D_2'}=\frac{b_2}{b_2'}=\frac{D_1}{D_1'}=\frac{b_1}{b_1'}=\text{常数} \tag{6-24}$$

$$Z_1=Z_1'(\text{叶片数相等}) \tag{6-25}$$

$$\begin{cases}\tau_1=\tau_1'(\text{进口阻塞系数相等})\\ \tau_2=\tau_2'(\text{出口阻塞系数相等})\end{cases} \tag{6-26}$$

$$\begin{cases}\beta_{1A}=\beta_{1A}'(\text{进口叶片安装角相等})\\ \beta_{2A}=\beta_{2A}'(\text{出口叶片安装角相等})\end{cases} \tag{6-27}$$

（2）运动相似（也称为流动相似）　运动相似是指两台几何相似的风机中，各对应点处对应速度的方向相同，大小比值相等，即满足公式（6-28）。

$$\frac{u_2}{u_2'}=\frac{c_2}{c_2'}=\frac{\omega_2}{\omega_2'}=\frac{c_{2u}}{c_{2u}'}=\frac{c_{2r}}{c_{2r}'}=\text{常数} \tag{6-28}$$

由于对应点上的速度三角形相似，还可以得到公式（6-29）。

$$\begin{cases}\alpha_1=\alpha_1' \quad \alpha_2=\alpha_2'\\ \beta_1=\beta_1' \quad \beta_2=\beta_2'\end{cases} \tag{6-29}$$

（3）动力相似　动力相似是指两台几何相似的风机中，各对应点作用在气体上力的比值相等。如对应点的离心力、流动阻力、摩擦力等比值为一定值，并且反映流动状态的雷诺数在对应点上之比值也应相等。

6.6.3　风机的相似定律

6.6.3.1　流量相似定律

与泵的流量相似定律一致，两台风机相似，其流量相似定律见公式（6-30）。

$$\frac{q_V}{q_{Vm}}=\left(\frac{D_2}{D_{2m}}\right)^3\frac{n_V}{n_m}\frac{\eta_V}{\eta_{Vm}} \tag{6-30}$$

公式（6-30）表明，相似的风机在相似工况下运行时，其流量之比与几何尺寸比的三次方成正比，与转速比成正比，与容积效率比成正比。

6.6.3.2　全压相似定律

根据全压关系式及相似条件，推得全压相似定律见公式（6-31）。

$$\frac{p}{p_m}=\frac{\rho}{\rho_m}\left(\frac{D_2}{D_{2m}}\right)^2\left(\frac{n}{n_m}\right)^2\frac{\eta_h}{\eta_{hm}} \tag{6-31}$$

公式（6-31）表明，相似的风机在相似工况下运行时，其全压之比与流体密度比成正比，与几何尺寸比的平方成正比，与转速比的平方成正比，与流动效率比成正比。

6.6.3.3　功率相似定律

由功率关系式推得功率相似定律见公式（6-32）。

$$\frac{P}{P_m}=\frac{\rho}{\rho_m}\left(\frac{D_2}{D_{2m}}\right)^5\left(\frac{n}{n_m}\right)^3\frac{\eta_{mm}}{\eta_m} \tag{6-32}$$

公式（6-32）表明，几何相似的风机在相似工况下运行时，其功率之比与流体密度比成正比、与几何尺寸比的五次方成正比，与转速比的三次方成正比，与机械效率比成反比。

在工程实际中，当相似风机的几何尺寸比不太大，转速较高而且相差不太大时，可以近似地认为相似工况的 3 种局部效率分别相等，则公式（6-30）～公式（6-32）可以化简为公式（6-33）～公式（6-35）。

$$\frac{q_V}{q_{Vm}}=\left(\frac{D_2}{D_{2m}}\right)^3\frac{n}{n_m} \tag{6-33}$$

$$\frac{p}{p_m}=\frac{\rho}{\rho_m}\left(\frac{D_2}{D_{2m}}\right)^2\left(\frac{n}{n_m}\right)^2 \tag{6-34}$$

$$\frac{P}{P_m}=\frac{\rho}{\rho_m}\left(\frac{D_2}{D_{2m}}\right)^5\left(\frac{n}{n_m}\right)^3 \tag{6-35}$$

6.6.4 风机的比例定律

6.6.4.1 比例定律

两台完全相同的风机（或同一台具体的风机，叶轮直径的大小是定值），如果在相同条件下，输送同一种流体，仅仅转速不同，则由相似定律可求得其比例定律，见公式（6-36）～公式（6-38）。比例定律的意义与离心泵的比例定律一样，这里不再赘述。

$$\frac{q_V}{q_{Vm}}=\frac{n}{n_m} \tag{6-36}$$

$$\frac{p}{p_m}=\left(\frac{n}{n_m}\right)^2 \tag{6-37}$$

$$\frac{P}{P_m}=\left(\frac{n}{n_m}\right)^3 \tag{6-38}$$

6.6.4.2 比例特性曲线方程

由风机的比例定律公式（6-36）～公式（6-38）可以推导出比例特性曲线方程，见公式（6-39）。

$$\frac{p_1}{p_2}=\left(\frac{q_{V1}}{q_{V2}}\right)^2=\left(\frac{n_1}{n_2}\right)^2\Rightarrow\frac{p_1}{q_{V1}^2}=\frac{p_2}{q_{V2}^2}=\cdots=K'$$

则风机的比例曲线方程见公式（6-39）。

$$p=K'q_V^2 \tag{6-39}$$

6.6.5 风机比转速

6.6.5.1 标准状态下风机的比转速

风机的比转速习惯用 n_y 表示，它与泵的比转速性质完全相同，只是将扬程改为全压，并用公式（6-40）进行计算。

$$n_y=\frac{n\sqrt{q_V}}{p^{3/4}} \quad 或 \quad n_y=\frac{n\sqrt{q_V}}{p_{20}^{3/4}} \tag{6-40}$$

式中 q_V——风机设计工况的单吸流量，m^3/s（双吸叶轮时，以 $q_V/2$ 代替 q_V 计算）；

n——风机的工作转速，r/min；

p——风机的全压，Pa；

p_{20}——标准状态下（$t=20℃$，$p=1.01325\times10^5$ Pa），风机设计工况的全压，Pa。

比转速解决了不同类型风机最佳工况的性能比较问题。

6.6.5.2 非标准状态下风机的比转速

当进口是非标准进气状态时，应将实际状态下的全压 p 换算成标准状态时的全压 p_{20}，换算关系见公式（6-41）。

$$\frac{p_{20}}{\rho_{20}}=\frac{p}{\rho} \tag{6-41}$$

式中 p_{20}，ρ_{20}——标准进气状态时，风机产生的全压和气体密度；

p，ρ——实际状态下，风机产生的全压和气体密度。

在公式（6-41）中，空气在标况下，$\rho_{20}=1.2\text{kg/m}^3$，所以：

$$\frac{p_{20}}{\rho_{20}}=\frac{p}{\rho}\Rightarrow p_{20}=\rho_{20}\frac{p}{\rho}=1.2\times\frac{p}{\rho} \tag{6-42}$$

将公式（6-42）代入公式（6-40）中，得公式（6-43）。

$$n_y=\frac{n\sqrt{q_V}}{p^{3/4}}=\frac{n\sqrt{q_V}}{(1.2p/\rho)^{3/4}} \tag{6-43}$$

如果是多级风机，则比转速见公式（6-44）。

$$n_y=\frac{n\sqrt{q_V}}{\left(\frac{p_{20}}{i}\right)^{3/4}}=\frac{n\sqrt{q_V}}{\left(\frac{1.2p/\rho}{i}\right)^{3/4}} \tag{6-44}$$

式中 i——叶轮的级数。

6.6.6 风机的无因次性能曲线

6.6.6.1 风机性能曲线的影响因素

对于离心通风机来说，其性能曲线 p-q_V、P-q_V、η-q_V 都是对一定的风机、在固定的转速下、对一定的气体用实验测定出来的。根据理论分析，这些性能曲线只与叶轮的大小、叶片的形状、叶轮的转速和流体流动的状态有关。

6.6.6.2 设置无因次性能曲线的必要性

如果两台风机的几何形状完全相似，尽管尺寸大小和转速不同，但测得各自的性能曲线应该相似，因此，能否使用只对某一风机做一次实验后所获得的性能曲线来概括反映几何形状相似，但几何尺寸不同、转速不同或输送不同性质流体的性能呢？即只用一条性能曲线来描述同一类型风机的共性，这个问题可用无因次性能曲线（或称为无量纲性能曲线）来解决。

6.6.6.3 无因次性能曲线应用示例

如图 6-34 所示，引入三个无因次参数，即流量系数、全压系数、功率系数。在对某一风机做实验以后，即可以求得无因次性能曲线。在风机几何形状相似的前提下，无论尺寸大小和转速如何变化，都可以用这条无量纲性能曲线反映出与此模型风机相类似的一组风机的性能。

6.6.6.4 无因次参数的计算

（1）流量系数 $\overline{q_V}$ 由流量相似定律公式（6-33）变形可得公式（6-45）。

$$\frac{q_V}{q_{Vm}}=\left(\frac{D_2}{D_{2m}}\right)^3\frac{n}{n_m}\Rightarrow\frac{q_{Vm}}{D_{2m}^3n_m}=\frac{q_V}{D_2^3n}=\text{常数} \tag{6-45}$$

公式（6-45）两端各除以 $\frac{\pi}{4}\times\frac{\pi}{60}$，并令 $u_2=\frac{\pi D_2n}{60}$，$A_2=\frac{\pi D_2^2}{4}$，得

$$\frac{q_{Vm}}{A_{2m}u_{2m}}=\frac{q_V}{A_2u_2}=\text{常数}$$

令

$$\overline{q_V}=\frac{q_V}{A_2u_2} \tag{6-46}$$

式中 A_2——叶轮投影面积，m^2；

u_2——叶轮出口的圆周速度，m/s。

结构相同、几何形状相似的风机，其流量系数是相同的；而不同类型的风机，即使叶轮外直径 D_2、叶片出口宽度 b_2 完全相同，但因结构型式不同，则流量系数也不同。相似的风机，其流量系数 $\overline{q_V}$ 应该相等，且是常数，即一个流量系数值 $\overline{q_V}$ 代表了对应的无数个相似工况的实际流量；工况（q_V）改变时，流量系数值也相应地改变，即流量系数可反映相似风机实际流量的变化规律。

流量系数大，表明风机所输送流体的流量大。

（2）全压系数 $\overline{p}$ 由相似全压定律公式（6-34）变形可得公式（6-47）。

$$\frac{p}{p_m}=\frac{\rho}{\rho_m}\left(\frac{D_2}{D_{2m}}\right)^2\left(\frac{n}{n_m}\right)^2 \Rightarrow \frac{p_m}{\rho_m D_{2m}^2 n_m^2}=\frac{p}{\rho D_2^2 n^2}=\text{常数} \tag{6-47}$$

公式（6-47）两端各除以$\left(\frac{\pi}{60}\right)^2$，取 $u_2=\frac{\pi D_2 n}{60}$，可得

$$\frac{p_m}{\rho_m u_{2m}^2}=\frac{p}{\rho u_2^2}=\text{常数}$$

令

$$\overline{p}=\frac{p}{\rho u_2^2}=\text{常数} \tag{6-48}$$

同类型风机的全压系数 $\overline{p}$ 是相同的，不同类型的风机，其压力特性是不同的，所以，其压力系数也是不同的。

相似的风机，其全压系数应该相等，且是常数，即一个全压系数值代表了对应的无数个相似工况的实际全压；工况（p）改变时，全压系数值也相应改变，即全压系数可反映相似风机实际全压的变化规律。

全压系数大，表明风机所输送流体的压力大。

（3）功率系数 $\overline{P}$ 由功率相似定律公式（6-35）变形可得公式（6-49）。

$$\frac{P}{P_m}=\frac{\rho}{\rho_m}\left(\frac{D_2}{D_{2m}}\right)^5\left(\frac{n}{n_m}\right)^3 \Rightarrow \frac{P}{\rho_m D_{2m}^5 n_m^3}=\frac{P}{\rho D^5 n^3}=\text{常数} \tag{6-49}$$

公式（6-49）两端同除以$\frac{\pi}{4}\times\left(\frac{\pi}{60}\right)^3$，并乘以 1000 可得公式（6-50）。

$$\overline{P}=\frac{1000P}{\rho_m A_{2m} u_{2m}^3}=\frac{1000P}{\rho A_2 u_2^3}=\text{常数} \tag{6-50}$$

功率系数 $\overline{P}$ 同样是一个常数，且为无因次的量，其意义与上述两系数相同。

用无因次（无量纲）性能系数——流量系数 $\overline{q_V}$、全压系数 $\overline{p}$、功率系数 $\overline{P}$ 来代替流量、全压、功率，所得到的无因次（无量纲）性能曲线，可反映一组类似的风机在不同尺寸、不同转速下的性能。

应该指出，流量系数、全压系数、比转速的值相等时，并不代表两台风机相似。但若两台风机相似，它们的流量系数、全压系数、比转速一定相等。

（4）效率系数 $\overline{\eta}$ 风机的效率 η 本身为无因次量，但如用无因次系数来计算 η，其计算见公式（6-51）。

$$\overline{\eta}=\frac{\overline{q_V}\,\overline{p}}{\overline{P}}=\frac{p q_V}{1000P}=\eta \tag{6-51}$$

(5) 比转速 n_y 用无因次参数也可计算风机的比转速 n_y，见公式 (6-52)。

因 $n=\dfrac{60u_2}{\pi D_2}$，$q_V=\dfrac{\pi D_2^2}{4}u_2\overline{q_V}$，$p=\rho u_2^2\overline{p}$，$p_{20}=\rho_{20}\dfrac{p}{\rho}$

所以，根据公式 (6-44)，可得比转速 n_y 的计算公式 (6-52)。

$$n_y=\frac{60\dfrac{u_2}{\pi D_2}\sqrt{\dfrac{\pi D_2^2}{4}u_2\overline{q_V}}}{(\rho u_2^2\overline{p})^{3/4}}=\frac{30\sqrt{\overline{q_V}}}{\sqrt{\pi}\rho^{3/4}\overline{p}^{3/4}} \tag{6-52}$$

对于标准进气状态，空气在大气压 1.01325×10^5 Pa、温度 $t=20℃$、相对湿度 50%时，密度 $\rho_{20}=1.2\text{kg/m}^3$，则 n_y 按公式 (6-53) 计算。

$$n_y=14.8\frac{\sqrt{q_V}}{p_{20}^{3/4}} \tag{6-53}$$

无因次系数 $\overline{q_V}$、$\overline{p}$、$\overline{P}$、$\overline{\eta}$、n_y 都是相似特征数，因此，凡是相似的风机，不论尺寸大小如何，在相应的最高效率工况点上，它们的无因次系数都相等。

6.6.6.5 无因次性能曲线

几何相似的风机，采用无因次系数 $\overline{q_V}$、$\overline{p}$、$\overline{P}$、$\overline{\eta}$、n_y，以 $\overline{q_V}$ 为自变量，以其他无因次参数为函数绘制而成的一组平面曲线，称为无因次性能曲线。

无因次性能曲线可由实验获得，也可由某原型风机的性能曲线求得，具体做法是：由实验测定（或由原性能曲线读得）某风机在某一固定转速下、不同工况点的若干组 q_V、p、P 及 η 值，然后，由公式 (6-46)、公式 (6-48)、公式 (6-50)、公式 (6-51) 计算相应工况的 $\overline{q_V}$、$\overline{p}$、$\overline{P}$ 及 $\overline{\eta}$ 值，然后以 $\overline{q_V}$ 为横坐标，以 $\overline{p}$、$\overline{P}$、$\overline{\eta}$ 为纵坐标，即可绘制一组无因次性能曲线 $\overline{p}$-$\overline{q_V}$、$\overline{P}$-$\overline{q_V}$、$\overline{\eta}$-$\overline{q_V}$。图 6-34 所示为 6-5·42 型风机的无因次性能曲线。

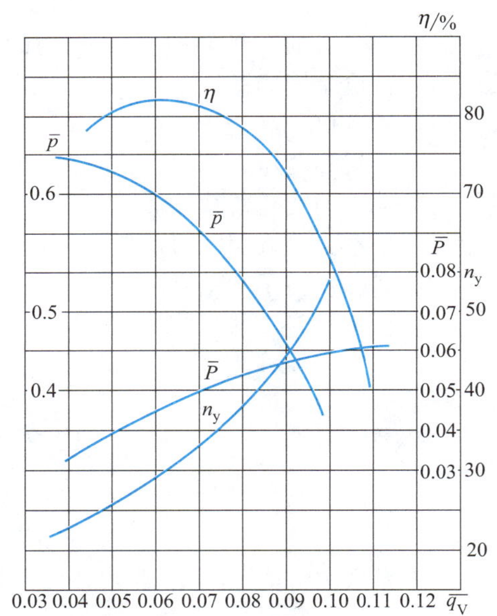

图 6-34 6-5·42 型风机的无因次性能曲线

彼此相似的风机都属于同一类型，它们的无因次性能曲线只能有一组。不同类型的风机有不同的无因次性能曲线，选择时只需根据这些无因次性能曲线进行比较，择优而取。

理论上，无因次性能曲线不因风机的大小、转速及输送流体种类的变化而变化，即一系列几何相似风机的无因次性能曲线相同。有时同系列的两台风机的大小悬殊，或者风机尺寸很小时，实测作出的性能曲线并不完全相同，小尺寸风机相对的表面粗糙度和泄漏损失要大些。这种实际上的几何相似，使其无因次性能曲线也有所不同，故不能对应地重合在一起。

实际应用中，需将无因次性能曲线按实际转速、几何尺寸和被输送气体的密度换算出风机的实际工作性能曲线。换算按公式 (6-54)～公式 (6-56) 进行。

$$q_V=A_2u_2\overline{q_V} \tag{6-54}$$

$$p=\rho u_2^2\overline{p} \tag{6-55}$$

$$P=\frac{\rho A_2 u_2^3}{1000}\overline{P} \tag{6-56}$$

在工作风机相应的无因次性能曲线上读出若干组参数，根据公式（6-54）～公式（6-56）求出每组的实际性能参数，选择合适的坐标系，描点并光滑连接，便可得到该风机的实际性能曲线。

习题6-6

1. 单选题

（1）风机几何相似是指各对应点的（　　）。

A. 几何尺寸成比例　　B. 几何尺寸相等

C. 几何角度相等　　D. 几何角度成比例

（2）风机运动相似是指两台几何相似的风机中各对应点处对应速度的（　　）。

A. 大小比值相等　　B.　方向相同

C. 方向相同，大小比值相等　　D. 方向相同，大小比值不相等

2. 多选题

（1）风机相似是指（　　）的相似，只要两台风机相似，它们之间的参数就可以进行换算。

A. 两台风机之间　　B. 风机与模型之间　　C. 模型或与模型之间

（2）风机相似的条件是指两台风机之间或风机与模型之间，（　　）。

A. 几何相似　　B. 运动相似　　C. 动力相似　　D. 形状相似

（3）风机动力相似是指两台几何相似的风机中，各对应点的（　　）。

A. 离心力　　B. 流动阻力　　C. 摩擦力　　D. 速度

（4）流量相似定律是指相似的风机，在相似工况下运行时，其流量之比与（　　）。

A. 几何尺寸比的三次方成正比　　B. 转速之比成正比

C. 容积效率比成正比　　D. 功率比成正比

（5）风机全压相似定律是指相似的风机，在相似工况下运行时，其全压之比与（　　）。

A. 流体密度比成正比　　B. 几何尺寸比的平方成正比

C. 转速比的平方成正比　　D. 流动效率比成正比

（6）风机功率相似定律是指几何相似的风机，在相似工况下运行时，其功率之比与（　　）。

A. 流体密度比成正比　　B. 几何尺寸比的五次方成正比

C. 转速比的三次方成正比　　D. 机械效率比成反比

（7）风机的比例定律是在下列条件下推导出来的：（　　）。

A. 两台完全相同的风机

B. 同一台具体的风机，叶轮直径的大小是定值

C. 在相同条件下，输送同一种流体

D. 仅转速不同

（8）风机的无因次性能曲线是用一条性能曲线来概括反映（　　）的性能。

A. 几何形状相似　　B. 几何尺寸不同

C. 转速不同　　D. 输送不同性质流体

3. 判断题

（1）风机运动相似、动力相似的前提条件是几何相似。（　　）

（2）风机的比转速解决了不同类型风机最佳工况的性能比较问题。（　　）

（3）风机的无因次性能曲线是只用一条性能曲线来描述同一类型风机的共性。（　　）

（4）风机的流量系数、全压系数、比转速的值相等时，两台风机一定相似。（　　）

（5）若两台风机相似，它们的流量系数、全压系数、比转速一定相等。（　　）

（6）凡是相似的风机，不论尺寸大小如何，在相应的最高效率工况点上，它们的无因次系数不一定相等。（　　）

（7）理论上风机的无因次性能曲线不因风机大小、转速及输送流体种类的变化而变化。（　　）

6.7 轴流通风机

6.7.1 轴流通风机的结构和工作原理

6.7.1.1 工作原理

轴流通风机的工作原理是气体从集流器轴向吸入，通过叶轮使气体获得能量，然后进入导叶，导叶将一部分偏转气流的动能转变为静压能，气体通过扩散器时又将一部分轴向气流的动能转变为静压能，最后输入管路。

6.7.1.2 轴流通风机的结构

轴流通风机的典型结构如图 6-35 所示。其叶轮和导叶组成轴流通风机的级，动叶和导叶叶珊的组合称为基元级。

（1）基本结构型式　轴流通风机的基本结构型式如图 6-36 所示，有电动机直联、对旋传动、皮带传动、联轴器传动、齿轮传动五种基本结构型式。

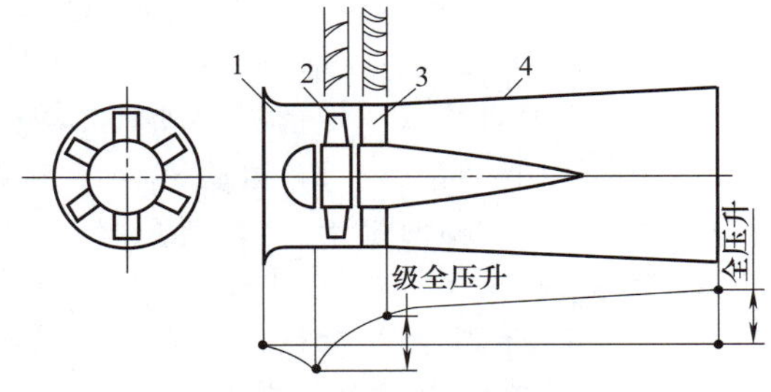

图 6-35　轴流通风机的典型结构

1—集流器；2—叶轮；3—导叶；4—扩散器

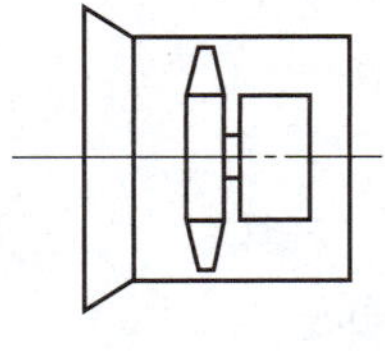

(a) 电动机直联

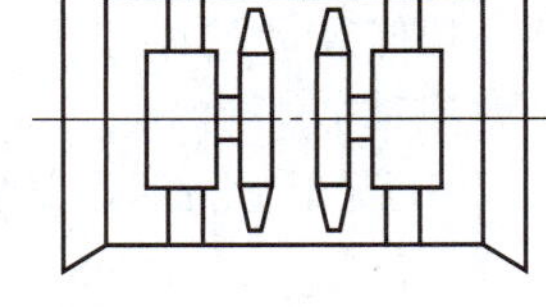

(b) 对旋传动

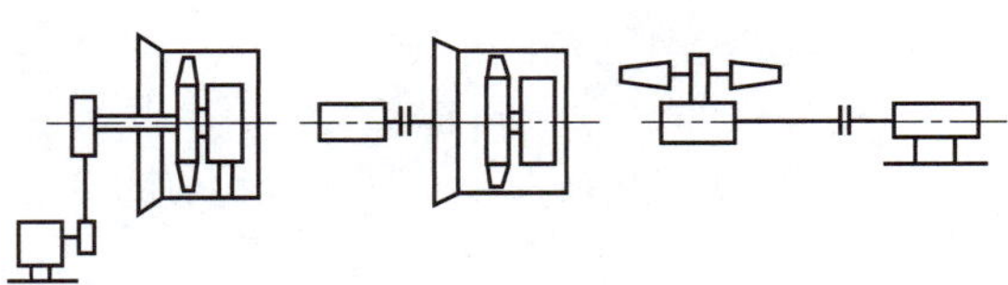

(c) 皮带传动　(d) 联轴器传动　(e) 齿轮传动

图 6-36　轴流通风机的基本结构型式

（2）级的型式　轴流通风机级的型式见表 6-9。

表 6-9　轴流通风机级的型式

序号	1	2	3	4
图示	2　1 叶轮 1 前设置前导叶 2	1　3 叶轮 1 后设置后导叶 3	1 单独叶轮	2　1　3 叶轮前后都设置导叶
特点与应用	压力较高、效率中等，常用于要求通风机体积尽可能小的场合	压力、效率都较高，广泛采用	效率较低、结构简单、制造方便，广泛采用	性能介于 1、2 者之间，主要应用于多级通风机中

6.7.2 轴流通风机的叶轮

6.7.2.1 叶轮的结构

轴流通风机的叶轮，是由轮毂和铆在其上的叶片组成的，如图 6-37 所示。较大的叶轮将叶片和轮毂组装在一起，较小的叶轮将叶片和轮毂铸成一体或焊接在一起，轮毂与电动机用平键连接。为了改善进入叶轮时气体的流动状态，可在叶轮前的轮毂上安装整流罩。

6.7.2.2 叶轮的几何参数

（1）叶型参数　轴流通风机叶轮的叶型参数如图 6-38 所示。

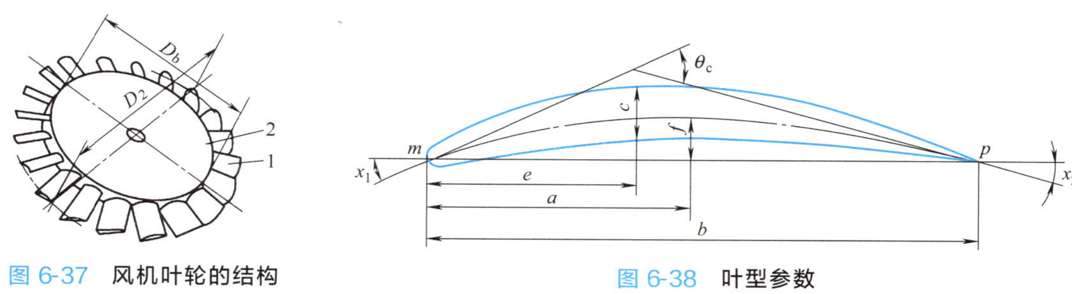

图 6-37　风机叶轮的结构

1—叶片；2—轮毂

图 6-38　叶型参数

b——叶型中线（即与叶型上下表面同时相切的诸圆与圆心的连线）两端点 m、p 连线的长度，称为弦长，为叶型上的最大长度；

c——最大厚度，即弦长法线方向上的叶型最大厚度；

$\overline{c}=\dfrac{c}{b}$——叶型相对厚度；

$\overline{f}=\dfrac{f}{b}$——叶型相对弯度；

f——叶型中线最大弯度；

x_1——叶型中线在前缘点 m 处所做切线与叶弦之间的夹角，称为叶型前缘方向角；

x_2——叶型后缘方向角；

$\theta_c=x_1+x_2$——叶型的弯折角。

（2）叶栅参数　风机的叶栅参数如图 6-39 所示。

t——栅距，即叶栅中二相邻叶型之间的距离；

t/b——相对栅距，其倒数 b/t 称为叶栅稠度；

β_A——叶片离角，即叶型后缘点处弦线方向与叶轮圆周切线方向之夹角；

β_{1A}——进口几何角，即叶型前缘点处中线切线方向与叶轮圆周切线方向之夹角；

β_{2A}——出口几何角，即叶型后缘点处中线切线方向与叶轮圆周切线方向之夹角；

α——攻角，即叶弦与气流平均相对速度 ω_m 之夹角。

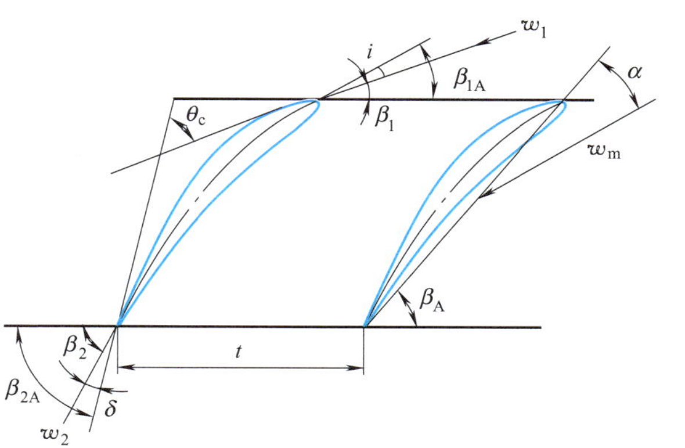

图 6-39　叶栅参数

由图 6-39 可知：

叶型的弯折角 $\theta_c=\beta_{2A}-\beta_{1A}$；

气流进口冲角 $i=\beta_{1A}-\beta_1$；

气流出口落后角 $\delta=\beta_{2A}-\beta_2$；

可以看出，气流转折角 $\Delta\beta=\beta_2-\beta_1=(\beta_{2A}-\delta)-(\beta_{1A}-i)=\theta_c-\delta+i$。

(3) 叶轮机构特点及其常用叶型 轴流通风机叶轮的动叶或导叶通常做成可调节的，即其安装角可调，这种可调的结构可以扩大风机运行工况的范围，而且能显著提高轴流通风机在变工况下的运行效率，因此，轴流通风机的使用范围和经济性均比离心通风机要好一些。轴流通风机常用叶型主要有圆弧板翼型、RAF-6E 翼型、克拉克 Y 翼型（见图 6-40）等。

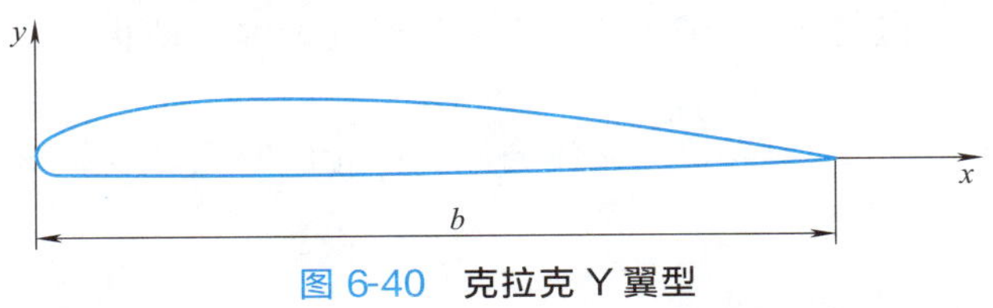

图 6-40 克拉克 Y 翼型

(4) 轮毂直径 在轴流通风机中，轮毂直径通常用它的相对值轮毂比（轮毂直径与叶轮直径之比即轮毂比）$\overline{d}=d/D$ 表示。$\overline{d}$ 值过小，会因叶根处的 t/d 过小使该处叶栅相互干涉，性能下降；$\overline{d}$ 值过大，则壁面摩擦损失增加，效率下降。一般轮毂比的选择范围是 $\overline{d}=0.25\sim0.75$，具体可按表 6-10 或图 6-41 选择。

表 6-10 $\overline{d}$ 值选择表

ψ_t	≤0.2	0.2～0.4	>0.4
$\overline{d}$	0.35～0.45	0.5～0.6	0.6～0.7

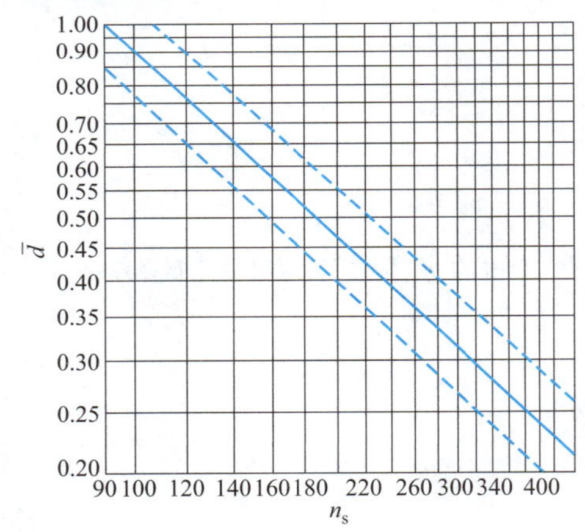

图 6-41 轮毂比与比转数之间的关系

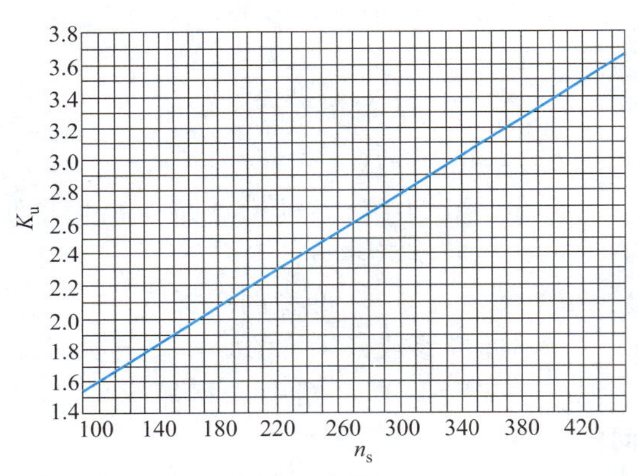

图 6-42 比转数与系数 K_u 之间的关系

(5) 叶轮外径 选择了合理的轮毂比后，接着就是确定叶轮外径 D_2。D_2 与全压 p、流量 q_V、转速 n 之间存在着一定的关系，可用系数 K_u 与比转数 n_s 描述，如图 6-42 所示。

叶轮外径 D_2 可按公式（6-57）计算。

$$D_2=\frac{60K_u\sqrt{\dfrac{2p}{\rho}}}{\pi n} \tag{6-57}$$

在标准状态下，叶轮外径 D_2 可按公式（6-58）计算。

$$D_2=\frac{77.4K_u\sqrt{p}}{\pi n} \tag{6-58}$$

式中 p——通风机的全压，Pa；

n——通风机的转速，r/min；

ρ——气体的密度，kg/m^3。

（6）叶片数　叶片数 Z 对于通风机的全压、全压效率、噪声、性能曲线形状以及工作区域等都有影响。叶片数的大小按公式（6-59）计算。

$$Z=\pi\lambda_m\frac{1+\overline{d}}{1-\overline{d}}\tau_m \tag{6-59}$$

式中 τ_m——平均半径 r_m 处叶栅的稠度；

$\lambda_m=\frac{l}{b_m}$——平均半径 r_m 处叶片的展弦比，$\overline{d}=0.5\sim0.7$ 时，$0.9\leqslant\lambda_m\leqslant1.5$；

l——叶片高度；

b_m——平均半径 r_m 处的叶片的宽度。

叶片数也可按表 6-11 选择。

表 6-11　叶片数选择表

$\overline{d}$	0.3	0.4	0.5	0.6	0.7
Z	2～6	4～8	6～12	8～16	10～20

（7）径向间隙和轴向间隙　叶片顶部与机壳的间隙为径向间隙 δ_r，通常用相对径向间隙 $\overline{\delta}=\frac{\delta_r}{l}$ 表示，l 为叶片高度。$\overline{\delta}$ 的确定原则是，在保证叶顶与机壳内壁不相碰撞的前提下，尽可能小些。通常取 $\overline{\delta}=0.8\%\sim1.5\%$；优良的轴流通风机，$\overline{\delta}$ 多为 $0.8\%\sim1.0\%$。

叶轮叶片和导叶的间隙为轴向间隙 δ_a。δ_a 过小，则进入导叶的气流不均匀，损失和噪声增大，并引起叶片振动；δ_a 过大，又会使轴向尺寸加长，增加摩擦损失。一般可取 $\delta_a=(0.25\sim0.40)b$。

6.7.3　轴流通风机的导叶

大型轴流式风机的叶片安装角是可以调整的，称为动叶可调，由此来改变风机的流量和全压，在火电厂的锅炉送风机、引风机上应用较多。大型风机进气口常装置导流叶片，称为前导叶，出气口上装置整流叶片，称为后导叶，以消除气流增压后产生的旋转运动，提高风机的效率，为避免气流通过时产生共振，导叶（前导叶）数应比动叶数少些。

6.7.3.1　前导叶

前导叶的主要作用是使气流进入通风机叶轮前偏转，一般情况下产生负旋绕。为了在不同工况下改变叶轮前气流的旋绕，可将前导叶做成安装角可以调整或带有调节机构的可转动叶片。前导叶的叶片数可略少于动叶叶片数，其相对栅距 $t/b=0.8\sim1.5$，叶片宽度 $b=(0.2\sim1)\ l$。

6.7.3.2　后导叶

后导叶的主要作用是把流出叶轮的偏转气流旋回轴向，同时将偏转气流的动能转变为静压能。装置后导叶的通风机，静压效率显著提高。后导叶可采用机翼型，也可采用等厚度的圆弧板翼型。后导叶叶片数一般取叶轮叶片数的 1.5～2.0 倍。为防止叶片振动，应使动叶叶片数与导叶叶片数互为质数。

6.7.4　轴流通风机的型号编制

轴流通风机的型号编制包括：名称、型号、机号、传动方式、气流方向、风口位置六个部分。如图 6-43 所示。

图 6-43 轴流通风机的型号编制

(1) 名称 一般统称为轴流通风机，在名称前可冠以通风机用途二字或汉语拼音字母缩写。作为一般用途的，可以省略。

(2) 型号 通风机的型号由基本型号与变型型号两部分组成。基本型号包括通风机轮毂比（取轮毂比×100 的值）和机翼型式代号（见表 6-12）以及设计顺序号。变型型号包括叶轮级数和设计的次序号（指结构上的更改次数）。

表 6-12 轴流式通风机机翼型式代号

代号	机翼型式	代号	机翼型式
A	机翼型扭曲叶片	O	对称半机翼型扭曲叶片
B	机翼型非扭曲叶片	H	对称半机翼型非扭曲叶片
C	对称机翼型扭曲叶片	K	等厚板型扭曲叶片
D	对称机翼型非扭曲叶片	L	等厚板型非扭曲叶片
E	半机翼型扭曲叶片	M	对称等厚板型扭曲叶片
F	半机翼型非扭曲叶片	N	对称等厚板型非扭曲叶片

(3) 机号 以叶轮直径表示，单位为分米，前面冠以“No”符号。

(4) 传动方式 目前规定的传动方式有六种，如图 6-44 所示。

(5) 气流方向 用以区别吸气和出气方向，分别以“入”和“出”字表示。一般不表示。

(6) 风口位置 分进风口和出风口两种，用出、入若干角度表示，如图 6-44 所示。

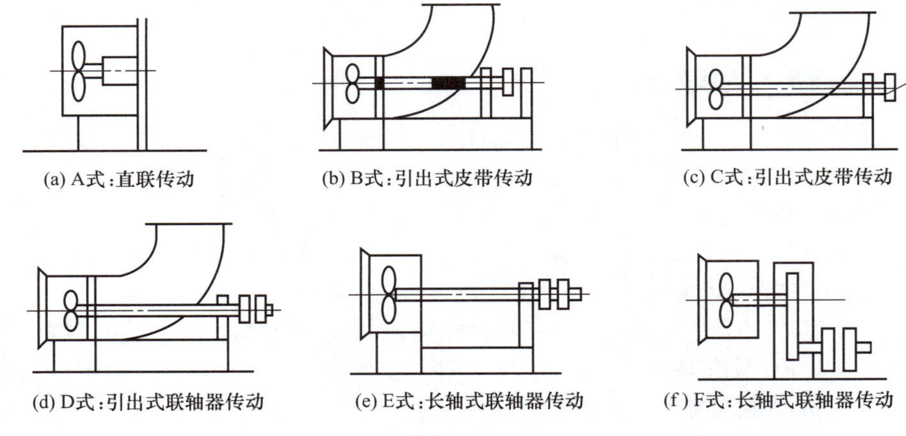

图 6-44 轴流式通风机传动方式简图

例如：标有 K70B211No18D 的风机，表示该风机是矿井用的轴流式通风机，其轮毂比为 0.7，通风机叶片为机翼型非扭曲叶片，第二次设计，叶轮为一级，第一次结构设计，叶轮直径为 1800mm，无进、出风口位置，采用悬臂支承联轴器传动。其参数如图 6-45 所示。

6.7.5 轴流通风机的性能曲线及喘振现象

6.7.5.1 轴流通风机的性能曲线

与离心通风机一样，轴流通风机的性能曲线也可表示为在一定转速条件下，全压 p、功

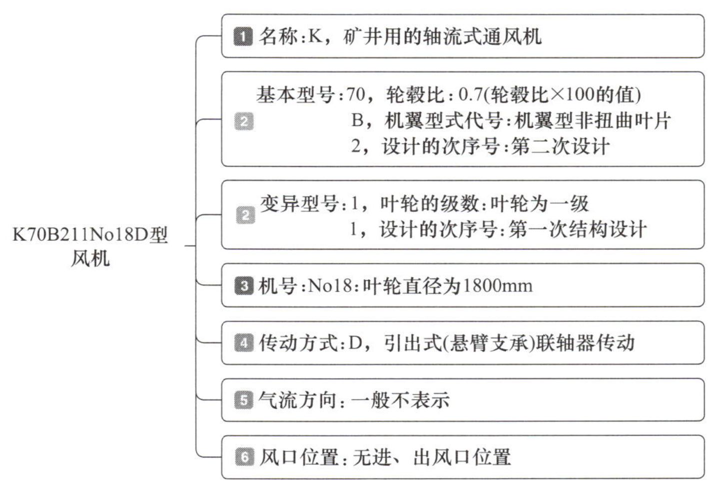

图 6-45 K70B211No18D 型风机参数说明

率 P 及效率 η 与流量 q_V 之间的关系，如图 6-46 所示，具有以下几个特点：

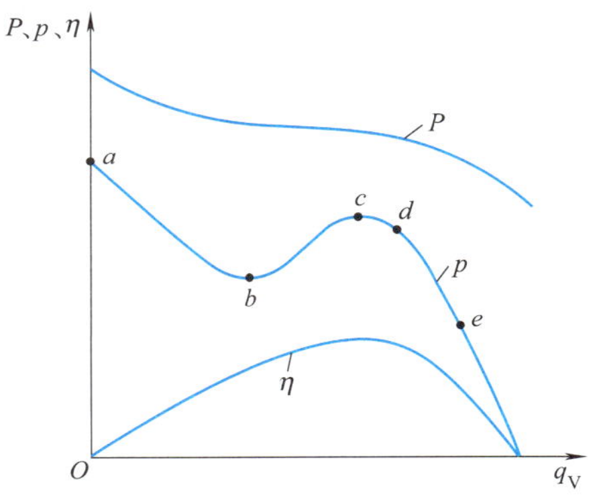

图 6-46 轴流通风机的性能曲线

（1）全压性能曲线 $p—q_V$ 的右侧相当陡峭，而左侧呈马鞍形，c 点的左侧是风机处于小流量情况下的运行性能，称为不稳定工况区。在 b 点左侧，全压随着流量的减小而剧烈增大，当 $q_V=0$ 时，其空转全压达到最大值。这是因为当流量较小时，在叶片的进、出口处产生二次回流现象，部分从叶轮中流出的气体又重新回到叶轮中，并被二次加压，使压头增大。同时，由于二次回流的反向冲击作用，造成水力损失，致使机器效率急剧下降。因此，轴流式风机在运行过程中适宜在较大的流量下工作。

（2）从 $P—q_V$ 曲线可以看出，小流量时，轴功率特性曲线变化比较平稳，当流量减小时，轴功率 P 反而增大，当流量 $q_V=0$ 时，轴功率 P 达到最大值，这一点与离心风机正好相反。因此，这种风机不宜在零流量下启动，应“开闸启动”，即在阀门全开的情况下启动电动机。

（3）轴流通风机的 $\eta—q_V$ 曲线最高效率点的位置相当接近不稳定工况区的起始点 c，轴流通风机 $\eta—q_V$ 曲线的稳定高效率工作范围很窄。因此，一般轴流式风机均不设置调节阀门来调节流量，以避免进入不稳定工作区运行。

轴流式通风机的这几个性能特点与通风机在不同工况下叶轮内部气流流动状况有密切联系。图 6-47 是轴流通风机在不同流量时，叶轮内部气流流动状况的示意图。

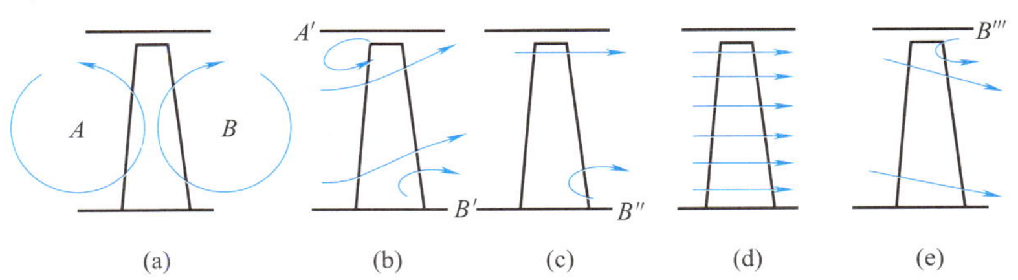

图 6-47 轴流通风机在不同工况下，叶轮内部气流流动状况示意图

图 6-47（d）相当于性能曲线中最高效率点（d 点），即设计工况，在此工况下，气流沿叶片高度均匀分布。

图 6-47（e）表示超负荷运行的工况（e），此时，叶顶附近形成一小股回流，压力下降。

图 6-47（b）、（c）表示低于设计流量的运行情况；图 6-47（c）表示流量比较小时，$p—q_V$ 特性曲线到达峰顶位置（c）时，在动叶背面会产生气流分离，形成旋涡，挤向轮毂，并逐个传递给后续相邻的叶片，形成旋转脱流，这种脱流现象是局部的，对流经风机总流量的影响不大，但旋转脱流容易使叶片疲劳断裂，造成破坏。随着流量的继续减小，$p—q_V$ 特性曲线到达最低位置（b），轮毂处的涡流不断扩大，同时又在叶顶处形成新的涡流，如图 6-47（b）所示。这些涡流阻塞了气流的通道，表现为气流压力有所升高。

图 6-47（a）表示流量为零（a 点）的情况，进、出口均被涡流充满，涡流的不断形成和扩展，使压力上升。

6.7.5.2 轴流通风机的喘振现象

图 6-48 示出了轴流通风机的不稳定工况区域。如果通风机在这个区段内运行，就会出现流量和压力脉动等不正常的现象。有时，这种脉动现象相当剧烈，流量 q_V 和全压 p 大幅度波动，噪声增大，甚至通风机和管道也会发生激烈振动，这种现象称为“喘振”。

喘振的振幅和频率受风道系统容积的支配，但不受其形状的影响。系统容积越大，喘振的振幅越大，振动也越强烈，但频率越低。因此，可以通过缩小系统的容积来减轻喘振的激烈程度。此外，通风机的转速越高，如引起喘振，喘振的程度越激烈。

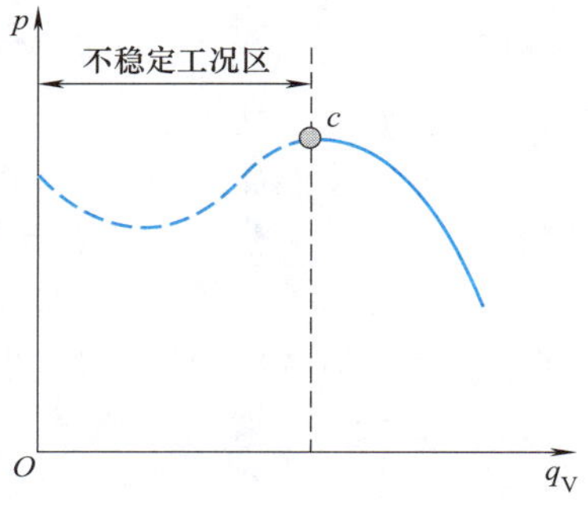

图 6-48 轴流通风机的不稳定工况区

6.7.6 轴流通风机的运行及性能调节

6.7.6.1 轴流通风机的运行

（1）正确操作，认真检查　轴流通风机在启动前要进行认真检查，检查内容应包括：轴承的润滑系统、密封系统和冷却系统是否完好畅通；转动部件、传动部件附近是否有妨碍运动的杂物等。在此基础上，将通风机的转子盘动 1～2 次，检查转子是否有卡住和摩擦等现象。

（2）正确启动　与离心通风机不同，轴流通风机在启动时要注意开启进风阀或出气阀。轴流通风机启动的一般顺序是：启动润滑系统油泵，启动冷却水泵或打开冷却水阀门，启动通风机。

对于大、中修以后的通风机，在投入正常运转之前，一般需进行试运转。第一步空载试运转，检查风机的装配质量如何。第二步进行负荷运转，主要是检查是否符合设计要求。

（3）正确监视相关参数　通风机在正常运转中，要注意监视通风机的电流。电流不仅是通风机负荷的标志，也是一些异常事故的警报。要经常检查润滑和冷却系统是否通畅，轴承温度是否正常及有无摩擦、碰撞声音等。如果遇到润滑轴承温度超过 70℃或轴承冒烟，电动机冒烟，发生强烈的振动或有较大的摩擦、碰撞声等情况，应立即停车检查或修理。

6.7.6.2 轴流通风机的性能调节

轴流通风机是一种大流量、低压头的通风机，它的全压系数比离心通风机要低一些，比转数比离心通风机要高一些。从性能曲线上看，轴流通风机还有一个大范围的不稳定工况区域，如图 6-48 所示，在通风机的性能调节时，应尽量远离这个区域。

轴流通风机的调节方法有：动叶调节、前导叶调节、转速调节和节流挡板调节四种。

（1）动叶调节　动叶调节是利用调整动叶的角度来适应负荷的变化。这种风机的特点是当动叶角度改变时，效率变化不大，功率随着导叶角度的减小而降低，风量的调节范围比较大，效果比较好。因此，这是一种比较理想的调节方法，但调节机构比较复杂。图 6-49 所示为我国发电量为 3×10^5 kW 机组中轴流通风机的性能曲线和动叶角度与流量的关系。

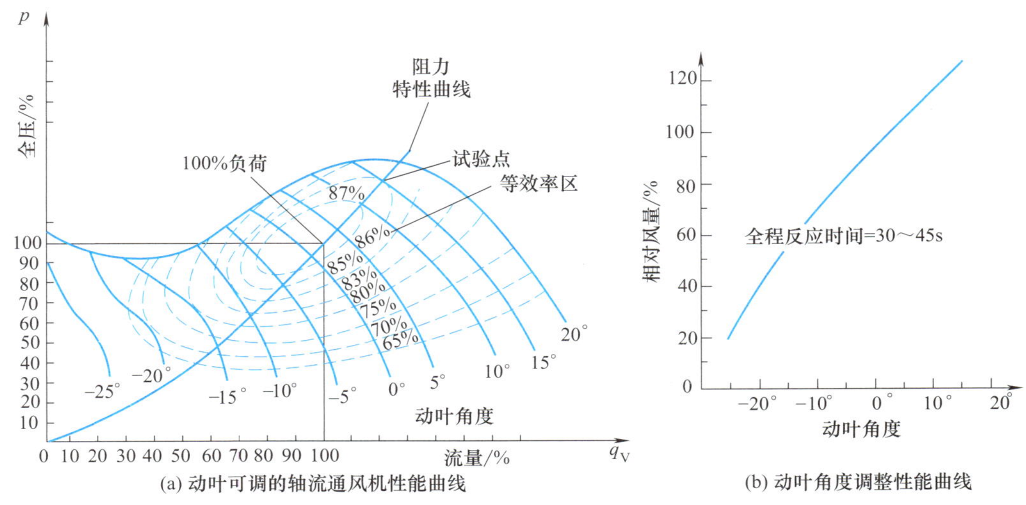

图 6-49 某轴流通风机性能曲线和动叶角度与流量的关系

（2）前导叶调节　前导叶调节又称为导向静叶调节，当导向叶片角度关小时，进入叶轮的气流产生与叶轮旋转方向相同的同向预旋，使全压降低，因此，全压性能曲线基本上是平行下移的，全压性能曲线与管网性能曲线的交点也随之下移，从而达到调节气量和全压的目的。改变导叶角度，可在风机运行中通过机械调节的方法进行，调节装置比较简单。图 6-50 所示为利用前导叶调节的轴流通风机的性能曲线。

（3）转速调节　这种调节方法与离心通风机调节方法相同。当转速降低时，叶轮圆周速度降低，若轴向速度维持不变，则相对速度降低、冲角减少，于是压力降低。图 6-51 所示为用转速调节的轴流通风机的性能曲线，当转速降低时，$p—q_V$ 曲线平行下移。

（4）节流挡板调节　节流挡板调节是利用调整挡板开度的方法来改变管路系统的阻力性能曲线，从而达到调节的目的，如图 6-52 所示。但这种调节方法必须要求选择的风机参数比较合适，即系统所需的最小风量大于不稳定区边界的流量，然后增大挡板的开度，可降低管网阻力系数，增加流量。这种方法调节的范围很小，只能作为一种辅助的调节手段。

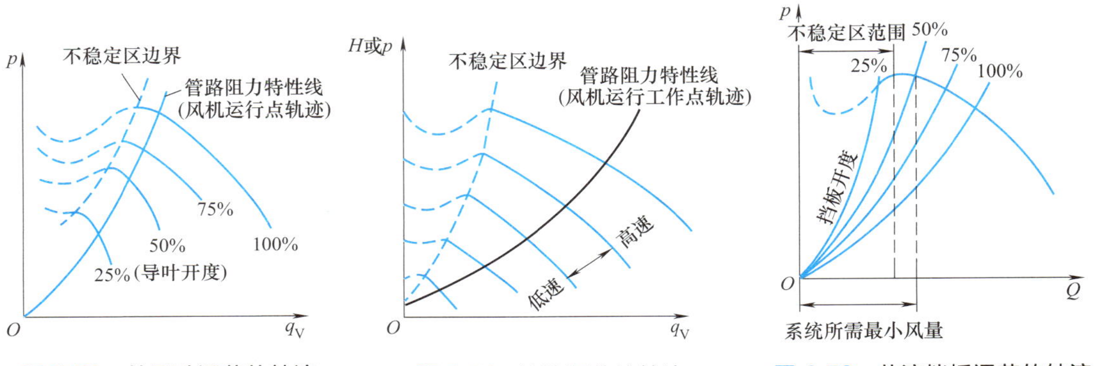

图 6-50 前导叶调节的轴流通风机性能曲线

图 6-51 转速调节的轴流通风机的性能曲线

图 6-52 节流挡板调节的轴流通风机性能曲线

6.7.7 通风机的选型

为了制造和使用的方便，我国已制定了一系列的通风机型号标准供选用。包括一般厂房通风换气使用的离心通风机，高压强制通风或锻冶炉使用的高压离心通风机，锅炉鼓风机、锅炉引风机，输送易挥发及易腐蚀气体使用的离心通风机等等。根据使用要求，在通风机已有的系列产品中，选择一种适用的型号，而不再重新设计、制造。

6.7.7.1 通风机的选择原则

用户在选择通风机时，应根据使用要求，确定所需流量、压力等性能参数，全面考虑管路系统的构成与布置，还应注意下列原则。

（1）根据被输送气体物理、化学性质的不同，选择不同用途的通风机　如：输送易燃、易爆的气体，应选择防爆通风机；排尘或输送煤粉，应选择排尘或煤粉通风机；输送腐蚀性气体，应选择防腐通风机；在高温场合下工作或输送高温气体，应选择高温通风机等等。

（2）选择通风机时，一定要注意通风机所示性能参数的状态　选择通风机时，一定要注意通风机所示性能参数为标准状态（$p_a=1.013\times10^5$ Pa；温度 $T_a=293$K；相对湿度 $\varphi=50\%$；空气密度 $\rho=1.2\text{kg/m}^3$）下的数值；当使用条件不同于标准状况时，要进行通风机性能参数换算。

当改变介质密度与转速时，性能参数换算见公式（6-60）～公式（6-62）所示。

$$\frac{q_V}{q_{V0}}=\frac{n}{n_0} \tag{6-60}$$

$$\frac{p}{p_0}=\left(\frac{n}{n_0}\right)^2\frac{\rho}{\rho_0} \tag{6-61}$$

$$\frac{P}{P_0}=\left(\frac{n}{n_0}\right)^3\frac{\rho}{\rho_0} \tag{6-62}$$

当大气压力及温度变化时，性能参数换算见公式（6-63）～公式（6-65）所示。

$$q_V=q_{V0} \tag{6-63}$$

$$\frac{p}{p_0}=\frac{p_b}{p_{b0}}\times\frac{273+20}{273+t} \tag{6-64}$$

$$\frac{P}{P_0}=\frac{p_b}{p_{b0}}\times\frac{273+20}{273+t} \tag{6-65}$$

式中符号有下角标“0”的表示标准状态下的参数，即供用户选择用的性能表上所列的参数；无下角标“0”的表示实际工作条件下的参数。

（3）优先选择效率较高、机器尺寸小、调节范围大的型号　当从参考图表上查得有两种以上的通风机可供选择时，应认真加以比较，优先选择效率较高、机器尺寸小、调节范围大的型号。

（4）选择通风机时，启动阀门的设置　选择离心通风机时，当其配用的电动机功率小于或者等于75kW时，可不装设仅为启动用的阀门。当因排送高温烟气或空气而选择离心锅炉引风机时，应设启动用的阀门，以防冷态运转时造成电动机过载。

（5）选择通风机时，尽量避免通风机并联或串联工作　选择通风机时尽量避免通风机并联或串联工作，需要时，通风机之间应有一段管路连接。

（6）选择通风机时，对有消声要求的通风系统的选择　对有消声要求的通风系统，应首先选择效率高、叶轮外缘圆周速度低的通风机，且使其在最高效率点附近工作。还应根据通风系统产生噪声和振动的传播方式，采取相应的消声和减振措施。

6.7.7.2 通风机的选择方法

通风机的使用条件如不同于样本中给定的条件时，必须先进行性能参数的换算，以求出实际选用的通风机性能参数。在选择通风机时，经过性能参数换算的通风机性能，还要进行适当的流量和压力修正。

（1）流量的修正　流量的修正按公式（6-66）进行。

$$q_V = a q_{V1} \tag{6-66}$$

式中　q_V——待选择的通风机的流量，m^3/h；

q_{V1}——经换算的使用系统计算流量，m^3/h；

a——考虑通风机性能降低的通风机流量选择的安全系数，当制造厂提不出具体依据时，一般取 $a=1.05\sim1.1$。

（2）压力的修正　压力的修正按公式（6-67）进行。

$$p = \beta p_1 \tag{6-67}$$

式中　p——待选择的通风机的压力，Pa；

p_1——经换算的使用系统计算压力，Pa；

β——考虑通风机性能降低的通风机全压选择的安全系数，当制造厂提不出具体依据时，可取 $\beta=1.0\sim1.1$。

6.7.7.3 通风机的选型

通风机的流量、压力确定之后，就可以进行选型。选型可以按无量纲性能曲线、有量纲性能曲线、对数坐标性能曲线进行。但由于制造厂家对不同用途的产品，都按系列、机号、规格、转速、温度等条件给出了产品的性能以及配套等资料，所以，在大多数情况下，用户是根据制造厂家的产品样本来进行选型的。

此外，所选定的风机，要求其在最高效率的 90%范围内工作。

例题 6-2　某锅炉需要一台送风机，使用要求：最大流量 $Q_{max}=4.0\times10^4 m^3/h$，最大风压 $p_{max}=2.3kPa$，进口状态 $p_a=9.8\times10^4 Pa$，$t_a=4.0℃$，拟选择一台 4-73 型离心风机，试利用性能曲线选择风机。

解： 考虑风量调节及阻力计算误差，确定风量安全裕度为 10%，风压的安全裕度为 20%，则计算风量及风压为

$$Q = 1.1Q_{max} = 1.1\times40000 = 44000\ (m^3/h)$$

$$p = 1.2p_{max} = 1.2\times2300 = 2760\ (Pa)$$

根据换算公式换算成制造厂标准工况，即

$$Q_0 = Q = 44000\ (m^3/h)$$

$$p_0 = p\frac{p_{b0}}{p_b}\times\frac{273+t}{273+20} = 2760\times\frac{101325}{98000}\times\frac{273+40}{273+20} = 3048\ (Pa)$$

由图 6-53 Y4-73 型单吸锅炉系列离心风机性能曲线图查得，满足风量、全压的工况点的机号为 No10，即：$D_2=1.0m$，转速 $n=1450r/min$，电动机配套功率 $P_{g0}=55kW$。

计算运行条件下所需电动机配套功率，即

$$p_0 = p_0\frac{p_B}{p_{B0}}\times\frac{273+20}{273+t} = 55\times\frac{98000}{101325}\times\frac{293}{313} = 49.8\ (kW)$$

因此，配套电动机的功率满足要求。

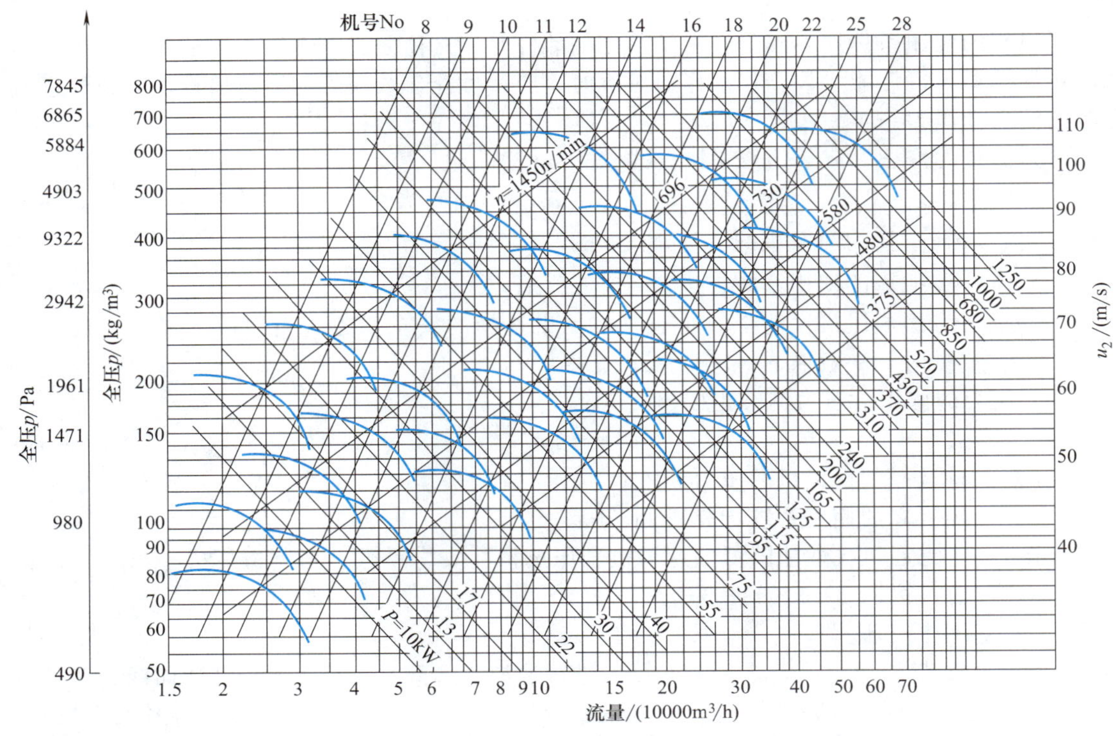

图 6-53 Y4-73 型单吸锅炉离心风机性能选择曲线图

习题6-7

1. 单选题

(1) 轴流通风机将气流的动能转变为静压能的设备是（　　）。

A. 导叶　　B. 扩散器　　C. 导叶和扩散器　　D. 排气管

(2) 轴流通风机的叶轮是由（　　）组成。

A. 轮毂　　B. 叶片　　C. 轮毂和铆在其上的叶片　　D. 整流罩

(3) 大型风机进气口常装置导流叶片，称为（　　），出气口上装置整流叶片，称为（　　）。

A. 前导叶，后导叶　　B. 前叶珊，后叶珊

C. 前叶片，后叶片　　D. 前轮毂，后轮毂

(4) 轴流通风机的后导叶，为防止叶片振动，应使（　　）。

A. 动叶叶片数与导叶叶片数相等　　B. 动叶叶片数与导叶叶片数互为质数

C. 动叶叶片数大于导叶叶片数　　D. 动叶叶片数小于导叶叶片数

(5) 轴流通风机的型号 K70B211No18D 中，D 的含义为（　　）。

A. 叶片型式　　B. 风口位置　　C. 传动方式　　D. 切割次数

(6) 轴流通风机目前规定的传动方式有六种，用（　　）来标识。

A. A、B、C、D、E、F　　B. a、b、c、d、e、f

C. A、B、C、d、e、f　　D. a、b、c、D、E、F

(7) 轴流通风机全压性能曲线的右侧相当陡峭，左侧呈马鞍形，下列叙述正确的是（　　）。

A. 左侧为不稳定工况区
B. 右侧为不稳定工况区
C. 当流量为零时，其空转全压达到最小值
D. 当流量为零时，机器效率急剧上升

(8) 一般轴流通风机均不设置调节阀门来调节流量，其原因是（　　）。
A. 轴功率特性曲线变化比较平稳
B. 轴流通风机的稳定高效率工作范围很窄
C. 轴流通风机在阀门全开的情况下启动
D. 轴流通风机适宜在较大的流量下工作

(9) 轴流通风机喘振的振幅和频率受（　　）影响。
A. 风道系统容积　　B. 形状
C. 频率　　D. 转速

(10) 轴流通风机可以通过（　　）来减轻喘振的激烈程度。
A. 缩小系统的容积
B. 降低通风机的转速
C. 缩小系统的容积和降低通风机的转速
D. 增大系统的容积和提高通风机的转速

(11) 轴流通风机启动的一般顺序是（　　）。
①启动润滑系统油泵　②启动冷却水泵或打开冷却水阀门　③启动通风机　④ 试运转
A. ④①②③　B. ④②①③　C. ①②③　D. ①②③④

(12) 轴流通风机是一种（　　）的通风机。
A. 大流量、高压头　　B. 小流量、低压头
C. 大流量、低压头　　D. 小流量、高压头

(13) 轴流通风机的挡板开度达到（　　）时，已经进入了不稳定工作区。
A. 25%　B. 50%　C. 75%　D. 100%

(14) 轴流通风机的挡板开度越小，（　　）。
A. 管路阻力曲线就越陡，轴流风机的风量就越大
B. 管路阻力曲线就越平坦，轴流风机的风量就越小
C. 管路阻力曲线就越陡，轴流风机的风量就越小
D. 只要没有进入不稳定工作区范围，全压不断降低

(15) 轴流通风机节流挡板调节的前提条件是（　　）。
A. 系统所需的最小风量小于不稳定区边界的流量
B. 系统所需的最小风量大于不稳定区边界的流量
C. 管路系统的阻力性能曲线越陡越好
D. 管路系统的阻力性能曲线越平坦越好

(16) 轴流通风机的前导叶调节使全压降低的原因是（　　）。
A. 导向静叶调节
B. 当导向叶片角度关小时，进入叶轮的气流产生与叶轮旋转方向相同的同向预旋
C. 当导向叶片角度开大时，进入叶轮的气流产生与叶轮旋转方向相同的同向预旋
D. 当导向叶片角度关小时，叶轮出口气流产生与叶轮旋转方向相同的同向预旋

(17) 轴流通风机的转速调节，当转速降低时，(　　)。

A. 全压流量曲线平行下移　　B. 全压流量曲线平行上移

C. 压力增高　　D. 叶轮圆周速度增大

(18) 轴流通风机的节流挡板调节是指利用调整挡板开度的方法来改变(　　)。

A. 轴流通风机的性能曲线　　B. 管路系统的阻力曲线

C. 轴流通风机的阻力曲线　　D. 管路系统的管径的大小

(19) 轴流通风机的动叶调节是指利用调整动叶的(　　)来适应负荷的变化。

A. 平行度　　B. 垂直度　　C. 角度　　D. 弯度

2. 多选题

(1) 轴流通风机的级是由(　　)组成。

A. 叶轮　　B. 导叶　　C. 动叶　　D. 叶珊

(2) 轴流通风机的基元级是由(　　)组成。

A. 叶轮　　B. 导叶　　C. 动叶　　D. 导叶叶珊

(3) 轴流通风机的级的型式包括(　　)。

A. 叶轮前设置前导叶　　B. 叶轮后设置后导叶

C. 单独叶轮　　D. 叶轮前后都设置导叶

(4) 轴流通风机的叶轮的安装形式有(　　)。

A. 较大的叶轮将叶片和轮毂组装在一起

B. 较小的叶轮将叶片和轮毂铸成一体或焊接在一起

C. 轮毂与电动机用平键连接

D. 轮毂与电动机用齿轮连接

(5) 轴流通风机的轮毂是用来安装(　　)的。

A. 叶片　　B. 叶片调节机构　　C. 叶珊　　D. 导叶

(6) 轴流通风机的动叶片进口前导叶，其作用是(　　)。

A. 使进入风机前的气流发生偏转

B. 使气流由轴向运动转变为旋转运动

C. 气流通过时加速

D. 前导叶安装角可调，可提高轴流通风机变工况运行的经济性

(7) 轴流通风机后导叶的作用是(　)。

A. 把流出叶轮的偏转气流旋回径向

B. 把流出叶轮的偏转气流旋回轴向

C. 把流出叶轮偏转气流的动能转变为静压能

D. 把流出叶轮偏转气流的机械能转变为静压能

(8) 轴流通风机的型号编制包括(　　)、传动方式、气流方向、风口位置六个部分。

A. 名称　　B. 型号　　C. 机号　　D. 传动比

(9) 轴流通风机 K70B211No18D 的型号参数中，下列叙述正确的是(　　)。

A. 名称一般统称为轴流通风机

B. 在名称前可冠以通风机用途二字或汉语拼音字母缩写

C. K：用途，矿井用的

D. 作为一般用途的，名称可以省略

(10) 轴流通风机的型号 K70B211No18D 中，其基本型号由（　　）组成。

A. 轮毂比：0.7

B. 轮毂比：70（0.7×100）

C. 机翼型式代号：B，叶片型式，机翼型非扭曲叶片

D. 设计顺序号：2，第二次设计

(11) 轴流通风机的型号 K70B231No18D 中，其变型型号是由（　　）组成。

A. 叶轮的级数：3　　B. 轮毂比：0.7

C. 设计次序号：1，第一次结构设计　　D. 机翼型式代号：B

(12) 轴流通风机的型号 K70B211No18D 中，机号为（　　）。

A. No18　　B. No18 的含义为叶轮直径为 18dm

C. K70　　D. K70 的含义为轮毂比：0.7

(13) 在轴流通风机的性能曲线中，下列叙述正确的是（　　）。

A. 全压性能曲线右侧相当陡峭，左侧呈马鞍形

B. 当风量为零时空转全压达到最大值

C. 当风量=0 时，轴功率达到最大值

D. 轴流风机启动时，应关闭出口阀门

(14) 轴流通风机的 P—q 曲线，下列正确的是（　　）。

A. 小流量时轴功率特性曲线变化比较平稳

B. 大流量时轴功率特性曲线变化比较平稳

C. 当流量减小时，轴功率 P 反而增大

D. 当流量 $q=0$ 时，轴功率 P 达到最大值

(15) 轴流通风机在低于设计流量下运行时，（　　）。

A. 会产生形成旋转脱流　　B. 旋转脱流容易使叶片疲劳断裂，造成破坏

C. 不会产生形成旋转脱流　　D. 即使产生脱流现象，对叶片的影响不大

(16) 轴流通风机在流量为零时，下列叙述正确的是（　　）。

A. 进口、出口均被涡流充满，涡流的不断形成和扩展，使压力上升

B. 气流沿叶片高度均匀分布

C. 轴功率、全压达到最大

D. 效率达到最小值

(17) 轴流通风机在启动前要进行认真检查，检查内容应包括（　　）。

A. 轴承的润滑系统、密封系统和冷却系统是否完好畅通

B. 转动部件、传动部件附近是否有妨碍运动的杂物等

C. 检查当地的环境温度、湿度是否符合运行条件

D. 将通风机的转子盘动 1～2 次，检查转子是否有卡住和摩擦等现象

(18) 对于大、中修以后的通风机，在投入正常运转之前，一般需进行试运转。（　　）

A. 第一步，空载试运转，检查风机的装配质量如何

B. 第一步，空载试运转，检查风机的承压输出能力

C. 第二步负荷试运转，主要是检查是否符合设计要求

D. 第二步负荷试运转，主要是检查在超压情况下运行的能力

(19) 通风机在正常运转中，如果遇到（　　）情况，应立即停车检查或修理。

A. 润滑轴承温度超过 70℃或轴承冒烟
B. 电动机冒烟
C. 发生强烈的振动或有较大的摩擦、碰撞声
D. 通风机异常事故的报警
(20) 轴流通风机的性能调节方法有（　　）和节流挡板调节四种。
A. 动叶调节　　B. 前导叶调节　　C. 转速调节　　D. 出口调节
(21) 轴流通风机的动叶调节的特点是，当动叶角度改变时，（　　）。
A. 效率变化不大
B. 功率随着导叶角度的减小而降低
C. 风量的调节范围比较大，效果比较好
D. 是一种比较理想的调节方法，但调节机构比较复杂
(22) 轴流通风机的前导叶调节的特点是，当导向叶片角度关小时，（　　）。
A. 进入叶轮的气流产生与叶轮旋转方向相同的同向预旋，使全压降低
B. 进入叶轮的气流产生与叶轮旋转方向相反的反向预旋，使全压降低
C. 全压性能曲线向下平移
D. 全压性能曲线向上平移
(23) 轴流通风机的节流挡板调节的特点是（　　）。
A. 这种调节方法，必须要求选择的风机，参数比较合适
B. 该调节的前提条件是，系统所需的最小风量大于不稳定区边界的流量
C. 增大挡板的开度，可降低管网的阻力系数，增加流量
D. 该调节的前提条件是，系统所需的最小风量小于等于不稳定区边界的流量

3. 判断题

(1) 轴流通风机的工作原理是气体从集流器径向吸入，通过叶轮使气体获得能量。（　　）
(2) 轴流通风机叶轮的动叶或导叶的安装角可调，扩大了风机运行工况的范围。（　　）
(3) 轴流通风机的使用范围和经济性均比离心通风机要差一些。（　　）
(4) 轴流通风机的轮毂比是指轮毂直径与叶轮直径的比值。（　　）
(5) 大型轴流通风机的叶片安装角是可以调整的，称为动叶可调。（　　）
(6) 轴流通风机为了避免气流通过时产生共振现象，导叶数应比动叶数少。（　　）
(7) 轴流通风机的气流方向通常用“入”(吸气) 和“出”(出气) 字表示，一般不表示。（　　）
(8) 轴流通风机的风口位置分进风口和出风口两种，用出、入若干角度表示。（　　）
(9) 轴流通风机启动时应“开闸启动”。（　　）
(10) 轴流通风机 η—q 曲线的稳定高效率工作范围很宽。（　　）
(11) 一般轴流通风机不设置调节阀门来调节流量，以避免进入不稳定工作区。（　　）
(12) 轴流通风机在设计工况下 (即最高效率点)，气流沿叶片高度均匀分布。（　　）
(13) 轴流通风机风道系统容积越大，喘振的振幅越大，振动也越强烈。（　　）
(14) 轴流通风机在启动时要注意关闭进风阀或出气阀。（　　）
(15) 轴流通风机有一个大范围的不稳定工况区域，在通风机的性能调节时，应尽量远离这个区域。（　　）
(16) 轴流通风机的前导叶调节，改变前导叶的角度，不能在风机运行中，通过机械调

节的方法进行调节。（　　）

（17）轴流通风机的节流挡板调节的范围很小，只能作为一种辅助的调节手段。（　　）

（18）轴流通风机的动叶调节是一种比较理想的调节方法，调节机构比较简单。（　　）

小结

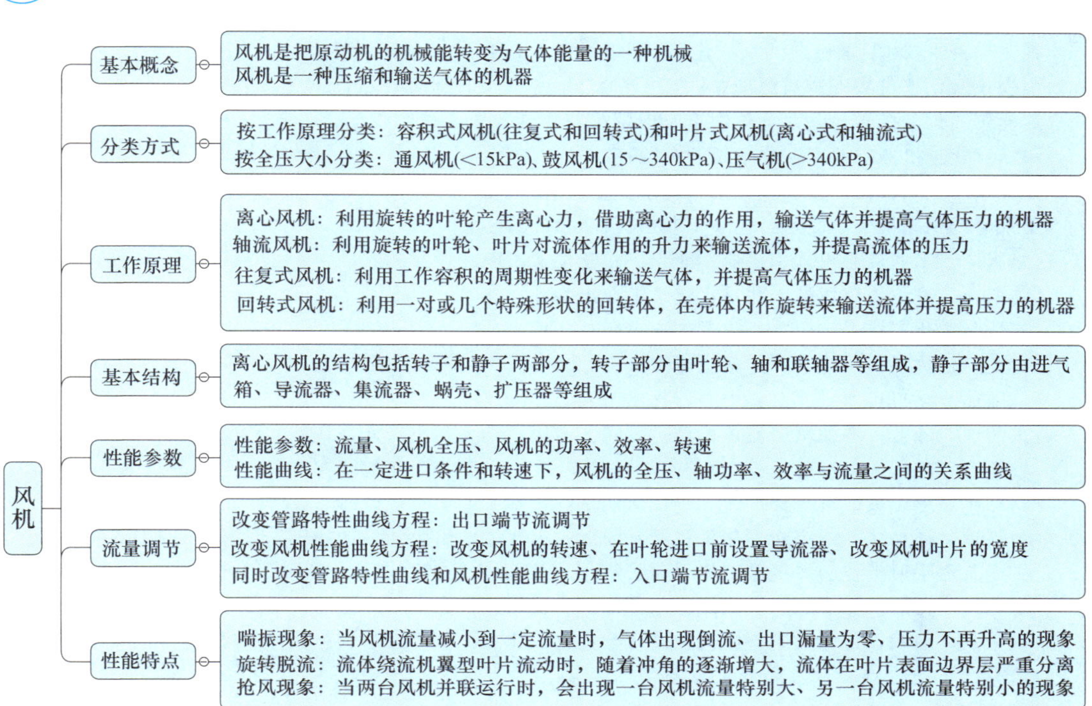

参考文献

[1] 李家民. 炼化设备手册. 兰州：兰州大学出版社，2008.
[2] 姬忠礼，邓志安，赵会军. 泵和压缩机. 2 版. 北京：石油工业出版社，2015.
[3] 康勇，李桂水. 过程流体机械. 2 版. 北京：化学工业出版社，2016.
[4] 魏龙. 密封技术. 3 版. 北京：化学工业出版社，2019.
[5] 张麦秋. 化工机械安装与修理. 3 版. 北京：化学工业出版社，2015.
[6] 黄仕年. 化工机器. 北京：化学工业出版社，1981.
[7] 张涵. 化工机器. 北京：化学工业出版社，2009.
[8] 邹安丽. 化工机器与设备. 北京：化学工业出版社，1991.
[9] 王永康. 化工机器. 北京：化学工业出版社，1993.
[10] 施震荣. 工业离心机选用手册. 北京：化学工业出版社，2003.
[11] 姜培正. 过程流体机械. 北京：化学工业出版社，2001.
[12] 高慎琴. 化工机器. 北京：化学工业出版社，1992.
[13] 化工厂机械手册. 北京：化学工业出版社，1989.
[14] 王蹯瑜. 化工机器. 北京：中国石化出版社，1993.
[15] 张湘亚，陈弘. 石油化工流体机械. 东营：中国石油大学出版社，1996.
[16] 钱锡俊，陈弘. 泵和压缩机. 东营：中国石油大学出版社，2007.
[17] 刘志军，李志义，喻健良. 过程机械. 北京：化学工业出版社，2008.
[18] 余国琮，孙启才，朱企新. 化工机器. 天津：天津大学出版社，1999.
[19] 机械工程手册编委会. 机械工程手册：第 12 卷. 北京：机械工业出版社，1997.
[20] 萧开梓. 化工机器安装与检修. 北京：中国石化出版社，1990.
[21] 罗先武，季斌，许洪元. 流体机械设计及优化. 北京：清华大学出版社，2012.